编 委 会

主编 李震宇

编委（按姓氏笔画排序）

王　永　　王　毅　　王作勤　　卢征天

齐　妙　　孙广中　　李传锋　　李震宇

汪毓明　　张　扬　　张世武　　陈仙辉

陈国良　　陈洪佳　　武晓君　　周　熠

胡太忠　　袁业飞　　袁军华　　夏　添

倪怀玮　　徐　宁　　徐　榭　　唐靖宇

符传孩　　彭海平　　韩　良　　曾长淦

少年班精品课

科学、技术与工程导论

INTRODUCTION TO SCIENCE,
TECHNOLOGY AND ENGINEERING

李震宇　主编

中国科学技术大学出版社

内 容 简 介

"科学、技术与工程导论"作为中国科学技术大学少年班学院的新生课程,从2017年开始一直开设至今。本书是该课程的配套教材,系统介绍数学、物理、化学、天文学、地球与空间科学、生物学、统计学、计算机科学、人工智能、工程科学等各专业的历史、基本内涵、学科发展前沿与趋势以及可能的应用方向等,是一部介绍科学、技术和工程各领域前沿进展的概论性教材。既可为本科低年级学生选择专业方向提供支持,也可供高考学生填报志愿时作为参考。

图书在版编目(CIP)数据

科学、技术与工程导论/李震宇主编. —合肥:中国科学技术大学出版社,2023.9
ISBN 978-7-312-05761-8

Ⅰ.科… Ⅱ.李… Ⅲ.科学技术学—高等学校—教材 Ⅳ.G301

中国国家版本馆CIP数据核字(2023)第156725号

科学、技术与工程导论
KEXUE、JISHU YU GONGCHENG DAOLUN

出版	中国科学技术大学出版社
	安徽省合肥市金寨路96号,230026
	http://press.ustc.edu.cn
	https://zgkxjsdxcbs.tmall.com
印刷	安徽国文彩印有限公司
发行	中国科学技术大学出版社
开本	787 mm×1092 mm 1/16
印张	23
字数	567千
版次	2023年9月第1版
印次	2023年9月第1次印刷
定价	150.00元

序　　言

"科学、技术与工程导论"作为中国科学技术大学少年班学院的新生课程,从2017年开始一直开设至今。2017年也是我从复旦大学到中国科学技术大学履新之年。在《科学、技术与工程导论》即将付梓之际,我欣然受少年班学院之邀,为本书作序。

少年班学院是中国科学技术大学的荣誉学院,在人才培养方面形成了自己的特色。学生入学不分专业,少年班学院会给学生一到两年的时间来逐渐找到自己的志趣所在。同时,少年班学院鼓励学科交叉,实行个性化培养,一生一方案,培养方案不局限于特定的学科门类。比如,一个物理专业毕业的学生的个性化培养方案里可能会有不少生物和计算机的课程。

为了将这些培养理念落到实处,需要学生们对不同的学科方向有较为深入的了解。少年班学院安排了很多措施来达到这一目标,"科学、技术与工程导论"课程是其中重要一环。从最初的专业介绍会演变成一门课程,内容变得更全面,介绍也变得更深入。

本书源于"科学、技术与工程导论"课程历年来使用的讲义,包括数学、物理、化学、天文学、地球和空间科学、生物学、统计学、计算机科学、人工智能、工程科学等方面的内容。通过介绍各个学科的科学问题与研究方向、研究手段与思维方式、历史与前沿、应用出口等内容,读者可以对这些学科有一个比较全面深入的了解。因此,本书是高中生以及大学新生步入科学、技术与工程宏伟殿堂的敲门砖。学生们通过阅读本书可以获得对相关学科的一个整体印象,以便后续进一步深入学习和探索不同的学科。本书也可以作为高考志愿填报的参考书。

希望本书的出版能帮助广大青年学生更好地了解科学、技术与工程,吸引更多的青年学生立志投身到我国高水平科技自立自强的伟业中来。

包信和

2023年6月于合肥

目 录

序言	(i)
绪论	(1)
0.1 科学与技术简史	(1)
0.2 工程实践	(10)
0.3 科学、技术与工程的思维方式	(12)
第1章 数学	(19)
1.1 导论	(19)
1.2 数量	(28)
1.3 结构	(43)
1.4 空间	(53)
1.5 变化	(65)
第2章 物理	(77)
2.1 理论物理	(78)
2.2 粒子物理	(80)
2.3 CP破坏	(83)
2.4 量子光学	(85)
2.5 凝聚态物理	(87)
2.6 超导物理	(90)
2.7 软物质物理	(92)
2.8 生物物理	(94)
2.9 医学物理	(97)
2.10 加速器物理	(100)
第3章 化学	(105)
3.1 化学位于自然科学的中心	(105)
3.2 化学从何而来:近代化学之路,原子与分子概念的确立	(106)
3.3 物理学的革命:现代化学的诞生与发展	(117)
3.4 超越分子的前沿:当代化学与未来化学	(128)
第4章 天文学	(130)
4.1 什么是天文学	(130)
4.2 观天巨眼:天文望远镜	(132)

4.3 系外行星探测:寻找另一个地球	(142)
4.4 恒星的结构与演化	(145)
4.5 黑洞与引力波	(154)
4.6 物理宇宙学	(165)

第5章 地球和空间科学 (176)
5.1 地球和空间科学的发展历史	(177)
5.2 地球和空间科学的分支领域	(181)
5.3 地球和空间科学的研究方法	(183)
5.4 地球和空间科学的前沿方向	(186)
5.5 地球和空间科学与其他学科的交叉	(203)

第6章 生物学 (206)
6.1 生物学简介	(206)
6.2 生物学发展及分支领域	(208)
6.3 近年重大生物学研究进展例举	(210)
6.4 生物学前沿研究热点	(226)
6.5 生物学与应用	(235)
6.6 生物学与其他学科的关系	(239)

第7章 统计学 (245)
7.1 什么是统计学	(245)
7.2 统计学科发展	(248)
7.3 统计学的应用	(256)
7.4 统计学的挑战	(259)

第8章 计算机科学 (262)
8.1 学科研究对象、研究方法和研究问题	(263)
8.2 学科演变与新型计算机	(271)
8.3 计算思维	(274)

第9章 人工智能 (279)
9.1 人工智能:从梦想到现实	(279)
9.2 人工智能:从定义到领域、流派和技术	(292)
9.3 人工智能:过去未去,未来已来	(312)

第10章 工程科学 (316)
10.1 导言	(316)
10.2 力学:工程科学的基础	(317)
10.3 精密仪器与机械:没有仪器就没有精密的科学	(329)
10.4 能源与动力工程	(341)
10.5 安全科学与工程	(344)

绪　　论

邓小平曾提出"科学技术是第一生产力"的重要论断。这里的科学主要指自然科学，包括物质科学和生命科学。科学和技术的进步大大提升了人类生产力水平，同时也增强了人们调用各种要素创造和构建工程产品从而造福人类的能力。正是在此背景下，科学、技术与工程成为现代教育体系的重要支柱。也有人将科学、技术、工程与数学并列，称为STEM。或者，再加上计算机科学，称为STEM/CS。这些领域的学习可以影响学生的思维习惯，让他们学会如何运用知识和技能来解决问题，如何通过收集和评判信息来进行决策。

要想了解什么是科学、技术与工程，最好先简单回顾一下相关的历史。在人类文明的早期，技术的发展领先于科学。人们在生活中慢慢积累出石器制作、生火、作物种植等重要的技术。随着技术的进步，像都江堰之类的宏大水利工程得以实施。与此同时，早期的科学开始在天文、物理和化学等领域萌芽。但这时科学对技术和工程的指导作用还十分有限。直到后来，经典物理学的框架基本形成，人们对电磁现象本质的深刻理解催生了第二次工业革命，人类社会进入"电气时代"。随后，科学发展与技术进步紧密交织在一起，重要的工程层出不穷。人类文明的进步被按下快进键。

在本章中，我们将首先简要回顾人类科学技术史。随后，将通过一些具体实例说明工程的基本概念。接下来重点介绍科学、技术和工程不同的思维方式。最后，简要介绍科技伦理的相关知识。

0.1　科学与技术简史

1. 古代科技史

大约1200万年前，地壳运动使得非洲部分地区降雨量减少，林地消失而出现了草原。大部分猿类族群因此相继灭绝，但也有小部分适应了新环境，学习在开阔的环境中生活，逐步进化为猿人和智人。在从猿到人的进化过程中，一些技术的掌握和普及起到关键性的作用。

制作和使用石器作为生产工具是人类早期历史上一门重要的技术（图0.1）。在旧石器时代制作石器使用最原始的打制法,即通过敲击或碰击使石头形成刃口。到新石器时代,出现了磨制石器。基于打制成的石器雏形,把刃部或整个表面放在砺石上加水和沙子磨光。同时,穿孔技术的发明是石器制作技术上的另一项重要成就。穿孔后的石器可以被牢固地捆缚在木柄上,制成复合工具。这些技术使得制作斧、铲、凿、犁、刀、锄、矛、磨盘、网坠等农业、手工业和渔猎工具成为可能,大大增强了人类与自然界斗争的能力。

图 0.1 打孔的石器

除了石器,另外一门很重要的技术是火的使用。火对早期的猿人和智人而言与现代社会中的电一样重要。火可以把食物煮熟,使得食物更加卫生安全且易于消化;火可以御寒,防止太冷的时候人被冻死;火还可以照明,吓退野兽。通过这样的一门技术,早期人类的生存条件得到进一步的改善。因此,他们能获得更多的食物,营养更加充分,大脑和体格发展也就更好。这样,他们就能进一步提高生产力,获得更多的食物,形成一个正循环,加快人类的进化。

随着这些技术的进步,早期人类个体的力量不断增强。但是,像围猎大型动物之类的活动需要多人的合作。同时,生产力的进一步提高需要进行一定的分工。实现这样的分工合作需要加强人与人之间的交流。在此过程中,语言作为一种交流沟通技术开始慢慢出现。关于语言的起源,目前学术界并没有定论。但是,谁也不能否认语言在人类历史上的重要性。相较于动物的语言,人类语言的独特之处在于能够表达一些根本不存在的事物。这种讲故事的能力使得大批即使互不认识的人,只要相信某个故事,例如一个共同的神灵,就能相互合作。创造想象的现实是人类历史上的一场认知革命,使得人类历史跳出生物学限定的范畴,加速发展。

大概到一万多年前,人们又掌握了一门新技术——制陶。对石头的加工受到诸多限制,而用黏土或陶土经捏制成形后烧制而成的陶器很容易做成各种各样的形状。陶器的发明是人类社会由旧石器时代发展到新石器时代的标志之一,也是人类首次利用化学变化来制造新的物质。当然,古人只是自发地利用化学来改造世界。化学作为一门科学分支的出现还需要等待很多年。

在新石器时代,人们还掌握了野生植物的生长规律,开始播种、耕作。同时,开始饲养羊、牛和猪等动物。这些农业和畜牧业技术使得人类食物来源从采集狩猎转变为自行生产,稳定性和可靠性大大增强。从使用植物藤条编制容器以及使用植物纤维编制绳子、渔网开始,纺织技术开始发展起来。建筑技术在新石器时代也得到快速发展,具有沟渠和石墙护卫的泥砖村落开始出现。人类开始过上较为稳定的定居生活。

大概到六千多年前，人类文明进入青铜器时代。青铜是红铜和锡或铅的合金，熔点为700~900 ℃，具有优良的铸造性、很高的抗磨性和较好的化学稳定性。青铜被广泛用来制作农具、兵器、食具、乐器和礼器(图0.2)等。铸造青铜器必须解决采矿、熔炼、制模、翻范、铜锡铅合金成分的比例配制、熔炉和坩埚的制造等一系列技术问题。从使用石器到铸造青铜器是人类技术发展史上的飞跃，是社会变革和进步的巨大动力。

图0.2 商代晚期青铜礼器四羊方尊，现收藏于中国国家博物馆

随着技术的进步，一些新事物不断出现。比如说通过发酵制造面包、酿酒，用动物来拉车。新的灌溉技术、占星术等促进了农业的发展，生产力明显提高。随着食物越来越丰富，人口逐渐增多。为了满足产品分配的需要，数字、文字也逐渐发展出来。国家开始出现，祭祀或者典礼开始举行。到青铜器时代后期，出现了华夏、希腊、罗马、埃及等古文明。其中古罗马非常重视技术。大概公元前100年，古罗马人就已经发明了水泥，可以建造非常宏大的建筑。水泥在一定程度上支撑了罗马帝国的扩张。

与古罗马人崇尚工程技术形成鲜明对比的是，古希腊人对哲学和科学比较感兴趣，更喜欢考虑世界为什么是这样的。古希腊的泰勒斯(前624—前546)被认为是最早的科学家。他发现了静电，确定了一年是365天。更重要的是他提出了定理证明的思想。有一个以他的名字命名的定理叫泰勒斯定理，是说一个圆的直径所对的圆周角是直角。虽然他的有些观点从现代科学的眼光看还比较幼稚，但是他用科学的方法去研究，而不是用神或者超自然的东西去解释自然现象。这一点在当时是难能可贵的。

泰勒斯之后古希腊重要的三个人物是具有师承关系的苏格拉底(前469—前399)、柏拉图(前427—前347)和亚里士多德(前384—前322)，并称希腊三贤。苏格拉底是古希腊著名哲学家。他觉得自然哲学没有伦理哲学重要。他说我的朋友不是城外的树木，而是城里面的人。他主张，人只有承认自己是无知的，才是最有智慧的。因此，他通常通过"诘问"的形式与人探讨哲学问题，这种形式被称为苏格拉底反诘法，其中包含了初步的逻辑辩证思想。苏格拉底的学生柏拉图是一个唯心主义者。他觉得现实中的东西是虚幻的，只有精神里面的东西才是实在的。他具有几何学的宇宙观，认为世界由四种元素组成，火微粒是正四面体，气微粒是正八面体，水微粒是正二十面体，而土微粒是立方体。元素论为炼金术的发展提供了理论基础。从其宇宙观可以看到，柏拉图特别推崇几何学。在他建立的柏拉图学院门外立有一块牌子,上面写着"不懂几何学者勿入此门"。据说有一个来求学的青年看到这块牌子后仍然昂首挺胸,推门而入。他的名字叫欧几里得。

柏拉图的学生亚里士多德思考了很多科学问题。他认为体积相同的两个物体,重的下落得较快。同时,他认为,如果某个物体动了,肯定有东西在推动它。他由此断言存在第一推动力,也就是神力或者超自然的力。他认为白光最纯,光如果有颜色,那是因为它受到了污染。不难看出,这些结论应该是亚里士多德通过哲学思辨获得的。当然,他也通过实验开展科学研究。他对几百种动物进行了解剖研究与分类,他甚至发现了鲸鱼是胎生的。可以说,生物学就是从亚里士多德以及他的学生们的研究中诞生的。亚里士多德一度成为欧洲中世纪科学上的法定权威。凡是反对他的都被认为是对神不敬。亚里士多德认为地球是宇宙的中心,后来有人因反对这一说法而付出了生命的代价。

除了以哲学家亚里士多德为代表的学派,古希腊物理学的另一流派以自然科学家阿基米德(前287—前212)为代表。阿基米德在数学、物理学方面都有很深的造诣。他用逼近法计算圆的面积和球的体积,这已经具有微积分思想的雏形了。他有一句名言:"给我一个支点,我就可以撬起整个地球。"这讲的是杠杆原理。阿基米德善于运用科学知识解决实际问题。例如,国王造了一顶黄金王冠,怀疑工匠是不是掺了假,请阿基米德来鉴定。阿基米德在洗澡的时候突发灵感,用浮力的方法把这个事情解决了。在罗马攻打他的国家时,阿基米德用他掌握的知识去战斗,发明了用镜子聚光烧敌人的战舰、用投石机攻击敌人等方法。当时罗马舰队甚至觉得整支舰队是在跟阿基米德一个人战斗。

我国古代杰出科学家的代表是墨子(前476—前390)。战国时期百家争鸣,儒、墨两家为当时的显学,有非儒即墨的说法。墨家就是墨子开创的。墨子一个重要的贡献在逻辑学上面。他提出以类取、以类予,就是类比的逻辑。他著书作辩经,讨论怎样跟人辩论。墨子的这些辩学又叫墨辩。墨辩和印度的因明学以及希腊的逻辑学并称为世界三大逻辑学,是逻辑学早期的发源之处。墨子旗帜鲜明地反对老子天下万物生于有而有生于无的思想。他认为,如果没有石头,就不可能有石头的颜色、硬度这些属性。所有东西的属性不会离开客体而存在。

墨子的力学思想与牛顿三定律不谋而合。墨子说"止,以久也"。就是说运动之所以停止,是因为外力。没有外力,物体就应该一直运动下去。这正是牛顿第一定律讨论的惯性。墨子说"力,刑(形)之所以奋也",意思是力是运动状态发生改变的原因。牛顿第二定律给出了这一论断的定量关系。牛顿第三定律讨论作用力与反作用力。墨子也提出"合与一,或(域)复否,说在拒",是说几个力合起来可以形成一个合力。施力位置会产生否定的力,原因在于有反作用力。墨子在光学上也有很深的研究,做了第一个小孔成像的实验。他知道用小孔成像,像是倒过来的。所以,墨子对几何光学已经有了比较深的认识。

墨子是一个和平主义者。为了制止战争,他研究了很多防守方法。他研究了声波的传播,提出可以在地上埋一个缸,在缸里面放个瓶子,瓶口上蒙一层牛皮,在牛皮上听远处敌人的动静。一个有名的故事是他阻止楚国攻打宋国。当时鲁班发明了云梯,楚国觉得可以借助这个工具打赢宋国。墨子找到鲁班一起去见楚王。墨子拿一块布作为模型,让鲁班演示进攻,他来防守。结果鲁班攻城的方法都已用尽,而墨子守城的方法还有很多没有施展出来。由于墨子善守,后来就把牢守称为"墨守"。成语"墨守成规"中的"墨守"就是这么来的。

以上这些基础科学的发展也推动了其他科学的发展。古希腊的埃拉托色尼(前275—前193)被西方地理学家推崇为"地理学之父"。早期地理学的一个重要命题是"地方说"与"地圆说"之争。在埃拉托色尼之前约300年,毕达哥拉斯就认为球形是最完美的几何体,大地应该是球形的。柏拉图认为圆是最完美的对称形,也支持地圆说。亚里士多德则从一些实地观察中归纳推理,对地圆说进行了论证。埃拉托色尼用两地日光下的竿影换算出弧度(详见第5章),计算出地球的周长为252000希腊里,已接近于近代的实测值。埃拉托色尼还将世界分为欧洲、亚洲和利比亚(以后的非洲)三个地区,以及一个热带、两个温带和两个寒带等五个地带,并首次根据经纬网绘制世界地图。

在阿基米德和埃拉托色尼时期,古希腊的辉煌文化已经逐渐衰退。后来罗马发动三次马其顿战争,控制了整个希腊。而罗马共和国在演变成罗马帝国后,于公元395年分裂为东罗马帝国和西罗马帝国两部分。公元476年,西罗马帝国灭亡,罗马文明遭遇严重破坏,比如前面提到的水泥制造技术等都失传了。欧洲的历史进入所谓的中世纪,直到1453年东罗马帝国灭亡。这段时期,欧洲封建割据、战争频繁。天主教会对人思想的禁锢,造成科技和生产力发展停滞。因此,中世纪或者中世纪早期被称作"黑暗时代"。

此时的中国处在从南北朝到明朝的时期。中国的许多技术在这一时期被传往欧洲。例如,著名的四大发明对欧洲文明的发展提供了重要的推动力。英国哲学家培根曾在《新工具》一书中提到:"活字印刷术、火药、指南针这三种发明已经在世界范围内把事物的全部面貌和情况都改变了。"另外一个十分简单,但对欧洲中世纪的历史产生了深远影响的技术是马镫。马镫是一对挂在马鞍两边的脚踏,供骑马人在上马和骑乘时踏脚的马具。没有马镫,骑兵打仗需要经过十分严格的训练。而有了马镫以后,骑兵可以稳稳当当坐在马背上,拿着长矛去冲刺,对步兵形成绝对优势。马镫引入欧洲以后,促进了重甲骑兵的发展(图0.3)。贵族供养骑士,形成封建关系,对整个社会的发展产生重要的影响。

图0.3 欧洲中世纪骑士

2. 近现代科技史

从中世纪晚期开始,欧洲发生了一场反映新兴资产阶级要求的思想文化运动,史称文艺复兴。文艺复兴时期出现了一次科学上的革命。其中一个关键人物是哥白尼(1473—1543)。虽然他是一个非常虔诚的天主教徒,但是通过观察,他发现地心说是错误的。他提出日心说,认为地球绕着太阳转。这一新学说是近现代天文学的开端,但是不为教会所容忍。支持哥白尼的布鲁诺后来被烧死在罗马的鲜花广场。哥白尼写了一本叫《天体运行论》的书,当时出版的是删节版。幸运的是,因为哥白尼的原稿留存至今,所以他死后几百年全本得以出版。2010年,波兰还把哥白尼重新下葬。

除了天文学,文艺复兴时期生物学、地理学等领域也取得重要进展。维萨里(1514—1564)提出要通过人体解剖来了解人体构造,并通过亲身实践完成了《人体构造》一书,纠正了之前关于人体认识的许多错误,为现代医学的建立做出了十分重要的贡献。维萨里因此受到宗教机构的迫害,他们以"根据《圣经》记载,男人的肋骨应该比女人少一根"之类的理由攻击维萨里。在更微观的层面,虎克(1635—1703)通过显微镜观察植物的木栓组织,发现它由许多规则的小室组成,从而提出了细胞的概念。地理学方面,随着航海技术的飞速发展,以哥伦布和麦哲伦为代表的一批航海家开启了大航海时代。而麦哲伦船队在1519—1522年完成的首次环球航行更是为地圆说提供了确凿的证据。

当时对物理学有重要贡献的一个科学家是伽利略(1564—1642)。他发明了温度计,也是望远镜的主要发明者之一。他发现了惯性,做了比萨斜塔实验。这是用实验来检验理论是否正确的一个著名的例子。相对于哲学思辨,通过实验来验证科学理论是一个非常巨大的进步。伽利略的学生托里拆利(1608—1647)经过实验证明了空气压力的存在,发明了水银柱气压计。

物理学的进步与作为科学语言的数学的进步是紧密联系在一起的。"解析几何之父"笛卡儿(1596—1650)创立了坐标系,将当时在数学中占统治地位的几何学与新兴的代数学联系在一起。同时,他也运用坐标几何学从事光学研究,第一次通过假定平行于界面的速度分量不变对折射定律提出了理论上的推导。另一个著名的例子是牛顿(1643—1727)的工作。牛顿在力学方面取得了卓越的成就,发明了以自己命名的三大运动定律,奠定了现代力学和物理学的基础。同时,为解决运动问题,牛顿创立了一种和物理概念直接联系的数学理论。这种名为微积分的理论的出现,标志着数学发展过程中除几何与代数以外的另一重要分支——数学分析的诞生。据说,伯努利曾征求最速降落曲线的解答,这是变分法的最初始问题,半年内全欧洲数学家无人能解答。1697年的一天,牛顿偶然听说此事,当天晚上一举解出,并匿名刊登在《哲学学报》上。伯努利惊异地说:"从这锋利的爪中我认出了雄狮。"

这一时期,化学也在炼金术、炼丹术所积累的知识以及实验方法与仪器设备的基础上发展成为一门确定的科学。这其中一个关键人物是玻意耳(1627—1691)。他用实验证明黄金不怕火烧,不会被火分解,更不会在火的作用下生成盐、硫或汞;但它可以溶解在王水里,而且经过适当处理又可以重新得到黄金。在大量类似研究的基础上,玻意耳给出了化学元素的科学概念。随后燃素说被提出来,认为物质中存在燃素,燃烧的过程释放燃素。虽然燃素说并不正确,但它认为化学反应是物质转化过程,化学反应中物质守恒,奠定了近代化学思维的基础。后来,拉瓦锡(1743—1794)发现燃烧的本质是氧化反应,开创了定量化学时代。而到道尔顿(1766—1844)提出近代原子论,阿伏伽德罗(1776—1856)提出分子的概念,化学的基本框架已经形成。

虽然科学取得了快速发展,但是当时的技术进步仍然主要从经验积累中获得。从某种程度上说科学的发展仍然落后于技术。以第一次工业革命的核心——蒸汽机的发明为例,古希腊数学家希罗发明的汽转球(图0.4)可以认为是蒸汽机的雏形。17世纪末,发明高压锅的法国医生帕平在观察蒸汽逃离高压锅后制造了第一台蒸汽机工作模型。刚开始,蒸汽机的效率非常低。曾担任格拉斯哥大学数学仪器制造师和卡尔多尼亚运河工地测量员的瓦特(1736—1819)对蒸汽机进行了一系列改进。蒸汽机随后开始大规模应用到许多不同领域,产生了一些大的工厂,使得生产效率比手工作坊有了飞跃式的提升。然而,蒸汽机背后关于热和功的科学理论要等到卡诺(1796—1832)提出卡诺循环、克劳修斯(1822—1888)给出热力学第二定律之后才确立起来。这时,人们对热机效率如何提高以及效率的极限等问题才有了清晰的认识。

图0.4 古希腊数学家希罗发明的汽转球装置

在热学发展的同时,电磁学也开始发展起来。其中一个关键人物是法拉第(1791—1867)。他出生于一个贫苦铁匠家庭,仅上过小学。法拉第发现了电磁感应现象,进而得到产生交流电的方法。法拉第发明的圆盘发电机是人类历史上第一个发电机。法拉第提出了电力线、磁力线等直观的工具来描述电磁现象。在此基础上,16岁上大学的天才少年麦克斯韦(1831—1879)发展了电磁学的严格数学理论。随后,赫兹(1857—1894)经过反复实验,发现了麦克斯韦方程预言的电磁波。在这些科学发现的基础上,一系列重大的技术发明,例如发电机、电动机、电灯、电话等先后出现,快速改变了人类的生活。这就是第二次工业革命,它使得人类进入电气时代。在第二次工业革命中,科学与技术紧密地结合起来,一起推动人类文明的发展。

第二次工业革命以后,科学与技术相互促进、协同发展,整个人类科技史换挡提速,进入快速发展期。人类认知的边界被大大扩展。在空间尺度上,对于无法通过肉眼看见的微观世界,物理学家已经知道其中的物质同时呈现粒子性和波动性,可以通过由普朗克(1858—1947)、玻尔(1885—1962)、海森伯(1901—1976)、薛定谔(1887—1961)和狄拉克(1902—1984)等人共同创立的量子力学来描述。同种类型的微观粒子性质完全一样,且相互之间不可区分。对于浩渺的宇宙,天文学家可以通过基于不同波长的光的望远镜或者引力波探测器等工具进行观察。哈勃(1889—1953)的观测表明宇宙在不断地膨胀,遥远的星系都在以正比于它们距离的速度远去。如果将运动方向逆转,我们有理由相信宇宙是从一场大爆炸产生的。在时间尺度上,我们可以通过同位素衰变效应,测定一个样品的年龄,从而获得数十亿年前的一些信息。同时,也可以通过激光脉冲探测飞秒(10^{-15} s)尺度发生的超快过程。时间和空间可以通过爱因斯坦(1879—1955)发展的广义相对论联系在一起。对时空本质的深入认识在技术上有重要的应用。例如,在全球定位系统中会通过太空中几颗卫星发射的信号来定位地面接收器的位置。为了提高定位精度,必须要考虑狭义相对论效应和广义相对论效应引起的太空中高速运行的卫星系统与地面的时间差异。

尽管时间和空间的尺度都很大,构成宇宙的基本组分及其基本规律却很简单。基本粒子来源于场的激发,而场与力是联系在一起的。例如,光子是从电磁场激发中产生的,而电磁场对应着电磁力。目前已知的力有四种,它们分别是量子色动力学描述的强相互作用力,量子电动力学描述的电磁力,广义相对论描述的引力,以及弱相互作用力。强相互作用力将核子聚在一起,主导了原子核的结构。电磁力将原子聚集成一个整体,主宰了原子的结构。基本粒子间的引力很弱,但大量粒子聚集在一起时,引力变得很可观。因此,引力主导大型物体之间的相互作用。弱相互作用力主导变换过程,可以导致一些本来稳定的粒子衰变。相关的知识催生了一些革命性的能源技术。例如,从原子核的裂变或聚变中获得能量,应用到战争中,就是原子弹和氢弹技术(图0.5)。

图0.5　1967年6月17日,我国第一颗氢弹爆炸成功

从极少的组分和极少的定理就可以构建出复杂的物质世界。事实上,目前已知的海量化学与材料体系都是由一百多种不同的化学元素构成的。门捷列夫(1834—1907)发现并归纳了这些化学元素所满足的周期律,制作出世界上第一张元素周期表,并据此预见了一些当时尚未发现的元素。如何从这些基本的化学元素出发得到性能各异的分子和材料体系是化学和材料科学的研究范畴。相关研究对人类生产生活有着重要的影响。例如,中国能以占世界7%的耕地养活占世界22%的人口,化学肥料的应用起到了举足轻重的作用。而我们日常生活中大量使用的塑料、合成橡胶和人造纤维等产品,都是通过小分子聚集在一起形成

的高分子化合物。高分子工业技术的发展得益于施陶丁格(1881—1965)提出高分子具有重复链结构这一科学概念后高分子化学的快速发展。

我们对于人类所居住的地球的认识也在日益加深。魏格纳(1880—1930)通过观察世界地图和阅读文献,提出了大陆漂移说,认为地球上所有大陆曾经是一个统一的巨大陆块,后来开始分裂并漂移,逐渐达到现在的位置。地质学以及古生物学方面证据都支持这一学说。结合后来根据海底地貌特点形成的海底扩张说,形成了目前较为成熟的板块构造理论。根据该理论,地球表层的硬壳即岩石圈是由若干刚性板块拼合而成的,下面是黏滞性很低的软流圈。因此,岩石圈板块是活动的。虽然内部稳定,板块的边缘和接缝地带是地球表面的活动带。对地球的了解增强了人们应对地震之类的自然灾害的能力。在研究地球的同时,随着技术的进步,人们也开始探索地球所处的空间,如目前我国对月球和火星的探测。相关研究统称为地球与空间科学。

人们在对生命的认识上也取得了很多进展。达尔文(1809—1882)提出了生物进化论。孟德尔(1822—1884)通过豌豆实验发现遗传定律。随后在20世纪中叶发现DNA是遗传物质,并由沃森(1928—)和克里克(1916—2004)确定了DNA具有右手双螺旋结构。1957年9月,克里克作了一个演讲,提出了生物学的中心法则。随着对生命认识的加深,医药卫生相关的技术也取得了飞跃式进步。一些具有生物活性的药物、疫苗被研发出来。例如,在全球新冠疫情大流行期间研发的mRNA疫苗为减缓疫情传播起到了积极作用。同时,医疗也在逐渐往精准医疗转变,针对每个病人设计个性化的疗法与药物成为可能。

随着电子计算机的出现以及相关技术的飞速发展,计算机科学成为一门独立的学科。冯·诺依曼(1903—1957)设计了在目前计算机中广泛采用的体系结构。他根据电子元件双稳工作的特点,建议在电子计算机中采用二进制。他提出计算机应包括运算器、控制器、存储器、输入设备和输出设备五部分。计算机科学关注抽象意义上的计算。图灵(1912—1954)提出基于一种抽象的计算机模型来研究一个问题是否是可计算的。人们称这种抽象模型为图灵机。随着计算机计算能力越来越强,计算机将在一定程度上具有"智能"。图灵提出了著名的"图灵测试",指出如果第三者无法辨别人类与机器反应的差别,则可以断定该机器具备人工智能。

学科交叉是科学技术发展到一定阶段以后的鲜明特征。一个例子是量子物理与计算机科学的交叉。当操控微观世界的技术发展到一定程度以后,对单个量子态的精准操控变成可能。对于一个两能级的量子态,系统可以处于两个能级的线性叠加状态。这与经典计算机中每个信息单元,即比特,或者处于0态或者处于1态形成鲜明对比。由于量子态叠加效应,一个量子比特所包含的信息量远远超过一个经典比特。因此,用量子态作为比特的量子计算机有可能对经典计算机形成独特的优势。量子计算正是研究这种可能性的一门交叉学科。

0.2 工程实践

科学技术的发展大大提升了人类改造自然的能力。人类改造自然的活动变得越来越复杂,需要综合或集成多种技术和非技术因素来完成一项项的工程。我们最常想到的工程就是建筑工程。早在古罗马时期,建筑师们就已经十分活跃,建成了一批大型建筑。古罗马一个非常有名的建筑师叫维特鲁威。他著有《建筑十书》,首次提出建筑三要素:坚固、实用和美观。除了大型建筑,罗马还在各个行省之间修建了很多道路,"条条道路通罗马"的说法流传至今。同时,罗马还建了很多引水渠工程。有些引水渠长达几百公里,还用到像虹吸之类的技术,这在当时是很了不起的。

当时地中海沿岸的一些大型建筑被称为古代世界七大奇迹。由于自然灾害等的影响,最后只有埃及的金字塔保存至今。在地中海沿岸以外,最有名的建筑工程当属中国的万里长城。长城在西周,也就是公元前七八百年的时候,就开始修建了。历史上有一个烽火戏诸侯的故事就与长城有关。长城每隔一段就会有一个烽火台。在烽火台上燃烧容易出烟的东西,远处就可以看见。这就起到一个传递军事信号的作用。周幽王为了逗妃子高兴,就报了假信号,这就是烽火戏诸侯的故事。到春秋战国时期,诸侯混战,修建长城变得更加重要。秦国统一中国后,把各个国家的长城重新修了一遍,成为了万里长城。我们现在看到的长城大多是明朝时修建的。

我国历史上另外一个著名的工程是都江堰水利工程(图0.6)。秦国为了统一整个中国,先攻下了蜀国,希望从蜀国攻打楚国。当时的成都平原饱受岷江水患之苦,岷江涨水时容易被淹,枯水期庄稼得不到灌溉。秦国派了李冰任蜀郡太守,希望能解决这个问题。图0.7所示的江为岷江,右下角粉色的区域就是成都平原。当时的想法是要把岷江边的一座山打开一个缺口,把水引到成都平原来。当时的技术水平还处在人工开凿的阶段。粗略地估算,需要几十年的时间才能打开一个缺口。为了缩短工期,他们采用了一个巧妙的办法,先大火烧山,把石头烧得滚烫,然后往上浇水。热胀冷缩使得石头开裂,这就大大加速了工程进度,用八年时间就打开了缺口。通过这个叫宝瓶口的缺口岷江水可以进入成都平原。

图0.6 都江堰实景图

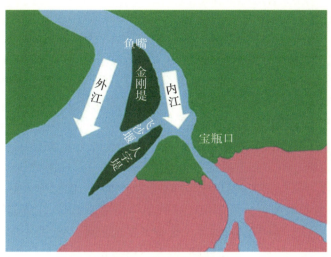

图 0.7 都江堰示意图

  为了优化引水成效,他们在岷江的中间用一些装满大石头的竹笼将河道分成两半,一半叫内江,一半叫外江。人们希望枯水季节大部分水从内江走,这样内江的水就可以通过宝瓶口灌溉成都平原;涨水季节大部分水从外江走,通过外江泄洪防止淹掉成都平原。达到这一目的的办法是使内江窄而深,外江宽而浅。河道管理除了水的管理,另一个重要的方面是沉积物也就是沙的管理。一般来说,沙容易堆在凸面。因此,沙主要就从外江走了,内江沙沉积较少。即使这样,考虑到内江需要较深,进一步减少内江沙沉积是有益的。为此,在宝瓶口上方建了一个飞沙堰。通过改变水流方向会形成漩涡,甚至一些小的石头都可以翻滚起来。沙被扬起来以后,就从飞沙堰这个地方出去了。都江堰是一个设计非常巧妙的工程,从战国时修建一直用到现在,非常了不起。

  当然,工程并不限于建筑工程。事实上,工程涉及人们生产生活的方方面面。目前在大学里普遍设置的工程专业包括化学工程、电气工程、机械工程、软件工程等。除此之外,还有许多特色的工程方向,例如航天工程、土木工程、石油工程、车辆工程等。以软件工程为例,最开始编写计算机程序的时候程序复杂性有限,代码通过在纸带上打孔来记录。计算机根据这些孔的位置去决定它执行什么样的指令。后来出现了汇编语言以及高级语言,程序也变得越来越复杂,通常需要多位程序员合作开发。这时,编程的风格以及如何提升团队协作效能等都成为一个大型的软件工程需要仔细考虑的问题。

  近代人类科技史上有很多重要的大工程。一个生命科学领域的例子是人类基因组计划。人类基因组计划由美国政府于 1990 年 10 月正式启动,然后德、日、英、法、中等 5 个国家的科学家先后加入。它是一项改变世界而影响到我们每一个人的科学工程。其具体目标就是测定组成人类基因组的 30 亿个核苷酸的序列,从而阐明人类基因组及所有基因的结构与功能,解读人类的全部遗传信息,奠定揭开人体奥秘的基础。人类基因组计划对生命科学研究与生物产业发展具有巨大的导向性作用。"基因组学"这一新的学科正是随着人类基因组计划的启动而诞生、发展起来的。

  在空间探索领域的著名工程是 20 世纪美国的"阿波罗"载人登月计划。1969 年 7 月 21 日,美国的"阿波罗 11 号"宇宙飞船载着三名宇航员成功登上月球,指令长阿姆斯特朗在踏上月球表面这一历史时刻,说出了一句被后人奉为经典的话:"这是一个人的一小步,却是人类的一大步。"目前,我国自己的探月工程正按计划有条不紊地进行,预计将在几年内实现载人登月。而美国也在积极筹备重返月球计划。

交通运输与人类的生活息息相关。从完全借助人力或者使用畜力到使用蒸汽机或者内燃机驱动交通工具,人类的出行和货物运输变得越来越便捷。而我国的高速铁路网络建设工程将进一步重新定义交通方式,影响深远。到2022年年底,中国高铁运营里程已经达到4.2×10^4 km,超过世界其他国家高铁营业里程总和。中国设计、制造了和谐号电力动车组、复兴号电力动车组(图0.8)。和谐号动车组是2004年中国引进德国、日本等国的高速动车组技术,在消化吸收再创新的基础上生产的高速动车组系列的总称。新一代标准动车组复兴号是中国自主研发具有完全自主知识产权的新一代高速列车,它集成了大量现代国产高新技术,牵引、制动、网络、转向架、轮轴等关键技术实现重要突破,是中国科技创新的一个重大成果。中国高速铁路是封闭电气化铁路,架设空中接触网为列车供电,常采用无砟轨道和无缝钢轨。中国高铁建设成本约为其他国家建设成本的三分之二。中国高铁跑出了中国速度,更创造了中国奇迹。

图0.8 CR400AF复兴号动车组

0.3 科学、技术与工程的思维方式

科学、技术与工程虽然紧密联系在一起,但是其关注点各有不同。科学是真理导向的,关注万事万物背后的原理,并不在意研究对象是否有用。技术是性能导向的,追求不断提高性能指标。而工程是价值导向的,其最终目的是要获得产品,产生价值。科学、技术与工程有自己的思维方式。了解这些思维方式,在日常生活或者工作中有意识地去运用这些思维方式是十分有益的。在学校里学习到的某些知识可能以后永远都用不到,但是学习过程中

形成的思维模式会影响人的一辈子。以前有个说法叫"学好数理化,走遍天下都不怕",并不是说各行各业都要用到很多数学、物理和化学知识,而是说在学好数理化的过程中形成的科学思维方式可以帮助处理各种类型的问题。

1. 工程思维

我们先简单讨论工程思维,再重点介绍科学思维。当然,工程思维的首要特点就是科学性。任何工程从构思到实施都要有科学依据,遵循科学原理,符合科学规律。科学规律为设计师和工程师的工作设定了严格的限制和边界。但在边界之内,工程的实施往往取决于意志与价值追求。例如,为什么我们在古代技术力量很薄弱的情况下能完成长城这样的大工程,就是因为这里面有国防意志在起作用。工程思维还讲究艺术性。现实中每一个工程构建都需要有自己的特色。同时,工程思维具有筹划性,具体体现在工程实施前需要选择和制定工程行动目标、行动计划和行动模式,进行多种约束条件下的运筹规划。在此过程中,往往需要把不同方面的要素、技术、资源、信息等汇集在一起,在综合集成的基础上实现系统创新。

工程思维的一个特色是逻辑性与非逻辑性的统一。与其他思维一样,工程思维过程中首先包含着逻辑思维的内容,需要依据科学原理进行判断和推理。同时,在工程中往往存在着相互矛盾、彼此冲突的目标、要求和内容。例如,经济目标与生态目标的冲突,技术维度要求与人文社会维度要求的冲突等。这就需要对各种矛盾、冲突进行调和,统筹兼顾,权衡协调,使其在工程总体目标框架内彼此妥协,相互包容,整合为一体。这种将矛盾、冲突进行非逻辑复合的思维方式被称为超协调逻辑。这与工程问题求解的非唯一性是紧密联系在一起的。一般来说,科学问题的求解有唯一的答案,而工程项目中整体设计、技术路线、实施方案等大都是非唯一的。这时,要综合考虑多方面因素,寻找最优解。

工程思维特别强调可靠性方面的要求。因为工程尤其是重大工程的失败往往会造成严重的后果,所以可靠性永远必须作为工程思维的一个基本要求。1900年,加拿大魁北克大桥开始修建。为了节省成本,负责桥梁设计的工程师未经严格论证擅自延长了大桥主跨的长度。1907年8月29日,桥梁在即将竣工之际,发生了垮塌,造成75人死亡、多人受伤。大桥重新开始设计建造后,后继者并没有吸取教训。由于某个支撑点的材料指标不到位,悲剧再一次重演,中间最长的桥身突然塌陷,造成多名工人死亡。为此,在加拿大工程学院七位前院长的组织下,人们筹资买下了大桥的钢梁残骸,打造成一枚枚指环,分发给每年从工程系毕业的学生。戒指被设计成如残骸般的扭曲形状(图0.9),取名为"铁戒",又叫"工程师之戒",提醒他们永远不要忘记历史的教训与耻辱。

在工程实践中有必要考虑到外部条件中总有一些不确定因素,同时人总是会犯错误。因此,工程设计需要有容错性的考虑。所谓容错性,就是在出现了某些错误的情况下仍能正常工作。例如,民航飞机通常有多个发动机,其中一个发动机出现问题的时候,飞行员仍然可以操纵飞机"正常"飞行。同时,可以考虑在设计中添加相应元素使得错误无法发生。例如,如果一个插头插反了就会导致机器损坏的话,可以在设计插头形状时引入非对称元素,使得插头只能按正确方向插入,无法反方向插入。

图 0.9 工程师之戒

2. 科学思维

工程思维需要在实践中培养。而在校学习期间，除了学到很多知识，科学思维能力的培养是十分重要的。首先要有科学精神。科学精神的原动力是好奇心。历史上很多重要的科学发现都是在好奇心和求知欲驱使下得到的。教育的一个重要功能就是激发学生的好奇心。科学精神的核心是实事求是。科学来不得半点虚假，否则无法得到正确的结论。另外，科学精神还包括质疑精神，或者叫批判性思维。如果所有的人都迷信权威，科学就没法进步。无论在科学研究中还是在日常生活中，保持质疑精神都是很重要的。例如，对于网络谣言、电信诈骗，一个具有质疑精神的人被骗的概率就会小很多。

除了这些科学精神，常见的科学思维方式包括抽象思维、形象思维、逻辑思维、发散思维等。抽象思维是科学研究中的一种重要思维方式，具有概括性、间接性等特点，是指在分析事物时抽取事物最本质的特性形成概念，并运用概念进行推理、判断的思维活动。比如研究分子的对称性。一个直观的概念是分子在某个对称操作下不变。例如，对甲烷而言，绕一个碳氢键转120°不会改变分子结构。为了将分子对称性与分子性质更好地联系起来，需要引入一些抽象的概念。首先，将一个分子所有的对称操作组成一个集合。在对称操作之间定义一种乘法运算：两个对称操作的乘法就是把这两个操作依次作用在分子上。定义好乘法以后，这些对称操作的集合构成一个群。然后，可以引入矩阵群来表示对称操作群。矩阵的对角元之和可以用来区分不同的群表示是否等价，被称为特征标。这样，对每个分子可以得到有限多个基本的矩阵表示，分子可能的状态可以通过这些表示来分类。可以看到，从分子在实空间的几何对称性到群表示的特征标是一个不断抽象的过程。为了能利用对称性来系统地描述分子性质就需要这种抽象思维的能力。

抽象思维通常涉及针对具体问题去建立一些抽象模型。在这一过程中要抓住关键，忽略一些不重要的细节或者具体表象。需要注意的是，不能在建立抽象模型的过程中将最核心的东西忽略了。例如，有一个故事是说农场里的鸡出现了疾病。农场主找了一个生物学家，没有解决问题。又找了一个化学家，还是没有解决问题。最后，找了一个物理学家。物理学家说他有一个解决方案，但是这个解决方案只适用于真空里的球形鸡。对于鸡的疾病这个问题而言，抽象成真空中的球形鸡无疑没有抓住问题的关键。

形象思维与抽象思维不同，它不是以概念为起点去进行思考，而是以人们感觉到或想象到的事物为起点。一般可能认为形象思维对设计师、艺术家更重要,在科学研究里用得不多。事实上,形象思维也是一种重要的科学思维方式。一个有名的例子是对苯分子结构的研究。之前的实验测得苯的分子量是78,其中含有6个碳原子、6个氢原子。现在我们都知道苯分子具有环状结构,但找到这个结构在19世纪60年代还是一个难题。据说,凯库勒(1829—1896)曾认真研究这个问题,但一直没有解决。一天夜晚,他在书房中打起了瞌睡,眼前出现了旋转的碳原子。碳原子的长链像蛇一样盘绕卷曲,忽然蛇咬住了自己的尾巴,并旋转不停。他猛醒过来,整理苯环结构的假说,又忙了一夜。对此,凯库勒说:"我们应该会做梦……那么我们就可以发现真理……但不要在清醒的理智检验之前,就宣布我们的梦。"

逻辑思维是一种重要的能力。在科学研究中,通过实验或者计算模拟可以得到一些数据。从这些数据能得到什么结论,其中的逻辑必须十分严格、清楚。很多时候,如果不经过仔细思考,我们会得到一些似是而非的结论。一个例子是:二战中美国有一个为战争部门提供建议的统计研究小组。当时军方提交给统计小组的一个问题是关于为飞机加装装甲的。装甲会增加飞机重量,从而降低飞机机动性和减少飞行里程,因此军方考虑只在最重要的部位加装装甲。他们统计了与敌军交火后返航飞机上弹孔的分布,发现机身上的弹孔比引擎多。因此,他们考虑在弹孔密度最高的部分加装装甲,希望统计小组给出具体方案。而统计小组给出了完全不同的建议。他们认为飞机各部分遭到射击的概率应该差不多,但是被击中引擎的飞机未能返航。大量飞机的机身被打得百孔千疮仍然可以顺利返航,因此不需要重点保护。相反,需要在弹孔少的引擎部分加装装甲。这里,军方逻辑推理的问题就在于没有考虑未返航的飞机,而这恰恰是整个逻辑链条中的关键。

发散思维也是一种重要的科学思维。科学研究中的创新经常需要跳出思维定式,突破常规才能获得。有一个形象的比喻是说,有一个玻璃瓶,瓶底对着一盏灯,如果把蜜蜂和苍蝇放进玻璃瓶里,谁会先找到出口?大多数人会认为蜜蜂先找到出口,因为蜜蜂更聪明。比如在实验室里,科学家们观察到蜜蜂可以抬起或者滑动盖子来收集糖水;它们还可以把自己学到的东西传授给其他蜜蜂。但是,要从瓶子里找出口,蜜蜂聪明反被聪明误。蜜蜂喜欢光,由于瓶底靠近光源,它们会不断地撞向瓶底。相比之下,苍蝇根本无视那盏灯,它们会四处飞来飞去,直到无意中发现另一边的出口就飞出去了。类似这里的苍蝇找出口,发散思维经常会帮助我们找到问题真正的解。

3. 学科差异

同是科学思维,不同学科会有所侧重,形成具有学科特色的思维方式。例如数学,虽然数学并不属于自然科学,但是数学研究也需要科学思维。数学的目的并不是研究客观世界。因此,数学更注重建立一套公理体系,然后在此基础上得到逻辑自洽的各种结论。比如欧几里得几何,是从我们生活的三维空间抽象出来的几何空间。其中的一条公理是平行线不会相交。如果把这个结论变一下,就可以得到一门完全不同的新几何学。这样的新几何学可能没有任何用处,也可能为广义相对论之类的物理理论提供重要工具。

由于上述特点,数学家的思维方式从实用角度看有时可能会十分奇怪。据说数学家波利亚曾用一个"烧水"的浅显例子来解释把一个未知问题归结为一个已知问题的数学思想。他说:给你一个煤气灶,一个水龙头,一盒火柴,一个空水壶,让你烧一满壶开水,你应该怎么做？你会回答：把空水壶放到水龙头下，打开水龙头，灌满一壶水，再把水壶放到煤气灶上，划着火柴，点燃煤气灶，把一满壶水烧开。他说：对，这个问题解决得很好。现在再问你一个问题：给你一个煤气灶，一个水龙头，一盒火柴，一个已装了半壶水的水壶，让你烧一满壶开水，你又应该怎么做？通常的回答是：把装了半壶水的壶放到水龙头下，打开水龙头，灌成一满壶水，再把水壶放到煤气灶上，划着火柴，点燃煤气灶，把一满壶水烧开。但是数学家的回答是：把装了半壶水的水壶倒空，就化归为刚才已解决的问题了。

  物理学的研究特点与数学有所不同。大多数的物理学研究需要一步一步探索，而不是直接基于一个公理体系进行逻辑推导。同时，考虑到实验测量通常会有误差，在进行物理学研究时往往需要有一个从复杂的数据中提炼出物理规律的过程。当然，这样一个过程一定要小心谨慎，不能对数据进行过度解读。有一个调侃这种不小心的研究的故事是这样说的。一个物理学家提出一个猜想：奇数都是质数。为此，他找学生来进行实验验证。学生A检查了20以内所有的奇数，他发现9和15不是质数。于是，他和导师发表一篇文章，声称在10%的误差范围内奇数都是质数。学生A毕业以后，学生B接过他的工作，继续研究。她找出100以内的质数，发现只有25个。于是她和导师写了篇文章说，"奇数都是质数"这个结论是正确的，不过在使用的时候，需要乘一个"蒙混因子"。

  对于年轻学生进行专业选择或者职业生涯规划而言，相对于学科排名、就业形势等因素，不同学科之间思维方式的差异是更需要着重考虑的因素。不同的人思维特点差别很大，需要从多个维度去考察，不能像考试成绩一样简单地压缩到一个维度上去。可能有的人求知欲较强，喜欢寻根问底，而有的人执行力很强，喜欢享受做出具体产品的成就感。有的人记忆力较好，有的人逻辑思维强。你很难说一个记忆力特别好的人和一个形象思维特别强的人谁更聪明。这时，针对每个人各自的特点，选择合适的专业和职业是很重要的。一个抽象思维能力较弱的人选择基础数学研究作为自己的人生方向显然是不太明智的。喜欢问为什么的人可能更适合于理科培养，成为科学家；而喜欢做出产品的人可能更适合于工科培养，成为工程师。在进行专业选择之前需要对不同的专业有较为深入系统的了解，而不是基于偶尔看到的一个新闻报道而建立没有牢固基础的"兴趣"。

  另外一个关于学科比较这一主题经常讨论到的问题是：一个学科是不是比其他学科更基本？狄拉克曾经说过："大部分物理学和整个化学的数学理论所需的物理规律都已经知道，目前唯一的困难是严格应用这些规律得到的方程过于复杂，难以求解。"有人甚至会说物理学是应用数学，化学是应用物理学，生物是应用化学。这完全是一种机械还原论的错误观点。事实上，并不是所有的规律都可以还原到最底层。一种更科学的观点是层展论，即在不同的层次会展现出新的不同的规律。凝聚态物理学家安德森（1923—2020）曾经说过"多则不同（more is different）"。也就是说，当微观粒子数目非常多的时候，系统会展现出与由少数几个粒子构成的体系很不一样的规律。有时候，这些新的规律会与微观粒子之间的相互作用细节完全没有关系。比如，在相变临界点，会观察到一些普适的标度关系。这些关系只与体系的维度以及这个体系序参量的维度有关，跟具体是什么体系没有关系。因此，对这些现象就不能还原到原子分子层次去理解。自然地，我们也不能说凝聚态物理是应用原子分子物理。

  关于学科差异，我们最后讨论一下计算机科学。图灵奖得主、计算机科学家迪杰斯特拉曾经说过:"我们所使用的工具影响着我们的思维方式和思维习惯,从而也将深刻地影响着我们的思维能力。"计算机现在已经成为一个广泛使用的工具。科学研究的范式也从原来的纯理论思辨,进化到理论与实验结合,再进化到理论、实验与计算机模拟相互协同。我们日常生活也越来越离不开计算机或者作为其简化版本的智能手机。时任卡内基梅隆大学计算机系系主任的周以珍教授在 *Commun ICM* 杂志上发表的一篇文章里提出了计算思维的概念。计算思维就是在处理问题的时候会自然地考虑这个问题是否可以转化为一个程序化的问题,能不能算,是不是可以用计算机来处理。例如,如果用计算思维考虑"自由意志是否存在"这样一个哲学问题,就需要回答是否有一个足够强大的计算机可以对一个人进行精确的模拟,是否可以完整地复制一个人的状态之类的问题。周以珍提出计算机专业的人可以做任何事情(One can major in computer science and do anything)。这与我们前面提到的"学好数理化,走遍天下都不怕"是一个道理,强调的是思维方式。从这个意义上说,对一个非计算机专业的大学生来说,培养计算思维能力与习惯也是十分必要的。

4. 科研诚信与科技伦理

科学、技术与工程思维中都有伦理学方面的考虑。伦理学是关于道德的科学,是道德思想观点的系统化、理论化。尽管伦理学中有许多派别,但是有一些基本的原则是获得广泛认可的。例如,应当尊重生命;应当善良,避免并制止为害作恶;应当公平公正地对待他人;应当诚实;应当承认人在道德上是平等的,尊重他人个人自由。当然,这些原则并不是绝对的。当不同的原则矛盾时,应该根据具体情况确定哪条原则具有优先权。例如,为了阻止他人杀人行凶而说谎应当被认为是一种道德的行为。

对科技与工程活动中的伦理,首先需要讨论的是在进行这些活动时需要遵守的一般性伦理规范,即科研诚信。科研诚信的核心是实事求是,这与科研活动本身的特点是一致的。因此,伪造、篡改和剽窃是绝对不允许的。在发表研究成果时要如实披露所有信息。如果发表一项支持喝酒有益于身体健康的研究,那么不披露该项研究是某个酒厂资助的科研项目无疑是不恰当的。同时,研究结论原则上应该基于所有的实验数据。一个著名的例子是密立根油滴实验。该实验首次测量了电子的电荷量,密立根也因此获得1923年的诺贝尔物理学奖。密立根油滴实验60年后,史学家发现,密立根向外公布的数据只是他所有观测数据的一部分。他在实验中通过预先估测,去掉了那些他认为有偏差、误差大的数据。同时,密立根的实验是与学生福莱柴尔一起进行的,但他发表的文章只署了自己一人的名字,不符合科学论文发表的署名规范。这也属于一种学术不端行为。

费曼在1974年加州理工学院的一场毕业典礼演说中叙述"货机崇拜的科学"(cargo cult science)时也提到了密立根油滴实验。密立根当时用了一个不准确的空气黏滞系数数值,导致他得到的电子电荷量是偏小的。如果把在密立根之后进行电子电荷量测量得到的数据整理一下,就会发现不同研究者得到的数值慢慢变大,直到最后在一个较大的数值上稳定下来。可以想象,当后来者获得一个比密立根数值更大的结果时,他们会以为哪里出了错,拼命寻找原因。而当他们获得的结果跟密立根的数值相仿时,便不会那么用心去检讨。因此,他们最后排除了所谓相差太大的数据,报道了尽可能跟前人一致的结果。

科学技术的发展会带来一些伦理学方面的新挑战。一方面,新的科学发现会改变我们的一些固有认知。另一方面,新的技术进展会使得一些之前不可能的事情变成可能。例如新的科学发现可能影响伦理学中自由论与决定论之间的争议：人们能否自由地作出道德决定并付诸行动？这一争议是伦理学中一个影响道德,特别是道德责任的重要问题。哈佛大学帕斯夸尔-莱昂内在他的实验中使用了一种称为经颅磁刺激(TMS)的技术。通过这种技术,对右运动中枢的特定刺激会导致左手腕的一次抽动,而对左运动中枢的刺激可导致右手腕的一次抽动。具体实验过程是让受试者在收到一个提示时决定想要抽动左手腕还是右手腕,并在收到另一个提示时执行他们的意图。通过监控受试者是左运动中枢还是右运动中枢活跃,研究人员可以在手腕抽动发生前预测受试者作出了何种选择。帕斯夸尔-莱昂内偶尔会施加一个TMS信号来反驳并推翻受试者的选择。这时,受试者抽动的就会是TMS信号指定的那只手,而不是原来选择的那只手。有意思的是,没有受试者报告说某个外力控制了他们。相反,他们会说："我改主意了。"这个实验表明,我们所获得的独立自主作出决定的印象可能并没有我们想象中的可靠。

技术进步大大增强了人类改造世界甚至改造自身的能力,这也带来一些伦理学上的挑战。一个经典的例子是关于堕胎的伦理问题。在远古的时候,人们对怀孕生育的过程并不能进行有效的干预。然而,随着技术的进步,人工流产技术变得十分成熟。这时,就会出现对"尚未出生的胎儿是否具有生命权"这一问题的争议,以及"堕胎是否道德"的伦理学争议。随着基因技术的进步,通过改变人类正常基因产生某种增强效应,比如使人类身高增加、具备某种优秀特质,正慢慢变成可能。这时的伦理争议在于人类可否违反自然规律而进行超常改造。或者,一个相关的问题是,对与我们亲缘关系很近的灵长类进行遗传修饰,会不会使"人"的定义开始模糊呢？

在计算机领域,人工智能的飞速发展也带来一些伦理学方面的挑战。简单的问题包括日益成熟的人脸识别技术带来隐私安全问题等。而更终极的问题涉及人工智能与人的关系。目前已有基于人工智能的虚拟人在一些公司或者单位入职的报道。甚至有不少天天与这些虚拟人邮件往来的同事都不知道他们并不是真人。随着计算能力的日益增强以及人工智能技术的进步,这些虚拟人会不会最终具有完全的自我意识？会不会具有独立的情感？如果它们具有了自我意识和情感,是否具有生命权？这时,人类应该如何与这些虚拟人相处？继续把虚拟人作为奴隶使用道德吗？与之相关的问题是,随着人机接口技术的发展,人是否可以将自己的记忆和意识载入计算机？如果可以,是否意味着出现了一个关于自己的独立拷贝？这个独立拷贝与本体关系如何？本体死亡以后,这个独立拷贝和人工智能虚拟人本质上是不是一样的？思考这些问题,会使我们在科技活动中保持敬畏之心,促进科技向善,同时也引领着科技发展的方向。

(本章撰写人：李震宇)

参 考 文 献

[1] 尤瓦尔·赫拉利.人类简史[M].林俊宏,译.北京：中信出版社,2017.
[2] 弗兰克·维尔切克.万物原理[M].柏江竹,高苹,译.北京：中信出版社,2022.
[3] 雅克·蒂洛,基思·克拉斯曼.伦理学与生活[M].11版.程立显,刘建,译.成都：四川人民出版社,2020.

第1章 数　　学

1.1 导　　论

我们必须知道，我们必将知道。

——希尔伯特

1. 数学的起源

数学是人类文明的基础。可以说，人类文明有多悠久，数学就有多悠久。无论是两河流域的古巴比伦文明，还是尼罗河流域的古埃及文明，抑或是印度河流域的古印度文明，以及发源于黄河、长江流域的伟大华夏古文明，所有这些古老的文明都无一例外地在实际问题驱动下积累了大量的实用数学知识，迈出了数学的第一步。

在数学萌芽时期，由于收税、贸易、建筑、天文等实际问题的需要，人们逐渐形成了数(首先是自然数，其次是正分数)的概念，并发展出简单的四则运算法则，积累了简单几何图形的面积和体积的一些计算方法。例如，现收藏于莫斯科普希金精细艺术博物馆的莫斯科纸莎草书(Moscow papyrus)是最早见于文字记载的数学内容，形成于公元前1850年左右古埃及第十三王朝，共记载了25个问题，其中最有名的是第14个问题：

问题：计算一个下底边长$a=4$、上底边长$b=2$、高$h=6$的正四棱台的体积。

解答：
- 算出4的平方得16，算出4的2倍得8，算出2的平方得4；
- 把它们相加得28；
- 算出6的三分之一得2，28乘2得56。

答案等于56，你可以知道它是对的。

把上述语句抽象成我们熟悉的公式语言，就是

$$V_{四棱台} = \frac{(a^2 + ab + b^2)h}{3}$$

当然，在数学萌芽时期，这些公式都是先人们根据经验推测出来的。甚至某些公式是错的，例如通过研究修建于公元前2世纪的艾得芙荷鲁斯神庙(Temple of Horus at Edfu)的壁画，可以推断出当时人们用于计算边长分别为a,b,c,d的四边形面积的公式为

$$A = \frac{a+c}{2} \cdot \frac{b+d}{2}$$

该公式显然只对于矩形等特殊情况才能给出正确结果。古巴比伦人甚至比古埃及人走得更远,比如他们较为系统地使用六十进制记数法,会解二次方程以及某些特殊高次方程,甚至在一块目前收藏于哥伦比亚大学、编号为 Plimpton 322 的泥板上,记录了15组勾股数组,即满足

$$a^2 + b^2 = c^2$$

的整数三元组,其中包括(3456,3367,4825)这样由较大数字构成的勾股数组。这个时期人们积攒了许多惊人的数据和公式,但主要依靠从实际问题中观察到的结果以及某些经验的积累,没有任何理论推导。他们并不理解公式,也不关心如何理解公式,而只对这些公式的实际应用感兴趣。

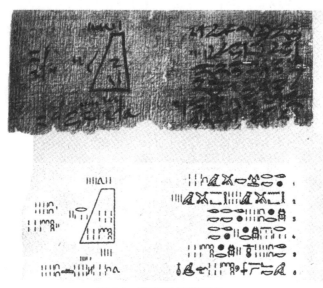

图1.1 莫斯科纸莎草书

一般认为数学是在公元前600年至公元前300年间脱离萌芽状态,逐渐发展成一门科学的。古希腊七贤之首——米利都(Miletus)的泰勒斯(Thales,约前624—前548)是西方思想史上第一个有记载的思想家,被誉为"西方哲学之父"(他是第一个思考世界本源的人,其哲学观点是"水是万物之源")和"科学之父"(通过经验观察和理性假说来解释自然现象,理解世界)。他曾游历古巴比伦和古埃及,并在埃及跟当地祭司学习数学知识。他是已知的用逻辑推理证明定理的第一人,从而也是第一位数学家。据说他所证明的定理是:

泰勒斯定理 半圆直径所对的圆周角是直角。

由于文献的缺失,我们并不知道他是基于什么假设出发证明该定理的。从该定理出发,泰勒斯运用逻辑推理给出了四个推论,例如"等腰三角形的底角相等"。

接下来对数学学科的形成产生举足轻重影响的是毕达哥拉斯学派,其创始人是古希腊哲学家、数学家毕达哥拉斯(Pythagoras,约前585—前500)。他们不仅发现了勾股定理(毕达哥拉斯定理)、黄金分割比等,还在研究音乐时发现,要使弦发出和谐的声音,必须使各根

弦的长度成整数比。由此出发,他们得出了流传万古的格言:

> 万物皆数:宇宙间的一切现象都能归结为整数或者整数之比。

毕达哥拉斯学派把能用整数之比表示的数称为可公度比。他们甚至发展出了数字神秘主义,即赋予每个数字特定的神秘含义。例如:1是原因之数(万物之源),2是判断之数,3是和谐之数,等等。相传,毕达哥拉斯学派的成员希帕索斯(Hippasus,约前530—前470)因发现了不可公度比而被投入大海。事实上,直到2000多年后的19世纪,数学家们才把无理数完全纳入数的体系,建立起完整的实数理论。

从毕达哥拉斯学派开始,数学跟哲学("智慧之爱")更紧密地联系在一起。数学的研究对象即数与形开始脱离实际事物或实际形象(比如线不必是拉紧的绳子或者田地的一边),成为思维的抽象产物。事实上,最早的数学家如泰勒斯、毕达哥拉斯、亚里士多德(Aristotle,前384—前322)等无一例外都有另外一个身份,那就是哲学家。原因很简单:他们都是把数学当作哲学、当作探索宇宙规则的学问来学习和研究的。古希腊哲学家柏拉图(Plato,前429—前347)曾经创办一所柏拉图学园,把数学思想作为进入哲学的阶梯,并在门口张贴了"不懂几何者不得入内"的告示。可以说,数学的公理逻辑演绎体系是古埃及-古巴比伦数学和古希腊哲学碰撞后的产物。对于毕达哥拉斯学派、柏拉图学派而言,"数"是"存在"的有限方面,"形"是"存在"的无限方面,数学则成为运用逻辑推理研究抽象的数与形的学科。所以古希腊哲学家、科学史家欧德莫斯(Eudemus,约前370年—前300年)断言是毕达哥拉斯创立了纯数学,把它变成了一门高尚的艺术。

数学作为一门学科,其名字来源于毕达哥拉斯学派:他们引入了 $\mu\alpha\theta\eta\mu\alpha$ (mathema)一词,表示"博识之学""科学"。在毕达哥拉斯死后,毕达哥拉斯主义哲学分为两个流派,其中之一被称为 $\mu\alpha\theta\eta\mu\alpha\tau\iota\kappa o\iota$ (mathematikoi),即数学家。事实上,在19世纪之前,西方数学与科学(尤其是天文学)之间的分别是不明显的。

顺便提一下中文中"数学"作为学科名的历史。中国古代历史上称数学为"算学":所谓算术,指的是算数之术;而算学,则是指算术之学。中国传统数学以计算见长,具有算法化的特色。"数学"一词大约产生于中国宋元时期,当时主要指象数之学,即古代儒家易学中以符号(物象)、数字表示事物关系和推测宇宙变化的学说。清代著名数学家李善兰(1811—1882)与英国传教士伟烈亚力(A. Wylie,1815—1887)合作翻译了很多西方著作,也是把 mathematics 译为算学,而把 arithmetic 译为数学,意为"数(shǔ)数(shù)之学"。在20世纪初,"算学""数学"两个词一直混用,"数学系""算学系"林立。在20世纪30年代,中国数学会对于将 mathematics 译为"算学"还是"数学"展开了广泛的讨论,一度难以达成一致。直至1939年8月,当时的教育部鉴于"数理化"已成通用简称,且"数"自古以来就名列六艺之一,而最终一锤定音,选定"数学"作为学科名。

最早的系统总结数学知识的文献是古希腊亚历山大时期的欧几里得(Euclid,前325—前265)所著的《几何原本》。这本书被誉为西方数学的基石,是最成功、最有影响力的教科书,其发行数仅次于《圣经》,对数学的发展影响深远。事实上,这本书的名字翻译成英文是 Elements,即"原本",并无"几何"之意。全书共有13卷,包括初等平面几何(卷一至卷六)、数论(卷七至卷九)、不可公度的量(卷十)以及立体几何(卷十一至卷十三),其内容也并不仅仅只是几何。明代科学家、政治家徐光启(1562—1633)在意大利传教士利玛窦(M. Ricci, 1552—1610)的协助下翻译了"原本"的前六卷,因为这一部分内容均为几何,所以将书名定为《几何原本》。用"几何"一词表示我们当今所熟悉的几何学科,也是徐光启所创的。后来人们在翻译"原本"全书时也往往沿用《几何原本》这个名字。

《几何原本》最重要的贡献在于为数学学科设立了规范,使公理演绎法成为表述数学的主要手段。在这本书中,欧几里得从定义、公设与公理出发,用逻辑演绎的方法,证明了465个命题。虽然这些命题绝大部分并不是欧几里得的原创,但全书的安排方式、公理公设的选择、定理由简单到复杂的排列顺序都是欧几里得所创的。事实上,《几何原本》所设立的规范不仅对后世数学的发展影响深远,而且其公理化体系对整个科学思维的影响都是巨大的,例如牛顿(I. Newton,1642—1727)的巨著《自然哲学的数学原理》就是参照《几何原本》的公理化体系而写成的。可以说《几何原本》带给我们的是理性的精神,让我们了解到理性的力量。从这个角度来看,《几何原本》是数学作为一门学科的"源头"。

当然,正如每条河流都是由很多支流共同汇集而成的,古埃及、古巴比伦、古希腊数学并不是现代数学唯一的源头。事实上,古代中国、古代印度、古代阿拉伯等东方文明在数学的起源上也都作出了重要贡献,各自发展出了独具特色的东方数学。虽然没有形成一个逻辑完善的演绎系统,但其成就也完全可以跟西方数学相媲美。东方数学(中国、印度、阿拉伯以及周边地区,甚至包括跟古希腊数学同步发展的古巴比伦数学)的长处是代数,而这正好是以古希腊为代表的西方数学的薄弱环节。跟西方数学的抽象化、哲学化相比,东方数学更加注重具体和实际应用。例如中国古代的数学以解决实际工程问题(以及天文、历法)为目标,在这个基础上,中国古代的数学家们把几何问题算术化、代数化,发展出了非常高超的设计算法技巧和非常高超的计算技术。特别地,在东方数学中,几何并不是作为数学的一个学科分支而存在,而仅仅作为算术方法应用的问题情境散布于各类文献中。

值得一提的是,文艺复兴后所兴起的近代数学并不能简单认为是古希腊数学的延续。事实上,文艺复兴后发展起来的代数符号化、微积分等与古希腊"纯几何思想"并不一致,而表现出了很强烈的"东方特征",即更强调计算方法以及对现实世界的应用。古希腊后期的数学家丢番图(Diophantus,约246—330)就继承并大大发扬了古巴比伦的代数传统。另一方面,文艺复兴中"数学复兴"的源头是十字军东征所带回的存于阿拉伯世界的数学典籍:在古罗马完全摧毁了古希腊数学传统后,古希腊的部分典籍因流传到阿拉伯地区而被保留下来,并跟经由印度进入阿拉伯地区的中国、印度以及周边地区的东方数学逐渐融合、缓慢发展。所以,文艺复兴后所兴起的近代数学事实上是西方数学家们在融合东西方数学的基础上发展起来的。

关于数学史更完整更详细的介绍,可参见文献[3]、[11]等。

2. 数学的特征

科学的数学化是近现代科学重要的特征之一。伽利略(G. Galilei,1564—1642)被誉为"现代科学之父"。他认为数学是上帝描述宇宙时所用的语言[13]:

  哲学是写在永远摆在我们眼前的这部大书中的——我这里指的是宇宙——但是,如果我们不首先学会书写它的语言和掌握其中的符号,那么我们就不能了解它。这部书是用数学语言写的,其中的符号是三角形、圆和其他几何图形。没有这些数学语言和数学符号的帮助,人们就不可能了解它的只言片语;没有这些数学语言和数学符号,人们就会在黑暗的迷宫中徒劳地徘徊。

美国数学史家克莱因(M. Kline, 1908—1992)在《西方文化中的数学》[12]中指出:

> 近代科学成功的秘密就在于在科学活动中选择一个新的目标。这个由伽利略提出并且为他的后继者追求的新的目标,就是寻求对科学现象进行独立于任何物理解释的定量的描述。

克莱因进一步把近代科学与以前的科学活动进行比较,指出希腊科学家们主要致力于解释现象发生的原因,而伽利略则认识到,要想揭示和控制自然界运动的力量,需要采用定量描述来取代那些玄想。数学公式不是对事件发生原因的解释,而是对所发生事件的定量描述,但这样的公式被证明是人类所获得的关于自然界最有价值的知识。所以,无怪乎德国哲学家康德(I. Kant, 1724—1804)会说:

> 在任何特定的理论中,只有其中包含数学的部分,才是真正的科学。

伟大的无产阶级革命导师马克思(K. Marx, 1818—1883)也说过:

> 科学只有在它能使用数学的时候,才能达到完善的程度。

当然,数学与科学之间的关系是哲学家、科学史家、文化人类学家们感兴趣并争论不休的话题,我们不过多深入。接下来简要列举一些数学的重要特征,从中也可以体会出为什么数学在科学中有如此举足轻重的作用。

数学的特征有很多。1970年菲尔兹奖①获得者、日本数学家广中平祐(H. Hironaka, 1931—)在其自传《数学与创造》[9]中提出数学有四个特征:准确性、思想性、抽象性、国际性。这本书记录了广中平祐从数学启蒙到"菲尔兹奖得主"的人生经历,呈现了数学家观察事物的独特视角与思考方式。值得一提的是,广中平祐热心于数学教育事业,非常关注年轻人的学习问题。例如,2022年菲尔兹奖获得者、美籍韩裔数学家许埈珥(June Huh, 1983—)是在24岁即大学最后一年才开始在广中平祐的启蒙下真正接触数学、步入数学殿堂的。

所谓准确性,就是我们通常理解的正确性、可靠性、逻辑无矛盾性。从实际问题中抽象出的一元二次方程,它的解必然是能够正确解决实际问题的。每个数学定理都是绝对正确的,是"永恒的真理"。即使是微不足道的一个引理,也具有持久正确的特性。毕达哥拉斯时代证明的数学定理到现在依然是正确的。古巴比伦文明早已经消亡了,但巴比伦数学依然引人入胜。

准确可靠性是数学显露在外的第一个特征。法国作家司汤达(Stendhal,原名为Marie-Henri Beyle, 1783—1842)曾经说过:

> 由于它的本身,我以前热爱并且现在依旧热爱着数学,数学里不容忍我最厌恶

---

① 众所周知,数学中没有诺贝尔奖。菲尔兹奖(Fields medal)被认为是年轻数学家的最高荣誉,每四年评选2~4名有卓越贡献且年龄不超过40岁的数学家获得该奖。人们常常把菲尔兹奖和阿贝尔奖并称为"数学界的诺贝尔奖"。

的伪善与含糊不清。

爱因斯坦(A. Einstein,1879—1955)也曾说过[17]:

> 为什么数学享有高于其他一切科学的特殊尊重,一个理由是它的命题是绝对可靠和无可争辩的,而其他一切科学的命题在某种程度上都是可争辩的,并且经常处于被新发现的事实推翻的危险之中……数学之所以有高声誉,还有另一个理由,那就是数学给予精密自然科学以某种程度的可靠性,没有数学,这些科学是达不到这种可靠性的。

数学的这种准确、可靠的特性当然是由古希腊以来数学自身的"公理-逻辑推理模式"决定的。数学是一门基于公理化和逻辑三段论的科学。在数学里,我们说勾股定理成立,所依据的理由并不是对几个直角三角形验证勾股定理,而是从公理出发的严密逻辑推导过程。这跟我们通过观察到"所见的所有的乌鸦都是黑的"就声称"所有的乌鸦都是黑的"这种归纳逻辑是不同的。事实上,非洲坦桑尼亚就有三种白色的"乌鸦",分别是斑驳鸦、白颈大渡鸦、斗篷白嘴鸦。

所谓思想性,指的是世界观、自然观等哲学思考对数学发展的影响。数学并非只是概念和命题的符合逻辑演绎规则的堆砌。获得诺贝尔文学奖的英国数学家、哲学家、逻辑学家罗素(B. Russell,1872—1970)曾对纯粹数学给出过如下定义[6]:

> 纯粹数学是所有形如"p 蕴涵 q"的命题的集合,其中 p 和 q 是含有相同的一个或多个变项的命题,而且除逻辑常项外不含其他常项。这些逻辑常项全都可以用下述概念来定义:蕴涵、项对于类的"为其元素"的关系、使得的概念、关系的概念,以及上述形式命题的一般概念中可能包含的其他概念。除此之外,数学还使用一个概念,但它不是其所考虑的命题的成分,那就是真假的概念。

这是数学哲学中的逻辑主义学派的观点。对于绝大部分数学家而言,罗素的上述观点是非常失之偏颇的。事实上,《普林斯顿数学指南》[7]、《什么是数学》[5]等书的目的恰恰是"把真实的意义放回数学中去","可以说是罗素的定义中所没有包含的一切东西的全讲"。

"公理与逻辑推理"只是数学的外在表现形式,而不是数学的精髓。早在19世纪,英国数学家、逻辑学家德摩根(A. De Morgan,1806—1871)就断言过:

> 数学发明创造的动力不是推理,而是想象力的发挥。

在数学中,只有重要的、有价值的概念和理论才会被发展并保存下来。当然了,什么是重要的、有价值的,并没有一个特定的标准,取决于数学家们的品味,也跟文化与历史背景相关。例如,受其数字神秘主义影响,在毕达哥拉斯年代,诸如"亲和数""完全数"之类的概念和问题是数论关心的主要问题。但如今关心这类问题的人已经寥寥无几了,因为对现代数学家们而言,素数的分布结构等问题是更加本质、更加核心的问题。

数学思想性往往体现在数学问题的提出上。有人说,数学问题是推动数学发展的主要动力。德国数学家希尔伯特(D. Hilbert,1862—1943)在1900年巴黎国际数学家大会提出了一系列共23个问题,为整个20世纪数学(尤其是纯数学)的研究指出了方向,被誉为20世纪数学的揭幕人。到2000年初，同样在巴黎，美国克雷数学研究所（Clay Institute）在咨询很多顶尖数学家后，公布了21世纪的七大千禧数学难题，并为每个问题设立100万美元的奖金。20多年过去了，至今只有一个问题即由法国数学家庞加莱（H. Poincaré, 1854—1912）提出的"庞加莱猜想"被解决了。希尔伯特和庞加莱被认为是最后两个通晓当时数学所有领域的数学全才。近一百年来，数学发展得非常快，现代数学的体系变得非常庞大和专业化，已经不再可能出现通晓当前数学所有领域的数学全才了。

当然，无论对于哪门学科，问题都是其发展的动力。但对于数学而言，稍有不同的是这种动力分为外动力和内动力，二者对于数学的发展同等重要。所谓外动力，指的是解决现实世界中的问题；而所谓内动力，则是指解决数学自身发展所遇到的重要问题。例如，"七大千禧问题"既有涉及纯粹数学的庞加莱猜想、霍奇猜想、黎曼假设、BSD猜想，也有物理相关的纳维-斯托克斯方程、杨-米尔斯规范场理论，还有源于理论计算机科学的P/NP问题，横跨从拓扑学和数论到粒子物理学、计算理论，甚至到飞机设计等纯数学和应用数学中艰深和重要的领域。事实上，20世纪数学跟之前数学的一个很重要的不同点在于，20世纪数学开始更加重视研究数学本身的结构。在数学中，问题的提出有时比解决更重要，而要提出一个合理的问题，思想和洞见是不可或缺的要素。

抽象性当然也是数学的本质特征之一。抽象与具体是对立而统一的两面。数学抽象的要点在于忽略一些具体的表象，删繁就简，找出具有普遍性的根本原理。无论是3只羊加2只羊，还是3块鹅卵石加2块鹅卵石，都可以被抽象成3+2=5。甚至在一些问题中，不摒弃具体表象进行抽象分析，问题就无法解决。例如，在研究天体运动时，我们把地球、月球等都抽象成球体，而不去考虑它们表面的坑坑洼洼。另一个人们熟知的抽象思考的例子是哥尼斯堡七桥问题：著名的瑞士数学家欧拉（L. Euler, 1707—1783）应用抽象思维，通过把四块分隔的陆地抽象为四个点，把连接这四块陆地的七座桥抽象为七条线，找到了七桥问题背后的本质，一举解决了该问题（及其推广）。因此，欧拉被视为图论和拓扑学这两个数学分支的鼻祖。

不过，数学并不是为了抽象而抽象。数学抽象思考中一个重要出发点是和谐有序的美感。无论是在选择将要研究的问题时还是在评判定理的重要性时，美学都是数学家们考虑的主要因素之一。音乐之美，不仅在于它的音调之美，而且还在于它的结构之美，例如巴赫的音乐就富有对称性。数学同样如此。寻求和研究优美的数学结构是数学（尤其是近现代数学）发展的重要内驱力。数学美是一种理性的美，抽象的美，具体而言有对称、简洁、统一、奇异等不同表象。我们在后面几节中会列举数学中一些有意思的结果和证明，从中大家可以体会数学的美。

审美追求推动着数学向前发展。幸运的是，在数学（以及在科学）中，美与真往往是合二为一的。如英国数学家哈代（G. Hardy, 1877—1947）在《一个数学家的辩白》一文中所说的那样：

> 美是首要的标准；不美的数学在世界上是找不到永久容身之地的。

量子力学的奠基人之一狄拉克（P. Dirac, 1902—1984）一直都在追求数学之美。他甚至说道：

你的方程是否完美比它是否与实验一致更重要。

无独有偶,著名德国数学家外尔(H. Weyl,1885—1955)也声称:

> 我的工作一直在尝试统一真和美。当我不得不选择其中之一的时候,我通常会选择美。

外尔是希尔伯特的学生,在数学和理论物理两方面都做出了杰出的贡献,被公认为继希尔伯特、庞加莱之后20世纪最有影响力的数学家之一。

最后是国际性。这不仅仅指"数学世界是一个与利害关系、国体等因素毫无关系的自由开放的世界"。从数学史我们可以看到,在各种不同的文化中都产生了数学,所以数学在一方面依附于文化,是文化的一部分,同时在另一方面也独立于文化,甚至引领了文化的发展方向。不同国家、不同种族、不同宗教、不同习俗的数学家在一起交流共同关心的数学问题,迸出火花,继而开展合作研究,这在当今数学界是非常常见的。

数学国际性的一个重要原因在于数学自身的语言:符号语言。可以说创造和使用符号的能力是人类思考和发现规律的最重要的武器。当今全球有超过6000种不同的语言,常用的语言也有十多种。没有一种语言能统一为所有人所用。但是,数学语言已成为所有人(不仅包括数学家,也包括接受过基本教育的普通大众)所通用的语言。数学语言具有条理清楚、准确、简洁、结构分明等特色,无论在表达现代科学还是在表达其他跟数量、形状、结构、变化相关的问题时,都是最便利、最有用的。可以说,数学作为语言和工具,被用于几乎一切领域。

数学的国际性还体现在数学无处不在的应用里。美籍匈牙利理论物理学家、诺贝尔物理学奖获得者维格纳(E. Wigner,1902—1995)1959年在纽约大学库朗数学科学所以"数学在自然科学中不可理喻的有效性"为题作了一个演讲,对于数学在物理学理论中扮演的角色,他认为数学不仅仅作为一种语言和工具用于表述和计算物理规律,更重要的地方在于"数学在物理学中也还起着领袖般的作用"。他在演讲稿的结尾指出:

> 数学语言在表述物理定律方面的神奇的适用性,是我们既无法理解也不可多得的一种奇妙的礼物。我们应当感激它,希望它在未来的研究中保持有效,并且不论是好是坏,无论是使我们高兴还是使我们困惑,它将扩展到要被研究的更广的学术领域中去。

3. 什么是数学?

我们每个人从小学、中学到大学,至少跟数学打了十几年的交道。但是,要说清楚数学是什么,并不容易。从内容上看,数学包括计数与运算、探讨几何位置关系、求解方程、研究函数性态等;从方式上看,数学是定义、定理、证明的逻辑演绎体系。但数学并不只是一个逻辑完备的演绎体系,其内容也远远不止数、形、方程、函数。

那么,什么是数学呢?有人说数学是科学,有人说数学是艺术,有人说数学是文化。有人说数学是语言,有人说数学是工具,有人说数学是思维方式。有人说数学是基础。有人说数学是女王,有人说数学是仆人。有人说数学是常识的升华,有人说数学是人类心智的荣耀……事实上,对于"数学是什么"这个问题,从来就没有一个让所有人都满意的回答。或许这根本就是一个没有答案的问题。

历史上人们对数学的认识是不断加深、不断改变的。例如,亚里士多德将数学定义为"数学是量的科学"。不过,古希腊的"量"并不仅仅指"数量":"量"既有离散的数量(数),也有连续的量(线)。研究离散的数及其性质的学科是算术,研究连续量及其性质的学科则是几何。类似地,恩格斯在《反杜林论》中将数学描述为"数学是研究数量关系和空间形式的一门科学"。应该说,该定义一直到19世纪前期一些比较现代的数学对象(例如群、射影几何等)出现之前都是比较准确的。下面列举不同时期不同人对数学的一些描述。

- 亚里士多德:数学是量的科学。
- 恩格斯:数学是研究现实世界的空间形式与数量关系的科学。
- 康托尔:数学的本质在于它的自由。
- 罗素:数学是所有形如 p 蕴含 q 的命题的类,而最前面的命题 p 是否对却无法判断,因此数学是我们永远不知道我们在说什么,也不知道我们说的是否对的一门学科。
- 外尔:数学是无穷的科学。
- 怀特海:数学是研究模式的科学。
- 布尔巴基:数学是研究结构的科学。
- 亚历山大洛夫:数学就是各种量(一般是各种变化着的量)之间可能的关系和相互联系。[1]
- 维格纳:数学就是精巧地操作概念和规则的科学,概念和规则就是为此目的而创造出来的。
- 维基百科(中文版,2023年1月9日版本):数学是研究数量、结构、空间等概念及其变化的一门学科,属于形式科学的一种。

由这些不同的描述也可以看出来数学是一门不断发展的学科。对此,两位波兰裔美国数学家卡茨(M. Kac, 1914—1984)和乌拉姆(S. Ulam, 1909—1984)在《数学与逻辑》[10]一书的引言中提到:

> 数学能够将任何模式通用化,改变它并扩大它。然而,每次这样做了以后,结果仍然形成了数学的一部分。事实上,这可能是这门学科的特征:通过不断地自省而得到发展,对自身结构意识也不断提高。然而,这种结构也在持续不断地,有时会根本地发生变化。鉴于此,任何企图给数学下一个完整性、终极性定义的尝试,在我们看来都是注定要失败的。

给要研究的对象一个精确的"定义"在数学中的重要性是毋庸多言的,但数学本身却无法被精确定义。这不禁让人联想起了美籍奥地利逻辑学家哥德尔(Gödel, 1906—1978)所证明的:

哥德尔第一不完备性定理 存在一个关于自然数的命题,它(在自然数公理体系内)既无法被证明,也无法被证否。

在20世纪40年代,柯朗(R. Courant, 1888—1972)与罗宾(H. Robbins, 1915—2001)合

写了风靡全球的数学通俗读物《什么是数学》[5]。该书曾被译成数十种语言出版并多次再版,且在1995年由数学家、数学科普作家斯图尔特(I. Stewart,1945—)修订再版。柯朗是20世纪杰出的数学家,哥廷根学派的重要成员,美国纽约大学柯朗数学科学研究所的创始人。有意思的是,当柯朗的儿子将要结婚时,他要求他儿子的妻子先读懂《什么是数学》这本书! 不过作者们在这本书中并没有给出"什么是数学"这个问题的一个简洁回答,而是用洋洋数百页的篇幅,从最基本的事实(高中阶段所学的知识)出发,纵览近代数学的实质,力图阐释数学领域的基本概念与方法。作者们提到:

> 不论对专家来说还是对普通人来说,唯一能回答"什么是数学"这个问题的,不是哲学而是数学本身活生生的经验。

无独有偶,到21世纪初,普林斯顿大学出版社出版了由菲尔兹奖得主高尔斯(T. Gowers,1963—)牵头、133位著名数学家共同参与撰写的《普林斯顿数学指南》(中译本分为三卷,由齐民友先生翻译)[7],对20世纪纯粹数学的发展给出了一个概览性介绍。在该书的开头,作者写道:

> 要对"什么是数学"这样一个问题给出一个令人满意的回答,其困难是众所周知的。本书的处理途径是:不试图去回答它。我们不打算给出数学的定义,而是通过描述它的许多重要概念、定理和应用,使得对于什么是数学有一个好的看法。

下面几节中,我们就按照维基百科对数学的概括,从数量、结构、空间与变化这四个方面撷取数学发展中的一些片段,从数学本身出发介绍什么是数学。

1.2 数　　量

道生一,一生二,二生三,三生万物。

——老子

1. 从计数到数系

数的概念不仅是数学的开始,而且始终贯穿于数学的各个领域。那么,什么是数呢? 这个问题看似简单,但深究之后会发现它并不简单。事实上,人类用了几千年才一步步理解和认识数。

20世纪70年代,人们在南非与斯威士兰之间的列彭波山脉某个山洞发现了一根狒狒的小腿骨,上面有29道刻痕。这块骨头被命名为列彭波骨(Lebombo bone),经考古学家确认,其年代是大约公元前35000年的旧石器时代晚期,被认为是世界上已知的最古老的数学文物:29很有可能是阴历一个月的天数,因此这根骨头有可能是一种原始的阴历。此外,还有在刚果民主共和国伊尚戈附近发现的伊尚戈骨(Ishango bone),距今有大约2万年的历史,上面有多组刻痕,从中可以解读出乘法、除法与素数等数学内容!

当然，关于列彭波骨或者伊尚戈骨上刻痕的解读都只是猜测，因为人们并没有额外的证据来支持任何特定的解释。但毋庸置疑的是，数学始于记数：画3条线或者打3个绳结用来代表3只羊，通过这种方式，数字3被抽象出来了。正如英国数学家、哲学家怀特海（A. Whitehead，1861—1947）在"作为思想史中一个要素的数学"[14]一文中所指出的：

> 首先注意到7条鱼与7天之间相似之处的人在思想史上迈出了可观的一步。他是第一个思考过属于纯粹数学这门科学的概念的人。

此外，值得指出的是，人们在日常使用自然数时，数既有"基数"（表达"总量是多少"的数）的意思，也有"序数"（表达"顺序排第几"的数）的含义：数(shǔ)数(shù)事实上是通过排序的方式确定所考虑集合的基数。例如，古人让羊一只接着一只通过大门，在此过程中用鹅卵石进行计数。这个过程也是"一一对应"思想的萌芽。

人类最早认识和使用的数是1,2,3,…这样的数。很自然地，通过对计数的抽象、归纳，人们得到了自然数体系。当然，自然数并不都是自然界中出现的数，而是人类归纳抽象的结果。毕竟，像10^{10000}这么大的"自然数"，已经远远超出了宇宙中所有原子的总数。有了抽象的数，尤其是有了符号化的数之后，很多计算和比较就容易多了。例如，面对一个10乘12的方阵和一个11乘11的方阵，仅凭借肉眼观察不易比较哪边数目更多，而通过计算并比较所得的数字符号（120和121），我们很容易判断出哪个方阵数目更多。

因为很多现实问题中都涉及对单位量的平均分割，正分数也很自然出现在人类的视野中。例如，古埃及人就已经开始使用分子为1的单位分数，包括莫斯科纸莎草书、莱茵德纸莎草书等在内的很多古埃及文献中都出现了这样的分数运算，因此这类分数也常常被称为"埃及分数"。匈牙利数学家埃尔德什（P. Erdös，1913—1996）、美国数学家葛立恒（R. Graham，1935—2020）等人在组合数论的框架内对埃及分数进行过较为深入的研究，证明了很多有意思的性质，但至今还有很多有意思的问题吸引着数学家们去探索，例如：

埃尔德什–施特劳斯猜想 对于任意大于1的自然数n，均存在自然数x,y,z使得

$$\frac{4}{n}=\frac{1}{x}+\frac{1}{y}+\frac{1}{z}$$

目前计算机已经验证了该猜想对于$n\leqslant 10^{17}$均成立，但尚无人能证明此猜想。埃尔德什被誉为20世纪最高产的数学家和数学猜想的提出者，一生发表过约1500篇文章，跟他合作过的数学家多达500位。葛立恒则以提出葛立恒数而闻名，该数极其巨大，已经没法简单地用"10的幂次"或"10的幂次的幂次的幂次"这样的方式来表示，需要一套专门的记数方法才能表示，在1980年被吉尼斯世界纪录认定为"在正式数学证明中出现过的最大的数"（后来被另一个更大的数"TREE(3)"取代）。有人估算过"球员都不动，足球通过量子隧穿进球门"的概率，并由此戏称"葛立恒数比国足在世界杯夺冠的概率的倒数大"。说实话，这真是太太太太太小瞧葛立恒数了！毕竟，（自宇宙诞生至今）宇宙中所有基本粒子的所有可能量子态的全排列数，跟葛立恒数相比也就是约等于0，二者根本不是一个层次的概念。

所以，最早出现的数是自然数和正分数。而负数进入数系的路程则坎坷了很多。从古

希腊的丢番图到阿拉伯数学家花拉子米(Al-Khwarizmi,约780—847),到中世纪意大利数学家斐波那契(本名为 Leonardo of Pisa,被称为 Fibonacci,1170—1250),到法国数学家韦达(F. Vita,1540—1603),到法国神童、数学家和神学家帕斯卡(B. Pascal,1623—1662),再到英国数学家沃利斯(J. Wallis,1616—1703)等,都排斥负数的概念。对待负数,一个典型的论证是:

$$\frac{1}{-1}=\frac{-1}{1},$$ "较小的数除以较大的数"怎么能等于"较大的数除以较小的数"?

事实上,虽然在17世纪和18世纪,负数已经经常参与计算了,但一直到19世纪中叶,人们才普遍接受负数的概念。相比之下,中国数学家从实用的角度,很早就接受了负数的概念:三国时期数学家刘徽(约225—295)注《九章算术》时说到:

今两算得失相反,要令正负以名之。

意思是说,在计算过程中遇到具有相反意义的量,要用正数和负数来区分它们。刘徽的注给出了负数加减法的理论,到13世纪中国数学家们就已经完全建立了负数的乘除法理论。类似地,古代人们也普遍把0排斥在数字之外,理由是:数字所表示的是"(离散)存在对象的量","不存在的东西"哪来的量呢?事实上,最早在古巴比伦和古代中国出现的0,都是表示没有数字的"空位",作为占位符存在,并不是作为数字参与运算。作为数字的0从阿拉伯传入西方后,曾被禁用多年。更有甚者,13世纪佛罗伦萨市政府颁布法令,明令禁止银行家使用整个阿拉伯数字体系!

相比于负数和0,另一类数也历经坎坷才完全进入数系,那就是无理数。我们都知道,古希腊人希帕索斯从几何出发,就已经发现了无理数,并引发了"第一次数学危机":

定理 正方形的对角线跟正方形的边之比不可公度,即不能表示成两个整数之比。

证明 我们给出一个有可能是希帕索斯原始证明的几何证明。

如图 1.2 所示,在正方形 $ABCD$ 中,令边长 $AB=a_0$,对角线 $AC=b_0$。因为 $a_0 < b_0 < 2a_0$,所以可在对角线 AC 上取点 D_1 使得 $AD_1=a_0$。过 D_1 作 D_1A_1 垂直于 AC,交 BC 于 A_1,则 $BA_1=A_1D_1=CD_1=b_0-a_0$。故三角形 A_1CD_1 是边长为
$$a_1=A_1D_1=b_0-a_0 < a_0$$
的等腰直角三角形,且可扩充为正方形 $A_1B_1CD_1$,其边长为 a_1,其对角线为
$$b_1=A_1C=a_0-a_1=2a_0-b_0$$
对正方形 $A_1B_1CD_1$ 可重复上述操作,可得正方形 $A_2B_2CD_2$,其边长和对角线分别为
$$a_2=b_1-a_1 < a_1, \quad b_2=2a_1-b_1$$

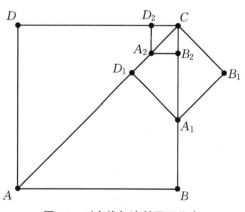

图 1.2 对角线与边长不可公度

这个过程可一直无限重复下去。

下面用反证法说明 a_0 与 b_0 不可公度。如果它们可公度，即存在更小的线段 c 以及正整数 m_1, n_1 使得
$$a_0 = m_1 c, \quad b_0 = n_1 c$$
则 $a_1 = m_2 c, b_1 = n_2 c$，其中 $m_2 = n_1 - m_1, n_2 = 2m_1 - n_1$。类似地，我们可以得到无穷多个数 $m_3, n_3, m_4, n_4, \cdots$。注意，根据构造，每个 m_i 都是正整数，且
$$m_1 > m_2 > m_3 > \cdots$$
这就得到所需的矛盾：比 m_1 小的正整数只有有限多个！ □

上述定理告诉我们的就是 $\sqrt{2}$ 不是有理数。这跟毕达哥拉斯学派的"万物皆数"的理念是不符合的！为此，柏拉图学派的欧多克索斯(Eudoxus，前408—前355)专门发展了一套复杂的"量的理论"，用以把这些"不可公度量"跟当时人们熟悉的"数"区分开来。事实上，毕达哥拉斯学派发现的无理数有很多，比如 $\sqrt{2}, \sqrt{3}, \dfrac{\sqrt{5}+1}{2}$。后来，欧几里得《几何原本》第10卷(也是整本书最长的一卷，篇幅接近全书的三分之一)研究了形如 $\sqrt{\sqrt{a} \pm \sqrt{b}}$ 等的无理数。这些无理数都有一个共同点，那就是都可以用直尺和圆规作出来。到了中世纪，意大利数学家斐波那契发现 $x^3 + 2x^2 + 10x = 20$ 的根是不能用直尺和圆规作出来的数。不过根据三次方程求根公式，这样的数还是可以用根式表达的。而根据挪威数学家阿贝尔(N. Abel，1802—1829)和法国数学家伽罗瓦(E. Galois，1811—1832)所发展的关于"一般五次方程没有根式解"的理论，可以发现方程 $x^5 - x - 1 = 0$ 的实数解 $x = 1.167\cdots$ 甚至不能用根式表达。但这还没完：1851年，刘维尔(J. Liouville，1809—1882)证明了"刘维尔数" $0.1100010\cdots 010 \cdots = \sum 10^{-k!}$ 不是任何有理系数方程的根。这样的数被称为**超越数**，而刘维尔数则是人们证明的第一个超越数。当然刘维尔数是一个非常人为的数，在数学中几乎不会出现，但另外两个更有名的数学常数即 π 和 e 最终也都被证明是超越数：1873年法国数学家厄米特(C. Hermite，1822—1901)证明了 e 是超越数，1882年德国数学家林德曼(F. Lindemann，1852—1939)证明了 π 是超越数。

事实上，根据康托尔(G. Cantor，1845—1918)的理论，绝大部分实数都是超越数，从而更是无理数。当然，除了少数几个特殊而重要的数，验证一个一个特定的数是否是无理数或者超越数并没有太大意义。但是，19世纪数学家们在致力于解决"第二次数学危机"即为微积分建立严格基础时，发现必须要对分析的基础即全体实数给出精确的定义。在此驱动下，1872年，海涅(Heine，1821—1881)、康托尔、戴德金(Dedekind，1831—1916)等人同时分别建立起完善的、不依赖于直线(几何)的实数理论。之后，皮亚诺(Peano，1858—1932)进一步在集合论的基础上建立了自然数的公理体系。这就是所谓的"分析算术化"运动。应该说直到此时为止，源自古希腊的几何公理才丧失了它在数学中的统治地位，而数的公理则开始黄袍加身，取而代之。

从负数、零、无理数进入数学体系的过程可以看到，"如果对于一个概念的需求被证明是足够强烈的，那么这个概念将被承认具有数学有效性"[16]。这个特性在复数的引入上更加明显。复数的出现是解多项式方程的产物。1545年意大利数学家卡尔达诺(G. Cardano，

1501—1576)出版了《大术》一书,给出了三次方程、四次方程的求根公式,其中第一次出现了"对负数开根号"的表达式。他把负数以及负数的平方根称为虚构的数,在书中谨慎地使用它们,目的仅在于最终产生"真实的数"。数学家们花了两百多年,才接受$\sqrt{-1}$作为数家族的一员。例如,笛卡儿(Descartes,1596—1650)在《几何学》中提到"可以想象,本质上每个(多项式)方程的根的个数应该跟方程次数一样多",但是他认为这些"想象出来的根"并不总对应于实际的数量,于是把"负数的平方根"称为虚数;牛顿认为出现复根表明方程不可解,他认为虚数在物理世界中没有意义,所以拒不承认虚数的存在;莱布尼茨(G. Leibniz,1646—1716)在处理有理函数的积分时,多次运用复数进行计算,并称$\sqrt{-1}$为"虚根",认为它们"介于存在与不存在之间";欧拉在他的工作中多次使用复数,不过,他注意到$\sqrt{-1}$既不比0大,也不比0小,更不等于0,从而"不能被看作是可能的数,因此我们只能说它们是不可能的数",或者说是虚幻的数。最终伟大的高斯(J. Gauss,1777—1855)揭开了复数神秘的面纱,确定了复数在数学中的"合法公民"地位。他引入i表示$\sqrt{-1}$,并把$a+bi$称为复数。之后很快人们就发现复数不仅是数学体系的重要一环,而且在物理中也是不可或缺的:电磁学、流体力学、量子力学、广义相对论,处处都有复数出现在其中。

数学家们建立数系的脚步并未止步于复数。我们知道,复数$a+bi$跟二维平面上的点(a,b)可以建立一一对应关系。可以认为实数是"一元数",而复数是"二元数",它们跟实数一样满足基本的运算法则。一个很自然的问题是:是否存在满足类似规则的"三元数""四元数""n元数"呢?当然,对n元数组进行加减法总是容易的,关键是如何定义乘法。在搜寻三元数多年而未果后,1843年爱尔兰数学家哈密顿(W. Hamilton,1805—1865)成功地创立出四元数的理论。不过,虽然四元数满足我们熟知的实数或复数的所有其他性质,但它的乘法不再满足交换律! 很快,英国数学家凯莱(A. Cayley,1821—1895)在此基础上创立了"八元数"的理论,后者的乘法既不满足交换律也不满足结合律(但满足它们的某种较弱的变体)。当然,没有发现三元数是不奇怪的:1958年拓扑学家凯韦雷(M. Kervaire,1927—2007)和米尔诺(J. Milnor,1931—)分别独立地用现代代数拓扑方法证明了不存在别的"除子代数"了!

除了把多个实数放在一起构造新型的数,数学家们还发展了别的构造新型数的方法,比如近年来在数学中受到极大关注的p-进数。p-进数最早由德国数学家亨泽尔(K. Hensel,1861—1941)于1897年引入,是一类从有理数出发构造的但与实数系截然不同的数系。p-进数已经成为研究数论的重要工具,在几何、分析、数学物理等各个领域也都有应用。例如,英国数学家怀尔斯(A. Wiles,1953—)在证明费马大定理时就用到了p-进数理论。

此外,还有由康托尔发展的用于理解无穷的"超限数(transfinite number)"、美国数理逻辑学家鲁宾逊(A. Robinson,1918—1974)发展的用于非标准分析的"超实数(hyperreal number)"、英国数学家康威(J. Conway,1937—2020)通过玩数学游戏而给出的"超现实数(surreal number)"等各种数的理论。关于超现实数,著名计算机科学家高德纳(D. E. Knuth,1938—)曾经写过一本小说,中文译名是《研究之美》,是他听了康威向他作的介绍后,用了一周时间写成的。高德纳的鸿篇巨制《计算机程序设计艺术》被誉为计算机领域的圣经,目前已经出版到第4B卷。在写作过程中,鉴于当时计算机排版软件效果太差,他花费10年时间开发了革命性的科技论文排版系统TeX。目前几乎所有数学书籍和论文都是用TeX软件的某种后续变体排版而成的。

数无止境！

2. 整数与数论

数论是数学中一个专门研究整数性质的分支,有着悠久而璀璨的历史。虽然毕达哥拉斯时代之后,整数已经失去了神秘主义的色彩,但它一直是数学家们研究的核心对象之一。高斯在评价数论时说道:"数学是科学的皇后,数论是数学的皇后。"

根据研究方法与研究对象的不同,数论可被分为初等数论、解析数论、代数数论、几何数论、组合数论、概率数论、计算数论等诸多不同的方向。当然,这些不同方向也相互渗透。特别地,解析数论的方法常被用于其他分支:基于连续性的分析方法在研究离散的数时大放异彩。近年来,人们又从代数几何的观点出发,综合利用源自代数几何、代数拓扑、表示论等方面的前沿数学工具去研究数论,形成了算术代数几何这个分支。

数论的基本问题之一就是一个数是否能被另一个数整除。大于1且"不能被除1和它自身之外的自然数整除"的自然数称为素数,它们是数论中最重要的一类数。素数是数论中永恒的主题,因为在自然数的王国里,素数是构成一切的基石:

算术基本定理 任何正整数都有唯一的方式被分解为它的素因子的乘积:
$$n = p_1^{r_1} p_2^{r_2} \cdots p_k^{r_k}$$

其中 $p_1 < p_2 < \cdots < p_k$ 是素数, $r_1, \cdots, r_k \geq 1$ 是自然数。

1801年高斯《算术研究》中首次明确提出算术基本定理,并将之作为数论的基石。有了算术基本定理,很多跟数有关的命题都可以被化归为对素数的研究。例如,很容易看出,要证明费马大定理,只要对素数指数证明就够了。

我们知道
$$2, 3, 5, 7, 11, 13, 17, 19, 23, 29, 31, 37, 41, 43, 47, \cdots$$
都是素数。欧几里得时代就知道素数有无穷多个:

《几何原本》第9卷命题20 素数有无穷多个。

下面给出两种证明方法。第一种证法来自欧几里得,这个证明是反证法的开端。

证明 （欧几里得）假设 $p_1, \cdots, p_n$ 为所有的素数。考察正整数 $N = p_1 \cdots p_n + 1$。因为对任意的 i,均有 $N > p_i$,所以 N 是一个合数。于是由定义, N 有不同于1和自身的素因子（该正整数可以整除 N）,记之为 p。因为 p 必为某个 p_i,所以 p 必将整除
$$1 = N - p_1 \cdots p_n$$
但这是不可能的。故上述假设不成立,即存在无穷多个素数,证毕。 □

反证法是数学家最精妙的武器。有人说反证法就像棋局中的弃子之法。不过棋局中弃子,只是牺牲少数棋子以制胜,而数学中的反证法,则是牺牲整个棋局以制胜！

接着给出第二种证明方法（来自欧拉）。这个证明基于如下两个关于"无穷求和"的结果。

（1）事实一:调和级数发散,即

$$\frac{1}{1}+\frac{1}{2}+\frac{1}{3}+\frac{1}{4}+\frac{1}{5}+\cdots=+\infty$$

其证明很简单,只要注意到

$$\frac{1}{1}+\frac{1}{2}+\frac{1}{3}+\frac{1}{4}+\frac{1}{5}+\frac{1}{6}+\frac{1}{7}+\frac{1}{8}+\cdots$$
$$\geqslant 1+\frac{1}{2}+\left(\frac{1}{4}+\frac{1}{4}\right)+\left(\frac{1}{8}+\frac{1}{8}+\frac{1}{8}+\frac{1}{8}\right)+\cdots$$

右方有无穷多个括号,且每个括号里的和都是1/2,故其和为$+\infty$。

(2) 事实二:整数的倒数和可以被素数控制,即

$$\sum_{k\leqslant N}\frac{1}{k}\leqslant \prod_{\text{素数}p\leqslant N}\left(1+\frac{1}{p}+\frac{1}{p^2}+\cdots\right)=\prod_{\text{素数}p\leqslant N}\left(1-\frac{1}{p}\right)^{-1}$$

上述第一个不等式成立的原因是算术基本定理(左边出现的数在右边都出现了),第二个等式则是简单的几何级数求和。

有了上述两个事实,欧拉的证明就非常清晰了:

证明 (欧拉)假设只有有限个素数,则$\prod_{\text{素数}p}\left(1-\frac{1}{p}\right)^{-1}<+\infty$.另一方面,在事实二中令$N\to\infty$,并结合事实一,可得

$$+\infty=\sum_k\frac{1}{k}\leqslant \prod_{\text{素数}p}\left(1-\frac{1}{p}\right)^{-1}<+\infty$$

从而得到矛盾。 □

欧拉的证明把无穷级数这样的分析工具引入了数论问题,可以说开启了解析数论的大门。如果进一步分析欧拉的证明,就可以发现欧拉事实上证明了

$$\prod_{\text{素数}p}\left(1-\frac{1}{p}\right)^{-1}=+\infty$$

另一方面,在数学分析中将会学到,

$$\prod_k(1+a_k)^{-1}\text{发散到}\infty\Leftrightarrow\prod_k(1+a_k)\text{发散到}0\Leftrightarrow\sum_k a_k\text{发散}$$

于是我们发现,不仅全体自然数的倒数和是发散的,而且全体素数的倒数和也是发散的:

$$\sum_{\text{素数}p}\frac{1}{p}=+\infty$$

关于素数有很多很有名的猜想,例如1742年哥德巴赫(C. Goldbach,1690—1764)在给欧拉的信中提出了以下猜想:

哥德巴赫猜想 每个大于2的偶数都是两个素数的和。

到目前为止,关于哥德巴赫猜想最好的结果是我国数学家陈景润(1933—1996)在1966年证明的:每个充分大的偶数都可写成一个素数和一个素因子个数不超过2的自然数之和。该结果被通俗地称为"1+2"。另一个非常有名的猜想是孪生素数猜想。人们称相差为2的两

个素数为孪生素数,例如

$$3,5;\ 5,7;\ 11,13;\ \cdots;\ 2996863034895\times 2^{1290000}-1, 2996863034895\times 2^{1290000}+1;\ \cdots$$

我们已经知道素数有无穷多个了。那么孪生素数有多少组呢?

孪生素数猜想　存在无穷多组孪生素数。

这个猜想有两百多年的历史,至今尚未被解决,而它最近的一个重要突破是由华人数学家张益唐(1955—　)在2013年作出的:

存在无穷多个相差小于7000万的素数对。

这是第一次有人证明存在无穷多组间距小于给定值的素数对,结论中的间距7000万后来被2006年菲尔兹奖获得者陶哲轩(T. Tao,1975—　)、2022年菲尔兹奖获得者梅纳德(J. Maynard,1987—　)等数学家改进至246。

数学家们对素数又爱又恨:素数如此重要,其分布看起来却毫无规律可循。欧拉曾说过:

数学家们试图在素数序列中发现规律,至今徒劳无果。我们有理由相信那是人类思想永远无法企及的神秘之地。

不过,沿着欧拉的脚步,人们确实发现了素数的很多秘密。1837年德国数学家狄利克雷(Dirichlet,1805—1859)通过发展欧拉的方法,证明了任意等差数列 $an+b$ 中包含无穷多个素数,其中 a,b 是互素的自然数。陶哲轩的菲尔兹奖工作之一是跟格林(B. Green,1977—　)合作,证明了素数中包含任意(有限)长的等差数列。

关于素数结构的另一个重要结果是量化"素数有无穷多个"这个结果,即考虑如下问题:

对于任意给定的自然数 N,小于 N 的素数大概有多少个?

数学家简化工作的第一步是引入符号。记

$$\pi(N)=\text{小于}N\text{的素数的个数}$$

18世纪末高斯和法国数学家勒让德(A. Legendre,1752—1833)分别通过研究已知的素数表,发现素数出现频率应该满足一个很重要的规律,

$$\pi(N)\sim \frac{N}{\log N}$$

该结果被称为素数定理。据说高斯为此而计算了300万以内的所有素数!不过高斯和勒让德都未能证明他们发现的规律。最终1896年,法国数学家阿达马(J. Hadamard,1865—1963)和比利时数学家瓦莱布桑(C. Vallee Poussin,1866—1962)分别独立证明了该定理,此时离高斯和勒让德发现该规律已经过去了大约100年。

阿达马和瓦莱布桑关于素数定理的证明事实上是沿着由欧拉开辟并被著名的德国数学家黎曼(B. Riemann,1826—1866)大为拓宽的道路前行的。从欧拉关于"素数有无穷多个"的证明中所用的事实二出发,不难得到下述欧拉等式:对于任意 $s>1$,有

$$\frac{1}{1}+\frac{1}{2^s}+\frac{1}{3^s}+\frac{1}{4^s}+\frac{1}{5^s}+\cdots=\prod_{\text{素数}p}\left(1-\frac{1}{p^s}\right)^{-1}$$

再次引入符号,化简工作:记

$$\zeta(s) = 1 + \frac{1}{2^s} + \frac{1}{3^s} + \frac{1}{4^s} + \frac{1}{5^s} + \cdots$$

当然,对于$s=1$我们已经知道$\zeta(1)=+\infty$。事实上,欧拉的成名之作就是在1735年他28岁那年求出了$\zeta(2)$,解决了当时著名的巴塞尔问题:

$$1 + \frac{1}{2^2} + \frac{1}{3^2} + \frac{1}{4^2} + \frac{1}{5^2} + \cdots = \frac{\pi^2}{6}$$

他的做法非常神奇,虽然不够严格,但令人叹为观止:

欧拉解巴塞尔问题:考虑函数$f(x)=\dfrac{\sin x}{x}$. 一方面,根据$\sin x$的泰勒展开式,可得

$$\frac{\sin x}{x} = 1 - \frac{1}{3!}x^2 + \frac{1}{5!}x^4 - \cdots$$

另一方面,因为对所有的非零整数k而言,$k\pi$是函数$f(x)=\dfrac{\sin x}{x}$的全部零点且它们均为单重零点,且$f(0)=\lim\limits_{x\to 0}\dfrac{\sin x}{x}=1$,所以

$$\frac{\sin x}{x} = \left(1 - \frac{x}{\pi}\right)\left(1 + \frac{x}{\pi}\right)\left(1 - \frac{x}{2\pi}\right)\left(1 + \frac{x}{2\pi}\right)\cdots$$
$$= \left(1 - \frac{x^2}{\pi^2}\right)\left[1 - \frac{x^2}{(2\pi)^2}\right]\left[1 - \frac{x^2}{(3\pi)^2}\right]\cdots$$

视x^2为变元,比较x^2的系数("韦达定理")可得

$$-\frac{1}{3!} = -\frac{1}{\pi^2} - \frac{1}{(2\pi)^2} - \frac{1}{(3\pi)^2} - \cdots$$

整理一下就得到$\sum\limits_{n=1}^{\infty}\dfrac{1}{n^2}=\dfrac{\pi^2}{6}$.

黎曼是高斯的学生,是历史上最具独创精神的数学家之一。他一生只发表了11篇数学论文,每一篇论文都非常重要,为数学开疆拓土。其中一篇发表于1859年的论文,题目是"论小于一个给定量的素数的个数"。这篇论文仅有8页,但却开辟了解析数论的新时代。黎曼的想法是:把复数引入函数$\zeta(s)$,即考虑自变量s为复数的情形。他首先注意到,当s为实部大于1的复数时,无穷级数$\zeta(s)$是"绝对收敛"的,且欧拉等式依然成立。进而,他注意到这个函数可以"延拓"到整个复平面,使得对于所有$s\neq 1$,$\zeta(s)$都有定义且对复变量s可以求导。例如,通过运用复分析计算可以发现

$$\zeta(-1) = -\frac{1}{12}$$

这就是很多人"戏称"的

$$1 + 2 + 3 + \cdots = -\frac{1}{12}$$

的来源和真实含义：事实上 $\zeta(-1)$ 是延拓之后的函数 $\zeta(s)$ 在 -1 处的取值，而不是延拓之前的函数 $\sum n^{-s}$ 在 $s=-1$ 处的取值 $1+2+3+\cdots$。后来人们发现这样的值出现在理论物理如量子场论、弦理论中。此外，运用复分析不难发现 $\zeta(s)$ 在 $s=-2,-4,-6,\cdots$ 时为零，因此人们称负偶数为 $\zeta(s)$ 的平凡零点。

人们一般把"定义域通过这种方式扩充到复平面的函数 $\zeta(s)$"称为黎曼 ζ 函数。在这篇论文中，黎曼最引人注目的是提出了

黎曼假设 函数 $\zeta(s)$ 的非平凡零点的实部都是 $1/2$.

很多人把黎曼假设称作黎曼猜想。事实上，黎曼的原文（引自《黎曼全集》第一卷，李培廉译）为：

> 现在我们实际上在这个范围内找到了大约这个数目的实根，而且很可能所有的根都是实的[①]。对此，一个严格的证明肯定是期望的。然而，经过一些简短而无效的尝试之后，我已经暂时把它放在一边，因为它看起来对我接下来的研究目标并不是必须的。

从字面上来说，黎曼并没有说"我猜想/我认为所有的根如何"，而只是说"很可能所有的根如何"。因此，称之为黎曼假设似乎更妥当。前文已经提到，这是克莱研究所为 21 世纪数学提出的七个千禧年问题之一，也是无数数学家们梦寐以求希望解决的问题。黎曼证明了，如果黎曼假设成立，那么可以得到一个比素数定理更强的素数分布规律，即不仅可以证明素数定理，而且可以给出素数定理的误差到底有多大。后来 1901 年瑞士数学家冯·科赫（N. von Koch，1870—1924）发现黎曼假设等价于如下素数定理的加强版：

$$\left| \pi(N) - \int_2^N \frac{\mathrm{d}t}{\log t} \right| \leqslant C N^{\frac{1}{2}} \log N$$

所以黎曼假设看似是研究一个特殊构造出的函数的零点，实质上还是在研究素数的分布规律。事实上，阿达马和瓦莱布桑就证明了比黎曼假设弱很多的结论，即黎曼 ζ 函数没有实部等于 1 的零点，而该结论就已经蕴含了素数定理。

我们以出生于南非的美国数学家萨奈克（P. Sarnak，1953— ）的一段话结束本小节：

> 黎曼假设是一个核心问题，它蕴含着很多很多其他结果。使得黎曼假设在数学中相当不寻常的一个现象是，有超过 500 篇论文以"假设黎曼假设成立"为起点——有兴趣的人可以去数一下具体数字——而所得的结果都很漂亮……因此，只要解决了这一个问题，你就能一次性证明 500 多个定理。

3. 实数与复数：两种完备化

介绍了"离散的数"即整数的理论，接下来我们简要探讨一下"连续的数"。在中学，我们对实数连续性的认识来自"实数与数轴上的点是一一对应的"。这句话当然是没有错的，但如果深究一下，会发现它似乎什么都没讲。什么是数轴？或者说，什么是实直线？肯定不能说实直线是"现实世界中的直线"，因为现实世界中并没有完美的直线。完美的直线只存在

[①] 黎曼所考虑的事实上是 ζ 函数的一个变体，所以它的根是实数而不是在实部 $1/2$ 的轴上。

于我们脑海中那个理想的世界。可以说,实直线和实数系是互相定义的,所以我们还需要一个更加本源的定义。那么,什么是实数?当然,有了整数的概念,有理数是比较容易理解的。无理数呢?比如,什么是π?自然界中有π吗?我们可以说π是圆周周长与直径的比。但是,别忘了,自然界中根本就没有完美的圆周,完美的圆仅仅存在于柏拉图的"理想宇宙"中。

从有理数到实数这一步,数学家们花了两千年。并不是说两千年间,数学家们一直在思考这个问题。事实上,前面已经提过,古希腊的欧多克索斯在一定意义上已经跨出了这一步:为了解决当时已经被发现的不可公度比的问题,他提出了"量"的概念(相当于正实数),用以代表诸如线段、面积能够"连续变化"的对象,并为"量"建立了新的比例论。我们不去评价欧多克索斯这个解决方案的功过是非,只简单提一句:欧多克索斯的解决方案使得几何学在逻辑上绕过了不可公度的问题,维持了古希腊"用几何主导代数"的传统,但是从长期的角度看,这也推迟了人们从数的角度对无理数展开实质性的研究。

从使用或者测量的角度来说,有理数基本上已经够用了。例如,一般而言取π=3.14就足够好了,就算我们需要更加精确的值,祖冲之给出的π=3.1415926肯定也够用了。那么,为什么需要费劲去证明π是无理数,或者研究无理数的理论呢?一方面几何上已经有了欧多克索斯的理论,另一方面应用上并没有多大的需求,这是数学家花了两千年才跨出从有理数到无理数那一步的原因。事实上,到了19世纪,发展实数理论的需求才变得迫切起来。

最终,1872年康托尔、戴德金等人分别从有理数出发建立现代实数理论。有理数到实数,主要的差别是什么呢?从几何上看,有理数不连续,有理数之间"充满了洞",而实数则不然。所以,从有理数出发构造实数,要做的事情是把有理数之间所缺失的洞填上。做法并不唯一,在本节末尾会解释其中方法之一。实数的这个性质称为"完备性",依据做法不同,有"柯西完备性""戴德金完备性"等不同描述。以下是常用的(互相等价的)描述实数完备性的性质,其中涉及的概念以及这些性质之间的等价性可参见文献[4]或者一般的数学分析教材:

· 戴德金完备性(最小上界性质):实数的每个非空有上界子集一定有最小上界。
· 柯西完备性:实数的每个柯西列都收敛于一个实数。
· 康托尔区间套定理:一列递降的闭区间套
$$[a_1,b_1] \supset [a_2,b_2] \supset [a_3,b_3] \supset \cdots$$
若满足 $\lim_{k\to\infty}(a_k-b_k)=0$,则它们的交集恰好包含一个实数。
· 单调收敛定理:每个单调有界实数列一定收敛。
· 波尔查诺-魏尔斯特拉斯定理:每个有界实数列都有收敛子列。

完备性是现代分析的核心概念,尤其在后续"无穷维空间的泛函分析"理论中发挥了巨大作用。

从有理数到实数,这个过程是一个完备化,是分析上的完备化,在这个过程中起主要作用的是数的顺序、距离概念。而从实数到复数,则是另外一类完备化过程,即利用数的代数结构,通过解多项式方程而实现的"代数完备化"(或者用更准确的术语,称为代数封闭性)。

我们知道,为了求解 $x^2+1=0$ 这么简单的方程,就需要引入复数 $i=\sqrt{-1}$。任意二次

方程 $ax^2+bx+c=0$ 的求根公式为

$$x=\frac{-b\pm\sqrt{b^2-4ac}}{2a}$$

于是当 $b^2-4ac<0$ 时总会得到两个复根。三次方程的情形类似：每个三次方程都可以化为形如 $x^3=px+q$ 的三次方程，而对于这样的方程，卡尔达诺公式给出

$$x=\sqrt[3]{\frac{q}{2}+\sqrt{\frac{q^2}{4}-\frac{p^3}{27}}}+\sqrt[3]{\frac{q}{2}-\sqrt{\frac{q^2}{4}-\frac{p^3}{27}}}.$$

此处开根号运算经过合理解释，可以得到如下结论：每个实系数二次方程在复数范围内一定恰有两个解，而每个实系数三次方程在复数范围内一定恰有三个解。一个自然的问题是：

更高次实系数多项式方程的根是否还需要引入新型的数？

事实上，还可以更进一步：在有实数时，我们希望求解实系数多项式方程，现在有了复数，人们自然也想求解系数为复数的多项式方程。于是，下述问题也是自然的：

如果要求解系数为复数的多项式方程，是否还需要引入新型的数？

幸运的是，这两个问题的答案都是"否"！

代数基本定理 任意一个复系数的一元 n 次方程（在计重数的意义下）恰好有 n 个复根。

换而言之，在求解实系数多项式方程时，可能需要用到复数；但是在求解复系数多项式方程时，已经不需要再引入新的数了！这种"系数在给定数系中的非常值代数方程在该数系中总有解"的性质被称为代数封闭性。因此，实数系 $\mathbb{R}$ 不是代数封闭的，而复数系 $\mathbb{C}$ 是代数封闭的。此外，任何一个只有有限个元素的数系（数学上称为"有限域"）都不是代数封闭的：若 $a_1,\cdots,a_n$ 是该数系中的所有元素，则多项式 $p(x)=(x-a_1)\cdots(x-a_n)+1$ 在该数系内无解。不过，在承认选择公理的条件下，可以证明：不仅实数可以扩充为代数封闭的复数域，而且任何数域都可以扩充为某个代数封闭的数域。

最早预言到代数基本定理的是荷兰数学家吉拉尔（A. Girard, 1595—1632），他在 1629 年就断言 n 次方程恰有 n 个根。1746 年达朗贝尔（J. d'Alembert, 1717—1783）首次证明该定理，但他的证明有漏洞。之后 18 世纪后半叶，欧拉、弗朗索瓦（F. Daviet, 1734—1799）、拉格朗日（Lagrange, 1736—1813）、拉普拉斯（P. Laplace, 1749—1927）纷纷出场，分别给出了自己的证明，但这些证明也都有漏洞。正如高斯指出的那样：这些证明都预先假设了"多项式方程存在某种形式的解"，然后证明该解一定可以写出 $a+bi$ 的形式。1799 年，年仅 22 岁的高斯在博士论文中，挑战上面提到的当时的各位学术权威，指出了前述证明中的问题，并给出了自己的证明：他不预先假设解存在，而是证明解存在。不过从现在的角度来看，高斯的这个证明依然有漏洞……我们无法指责高斯，因为严格的证明需要用到拓扑——最终 1920 年俄国数学家奥斯特洛斯基（A. Ostrowski, 1893—1986）补完整了该证明的拓扑漏洞！高斯一生给出了代数基本定理的四个证明，其中 1816 年所给出的第二个证明用到了"奇数次实系数方程一定有零点"这个分析/拓扑性质，该证明即使从现在的角度来看，也是完全正确

的,而最后一个证明时间是1849年,恰好是他博士毕业50周年。代数基本定理的第一个完全严格的证明是由出生在瑞士日内瓦的业余数学家阿尔冈(J. Argand, 1768—1822)于1806年给出的。他也是第一个考虑复系数多项式方程情形的人:在他之前人们都只考虑了实系数多项式方程。此外,他首次提出用$\sqrt{-1}$表示平面的"90°旋转",并进而给出了复数的极坐标表示法。

其实,高斯并没有把这个定理称为"代数基本定理",而是称为"代数方程基本定理"。后来人们才慢慢改称为"代数基本定理"。不过,从现代代数(代数结构)的角度来看,这个定理虽重要却并不能算作代数中最基本的定理。代数基本定理有很多(至少100)种证明方式(包括前面提到的那些不完整的证明,最终基本上都可以补足成一个完整的证明)。但是,所有的证明都或多或少涉及实数或复数的某些分析/拓扑性质。大家将在复分析课程以及拓扑学课程中学到非常不同的证明。奥地利数学家艾格纳(M. Aigner, 1942—)和德国数学家齐格勒(G. Ziegler, 1963—)在他们合著的备受好评的畅销书《数学天书中的证明》中提到:

> 有人评价"代数基本定理"时说,其实它并非是代数的结果,而是源自分析的结果;它并不基本;而且它也并不总是以定理的形式出现,因为有时候它是作为(代数封闭性的)定义出现的。

所以,从有理数集合出发作(分析)完备化可以得到实数集合,从实数集合出发作代数封闭化("代数完备化")得到复数集合。当然,我们也可以直接从有理数集合出发作代数封闭化,会得到什么呢?答案是:会得到全体**代数数**。本节开头我们已经提到,"不是任何有理系数方程的根"的数称为超越数,与之对应的,"可以表示成某个有理系数方程的根"的(复)数称为代数数。下一节将会看到,全体代数数的集合比复数集合小很多,但依然具有非常好的代数运算性质。

实数和复数是最常用、最重要的两个数系。数学有很多分支方向,为了强调所用的数系,往往需要在名字前面冠以"实"或者"复"加以区分,例如实分析、复分析,实代数几何、复代数几何,实微分几何、复微分几何,等等。虽然听起来实数更"实际"、复数更"复杂",但事实上复数相关的数学往往更加简洁、优美。上面提到的代数基本定理就是一个例子。又比如,实函数结构可以很复杂,能构造出诸如"处处可导但处处不二阶可导"的例子,但复函数就简单很多,任何可导的复函数一定无穷次可导。其原因在于,相比于实数,复数有着更加丰富的结构可以利用。另外,包括我们前面提到的代数基本定理、素数定理等定理在内,很多表面上仅跟实数相关的定理都有优雅的"复证明"。无怪乎法国数学家潘勒韦(P. Painleve, 1863—1933)在1900年说过:

> 在实数领域两个真理之间,最简短的路径常常是通过复数域。

潘勒韦在1917年和1925年先后两次出任法国总理。尽管他在政治生涯中也达到了顶峰,但从历史的角度看,他作为数学家的贡献更为耀眼。1895年他证明了"三体问题的奇点都是碰撞奇点",并提出了著名的

潘勒韦猜想 当$n>3$时,n体问题存在非碰撞奇点。

这个猜想历时百年,直到1992年中国数学家夏志宏(1962—)证明了$n \geqslant 5$时潘勒韦猜想成立,而$n=4$情形最终被年轻的中国数学家薛金鑫(1985—)在2014年证明。

4. 数系的公理构造

抽象来说,一个数系是一个集合,其中元素间可以定义加法和乘法,并且这两种运算满足特定的性质。下面从集合论出发,给出基本数系——自然数$\mathbb{N}$、整数$\mathbb{Z}$、有理数$\mathbb{Q}$、实数$\mathbb{R}$——的逻辑构造方法。

德国数学家克罗内克(Kronecker,1823—1891)曾说道:

> 上帝创造了自然数,其余的一切都是人的工作。

事实上,当人们经过逻辑审视,把实数建立在有理数的基础上,再把有理数建立在自然数的基础上之后,即使自然数本身也需要经历同样的逻辑审视。为自然数建立牢固的基础,是为整个数学建立牢固基础的先决条件。

现代"自然数理论"是建立在集合论基础上的。下面这个公理体系最早由意大利数学家、逻辑学家和语言学家皮亚诺在戴德金等人工作的基础上,于1889年引入(为了数学上的简单性起见,把0也加入自然数,虽然早期历史上0并不是自然数):

皮亚诺公理 满足下述公理的集合$\mathbb{N}$中的元素称为**自然数**。

(1) $0 \in \mathbb{N}$。

(2) 若$x \in \mathbb{N}$,则x有且仅有一个后继$s(x) \in \mathbb{N}$。

(3) 0不是任意自然数的后继。

(4) 若$s(x)=s(y)$,则$x=y$。

(5) 若$M \subseteq \mathbb{N}$,$0 \in M$,且"$x \in M \Rightarrow s(x) \in M$",则$M=\mathbb{N}$。

注意这里最复杂也最有意思的一条公理是最后一条,它事实上是我们使用数学归纳法的前提,所以也被称为归纳公理。

于是,从集合论出发,可以"无中生有"地建立$\mathbb{N}$的一个模型:

取"空集"为0,即令$0=\varnothing$。再取$s(x)=x \cup \{x\}$,则由集合
$$\varnothing, \{\varnothing\}, \{\varnothing, \{\varnothing\}\}, \{\varnothing, \{\varnothing\}, \{\varnothing, \{\varnothing\}\}\}, \cdots$$

组成的集合满足皮亚诺公理体系。

建立公理体系,很重要的一点是公理体系的相容性。上述模型告诉我们,只要集合论公理体系是相容的,自然数的皮亚诺公理体系就是相容的。这个模型最早是由生于匈牙利的美籍数学家、物理学家、理论计算机科学和博弈论的奠基者冯·诺依曼(J. von Neumann,1903—1957)给出的。

公理化的要点在于从"不定义的概念"和公理出发导出所需的一切概念和结论。例如,从皮亚诺公理体系出发,可以在自然数集合$\mathbb{N}$上定义出加法、乘法和大小关系:

- 定义加法"$+$"为满足$x+0=x$和$x+s(y)=s(x+y)$的二元运算。
- 定义乘法"$\cdot$"为满足$x \cdot 0 = 0$和$x \cdot s(y) = x \cdot y + x$的二元运算。
- 定义大小关系"$\leqslant$"为:$x \leqslant y \Leftrightarrow \exists u$使得$x+u=y$。

有兴趣的读者可以验证这些定义是合理的(这并不显然),加法和乘法满足基本的结合律、交换律、消去律、分配律等,且大小关系也满足我们熟悉的性质。

有了自然数集合,就可以逐步构造整数、有理数和实数。所采取的方案非常类似,只是具体细节有所不同:先用已知集合的相乘,通过集合的乘法(笛卡儿积)构造出比目标更大的集合;然后把这个过大的集合中的元素分组,每一组对应于想要构造的一个元素。这个分组的过程,数学上称为构造"等价类"。等价类方法是一种非常常用的从已知集合构造新集合的方式。下面具体说明这个过程。

首先用等价类的方法,从 $\mathbb{N}$ 出发构造整数集 $\mathbb{Z}$。这是戴德金于1913年给出的,当时他已经到了82岁高龄:

在集合 $\mathbb{N}\times\mathbb{N}$ 上,把所有满足 $m+q=n+p$ 的元素 (m,n) 和 (p,q) 归结为一类。(注意我们特意避开了还没有定义的减法运算,因为在 $\mathbb{N}$ 里减法并不总是可行。)例如,元素 $(2,5)$ 的等价类为

$$[(2,5)]=\{(0,3),(1,4),(2,5),(3,6),(4,7),(5,8),\cdots\}$$

定义 $\mathbb{N}\times\mathbb{N}$ 中所有这样的等价类的集合为整数集 $\mathbb{Z}$。

写成数学符号语言,就是定义 $\mathbb{Z}$ 为"商集"(就是等价类的集合)

$$\mathbb{Z}=\mathbb{N}\times\mathbb{N}/\sim$$

其中 $\sim$ 表示等价关系

$$(m,n)\sim(p,q)\Leftrightarrow m+q=n+p$$

直观来说,$[(2,5)]$ 这个类代表了整数 -3,因为这个类中每组数前后二数之差为 -3。读者不妨在上面给出的 $\mathbb{Z}$ 的这个构造中,定义出加法、减法、乘法运算,并找出每个"整数" $[(m,n)]$ 的相反数。

从自然数集 $\mathbb{N}$ 到整数集 $\mathbb{Z}$,解决了"$\mathbb{N}$ 中的加法没有逆运算"即减法问题。接下来从整数集 $\mathbb{Z}$ 出发构造有理数集 $\mathbb{Q}$,旨在解决"$\mathbb{Z}$ 中非零元素间乘法没有逆运算"即除法问题:

在集合 $\mathbb{Z}\times(\mathbb{Z}-\{0\})$ 上定义关系

$$(a,b)\sim(c,d)\Leftrightarrow ad=bc$$

例如,元素 $(2,5)$ 的等价类为

$$[(2,5)]=\{(2,5),(-2,-5),(4,10),(-4,-10),(6,15),(-6,-15),(8,20),\cdots\}$$

定义该等价关系下等价类的集合为有理数集

$$\mathbb{Q}=\mathbb{Z}\times(\mathbb{Z}-\{0\})/\sim$$

直观来说,在这个等价关系里,$[(2,5)]$ 这个类代表了分数 $2/5$,因为这个类中每组数前后二数之商为 $2/5$。我们依然把在 $\mathbb{Q}$ 中定义加减乘除运算的任务交给有兴趣的读者自行探索。

最后从有理数集 $\mathbb{Q}$ 出发构造实数集 $\mathbb{R}$。构造方法有很多,这里介绍的是康托尔的"柯西列方法"。为此,我们先给出柯西列的定义:

若数列 (a_k) 满足"对于任意整数 ε,存在正整数 N 使得只要 $n,m>N$,就有 $|a_n-a_m|<\varepsilon$",则称 (a_k) 为柯西列。

对有理数集 $\mathbb{Q}$ 进行完备化来构造实数集合 $\mathbb{R}$,其思路跟上面两步类似,还是"缺啥补啥":跟

实数相比,有理数不完备,是因为缺"柯西列的极限点",怎么办？很显然,可以通过等价类添加"极限点"！

考虑由所有"有理数的柯西列"构成的(巨大)集合
$$\mathscr{C}(\mathbb{Q})=\{(r_1,r_2,r_3,\cdots)|(r_i)\text{是有理数的柯西列}\}$$
定义关系
$$(r_i)\sim(s_i)\Leftrightarrow\lim_{i\to\infty}|r_i-s_i|=0$$
例如,元素 $(3,3.1,3.14,3.141,\cdots)$ 的等价类为
$$\{(3,3.1,3.14,3.141,\cdots),(3,3.2,3.15,3.142,\cdots),(0,0,-10^9,3.1415,3.14,3.141,\cdots),\cdots\}$$
定义该等价关系下等价类的集合为实数集
$$\mathbb{R}=\mathscr{C}(\mathbb{Q})/\sim$$

看起来这是一个非常复杂的构造。但直观上想一下,并没有多么复杂:$(3,3.1,3.14,3.141,\cdots)$、$(3,3.2,3.15,3.142,\cdots)$ 以及 $(0,0,-10^9,3.1415,3.14,3.141,\cdots)$,或者该等价类里的别的有理数列,都是收敛于 π 的有理数列。因此,这不过是把所有收敛于 π 的有理数列拿出来,并把它们都称为 π 而已。这跟我们通常通过十进制小数理解的 $\pi=3.1415926535897\cdots$ 并无二致,只是十进制小数是表示为特定柯西列的极限,而康托尔的方法则是说,只要收敛到所要的实数,用哪个有理数柯西列都没关系。康托尔的这个方法很容易被进一步发展成"对任意度量空间进行完备化"的方法。

1.3 结 构

在这些日子里,拓扑天使与抽象代数恶魔为了数学中每个分支的灵魂而战斗着。

——外尔

1. 数学的基本语言:集合

上一节已经提到,旨在解决第二次数学危机的分析算术化运动通过

实数 ← 有理数 ← 整数 ← 自然数 ← 集合论

这个过程,让实数脱离了自古希腊以来的几何框架。最终,数被建立在了集合论基础之上。事实上,几乎所有的数学也都可以被建立在集合论基础之上。

集合,指具有某种特定性质的不同事物(称作元素)的总体,主要用以表示整体与局部之间的关系。人们对集合的认知首先来自与有限集相关的经验,类似于我们对经典逻辑的认知。包含无限个元素的集合则一度引起了数学上的排斥。伽利略在1638年出版了其最后一本著作《两种新科学》,其中他观察到"平方数"(可写成某个自然数平方的数)和"自然数本身"的数量是相等的,因为每个自然数 n 都对应了一个平方数 n^2。但显然有很多自然数不是平方数。这个现象被称为伽利略悖论。伽利略断言对于有限集适用的数量比较关系不适用于无限集。类似地,莱布尼茨也认为,数学如果要免于矛盾,就要抛弃无限集合的概念。

最终在19世纪晚期,康托尔创立了作为数学理论的集合论,研究了无穷基数和无穷序数,把无穷集合纳入数学的框架。康托尔的集合论一方面使得无穷的概念变得清晰,另一方面也表明了无穷的复杂性超乎我们的想象。他的研究成果颠覆了很多前人的想法,因而遭遇了很多当时学界权威的反对,曾一度精神崩溃。康托尔后半生受到精神疾病的严重影响,不得不经常入院治疗,并最终死于精神病院。希尔伯特在1926年评价康托尔的工作时说道:

> 这对我来说是最值得钦佩的数学理智之花,也是在纯粹理性范畴中人类活动所取得的最高成就之一。

我们简要介绍一下康托尔的基数理论,即如何比较无穷集合的大小。他的武器正是两百多年前伽利略在其悖论中所使用的"一一对应"关系:

> 若存在从集合A到集合B的一一对应(双射),则称集合A与集合B具有相同的势(或基数);若存在从集合A到集合B的单射,但不存在从集合A到集合B的一一对应,则称集合A的势小于集合B的势。

于是自然数集合与平方数集合具有相同的势。有限集合的势就是它的元素个数。无穷集合可以跟它的一个真子集具有相同的势,这是无穷集合有别于有限集合的本质特征,可以被用作无穷集合的定义。

使用"一一对应"关系,还可以进一步证明所有正有理数的集合跟自然数集合具有相同的势,因为这些有理数可以被按照如下规则排成

$$\frac{0}{1},\frac{1}{1},\frac{1}{2},\frac{2}{1},\frac{1}{3},\frac{3}{1},\frac{1}{4},\frac{2}{3},\frac{3}{2},\frac{4}{1},\cdots$$

- 按照"分子+分母"从小到大排;
- 具有相同"分子+分母"的,按照分子从小到大排;
- 遇到跟已排数相等的数$\left(例如\frac{2}{4}=\frac{1}{2}\right)$,则删去。

用类似的方式,康托尔甚至还证明了所有代数数的集合是可数的。

我们把所有与自然数集合具有相同势的集合称作**可数集**。一个自然的问题是:是否所有的无穷集合都具有相同的势?1874年康托尔证明了

> **定理** 实数集合不可数。

康托尔的第一个证明是基于闭区间套原理的。下面是他在1891年给出的第二个证明,该方法令人拍案叫绝,被命名为"康托尔对角线证法":

> **证明** 假设全体实数的集合$\mathbb{R}$是可数的,即存在一个从自然数集$\mathbb{N}$到实数集$\mathbb{R}$的一一映射f。我们分别写出$f(1),f(2),f(3),\cdots$的十进制小数表示:
> $$f(1)=a_0^1.a_1^1 a_2^1 a_3^1 a_4^1\cdots$$
> $$f(2)=a_0^2.a_1^2 a_2^2 a_3^2 a_4^2\cdots$$
> $$f(3)=a_0^3.a_1^3 a_2^3 a_3^3 a_4^3\cdots$$
> $$\vdots$$

其中当 $j\geqslant 1$ 时，a_j^i 是 $0,1,\cdots,9$ 之一。考虑实数
$$r = 0.d_1 d_2 d_3 \cdots,$$
其中 d_i 定义为：若"对角元" $a_i^i = 2$，则令 $d_i = 5$；若"对角元" $a_i^i \neq 2$，则令 $d_i = 2$。显然 r 不等于任意一个 $f(n)$，从而跟"f 是一一映射"矛盾。 □

于是，康托尔证明了自然数集合的势小于实数集合的势。特别地，这说明"无理数比有理数多得多"，甚至"超越数比代数数多得多"！

对于任意集合 X，称由 X 的全体子集组成的集合为 X 的"幂集"，并记为 $\mathscr{P}(X)$。例如 $\{1,2\}$ 的幂集为
$$\mathscr{P}(\{1,2\}) = \{\varnothing, \{1\}, \{2\}, \{1,2\}\}$$
可以证明，全体实数集合的势跟自然数集合的幂集的势是一样的。通过进一步发展对角线方法，康托尔还证明了

康托尔定理 对于任意集合 X，它的"幂集" $\mathscr{P}(X)$ 的势一定大于 X 的势。

证明 显然存在从 X 到 $\mathscr{P}(X)$ 的单射。下面反设存在一一映射 $f: X \to \mathscr{P}(X)$。考虑
$$Y = \{x \in X | x \notin f(x)\}$$
因为 Y 是 X 的子集而 f 是双射，所以存在 $x_0 \in X$ 使得 $f(x_0) = Y$。由此可知：
- 若 $x_0 \in Y$，则 $x_0 \notin f(x_0) = Y$；
- 若 $x_0 \notin Y = f(x_0)$，则由 Y 的定义知 $x_0 \in Y$。

于是不管怎样都导出所需的矛盾。 □

证明中出现的集合 Y 有时候被称为 f 的"康托尔对角线集合"。该方法后来被用于解决很多不同的问题，例如前面提到的哥德尔的不完备性定理等。

根据康托尔定理，可以轻易构造出一列"越来越大"的无穷集，例如
$$\mathbb{N}, \mathscr{P}(\mathbb{N}), \mathscr{P}(\mathscr{P}(\mathbb{N})), \cdots$$
而且没有最大的无穷集，因为总可以构造出"更大的无穷集"。

在研究无穷集合时，康托尔提出了著名的

连续统假设 不存在一个集合，它的势介于 $\mathbb{N}$ 的势与 $\mathbb{R}$ 的势之间。

他花了很多年试图证明该结论，但一直无果。1900 年希尔伯特在提出 23 个问题时把该问题列为第一个。后来，人们在康托尔集合论基础上建立了公理化集合论，1940 年哥德尔证明了"连续统假设跟标准的 ZFC 公理集合论是相容的，即不能被证否"；而 1960 年美国数学家科恩（P. Cohen，1934—2007）发展了"力迫法"，证明了"连续统假设不能由标准的 ZFC 公理集合论证明"，并因此荣获 1966 年菲尔兹奖。于是，连续统假设是独立于标准的 ZFC 公理集合论的。

2. 布尔巴基与数学结构

从 19 世纪末开始，整个数学进入飞速发展阶段，各个抽象分支纷纷涌现，像希尔伯特和庞加莱那样的全才已经不大可能再现。一个自然而紧迫的问题是：

数学是获得越来越大的协调性和统一性，还是逐步分裂成多门数学？

在这样的大背景下,拥有三头六臂的数学家布尔巴基横空出世,通过系统研究不同数学理论之间的关系,提出[2]:

> 数学科学的内部演化,尽管表面上看来光怪陆离,却使得各个不同的组成部分聚集在一起形成更为紧密的统一体,好像创造出某种类乎中心核的东西,它比以往任何时候都更加紧密。

布尔巴基不是一位数学家。20世纪30年代开始,一群年轻的法国数学家(其中绝大部分后来都成为各自方向最出色的数学家之一)以"布尔巴基"为笔名组成了一个团体。他们最初的目标是编撰一本逻辑严密的分析学教科书(原因之一是法国年轻学子在一战战场上损失较多),但不久他们就意识到有必要对整个数学进行一种综合性的统一处理。最终,他们(以及他们的继任者们)在集合论的基础上,用公理方法重新建构整个现代数学体系,出版了多卷本巨著《数学原理》。该书目前已出版四十多册近8000页,对20世纪的数学产生了巨大的影响。

根据布尔巴基学派的观点,数学是创造和研究"数学结构"的艺术:

> 数学,至少纯粹数学,是研究抽象结构的理论。

结构不仅仅是数学家的研究对象,而且是数学家的工具:只要在所研究的问题中发现某种已知的数学结构,就有了有关该结构的一大堆定理可用。事实上,在某种意义上说,由阿尔冈等人发现的复数的几何表示,相当于在复数("所有实系数多项式方程的根")这个复杂的集合中给出了一个简单的拓扑结构,从而最终导致"复数学"得到了长足的发展。布尔巴基的结构主义观点甚至影响了数学以外的领域,曾在法国社会科学领域风靡一时。

那么,数学中的"结构"到底是什么呢?数学结构的基础是集合。集合只涉及"集合""元素"两个概念以及"元素属于集合"这一关系,而不讨论元素与元素之间的关系。"数学结构"指的是附加在集合上的特定数学对象,一般表现为元素与元素之间、元素与子集之间或者子集与子集之间的关系,这些对象往往被赋予了特别的意义:

> 集合 A 上的一个**结构**,往往包含(但不一定总包含) A 上的若干"多元关系" ($A\times A\times\cdots\times A$ 的子集),若干"多元运算"(多元映射 $f: A\times\cdots\times A\rightarrow A$),若干特别指定的元素,以及它们满足的若干公理。

后面我们会给出一些具体的数学结构,例如群结构、域结构、序结构等。

由此可见布尔巴基思想的三个核心观念是数学的统一性、公理方法、数学结构。在继续讨论之前,我们需要指出的是,布尔巴基此处的公理方法跟我们前面所熟悉的公理化有所不同。不像欧几里得公理体系,在现代数学中,公理不再是"明显的真理",而只是用于搭建理论的基本假设、基本出发点。无论是下一节要提到的欧几里得公理体系、希尔伯特公理体系,还是上一节提到的皮亚诺公理体系,都是"单值体系",即每个公理体系在实质上仅仅跟一个理论相关,需要验证相容性、独立性、完备性等,而且无法用到其他理论中去。布尔巴基结构理论中所提及的公理则不然。例如,群论的公理体系,本身就是从很多不同的理论中抽象出来的,是可以用于大量不同具体问题的公理体系。对此,外尔也说道:

建立这种公理体系的目的是理解;它所揭示的是有限个互相关联的结构,它们似乎构成了数学世界的支柱。

布尔巴基还对数学结构进行梳理、分层,由简单到复杂,由一般到特殊,形成一套结构层系。他们把由代数运算抽象而来的"代数结构"、由顺序比较关系抽象而来的"序结构"、由空间观念抽象而来的"拓扑结构"列为数学的三大母结构。对于多个结构,通过添加特定的公理将它们有机地结合成更复杂的结构。事实上,很多我们熟悉的数学对象,其背后都有多种结构。比如,实数概念中既有作为实直线的拓扑结构,也有用于运算的代数结构,还有用于比较大小的序结构,等等。数学结构以或明显或隐晦的方式遍布于现代基础数学的各个领域。

此外,结构理论并不是唯一的抽象看待数学的方式。事实上,1942年美籍波兰数学家艾伦伯格(S. Eilenberg,1913—1998)(后来成为布尔巴基学派的成员)和美国数学家麦克莱恩(S. MacLane,1909—2005)提出了一个更一般的范畴(category)理论,为描述很多数学理论及其相互之间的关系提供了更加抽象而一般的框架。不过,布尔巴基并没有把这个框架引入《数学原理》,毕竟推倒一座已经建设了数十年的建筑并在新的地基上重建,确实不太现实。

3. 代数结构:群、环、域

一些表面上互不相关的理论具有一些相似的特性。于是通过抽象和概括,可以得到一个更底层的结构,使得那些互不相干的理论都生长在这个底层结构之上。群结构就是这样一个底层结构。

群结构的历史来源主要有三个非常不同的方向,包括数论、代数方程理论和几何。数论中最早出现的群隐藏在高斯1801年发表的著作《算术研究》中。在书中高斯实质上已经处理了好几个阿贝尔群的群性质及其数论推论,例如"模算术",即整数模m加法群$\mathbb{Z}_m$:

考虑集合$G=\{0,1,\cdots,m-1\}$上的"模m加法"。G中任意两个数在"模m加法"后得到G中的一个数,且

- G中任意三个数均满足$(a+b)+c\equiv a+(b+c)\pmod{m}$,
- G中任意数均满足$a+0\equiv a\equiv 0+a\pmod{m}$,
- 对于G中任意数a,均存在G中元素b,使得$a+b\equiv b+a\equiv 0\pmod{m}$。

此外,与m互素的整数模m乘法群、二元二次型等价类群和m次单位根群也都隐藏在该书中。不过高斯并没有形成群的概念。

最早发展出群概念的是关于代数方程的研究,而且前后历时近百年。解方程,尤其是解多项式方程,是数学中的重要主题。事实上,在群、环、域这样的抽象概念出现以前,代数学几乎就等同于解多项式方程。我们知道,公元前2000年的古巴比伦人就已经找到了解二次方程的秘诀,而16世纪卡尔达诺出版的《大术》中已经给出了三次方程和四次方程的解法。所有这些求根公式都有一个共同点,那就是根可以用系数经过加减乘除和开方运算得到。另一方面,从代数基本定理可知,任意n次多项式方程都恰有n个根。于是,很自然地,人们希望为五次以及更高次方程寻找求根公式。包括欧拉在内的很多数学家都曾思考过这个问题,而该问题的第一个真正突破是1771年拉格朗日给出来的:他发表了一篇长达200多页的

论文《关于代数方程解法的思考》，通过详细分析三次、四次方程，力图发现代数方程解法背后更深层次的原理，指出了以前的方法不可能适用于五次以及更高次方程，从而开始怀疑求根公式的存在性。拉格朗日工作中最核心的一步是研究由 n 次方程所有 n 个根生成的表达式（被称为"拉格朗日预解式"）

$$x_1 + \omega_n x_2 + \omega_n^2 x_3 + \cdots + \omega_n^{n-1} x_n$$

在寻找求根公式中的作用，以及该表达式在根的置换下的变化规律。之后 1815 年柯西（A. Cauchy，1789—1857）进一步系统研究了在置换多元多项式的未知数时其取值个数问题，并事实上用到了置换群的合成运算。最终在 1824 年，出身贫寒的挪威年轻数学家阿贝尔结合欧拉、拉格朗日、柯西等人的想法，证明了一般五次方程不存在求根公式。当然，这并不是说任何多项式方程都没有根式解。后来他还给出了一类特殊的可用根式求解的方程的例子，为此他引入了域的概念。遗憾的是，他在完成求解如下"终极问题"前，就在饥寒交迫的境地下因病英年早逝了：

哪些多项式方程可以用根式来解？为什么？

这最后的临门一脚是由出身富裕的法国天才数学家伽罗瓦在 1830 年完成的。为此，他发展出了可用于判定特定多项式方程是否可解的伽罗瓦理论。遗憾的是，年纪轻轻的他很快就丧生于一场愚蠢的决斗中。事实上，伽罗瓦理论不仅可以解决代数方程可解性问题，而且也可以用于回答几何中的经典尺规作图难题，例如：

"三等分角""倍立方"问题均无法用尺规作图实现。①

在阿贝尔和伽罗瓦的理论中所用到的群并不是一般的群，而是被称为"置换群"的一类特殊的群：

对于给定的（有限）集合 X，令 G 为所有"从 X 到自身的双射"（"X 的全体置换"）所组成的集合，则 G 中任意两个元素的复合依然是 G 中元素，且
- G 中任意三个元素均满足 $(\sigma \circ \tau) \circ \pi = \sigma \circ (\tau \circ \pi)$，
- G 中任意元素均满足 $\sigma \circ \text{Id} = \sigma = \text{Id} \circ \sigma$，
- 对于 G 中任意元素 σ，均存在 G 中元素 $\tau = \sigma^{-1}$，使得 $\sigma \circ \tau = \tau \circ \sigma = \text{Id}$。

无论是数论还是代数方程理论中，最早出现的群都是有限群。在几何（以及分析）中则与此不同，无限群在其中自然出现并发挥了巨大的作用。1868 年若尔当（C. Jordan，1838—1922）发表了题为"论运动群"的文章，指出在几何中起主要作用的群是几何变换群：

考虑一个几何空间 X，以及某个特定的几何性质，例如"距离"。令 G 为所有"从 X 到自身且保持该几何性质不变的映射"所组成的集合，则 G 中任意两个元素的复合依然是 G 中元素，且
- G 中任意三个元素均满足 $(f \circ g) \circ h = f \circ (g \circ h)$，
- G 中任意元素 f 均满足 $f \circ \text{Id} = f = \text{Id} \circ f$，
- 对于 G 中任意元素 f，均存在 G 中元素 $g = f^{-1}$，使得 $f \circ g = g \circ f = \text{Id}$。

---

① 古希腊三大作图难题的另一个——"化圆为方"问题也是不可解的，因为 π 是超越数而不是代数数。

几何变换群包括欧氏平面的等距变换群或相似变换群,仿射平面的仿射变换群等。当然,有限(离散)群在几何中也自然出现,例如正多边形或多面体自身的对称群、平面密铺的墙纸群、空间晶体群等。后者在研究自然界的晶体结构时起到了关键作用。德国数学家克莱因(F. Klein,1849—1925)在1871年提出的著名的埃尔朗根纲领中,就用群作为工具统一了当时存在的各种各样的几何学,而他的朋友、挪威数学家李(S. Lie,1842—1899)则大力发展了连续变换群的理论及其在分析中的应用。事实上,这些工作不仅使得群成为在几何和分析中研究对称性的重要工具,而且反过来也影响了群论的发展。

比较上面不同分支中出现的群,不难给出抽象的"群结构"的概念:

集合S上的**群结构**由一个二元运算"群乘法*"和一个特定元素"单位元e"组成,它们满足三个公理:

- 【G1】$\forall x,y,z: (x*y)*z=x*(y*z)$,
- 【G2】$\forall x: x*e=x, e*x=x$,
- 【G3】$\forall x,\exists y: x*y=e, y*x=e$。

抽象群的概念及其性质是逐步发展出来的。1849年英国数学家凯莱用乘法表的形式,首先给出了抽象(有限)群的概念。最终克莱因的学生迪克(W. von Dyck,1856—1934)在1882年和1883年发表了关于抽象群的文章,把离散、连续群等都包含在其中。

可以毫不夸张地说,群结构是数学中最重要的结构之一,它不仅出现于数学的各个分支,也广泛存在于日常生活中。事实上,连续群(李群)的理论已经成为现代物理的基石。例如,我们所处的三维空间,具有连续群$SO(3)$对称性,而这种对称性在我们认识三维世界中运动(例如走路)的本质时发挥了根本的作用。此外,洛伦兹群是相对论的基础。目前关于粒子物理的"标准模型",其核心要素也是李群。

通过往已有结构中添加有特定意义的新要素,可以生成新的结构。例如,群结构可以被拓展成阿贝尔群结构,即群运算不仅要满足【G1】,【G2】,【G3】,还要满足

- 【G4】$\forall x,y: x*y=y*x$。

不难发现,我们所熟知的整数集、有理数集、实数集、复数集在加法运算下都构成阿贝尔群,而自然数集(包含0在内)在加法运算下不构成群,因为它仅满足群公理的【G1】和【G2】[①],而不满足【G3】。人们把仅满足【G1】,【G2】公理的结构称为幺半群,这种结构在几何以及计算机科学中均有应用。

当然,对于我们熟悉的数,不仅有加法,还有乘法,而且这两种运算满足分配律这样的相容性。上文提到的由阿贝尔引入的概念"域"就是这样一种结构:

集合S上的域结构由两个运算"域加法+""域乘法·"和两个不同的特定元素"加法单位元0""乘法单位元1"组成,使得

- 【F1】$(S,+,0)$作为加法群满足【G1】,【G2】,【G3】,【G4】四个公理,
- 【F2】$(S\setminus\{0\},\cdot,1)$作为乘法群满足【G1】,【G2】,【G3】,【G4】四个公理,

---

[①] 这是把0视为自然数的一个重要原因:如果把0排除在外,则不满足公理【G2】,从而所得的只是一个半群,并不是含有幺元的幺半群。

・【F3】分配律：$(a+b) \cdot c = a \cdot c + b \cdot c$.

显然，有理数集、实数集、复数集在加法、乘法运算下都构成域。整数集则不然，因为整数的乘法运算不满足【G3】。四元数集也不构成域，因为乘法不满足【G4】。人们把"从域公理中去掉'乘法满足【G3】,【G4】'所得的结构"称为环结构。它也是抽象代数中最基本的结构。群、环、域构成里抽象代数的基础，其中群的结构最简单也最抽象，而域的结构最丰富。

还可以把我们熟悉的几何空间中涉及的运算进行抽象化，得到所谓的线性空间结构。

设 $\mathbb{F}$ 是一个域，V 是一个非空集合，赋有"向量加法运算" $+: V \times V \rightarrow V$ 和 "数乘运算" $m: \mathbb{F} \times V \rightarrow V$（其效果是将 $\mathbb{F}$ 中的数"乘"在 V 中的元素上，简记 $m(\lambda, u) = \lambda u$），使得

(1) V 在向量加法运算下构成一个阿贝尔群。

(2) $\mathbb{F}$ 的域结构跟 V 的向量加法结构满足相容性：

・（域乘法相容性）对任意 $\lambda, \mu \in \mathbb{F}$ 以及 $u \in V$，有 $(\lambda\mu)u = \lambda(\mu u)$；

・（单位元相容性）对任意 $u \in V$，有 $1u = u$；

・（数乘对实数加法分配律）对任意 $\lambda, \mu \in \mathbb{F}$ 以及 $u \in V$，有 $(\lambda + \mu)u = \lambda u + \mu u$；

・（数乘对向量加法分配律）对任意 $\lambda \in \mathbb{F}$ 以及 $u, v \in V$，有 $\lambda(u + v) = \lambda u + \lambda v$。

则称 V 是一个**线性空间**或**向量空间**。

线性空间是现代数学中最基本、最简单的研究对象之一。线性代数就是研究线性空间的结构以及线性空间之间映射的一门学问。在线性空间基础上还可以附加别的结构，形成诸如李代数这样的在现代理论物理中大显身手的结构。此外，（群或代数）表示论这个数学分支是通过线性空间这类具有丰富结构的比较具体的数学对象，去理解抽象的群等结构是如何作为对称性作用在其他对象上的（以及反过来通过它们作为对称性的作用来研究它们自身的结构）。

群结构、环结构、域结构、线性空间、李代数等描述运算的结构被统称为代数结构。它们的共同点在于描述加、减、乘、除以及更抽象的运算。它们共同构成了代数学这个数学主流分支之一。在现代数学中，代数学早已脱离了"用字母代替数"这样一个表象的解释。

4. 序结构、拓扑结构、复合结构

除了代数结构，数学中还有很多别的结构。例如，序结构就是一类非常基本的结构：

集合 S 上的**偏序结构**由一个偏序关系"$\leqslant$"组成，它满足下面三个公理：

・【O1】$\forall x: x \leqslant x$，

・【O2】$\forall x, y, z: x \leqslant y, y \leqslant z \Rightarrow x \leqslant z$，

・【O3】$\forall x, y: x \leqslant y, y \leqslant x \Rightarrow x = y$。

注意，不仅我们熟悉的"数之间比较大小关系"是一种序结构，还有很多别的数学关系也是偏序结构的一种，例如"集合之间的包含关系""整数之间的整除关系"等。与这两种关系相比，"数之间比较大小关系"不仅满足【O1】,【O2】,【O3】,还满足

・【O4】$\forall x, y$: 要么 $x \leqslant y$，要么 $y \leqslant x$。

这种"任意两个元素可比较大小"的偏序结构被称为"全序结构"。若 $x \leqslant y$ 且 $x \neq y$,则记 $x < y$。

还可以考虑不同类结构之间的相容性。例如,有理数、实数都是域,都有由"大小比较"给出的全序关系,且域的运算跟大小比较之间具有很好的相容性:

若 $(F, +, \cdot, \leqslant)$ 既是一个域,也是一个全序集,且域运算跟序结构之间满足如下相容性:
- 【OF1】若 $x \leqslant y$,则 $x + z \leqslant y + z$;
- 【OF2】若 $0 \leqslant x$, $0 \leqslant y$,则 $0 \leqslant xy$。

则称之为一个**有序域**。

于是,有理数域、实数域都是有序域。与之相关的是,复数域 $\mathbb{C}$ 不是有序域。当然,我们还没有在 $\mathbb{C}$ 上定义全序关系。$\mathbb{C}$ 上的全序关系有很多,例如下面的"字典序":

$\mathbb{C}$ 上的字典序:对于 $z_1 = a_1 + b_1 i$ 和 $z_2 = a_2 + b_2 i$,若 $a_1 < b_1$ 或者 $a_1 = b_1, a_2 \leqslant b_2$,则称 $z_1 \leqslant z_2$。

不难验证它是 $\mathbb{C}$ 上的一个全序。之所以我们在研究复数的时候一般不用这个序关系,是因为它跟复数的域运算不相容。事实上,复数域 $\mathbb{C}$ 上根本就不存在跟域运算相容的全序结构:

若 $\mathbb{C}$ 上具有全序结构,则要么 $0 < i$,要么 $i < 0$,但这都不可能:
- 若 $0 < i$,则 $0 < i \cdot i = -1$,从而 $1 = 0 + 1 < -1 + 1 = 0$,矛盾。
- 若 $i < 0$,则 $0 = i + (-i) < 0 + (-i) = -i$,从而 $0 < (-i) \cdot (-i) = -1$,矛盾。

当然,我们还可以问,有序域 $\mathbb{Q}$ 和有序域 $\mathbb{R}$ 有什么区别?这一点在上一节已经解释过了,那就是实数域 $\mathbb{R}$ 是完备的,而有理数域 $\mathbb{Q}$ 不是。事实上,我们还可以从序结构去理解实数的完备性。只要回顾一下上一节提到的关于完备性的几个等价性质,就会发现其中的第一个性质,即戴德金完备性,只跟序结构有关。于是,我们可以定义如下概念:

满足戴德金完备性的有序域被称为**完备有序域**。

这样,实数域 $\mathbb{R}$ 就是一个完备有序域,而有理数域则不是。事实上,这个性质刻画了实数:

定理 实数域是唯一的完备有序域。

换而言之,我们可以抛开一切从现实或直觉中抽象而来的有关数的概念,用公理的方式"定义实数":

若满足
- S 具有域结构 $(S, +, \cdot, 1, 0)$,
- S 具有全序结构 $(S, \leqslant)$,且该全序结构满足戴德金完备性,
- S 上的域结构与全序结构满足相容性,是一个全序域,

则 $(S, +, \cdot, 1, 0, \leqslant)$ 同构于实数集。

最后,我们简要介绍一下布尔巴基学派提出的另一个母结构:拓扑结构。拓扑结构主要用于描述邻域、极限与连续等,是几何和分析中不可或缺的底层结构。拓扑结构也有很多

种,这里仅介绍其中最简单、最直观的一种,它是"两点之间的距离"的抽象化:

设 S 是一个集合。若 S 上的二元函数 $d: S \times S \to \mathbb{R}$ 满足

- 【D1】(正定性)对于任意 $u, v \in V$,有 $d(u,v) \geqslant 0$ 且 $d(u,v)=0 \Leftrightarrow u=v$,
- 【D2】(对称性)对于任意 $u, v \in V$,有 $d(u,v)=d(v,u)$,
- 【D3】(三角不等式)对于任意 $u, v, w \in V$,均有 $d(u,w) \leqslant d(u,v)+d(v,w)$,

则称 d 是 S 上的一个**距离结构**。

有了距离结构,就可以与实数一样,定义点列的收敛性、柯西列等概念。而如果该空间的柯西列均收敛,则这样的距离空间被称为完备空间。在泛函分析中常见的巴拿赫空间、希尔伯特空间等都是具有完备度量的空间,而后者已经成为量子力学的基础。

跟前面提到的别的结构一样,数学世界中也存在丰富多彩的距离结构。例如,对于任意给定的素数 p,可以在有理数集合上定义如下 p-进距离:

对于任意有理数 r_1, r_2,记 $r_1 - r_2 = \dfrac{n}{m}$,其中 m, n 互素。设 m 的素因子分解中 p 的次数为 k_1,n 的素因子分解中 p 的次数为 k_2,则定义 $|r_1 - r_2|_p = p^{k_1 - k_2}$。

我们把验证"该式确实给出了 $\mathbb{Q}$ 上的一个度量"这个任务留给有兴趣的读者。此时,我们可以重复上一节"对 $(\mathbb{Q}, |\cdot|)$ 进行完备化,即通过柯西列构造 $\mathbb{R}$"的过程,不过把出发点中的"绝对值度量 $|r_1 - r_2|$"换成"p-进度量 $|r_1 - r_2|_p$",即从 $(\mathbb{Q}, |\cdot|_p)$ 开始完备化,所得的结果就是所谓的 p-进数域 $\mathbb{Q}_p$。它是 p-进制世界中 $\mathbb{R}$ 的对应物,但与 $\mathbb{R}$ 有着迥然不同的性质。与 $\mathbb{R}$ 类似,$\mathbb{Q}_p$ 不是代数闭的,于是我们可以对 $\mathbb{Q}_p$ 进行代数闭包操作(添加"所有多项式方程的根")。不过跟 $\mathbb{C}$ 不同的是,这样得到的 $\mathbb{Q}_p$ 的代数闭包 $\overline{\mathbb{Q}_p}$ 又不完备了,即其中又出现了不收敛的柯西列。不怕麻烦的数学家们又对 $\overline{\mathbb{Q}_p}$ 进行完备化操作,此时得到的对象被记为 $\mathbb{C}_p$。幸运的是,这次它终于既完备又代数闭了。$\mathbb{C}_p$ 是 p-进制世界中 $\mathbb{C}$ 的对应物。

不同结构的结合是数学的重要生长点,也再次体现了数学统一性。例如,古典代数与几何的结合产生了解析几何,而现代代数(结构)与几何的结合产生了代数几何;把拓扑结构引入代数对象,可以得到拓扑代数这样的复合结构,而通过研究拓扑学中出现的代数结构,则产生了代数拓扑这个重要分支,它不仅对拓扑学影响深远,而且对代数自身的发展也产生了重大的影响。

最后,同时也非常重要的是,对于结构的研究从来都不是孤立的。在研究结构时,还需要研究在两个具有特定结构的数学对象之间保持该结构的映射,例如线性空间之间的线性映射,群/环/域之间的群同态/环同态/域同态,拓扑空间之间的连续映射等。通过这样的映射,往往可以把对复杂对象的研究转化为对简单对象的研究。特别地,如果相应的映射是可逆的且依然保持结构,则称所研究的两个对象是同构的对象,而结构数学中一个核心问题就是研究结构在同构意义下的分类问题。这些映射是人们用以理解各种结构的主要手段之一,在现代数学中不可或缺。

1.4 空　　间

天衣岂无缝，匠心剪接成。浑然归一体，广邃妙绝伦。
造化爱几何，四力纤维能。千古寸心事，欧高黎嘉陈。

——杨振宁

1. 从欧氏几何到非欧几何：观念的改变

跟代数或者分析等其他数学领域相比，几何是最早发展起来的，因为它在图形的帮助下相对而言易于理解，无论是在概念上还是在符号体系上都并没有太过抽象。

有人戏称，古埃及的几何学是尼罗河赠予人类的礼物：尼罗河经常泛滥，不仅带来了肥沃的泥土，还催生了（为了收税）测量土地面积的需求。无论是古埃及、古巴比伦、古印度还是古代中国，几何往往都源于工程测量、天文历法、宗教建筑等。在1.1节所引用的莫斯科纸莎草书第14题，应该就是一个来源于工程（金字塔）的几何题。印度的《绳经》（前8—前5世纪）所讨论的都是祭坛和庙宇建造中的几何问题。也正是因为工程建筑中最常见的是垂直线与水平线，所以中国古代算经中几乎只考虑直角三角形，很少考虑一般的三角形。中国最古老的数学著作《周髀算经》原名为《周髀》，一开始主要是一部天文学著作，旨在量天测地，直到唐朝时才被用作数学教材，"算经"二字也是此时才加上的。

《周髀算经》在数学上的主要成就是勾股定理（绝不仅仅是"勾三股四弦五"这个特例）：

> 若求邪至日者，以日下为勾，日高为股，勾股各自乘，并而开方除之，得邪至日。

虽然原书中关于该论断的"证明"（解释）颇有语焉不详之处，但可以确定的是，三国时期的赵爽、魏晋时期的刘徽等人都各自以"注"的方式给出了该定理的完整证明。1.1节提到古巴比伦人也发现了与勾股定理相关的数学知识：虽然他们并没有明确给出"勾^2＋股^2＝弦^2"这样的抽象公式，但他们在石板上列出了很多组勾股数组。在西方，勾股定理一般被称为毕达哥拉斯定理，不过其实东西方对于勾股定理的用意是有差别的：对于中国人、巴比伦人而言，勾股定理表示的是"数量之间的数字关系"；而对于古希腊人而言，勾股定理表示的"面积之间的几何关系"。古希腊人重视的是逻辑结构，所以他们从几何关系出发最终发现了无理数的存在，而中国古人则在"唯用是尚"的理念下致力于发展更加精细的近似计算技术，并声称（《九章算术》）：

> 退之弥下，其分弥细，则朱幂虽有所弃之数，不足言之也。

可见跟古希腊数学家相比，中国古代数学家并非不知道存在"无法精确开方的数"。对中国古代数学家们而言，几何是用于实际生活的，所以数的本质并不重要，更重要的是数的精度；而对古希腊数学家们而言，几何是用于理解大自然本质的，所以数的本质是根本的。

从几何到几何学,这一步是欧几里得《几何原本》实现的,第一节已有所阐述,下面对其公理体系稍作展开。前文已提及,该书共分13卷。在第一卷开头,欧几里得引入了"点没有组成部分""线只有长度没有宽度"等23个定义,"等量加等量仍相等""整体大于部分"等5条适用于所有学科的逻辑规则作为公理,以及最重要的、在几何学中大家认可的5条公设:

(1) 由任意一点到另外任意一点可作直线。
(2) 一条有限直线可以继续延长。
(3) 以任一点为圆心,任一距离为半径可作圆。
(4) 所有直角相等。
(5) 若一直线与两直线相交,且同侧所交两内角之和小于两直角,则两直线延长后必相交于该侧的一点。

上述前四条公设是比较公认的、由人们对于所处空间的认识而抽象出来的,但最后一条即"第五公设"稍微有点拗口,也并不那么显然。该公设等价于如下的

平行公设　过给定直线外一点,至多存在一条直线过该点且平行于给定直线。

它在数学史上有着极其重要的影响。事实上,从《几何原本》中命题的排布也可以看出来,欧几里得本人也尽量避免使用第五公设:直到命题29他才不得不开始使用这个公设。此外,还要注意的是古希腊数学的一个特征:尽量避免使用无穷。例如,第二条公设并没有说"直线是无限长的",而是说"有限直线可以继续延长";陈述第五公设所用的是在有限点处发生的"相交"而不是用平行公设中那需要延伸至无穷远的"平行";甚至我们在1.2节所提到的"有无穷多个素数"这个结论,欧几里得实际上陈述并证明的是"素数的个数大于任意给定的数"。

《几何原本》对数学、科学乃至人类历史起到了无法估量的巨大作用,是史上最有影响力的著作之一。另一方面,不可否认的是,欧几里得所搭建的公理体系有很多漏洞。例如欧几里得所给出的定义并非是我们现在所认可的那种"通过数学性质将所定义的对象跟其他对象区分开来"的定义,而只是以模糊的语句陈述的关于所定义对象的理解。在长达2000多年的时间跨度内,人们在《几何原本》中发现了越来越多的漏洞:非数学的定义,隐藏的假设,逻辑上的不完备之处,对作图或物理直觉的依赖等。

可以说,在建立现代实数理论之前,整个数学是架构在这样一个并不牢靠的几何基础之上的。于是,在完成1.2节所描述的"实数的算术化",从而在集合论的基础上建立了牢固的实数理论之后,一个自然的问题是为几何重新建立现代的、逻辑完备的公理体系。建立几何学公理体系的实质就是要把我们对空间的直观认识加以逻辑的分析,这一步最终由希尔伯特完成:在1899年他出版了《几何基础》[①],建立了一个完善的欧氏几何公理系统,从而使欧氏几何获得了牢固的基础。

---

① 该书在希尔伯特生前共出版了7版,在他去世后又被后人多次修订,不同版本的公理体系有少许差别。译本见文献[8]。

人们已经认识到,不可能在数学体系内对体系需要用到的所有概念都给出定义。在希尔伯特公理体系中,首先有两组不加定义的对象,即"点、直线、平面"这三个不加定义的本源对象和"关联、在……之间、合同"这三个涉及本源对象的不加定义的本源关系。按照希尔伯特的说法,

> 在任何时候,我们都可以把"点、直线、平面"换成"桌子、椅子、啤酒杯"。

也就是说,这些本源对象和本源关系不必有任何特定的含义,而这是任何形式逻辑体系的起点。但是,本源对象/关系也并非可以随意指定的:它们必须满足后面给出的公理体系。希尔伯特公理体系共有五组,分别为关联公理(8条)、顺序公理(5条)、合同公理(5条)、平行公理(1条),连续公理(2条)。希尔伯特的这种分组方式使得几何的逻辑结构变得非常清晰。这些公理的具体内容及相关讨论可参见文献[15],我们在这里就不作过多介绍了。

回到《几何原本》中所出现的第五公设问题。从古希腊后期的托勒密(Ptolemy,约100—168)开始,有很多数学家前仆后继,试图用其他公设/公理证明第五公设。虽然他们都失败了,但作为副产品,他们在假定欧几里得其他公设/公理成立的前提下,发现了很多跟第五公设等价的命题,例如:

- 每个三角形的内角和都是180°。
- 存在一对相似而不全等的三角形。
- 每个三角形都有外接圆。
- 直角三角形的勾股定理成立。
- 存在面积任意大的三角形。
- ……

在所有这些试图证明第五公设的努力中,与欧拉同时代的数学家兰伯特(Lambert,1728—1777)也许是最接近于发现真相,却实际上未能发现非欧几何的人。他曾经写道:

> 欧几里得第五公设的证明可以发展到这样一种程度,即表面上只剩下了一点微不足道的东西,但是仔细分析表明,在这点微不足道的东西里面,潜藏着问题症结。通常,它要么包含了那个正在证明的命题,要么包含了一个相当于这个命题的假设。

最终,19世纪上半叶,罗巴切夫斯基(Lobachevsky,1793—1856)、波尔约(J. Bolyai,1802—1860)和高斯这三位数学家分别独立意识到,试图证明平行公设是徒劳的,因为完全可以用与平行公设背道而驰的假设,例如

> 过直线外一点可以作多于一条与给定直线不相交的直线

代替平行公设,建立和谐而没有任何内在逻辑矛盾的几何体系。当然,对于这些几何体系而言,上面所列的那些跟第五公设等价的命题就都不成立了。跟欧氏几何相对,这些体系都被称为非欧几何。

非欧几何把几何空间从"我们所处的物理世界"中解放出来,对人类思想产生了深远的

影响。它告诉人们,虽然只有一个物理世界,但是理论上却有很多种不同的几何。而且正如波尔约所指出的那样,不可能仅通过数学推理确定物理存在的几何空间是欧氏的还是非欧的。于是,欧氏几何不再因为"它是描述外部世界的"而具有"法定的合理性"。从历史上看,这也是当时人们建立"非几何的"实数理论的原因之一。

不过要破除人们对空间的感官认识并不是一蹴而就的。罗巴切夫斯基与波尔约的工作在他们生前并没有被人们重视,直到1868年贝尔特拉米(Beltrami,1835—1899)和克莱因先后独立构造出非欧几何的模型,将非欧平面几何实现为普通欧氏空间中"负常数高斯曲率曲面的内蕴几何",证实了非欧几何与欧氏几何是同等自洽的,非欧几何才逐渐为世人所接受,人类也从此突破了绝对时空概念的束缚。克莱因进一步思考这些不同几何之间的关系,并提出了用变换群整合各种几何的"埃尔朗根纲领"。包括射影几何在内的当时各种几何理论都被纷纷归结到对应的对称群,传统的欧氏几何就进一步褪去了神圣的光环。

数学家们并没有止步于非欧几何。1854年6月10日黎曼在哥廷根大学发表讲师就职演说"论几何学基础的假设",提出了"流形"(manifold)的概念。从直观上看,流形是把一块一块"欧氏空间块"黏合起来的空间,就像我们可以用很多块五边形、六边形皮子黏合成一个足球那样。黎曼用的"皮子"可以是高维的,块数可以是无穷多,黏合成的形状可以稀奇古怪。通过在每一块上引入比"欧氏平坦度量"更一般的"弯曲度量结构",黎曼建立了黎曼几何理论。黎曼几何学是更加一般意义上的非欧几何学,使罗巴切夫斯基、波尔约的非欧几何学成为特例。不同之处在于,非欧几何学里空间仍然是"处处均匀的",而黎曼几何学里空间不再均匀,不同点附近的空间可以有不同的"弯曲程度"。黎曼在就职报告中还提到了在物理中可能的应用,后来由爱因斯坦接过了接力棒,使之成为广义相对论的数学基础,彻底变革了人类对于空间和宇宙的认识。

从几何的发展过程可以看出来,在过去150年里,几何的研究对象发生了巨大的改变。几何不再以研究物理世界的空间特性为目的。事实上,流形不仅作为背景空间出现在"物理空间"中(例如在广义相对论中,我们所处的时空是一个4维洛伦兹流形;而根据超弦理论,宇宙是一个特殊的11维流形),而且以各种身份、各种面貌出现在很多不同的现实问题中(例如机器学习中的"流形学习"方法)。1.3节所提到的用以描述"连续对称性"的数学工具——李群,就是一种架构在流形上的集代数、分析、拓扑结构于一体的强大工具。流形是现代几何最根本、最核心的研究对象。

2. 解析几何、代数几何、微分几何:工具的革新

从历史的角度来看,在欧几里得之后,下一个推动几何学发展的历史性人物是笛卡儿。在古希腊,代数基本上是附属于几何的。经过千年的发展,尤其是东方数学的融入,到笛卡儿之前,代数终于脱离几何而发展为数学的一个独立分支。作为西方现代哲学思想的奠基人之一,1637年笛卡儿发表了旨在寻求"在一切领域建立真理的方法"的哲学著作《方法论》,其中包括三个附录《屈光学》《气象学》《几何学》。在第三个附录中,他从一个几何问题开始,通过建立坐标系把它转变为代数方程的语言,然后尽可能地简化这个方程,最后用几何的办法解出这个方程。与笛卡儿同时代的业余数学家费马(Fermat,1601—1665)

也通过建立坐标系,使用代数工具研究几何问题。不过区别在于,费马是对古希腊人工作的继承,着眼于用代数方法对古希腊时期阿波罗尼奥斯(Apollonius,约前262—前190)的工作进行重新表述。而笛卡儿则很清楚代数的威力,并明确表明他在改换研究几何的方法:

> 我决心放弃那个仅仅是抽象的几何。这就是说,不再去考虑那些仅仅用来练习思想的问题。我这样做,是为了研究另一种几何,即目的在于解释自然现象的几何。

方法论是他一切工作的首要对象。因此,称笛卡儿为解析几何之父是完全妥当的。

在解析几何把对于几何的研究转化成对于数的研究之后,代数工具的引入大大改变了几何学。例如,古典的欧氏几何以研究直线和圆为主,而解析几何中可以很容易地研究二次曲线、二次曲面和其他一些由较简单方程定义的几何对象。当然,由于代数本身的限制,解析几何能处理的主要是由代数方程定义的曲线或曲面。我们在1.3节已经提过,代数以研究多项式及其衍生的数学结构为主。现代代数(多项式方程理论及其所衍生出来的群、环、域等抽象代数结构)与几何的结合,则产生了代数几何这个目前数学中非常活跃的领域之一。粗略地说,代数几何用多项式研究几何,以及用几何研究多项式。代数几何的基本研究对象是一组多元多项式方程所组成的方程组

$$\begin{cases} f_1(x_1,\cdots,x_n)=0, \\ \vdots \\ f_m(x_1,\cdots,x_n)=0 \end{cases}$$

的公共零点集,即所谓的代数簇。当然,在考虑零点时,所使用的数域对整个理论有着重大的影响。一般而言,因为复数域具有非常好的代数性质,所以相比于实代数几何,复代数几何有更丰富而优美的结果。代数几何跟代数、几何、分析、拓扑、数论、数学物理甚至编码理论等众多分支都有着密切联系。特别地,代数几何方法跟数论问题结合所衍生出的新分支——算术几何,取得了巨大的成功。

笛卡儿创立解析几何是近代数学的重要转折点,对于近代数学与科学的发展起到了关键性的作用:在把对于图形的分析转化为对于数的分析后,人们可以便利地处理无穷的过程,从而微积分、天体力学等学科领域开始出现并迅速发展起来。解析几何之前,数学是静态的。解析几何的引入使得动态数学成为可能。最终,牛顿、莱布尼茨等人在解析几何的基础上,创立了微积分。微积分的出现与发展改变了整个数学,也改变了几何学自身。例如,对于非代数方程定义的比较一般的曲线或曲面,解析几何基本上无力处理。然而,微积分的出现则使得我们可以用新的手段去研究更一般的曲线或曲面。微积分方法不仅可以计算曲线的长度、曲面的面积等经典几何量,还可以用以定义和研究更精细的几何性质,例如描述弯曲程度的曲率。曲率如今已经成为(微分)几何学的基本概念。

下面我们简要阐释欧氏几何中"三角形的内角和是π"这个性质在微分几何中的推广,从中可体会微分几何的优美。首先,通过把n边形剖分成$n-2$个三角形的方式,很容易得出欧氏平面中n边形的内角和是$(n-2)\pi$,如图1.3所示。

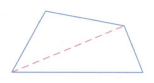 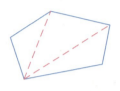 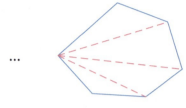

图 1.3

因为每个顶点处内角加外角为 π（对于非凸顶点，外角定义为负值），所以如果换一种方式，考察多边形外角和而不是内角和的话，那么就可以得到一个统一的公式：

平面多边形的外角和 = 2π

在引入平面曲线的"曲率"这个概念之后，上述公式可以被推广到平面中一般的简单光滑闭曲线。光滑平面曲线的曲率有多种等价定义，在几何上也都很直观，下面列出其中两种：

- 圆上每一点的弯曲程度是完全一样的，而且半径越小的圆弯曲程度越大，于是很自然地可以规定

圆的曲率 κ = 圆半径的倒数

如果把直线视为半径为无穷大的圆，则按照这个定义，直线的曲率为零，正好符合我们的需求。对于一般的平面曲线 C，它在各点处的弯曲程度一般是不一样的。对于 C 上任意一点 P，都存在唯一一个跟曲线 C 在 P 处"贴合最密切"的圆，称之为 C 在 P 处的密切圆。于是，可以很自然地定义 C 在 P 点处的曲率为

$\kappa(P)$ = 曲线 C 在 P 点处的密切圆半径的倒数

- 当曲线上一点沿着曲线以单位速率运动时，过这一点的切线在转动方向。曲线弯曲程度越高，切线转得越快。于是可定义

$\kappa(P)$ = 曲线 C 在 P 处切线方向的转速

可以证明上述两种定义是等价的。这样定义的曲率完全是局部的，即只依赖于在该点附近的一小段曲线，而不依赖于曲线的整体性状。在考虑曲线的整体性状时，就如同考虑多边形时需要把非凸顶点处外角定义为负数，对于曲线也需要引入"相对曲率"的概念。这个用上述第二种定义最简单，只要把"转速"改为"有向转速"（例如定义逆时针转动为正），即定义 C 在 P 点处的相对曲率为

$k(P)$ = 曲线 C 在 P 处切线的有向转速

相对曲率 $k(P)$ 刻画的是曲线 C 在 P 处的"无穷小曲线段"所扫过的"无穷小外角"。当曲线是简单光滑闭曲线时，在曲线上行进一圈后，切线恰好总共转了 2π 角，故所有这些"无穷小外角"之和（积分）就是 2π：

定理 对于平面简单光滑闭曲线 C，有 $\int_C k \mathrm{d}s = 2\pi$。

这就把"三角形内角和为 π"以及更一般的"多边形外角和为 2π"推广到光滑简单闭曲线了。

当然，如果所考虑的不是平面三角形，而是更一般曲面上的三角形，则其内角和未必是 2π。在曲面上定义三角形或者多边形之前，需要把"直线"推广到这样的几何对象中。这件事并不难：直线是平面中两点间所有曲线中最短的那条，所以在一般曲面上，我们称

两点间最短的连线为"测地线"。不过这个定义不太令人满意,因为有可能很多首尾相接的、"同方向的"最短线,连起来之后就不再具有整体的最短性了。所以定义需要稍微修改一下:

> 测地线是具有如下性质的曲线:测地线上任意足够接近的两点,它们之间的最短连线是测地线的一部分。

按照这个定义,球面上的测地线恰好就是球面上的大圆(过球心的平面跟球面的交线),而且无论是大圆的优弧还是劣弧,都是测地线。有了测地线,就可以在曲面上考虑一般的多边形,即各边都是测地线的区域。荷兰数学家吉拉尔把"平面多边形外角和为2π"推广到了球面多边形,证明了

定理 在半径为r的球面上,面积为A的球面多边形的外角和为$2\pi - A/r^2$。

那么,更一般的曲面呢?为了回答这个问题,我们需要先弄清楚如下问题:球面有什么特殊之处?球面的特殊之处在于它是一个在各点处具有同等弯曲性的曲面。跟曲线类似,也可以定义曲面的曲率。1827年高斯发表经典著作《曲面的一般研究》,其中引入并研究了高斯曲率。需要提到的是,高斯写这本书的源起之一是他当时从事的一项实际事务:主持汉诺威公国的大地测量工作。高斯曲率可以通过曲面跟特定平面相交所得的"平面曲线"的曲率定义:

> 若所有"包含曲面S在P点处法向量的平面"跟曲面S相交所得的平面曲线在P处曲率的极大值和极小值分别为k_1和k_2,则定义S在P点处的高斯曲率为$k_1 k_2$。

从表面上看,曲面在各点处的高斯曲率依赖于曲面嵌入欧氏空间的方式。但是,高斯证明了高斯曲率仅与曲面上的度量性质有关,而与曲面的嵌入形状无关(比如平面与圆柱面度量性质相同,但形状不同),并指出了研究仅与度量相关的新几何的可能性(最终被黎曼发展成了黎曼几何学)。高斯把这个定理称为绝妙定理:

高斯绝妙定理 曲面的高斯曲率仅跟曲面的内蕴度量有关。

这个定理是曲面微分几何的基本定理,标志着微分几何学的诞生。根据定义,不难算出半径为r的球面,其高斯曲率处处为$1/r^2$。我们发现,球面多边形外角和公式中的A/r^2恰好就是球面高斯曲率$1/r^2$在该多边形上的积分。如果考虑的不是球面,而是非欧几何模型中高斯曲率为$-1/r^2$的双曲平面,则多边形的外角和为$2\pi + A/r^2$,其中A为该多边形的面积。更进一步地,对于任意曲面,均有

定理 曲面S上"简单多边形P"(假设其内部"单连通")的外角和为$2\pi - \iint_P K dA$,其中K为高斯曲率。

特别地,我们发现,球面三角形内角和总大于2π,而双曲平面三角形内角和总小于2π。

那么,如果是一般的光滑简单闭曲线,而不是由测地线组成的多边形,能否把前面提到的平面光滑简单闭曲线的结果推广?答案是:可以。为此,需要先理解曲面上的测地线有什么特殊之处。平面曲线可以定义曲率,类似地,曲面中的曲线也可以定义曲率,而且

有很多不同的曲率。一种最简单的定义曲面 S 中曲线 C 在点 P 处曲率的方式就是把曲线 C 投影到曲面 S 在 P 点处的切平面中,看该"平面曲线"在 P 点处的曲率,该曲率被称为曲面 S 中曲线 C 在点 P 处的测地曲率,记为 k_g。可以证明,曲面中的测地线恰好就是测地曲率为 0 的曲线。有了这些准备工作,就可以把前文所述平面光滑简单闭曲线的定理推广到曲面:

(特殊)高斯-博内定理 对于曲面 S 上的简单光滑闭曲线 C,若 C 所围成的部分 R "单连通",则有 $\int_C k_g \mathrm{d}s = 2\pi - \iint_R K \mathrm{d}A$。

注意多边形的外角和公式可以通过"在顶点附近用光滑曲线逼近"而被视为它的特例。

2. 拓扑学

1.3 节曾提及,拓扑结构主要用于描述邻域、极限与连续等,是几何和分析中不可或缺的底层结构。作为几何分支的拓扑学,并不关心通常的几何量如角度、长度、面积、曲率等,而只关心在连续变换下保持不变的性质。我们可以想象所处理的对象是由橡皮这种柔韧、可伸缩的物质制成的,可以轻易使该对象形状发生变化,例如把球形捏成椭球形或葫芦形甚至正二十面体形。在这个过程中,该对象的拓扑是没有变化的,因为在变换前后,点之间的"邻近性质"没有发生变化。但拓扑变换不允许把不同位置的点黏合(不邻近的点变成邻近的点),也不允许在中间戳一个洞(邻近的点变得不邻近),所以从这个意义上说,球形跟甜甜圈形(轮胎形)在拓扑上是不一样的。

最初对拓扑性质进行研究的是欧拉,他当时称之为"位置分析"。欧拉的两个著名工作,即哥尼斯堡七桥问题和欧拉多面体公式,可以被认为是最早的拓扑学工作。我们从后者开始:

欧拉多面体公式 任意凸多面体的顶点数 V、边数 E 和面数 F 满足 $V - E + F = 2$。

据称笛卡儿在 1630 年左右就已经发现了这个公式,或者至少是它的某个变体。不过,无论是笛卡儿还是欧拉都没有充分认识到这个定理中的拓扑学背景。他们的证明,包括早期其他数学家对这个公式的证明,也都依赖于一些非拓扑的几何量如角度、面积等,从而并不是"拓扑学证明"。例如,1794 年勒让德利用球面多边形面积公式给出了如下证明:

把凸多面体投影到单位球面上,则它的每个面都投影为一个球面多边形,且这 F 个球面多边形恰好覆盖单位球面。因为球面 n 边形面积为"角度和"$-(n-2)\pi$,而单位球面面积为 4π,所以

$$4\pi = \sum \text{所有角} - \pi \sum \text{所有} n + 2\pi F$$

另一方面,因为每个顶点处角度和为 2π,所以

$$\sum \text{所有角} = 2\pi V$$

又因为每条边都恰好在两个多边形中出现,所以

$$\sum \text{所有} n = 2E$$

代入上式即得欲证。

作为欧拉多面体公式的推论,不难证明经典几何中第一个分类定理:

定理 只有五个正多面体(正四面体,正六面体(立方体),正八面体,正十二面体,正二十面体)。

这个定理据说最早是柏拉图的朋友泰特拖斯(Theaetetus,约前417—前369)发现的,而柏拉图则在此基础上建立了他的"数学的宇宙观":他把这五种多面体分别对应于火、土、气、天空(以太)和水这五种"宇宙的基本元件"。对于柏拉图而言,几何学不只是关于图形的研究,更是通往"永恒存在"的道路。所以人们也把五种正多面体称为柏拉图多面体。后来到了1596年,开普勒(J. Kepler,1571—1630)在其著作《宇宙的奥秘》中,则用五种正多面体建立了一个太阳系的模型,如图1.4所示。当时人们发现的行星只有六颗,即水星、金星、地球、火星、木星和土星。在开普勒的模型中,这六颗行星在六个具有相同球心的不同大小的天球上运转,而这六个天球之间恰好可以由五个正多面体隔开,从外到内依次是

土星—立方体—木星—正四面体—火星—正十二面体—地球—正二十面体—金星—正八面体—水星。

每个正多面体外切于其内部的天球而内接于其外部的天球。在这个构型中,各球半径之比与当时所测量的各行星到太阳的距离之比大致吻合。不过,后来随着更多行星的发现,开普勒的这个模型很快就被弃用了。

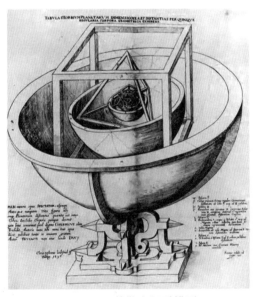

图1.4 开普勒太阳系模型

虽然之前已经有欧拉、柯西等人的铺垫性工作,但拓扑学是从19世纪中叶才开始真正发展的,并很快成为数学中的一个核心分支。高斯在拓扑学的发展中起到了重要推动作用,虽然如同非欧几何,高斯并没有在拓扑学方面公开发表论文,仅在一份日记中记载了他所发现的"环绕数"的计算公式(后来成为纽结理论中的重要不变量),但他一直重视

拓扑学思想。在高斯的建议下,他的学生利斯廷(J. Listing,1808—1882)在1847年出版了第一本关于拓扑学的小书《拓扑学的初步研究》,其中"拓扑学"一词首次出现。高斯的另一位学生——黎曼,在拓扑学发展史中起到了更重要的作用:他在研究复函数论的过程中提出了黎曼面的概念,发现了复分析和黎曼面拓扑之间的深刻联系,极大促进了拓扑学的发展。

由于黎曼的工作,曲面的拓扑受到了极大的关注。曲面有哪些在"连续形变下"不变的性质呢? 由上述所引用的勒让德关于欧拉公式的证明可见,"球面被分割为若干球面多边形后,点、线、面的个数满足特定的关系"。显然,即使把这些球面多边形的边"弄弯",使之不再是球面大圆,点、线、面的数量之间的关系依然不会改变。换而言之,无论用怎样的方式把球面剖分成很多"曲边多边形",所得的点数 V、线数 E、面数 F 之间依然满足关系式

$$\text{球面:} \quad V - E + F = 2$$

还可以把球面捏成椭球形或者葫芦形,这个形变过程中点、线、面的个数不变,从而上式依然成立。另一方面,如果把轮胎面分割成很多"曲边多边形",再数一下点、线、面的个数,就会发现此时

$$\text{轮胎面:} \quad V - E + F = 0$$

当然,如果把轮胎面捏一捏、拉一拉,所得的点、线、面个数依然满足上式。于是,数字2是跟球面相关的一个拓扑量,而数字0则是跟轮胎面相关的一个拓扑量。一般地,对于任意曲面 S,如果把它分割成很多"曲边多边形",再数一下点、线、面的个数,就会发现无论怎么分割,所得的数

$$\chi(S) := V - E + F$$

都是曲面 S 的一个拓扑量。这个数被称为该曲面的**欧拉示性数**。我们可以认为球面是没有"洞"的封闭曲面,轮胎面是带有一个"洞"的封闭曲面。如果把带有 k 个"洞"的封闭曲面记为 Σ_k,应用球面的欧拉公式,可以证明

广义欧拉公式 $\chi(\Sigma_k) = 2 - 2k$。

因为拓扑上等价的曲面具有相同的欧拉示性数,所以这就给出了一族拓扑上不同的封闭曲面,如图1.5所示,即

$$\Sigma_0(\text{球面}), \Sigma_1(\text{轮胎面}), \Sigma_2, \Sigma_3, \cdots$$

而曲面拓扑学的一个重要结果就是

封闭曲面分类定理 $\mathbb{R}^3$ 中的封闭曲面一定在拓扑上等价于上述曲面之一。

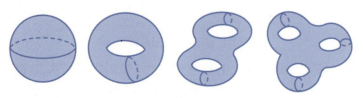

图1.5 封闭曲面族

事实上还存在更复杂的曲面。上述定理中强调了"封闭"二字,封闭则没有边界。对于

有边界的曲面,其边界在拓扑上一定是一个一个的圆,圆的个数是一个拓扑量。另外,上述定理中还有一个定语"$\mathbb{R}^3$中的",因为确实存在不能在$\mathbb{R}^3$中实现的封闭曲面,例如图1.6(a)所示的克莱因瓶,虽然看起来它是在$\mathbb{R}^3$中的曲面,但事实上在拓扑学家的脑海里,图中的"瓶臂"和"瓶肚"是不相交的,而这在$\mathbb{R}^3$中是无法实现的(但是在$\mathbb{R}^4$中可以实现)。克莱因瓶还有一个重要特征,即它是"单侧曲面",这是它跟前面所提到的曲面Σ_k的根本区别:曲面Σ_k都存在"外表面"和"内表面",如果不破坏曲面,在外表面生活的蚂蚁是没法爬到内表面的;而克莱因瓶则不存在内外表面之分,蚂蚁可以轻易从瓶壁的一侧出发,沿着表面爬到出发点的背面。如果考虑带边界的曲面,也可以轻易在$\mathbb{R}^3$中构造单侧带边曲面。图1.6(b)就是一个在$\mathbb{R}^3$中的单侧带边曲面,最早由利斯廷和莫比乌斯(A. Möbius,1790—1868)分别独立构造出来,后来被称为莫比乌斯带。不过,无论曲面是否单侧、是否带边,都可以"通过把它分割成很多曲边多边形,数一数点、线、面的方式",定义其欧拉示性数,且可以证明这个数是拓扑量。

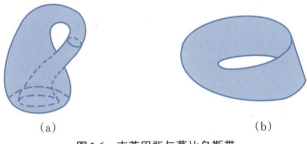

图1.6 克莱因瓶与莫比乌斯带

于是,对于一般的"紧致连通"曲面,我们就得到三个拓扑不变量:边界个数、单侧性、欧拉示性数。虽然现实生活中能看到各种千奇百怪的曲面,数学家又构造出了大量如克莱因瓶这样的无法在$\mathbb{R}^3$中实现的曲面,但是可以证明

紧致连通曲面分类定理 紧致连通曲面由其边界个数、单侧性、欧拉示性数唯一确定。

上述定理中的定语"紧致"和"连通"在拓扑学中也是基本的,此处不再展开解释。

在上文所提到的"(特殊)高斯-博内定理"中,其特殊之处在于有一个拓扑条件"C所围成的部分R单连通"。所谓单连通,指的是"每条简单闭曲线都是某个拓扑圆盘的边界",例如圆盘、球面是单连通的,轮胎面、莫比乌斯带等则都不是单连通的。通过把曲面切割成很多"单连通部分"并分别应用前文所提到的(特殊)高斯-博内定理,可以证明

高斯-博内定理 对于双侧曲面S上的逐段光滑简单闭曲线C,若"顶点"处的夹角分别为α_i,C所围成的部分为R,则有

$$\sum(\pi - \alpha_i) + \int_C k_g \mathrm{d}s + \int_R K \mathrm{d}A = 2\pi\chi(R)$$

这是一个伟大的公式,它的左边是"刚性的"微分几何量,而右边却是一个"柔性"的拓扑量。这个定理被陈省身先生(1911—2004)推广到高维,即所谓的高斯-博内-陈定理,是现代几何学最重要的定理之一。陈省身先生被誉为"整体微分几何之父",是20世纪最伟大的几何学

家之一,是高斯、黎曼与嘉当(E. Cartan,1869—1951)的继承者与拓展者。

第一位真正理解欧拉公式拓扑含义的是被誉为"现代拓扑学之父"的庞加莱。在庞加莱之前,拓扑学研究的基本上都是一维和二维对象,是庞加莱首次研究高维空间的拓扑学。他不仅把欧拉示性数推广到了高维,而且还定义了基本群、同伦、同调等概念,引入先进的代数工具去研究和理解拓扑学。在研究过程中,他提出了著名的

庞加莱猜想 单连通的封闭三维流形 M 一定同胚于三维球面。

三维流形的理论比二维曲面要复杂很多,人们先后发现了各种古怪、反常的例子。1961年斯梅尔(Smale,1930—)证明了庞加莱猜想的更高维(≥ 5)版本成立。事实证明,当维数大于或等于5时,拓扑学的某些方面要更容易,因为"有更多回旋的余地"。1982年弗里德曼(M. Freedman,1951—)证明了4维版本的庞加莱猜想成立。原始的庞加莱猜想似乎已经处于触手可及的地方,但直至20世纪末还没有被证明,因而被列为克莱数学所的七个千禧年数学问题之一。不过,证明的曙光已经出现:1982年哈密尔顿(R. Hamilton,1943—)引入微分几何工具"里奇曲率流",向庞加莱猜想发起进攻。遗憾的是,对于三维黎曼流形,"里奇曲率流"有可能会造成奇点,这使得哈密尔顿陷入困境。又过了20年,俄罗斯数学家佩雷尔曼(G. Perelman,1966—)最终在2002年打破了哈密尔顿所遇到的困境,成功地运用微分几何方法证明了庞加莱猜想这个拓扑学猜想。斯梅尔、弗里德曼、佩雷尔曼都各自因庞加莱猜想方面的工作而荣获菲尔兹奖。不过佩雷尔曼在公布他的证明后并未向杂志投稿,而且拒绝领奖,可谓是"事了拂衣去,深藏功与名"。他是首位拒绝接受菲尔兹奖的数学家;他也没有接受克莱数学所为解决千禧年大奖难题而颁发的100万美元奖金。一个问题产生了三块菲尔兹奖(可能只有被誉为"数学大一统理论"的朗兰兹纲领可与之媲美),可见庞加莱猜想的重要性和难度。

拓扑学是最基本也最有用的数学分支之一,而不仅仅是"图形变换的游戏"。首先,拓扑是分析的背景性结构,在高维空间上尤其是在无穷维空间上发展分析理论,离不开背景空间的拓扑结构。其次,拓扑学往往被用于判定某些条件是否可能,某些解是否存在等(但一般而言,拓扑方法并不告诉你如何求解)。例如,利用球面拓扑的特性,可以证明:

- 在任何给定瞬间,地球表面至少有一点是没有刮风的。
- 在任何给定瞬间,地球表面上至少有一对对径点具有相同的温度和湿度。
- 如果地球表面被三个帝国瓜分,则一定有一个帝国包含一对对径点(从而是真正的"日不落帝国")。

现代拓扑学在物理学、经济学、生物学等学科中均有广泛而本质的应用。事实上,虽然没有诺贝尔数学奖,但很多诺贝尔奖的工作都或多或少跟拓扑学相关。

1.5 变　化

有了变量,运动进入数学。有了变量,辩证法进入数学。

——恩格斯

1. 微积分的发展

数论、代数、几何、分析可以被视为基础数学的几个主要分支。数论的研究对象是数,代数的研究对象是运算与结构,几何的研究对象是空间,而分析的研究对象则是函数。在大学数学系,有一半的数学基础课可被归入分析类课程,例如数学分析、实分析、复分析、泛函分析、常微分方程、偏微分方程等,此外还有很多数学应用类课程如概率论、数值分析等也跟分析密切相关。

从古希腊(例如欧多克索斯)以来,"分析"一词一直跟"综合"相对应,表示"从结论出发,逐步逆向寻找使得其成立的条件,直到回溯到已知的结论为止"。但是到了18世纪,由于微积分的长足发展,人们开始用"分析"一词表示"涉及无穷过程的代数",之后"分析学"开始专门表示"涉及极限过程(微分、积分等)的学问"。

分析是研究变化的数学分支,尤其是研究数的变化和形的变化。相比于数论、代数、几何,分析是最晚出现的。这也不难理解,因为分析真正的难点在于理解"无穷"这个概念。自古以来,无论对于数学家还是哲学家、思想家而言,无穷都是一个谜。甚至有人说无穷是数学史上的一个梦魇,毕竟三次数学危机都是跟无穷有关。另一方面,不得不承认,每次解决危机,都表明人类对无穷的理解更进了一步。

分析始于微积分。在学习微积分时,通常是先学极限,再学微分,最后学积分。不过,真正的历史恰好是相反的:微积分最初的思想蕴含在古希腊、古代中国数学家们计算面积、体积等"积分"问题里,之后17世纪牛顿、莱布尼茨等人发展了微分的理论并指出了微分和积分的关系,而严格的极限理论则是19世纪数学家们在致力于解决由微积分引起的第二次数学危机时逐步发展起来的。下面简要介绍一下相关数学思想的发展历程。

1.2节提到为了解决第一次数学危机,古希腊的欧多克索斯发展了一般的比例理论。事实上,他的另一个毫不逊色的贡献在于创造了"穷竭法"并用该方法计算圆锥体、棱锥体的体积。阿基米德进一步发展穷竭法,明确给出穷竭法的核心,即

欧多克索斯-阿基米德公理　对于任意正数 a, b,存在自然数 n 使得 $na > b$.

我们简要解释阿基米德在求抛物弓形面积时的方法。他首先把抛物弓形视为"无穷多条平行线段",并应用源自物理中"杠杆原理"的思想,把这"无穷多条平行线段"移到适当的位置,进而应用力学平衡的思想算出抛物弓形面积。不过,阿基米德也清醒地认识到并指出,这种方法不够严密,所以只是用它来发现结论而不是用它来给出严格证明。为了严格证明用物理方法所得到的结论,阿基米德首先证明抛物弓形可以被一些列无穷多个越来

小的三角形穷竭,而这些三角形的面积都是可以计算的。由此,他把抛物弓形的面积转化成一个无穷级数问题。最后,他通过该级数的有限项,证明它既不可能大于也不可能小于前面用物理方法所得到的值。换而言之,通过应用欧多克索斯-阿基米德公理以及反证法,阿基米德绕过了由无穷小引起的困难,以古希腊人可以接受的方式求出抛物线下方弓形的面积。

当然,如果仔细分析阿基米德计算抛物弓形面积的两种方法,会发现这两种求面积的方法跟微积分中的积分理论还是有差别的:积分法求面积,事实上是把欲求面积的部分分解为有限个矩形进行逼近,且每次为了获得更优的逼近,所使用的方法是扔掉原来用的矩形而用越来越小的矩形重新逼近;阿基米德的物理方法是真的把弓形替代为"无穷多条平行线段",这里出现了"实无穷"而不是用有限逼近无限的"潜无穷";阿基米德的穷竭法用的是三角形,而且在逼近的过程中只是添加新的小三角形,原来用过的三角形是继续使用再也不细分的。

相比之下,阿基米德的另一个伟大工作,即计算螺线的面积,则更加贴合后世积分的思想。所谓螺线,其定义是

> 固定射线的一端,将其匀速转动,同时有一个点从端点开始在射线上向外匀速移动,该点在平面中所描出的轨迹就是螺线。

如果用极坐标写的话,螺线就是由方程

$$r = a\theta$$

给出的曲线。这条曲线跟当时数学家们研究的其他曲线有显著的不同:它不是尺规作图可得到的曲线,也不是由圆锥截出来的二次曲线,而是一条由运动的质点描绘出的"运动曲线"。在计算由螺线和初始直线包围区域的面积时,阿基米德把螺线分成很多小段,分别用扇形从内部和外部逼近。跟之前计算弓形面积方法的差别在于,在逼近的时候阿基米德每次都选取越来越小的扇形,使得螺线弧下的面积跟有限个扇形面积之和的差比任意给定的值更小——这跟积分理论中的处理方法如出一辙(注意扇形恰好是极坐标里的"矩形")。除了求面积,阿基米德还曾研究过螺线在特定点处的切线:因为螺线是运动质点的轨迹,所以阿基米德通过研究动点的速度得到该曲线的切线。只是他并没有得到求任意曲线切线的方法,所以这个工作还不能完全算是微分学的肇始。顺便提一句,虽然尺规作图不能做到化圆为方或三等分角,但借助螺线就可以做到。事实上,不少人认为阿基米德关于螺线的研究才是他最出色的数学工作。

通过跟求抛物弓形面积类似的方法,阿基米德还求出了球面的面积和球体的体积:

阿基米德定理 球的体积和表面积都是外切圆柱体积和表面积的2/3。

据说阿基米德被罗马士兵杀死后,罗马统帅为他立碑,在碑上刻的就是"球内切于圆柱"的图形。阿基米德还通过用圆内接和外切96边形的周长逼近圆周长的方式,计算出圆周率的范围:

$$3.140845\cdots \approx 3\frac{10}{71} < \pi < 3\frac{1}{7} \approx 3.142857\cdots$$

这可能是科学史上第一次给出提供了误差估计的近似值。

无独有偶,中国魏晋时期的数学家刘徽创立了割圆术,其理论依据是

> 割之弥细,所失弥少。割之又割,以至于不可割,则与圆周合体而无所失矣。

他仅仅利用圆内接96边形(而没有利用圆外切多边形)就近似地计算出圆周率

$$\pi \approx 3.1416$$

跟阿基米德不同的是,刘徽算的是面积而不是周长,而且他发现了一个巧妙的"刘徽不等式",使得他的计算误差更小。后来南北朝时期的数学家祖冲之(429—500)则在刘徽方法的基础上,首次将圆周率精确计算到小数点后第7位:

$$3.1415926 < \pi < 3.1415927$$

而祖冲之的儿子祖暅(480—525)则进一步发展出

祖暅原理 幂势既同则积不容异。

他利用该原理以及刘徽所提出"牟合方盖"方法,算出了球体的体积。同样需要指出的是,割圆术求面积跟阿基米德求弓形面积一样是一种级数方法,而不是积分方法;而祖暅原理求体积的方法本质上就是积分理论中的卡瓦列利(F. Cavalieri,1598—1647)原理,而祖暅发现该原理的时间比西方早1100多年。卡瓦列利利用他的原理算出了曲线$y=x^n$下方的面积。

不过,无论是欧多克索斯、阿基米德还是刘徽、祖冲之、祖暅,虽然已有某种极限的思想,但都没有明确提出极限的概念。而且,求给定曲线所围图形的面积,基本上还是属于"静态数学"的范畴。当历史的车轮滚滚向前进入16世纪后,由于力学、天文学研究的需要,以及笛卡儿解析几何工具的出现,发展动态数学的时机已经成熟。例如,历史上第一个处理"大数据"的人——开普勒,从丹麦天文学家第谷(Tycho Brahe,1546—1601)的大量观测数据出发,发现了行星运动的三大定律,其中涉及面积的第二定律断言:

开普勒第二定律 行星和太阳的连线在相等的时间间隔内扫过的面积相等。

面积也开始"动"起来了!

微积分的创立,首先是为了处理17世纪所面临的诸多科学问题:已知移动物体的位移与时间的关系,求变速运动的速度与加速度;求曲线的切线(源自已知运动轨迹求运动方向问题,以及光学反射问题);求运动(如天体运动、炮弹发射等)中的最值问题;求曲线的长度、面积、体积问题。在牛顿、莱布尼茨完成微积分的创立之前,已经出现了不少微积分的结果。例如,开普勒为了求一个酒桶的最佳比例而用计算"无穷小元素之和"的方法求出了由圆锥曲线旋转而成的旋转体体积;笛卡儿、费马、巴罗(I. Barrow,1630—1677)在寻求一般曲线的切线问题上都有巨大贡献,费马还发展出了"用计算导数等于零的点"这一方法去求解极值问题;而沃利斯在1656年发表《无穷算术》,其中用级数方法计算了不少较复杂曲线所围区域的面积。正是这个原因,恩格斯就说过"微积分是由牛顿和莱布尼茨大体上完成的,但不是由他们发明的"。

那么,为什么说牛顿和莱布尼茨完成了微积分的创立呢?因为当时的诸多"微积分先驱"都把他们的成果看作是求解特定问题的特定方法,而没有把各种相关的问题(例如求切线与求面积)统一起来,尤其是跟"变化"联系起来,从而跟发现微积分失之交臂。在牛顿1669年完成(但迟至1711年才出版)的小册子《应用无穷多项方程的分析》中,其主要创见之

一在于他注意到当横坐标增加时,曲线下的面积也增加。在探究二者之间的关系时,牛顿发现了积分与微分之间的"互逆性"。在他1671年完成(但迟至1736年才出版)的《流数术》中,他进一步研究"变化量与变化率的关系"这个微积分的基本问题,给出了更加普遍的方法。在其巨著《自然哲学的数学原理》中,牛顿运用微积分的基本原理,构建了一个宏大的物理(尤其是力学)体系,为整个18世纪科学发展指引了方向。

据说微积分的另一位创立者——莱布尼茨,在1672年他26岁时还完全不懂数学。不过,他的很多微积分思想都包含于他从1673年开始写的、他自己从未发表过的数百页笔记中。他很早就意识到微分和积分是互为相反的过程,并致力于探索微分和积分的运算法则,建立微积分的规范。此外,莱布尼茨为微积分所引入的符号较牛顿的更便于使用,因而被一直沿用至今。虽然莱布尼茨的起步比牛顿晚,但他的第一篇微积分论文发表于1684年,是公开发表的最早的微积分文献。伴随而来的,是两人关于微积分发明优先权之争,以及欧洲数学家的分裂:欧洲大陆数学家支持莱布尼茨,而英国数学家支持牛顿。两派数学家几乎停止了交流,对科学发展造成了难以估量的影响。

微积分很快成为自然科学和工程技术的必备工具,因为微积分关注的是函数的变化及其应用,而变化是科学与工程问题中面临的常态。微分是从整体出发研究变化的局部性态,积分是从局部出发研究变化的整体性态,而极限理论则是二者共同的基础。微积分之所以是一门学问而不是两门不同的学问,其根本原因是把微分与积分作为对立的矛盾而统一起来的微积分基本定理。用通俗的话说,该定理表述的是"变化率的累积就是总变化量"这个最基本的道理:

微积分基本定理 若函数$f(x)$在$[a,b]$上可微,且其导数$f'(x)$在$[a,b]$上连续,则

$$\int_a^b f'(x)\mathrm{d}x = f(b) - f(a)$$

特别地,积分作为微分的逆运算,往往不再需要复杂的分割与求极限过程。

当然,在科学与工程问题中出现的函数并不仅仅是一元函数,更多的是多元函数。把一元函数的微分和积分理论推广到多元函数是较为简单的,在18世纪就已经由欧拉、勒让德、拉格朗日等人完成。但微积分基本定理的高维版本则要复杂一些,因为涉及由多个多元函数组成的向量值函数,以及边界曲线或曲面上的积分,所以到19世纪人们在应用微积分理论研究物理尤其是电磁学时才被发现。1826年俄罗斯数学家奥斯特罗格拉茨基(Ostroglaski,1806—1862)在研究热传导时发现了微积分基本定理的第一个高维推广:

高斯-奥斯特罗格拉茨基公式 设V是空间区域,其边界是封闭曲面Γ。若函数$P(x,y,z),Q(x,y,z)$和$R(x,y,z)$在V中有一阶连续偏导数,则

$$\int_V \left(\frac{\partial P}{\partial x} + \frac{\partial Q}{\partial y} + \frac{\partial R}{\partial z}\right)\mathrm{d}x\mathrm{d}y\mathrm{d}z = \int_\Gamma P\mathrm{d}y\mathrm{d}z + Q\mathrm{d}z\mathrm{d}x + R\mathrm{d}x\mathrm{d}y$$

其中右端的积分是沿着曲面Γ外法向的曲面积分。

粗略而言,该公式还是在表达"区域内部变化率的累积就是总变化量"这个事实,不过跟一维情形不同的是,这里所考虑的变化对象是带方向的,而总变化量是需要在整个边界上计算

的。后来高斯在研究电磁学时也得到了同样的公式,因此该公式被称为高斯-奥斯特罗格拉茨基公式,或者更经常地被称为高斯公式。自学成才的英国科学家格林(G. Green, 1793—1841)在1828年发布《数学分析在电磁学中的应用》一文,其中本质上给出了

格林公式:设Ω是平面区域,其边界是封闭曲线L。若函数$P(x,y)$和$Q(x,y)$在Ω中有一阶连续偏导数,则

$$\int_{\Omega}\left(\frac{\partial Q}{\partial x}-\frac{\partial P}{\partial y}\right)\mathrm{d}x\mathrm{d}y=\int_{L}P(x,y)\mathrm{d}x+Q(x,y)\mathrm{d}y$$

其中右端的积分是沿着曲线L逆时针方向的线积分。

当然,因为格林的工作是关于电磁学的,所以他的公式事实上是三维的,不过可以证明在降维后跟上式等价。格林本人并未考虑过该二维情形。真正给出上述公式的是柯西(1846)和黎曼(1851),在他们研究复变函数时。事实上,上面提到的格林的文章只是在很小的范围内传播,知者甚寡。后来1833年,他以40岁"高龄"进入剑桥大学成为本科生,并把他的论文带到了剑桥大学。可惜的是,他毕业四年后就因病逝世。一直到1845年,著名的英国物理学家、现代热力学之父开尔文勋爵(William Thomson, 1824—1907)在无意中见到该文,立刻认识到它的巨大价值,当时他年仅21岁。他后来将该文重新刊发在正规杂志上,使之广为传播,但此时格林早已魂归天国。开尔文勋爵还进一步给出了三维空间中二维曲面上的特定积分跟其边界积分之间的类似关系。不过他虽然乐于刊发格林的结果,却并没有很快将自己得到的新公式拿去发表,而是1850年在给他的合作者、身在剑桥大学的英国数学家斯托克斯(G. Stokes, 1819—1903)的一封信中证明了这个公式。1854年2月斯托克斯把该公式作为剑桥大学史密斯大奖考试的第8题出在试卷中。这是该公式第一次被世人知道,因而被称为斯托克斯公式:

斯托克斯公式 设Σ是空间曲面,其边界是空间中的封闭曲线C。若函数$P(x,y,z)$,$Q(x,y,z)$和$R(x,y,z)$在Σ中有一阶连续偏导数,则

$$\int_{\Sigma}\left(\frac{\partial R}{\partial y}-\frac{\partial Q}{\partial z}\right)\mathrm{d}y\mathrm{d}z+\left(\frac{\partial P}{\partial z}-\frac{\partial R}{\partial x}\right)\mathrm{d}z\mathrm{d}x+\left(\frac{\partial Q}{\partial x}-\frac{\partial P}{\partial y}\right)\mathrm{d}x\mathrm{d}y=\int_{C}P\mathrm{d}x+Q\mathrm{d}y+Q\mathrm{d}z$$

其中左端是曲面积分而右端是曲线积分,且二者配有合适的"定向"。

当然,斯托克斯本人也是一位很杰出的数学家:在1.1节中提到的七个千禧年问题,其中有关流体力学的纳维-斯托克斯方程就是他给出的。我们看到,微积分基本定理的这三个高维版本,其命名都出现了张冠李戴的现象。事实上,这种现象并不少见,以至于芝加哥大学统计学教授斯蒂格勒(Stigler, 1911—1991)在1980年提出了

斯蒂格勒定律 科学发现和科学定律并不以第一发现者的名字命名。

有意思的是,斯蒂格勒定律本身也满足斯蒂格勒定律:这个定律并不是斯蒂格勒最先提出来的,例如社会学家默顿(R. Merton, 1944—)提出的马太效应就已经表达了类似的观点。

不仅可以对实函数或多元实函数进行微积分运算,还可以在更抽象的空间如上节所提到的微分流形上,对光滑函数定义微分和积分运算,并把微积分基本定理推广到这样更抽象的空间去。特别地,微积分基本定理的最一般形式也被称为斯托克斯公式:

流形上的斯托克斯公式 设 M 为 n 维可定向紧致带边微分流形,其边界 ∂M 赋予诱导定向。则对于 M 上的任意光滑 $(n-1)$-微分形式 ω,均有
$$\int_M \mathrm{d}\omega = \int_{\partial M} \omega$$

此处我们不打算解释定理中出现的诸如"定向""微分形式"等术语的含义,仅仅提一句:上面所提到的几个不同维数的微积分基本定理都是它的特殊情形。

2. 从微积分到严格分析

微积分理论一出现就在应用中展示了巨大威力。不过,不可否认的是,无论是牛顿还是莱布尼茨,都没有真正把微分和积分弄清楚,给出逻辑严密的精确定义。这套理论中"无穷小量"等概念,缺乏严密可靠的基础,且在使用过程中显示出逻辑上的混乱。英国哲学家、主教伯克利(G. Berkeley,1685—1753)就曾对牛顿的理论作出了猛烈的攻击,在1734年发表了标题巨长的一本小书——《分析学者,或致一个不信教的数学家。其中审查现代分析的对象、原则与推断是否比之宗教的神秘与教条,构思更为清楚,或推理更为明显》,嘲笑无穷小量"必须既是0,又不是0",是一个"消失了的量的鬼魂":

> 它们既不是有限量,也不是几乎相当于没有的无穷小量。我们岂不是可以将它们称为那些死去的量的鬼魂吗?

整个18世纪,包括欧拉、拉格朗日在内的数学家们基本上都无暇仔细处理这个问题,而是以极大的热情发展微积分以及由它衍生的大量数学分支(如微分方程、无穷级数、微分几何、变分法、分析力学、复变函数等)。此时的分析虽然还没有建立起严格的基础,但却在"起作用"的前提下被飞速向前推进。这里尤其要提到的是欧拉,无论是在数学理论方面还是在把数学应用到整个物理方面,他的成就都让人难以望其项背。在其一生中的大部分年代里,他以平均每年800页的速度产出创造性的论文,并撰写了《无穷小分析》《微分学原理》《积分学原理》等后来被沿用百年的经典教材。不过,这个时代数学的严密性事实上是令人担忧的。当时的数学家们大量使用无穷级数,但他们并没有意识到使用无穷级数时可能会产生的问题,也就没有意识到需要一个严格的极限概念。对他们而言,分析和代数没有什么本质的区别,微积分"只是"代数的推广。那么,无穷级数跟有限代数运算到底有什么区别呢?1.2节我们已经引用过欧拉解决巴塞尔问题时所给出的一个不严格证明,下面是另一个例子。首先,我们称所有整数的幂次,例如4,8,9,16等,为"幂次数"。在哥德巴赫和欧拉的通信中,除了哥德巴赫猜想,还有很多有意思的结论,比如

$$\sum_{n\text{是幂次数},n>1} \frac{1}{n-1} = 1$$

他们的证法如下:

设
$$S = 1 + \frac{1}{2} + \frac{1}{3} + \frac{1}{4} + \cdots$$

两边减去 $1 = \frac{1}{2} + \frac{1}{4} + \frac{1}{8} + \cdots$(全体2的幂),得

$$S-1=1+\frac{1}{3}+\frac{1}{5}+\frac{1}{6}+\cdots$$

两边继续减去 $\frac{1}{2}=\frac{1}{3}+\frac{1}{9}+\frac{1}{27}+\cdots$（全体3的幂），得

$$S-1-\frac{1}{2}=1+\frac{1}{5}+\frac{1}{6}+\frac{1}{7}+\cdots$$

继续减去5,6,7,10等非幂次数的幂并整理，可得

$$S-1=1+\frac{1}{2}+\frac{1}{4}+\frac{1}{5}+\cdots$$

其中右边分母是所有"非幂次数减1"。把它跟定义S的式子比较，得

$$1=\frac{1}{3}+\frac{1}{7}+\frac{1}{8}+\frac{1}{15}+\cdots$$

这恰好是欲证的式子。

这显然是一个错误证明，因为证明过程中出现的调和级数S是发散的。不过，好在可以用别的方法证明该结果的正确性。除了发散性，还有很多对有限代数成立的运算，在无限情形下不再成立，例如有限双重级数可以交换求和顺序：

$$\sum_{i=1}^{m}\sum_{j=1}^{n}a_{ij}=\sum_{j=1}^{n}\sum_{i=1}^{m}a_{ij}$$

但是对于无限情形则未必：

令$a_{11}=a_{22}=a_{33}=\cdots=1, a_{21}=a_{32}=a_{43}=\cdots=-1$，而所有其他$a_{ij}=0$，则

$$\sum_{i=1}^{\infty}\sum_{j=1}^{\infty}a_{ij}=1+0+0+\cdots=1,\quad \sum_{j=1}^{\infty}\sum_{i=1}^{\infty}a_{ij}=0+0+\cdots=0$$

类似地，人们发现两重极限的运算次序、双重积分的积分次序、积分与极限的次序、求导与极限的次序等也都不一定能交换。

分析学的宏伟建筑越搭越高，其基础不够牢靠的问题就日益显得严重。从19世纪开始，越来越多的数学家致力于对微积分基础的严格化，其中柯西和德国数学家、被誉为"现代分析之父"的魏尔斯特拉斯（K. Weierstrass, 1815—1897）起到了最关键的作用。在柯西之前，人们所理解的"函数"是建立在直观基础之上的，其概念是模糊的。柯西给出了变量、函数的抽象定义，然后脱离几何与物理直观，给出了极限的定义：

若一串数值无限趋近于一个固定的值，最终使这些值与该定值的差可以任意小，那该定值就称为这串数值的极限。

在此基础上，他给出了连续函数、微分与定积分的合理定义（其中定积分最终被黎曼推广为黎曼积分），并给出了微积分中诸多定理的严格表述和证明。当然，柯西依然使用了"无限趋近""可以任意小"这样的语句，使得他的极限理论还显得有点模糊。虽然在证明中他一直在使用实数的完备性，但他并没有意识到这一点。后来魏尔斯特拉斯追根寻源，发现微积分中的一切概念，如极限、连续等，都是建筑在实数的概念上，因此实数是分析之源。要使微积分严格化，必须从源头做起，首先要使实数严格化。为此，他从有理数出发，给出了实数的一种

严格定义。在此基础上,他引入了 ε-δ 语言、ε-N 语言,例如:

若任意 $\varepsilon>0$,都存在自然数 $N>0$ 使得当 $k>N$ 时均有 $|x_k-x_0|<\varepsilon$,则称数列 x_n 收敛于 x_0。

通过用这套语言,他消除了柯西定义中的模糊之处,建立严格的极限理论,从而最终建立起严格的微积分体系,平息了对微积分基础的争论,此时距离牛顿、莱布尼茨完成微积分的创立已有近两百年。魏尔斯特拉斯还引入了"一致收敛"概念,给出上文提到的种种交换性成立的条件,消除了之前微积分中出现的错误与混乱。顺便提一句,他曾在1861年构造出"处处连续却处处不可导"的反常函数,引起了数学界的震惊:在此之前,人们直觉地认为连续函数应该在除去至多可数个点后是可导的。

我们再举一个例子,可以看出19世纪数学家们对严格化的关注以及在严格化方面付出的努力。自古希腊以来,人们就知道如下事实:

等周定理 在所有具有给定边长的平面区域中,圆具有最大的面积。

但是,该结果一直没有被严格证明。1842年,瑞士几何学家斯坦纳(J. Steiner,1796—1863)给出了几个不同的几何证明,但都有漏洞:他事实上是先假设了"在所有具有给定边长的平面区域中,存在一个具有最大面积的区域",然后证明了这个区域不能不是圆。最终还是魏尔斯特拉斯,在1879年用比较复杂的变分法技术,证明了这样一个区域确实存在,补上了斯坦纳证明中的漏洞。后来1902年,赫尔维茨(A. Hurwitz,1859—1919)利用傅里叶(J. Fourier,1768—1830)所建立的用于研究周期函数的傅里叶级数理论,证明了

等周不等式 对于所有有界平面区域,其边长 L 和面积 A 总满足 $L^2 \geq 4\pi A$,且等号成立当且仅当该区域是一个圆。

注意等周不等式跟上面的等周定理是等价的,不同的是等周定理更具有几何韵味,而等周不等式更具有分析韵味。

当然,建立起严格的微积分理论,这并不意味着完成了分析学的构建。恰恰相反,这其实不过是分析学作为数学理论的真正开端。实分析、复分析、泛函分析、调和分析等各个分析学分支方向先后被建立起来。在实分析中,法国数学家勒贝格(H. Lebesgue,1875—1941)定义了勒贝格可测集的概念,并建立起新的勒贝格积分理论,不仅大大拓展了黎曼积分理论的适用对象,减弱了微积分中原有定理的条件,而且克服了"黎曼可积函数空间的不完备性"这一重大缺陷,为后续的泛函分析(在各种函数空间上建立分析理论)奠定了基础。在复分析中,柯西创立的复积分理论、魏尔斯特拉斯创立的幂级数理论、黎曼创立的几何函数论争奇斗艳,相互独立又相互联系,是19世纪最有影响的数学分支之一。而相应的高维推广,即多元复变函数论,则在20世纪数学发展过程中占有非常重要的一席之地。至于泛函分析以及与之密切相关的调和分析,则综合了来自线性代数、几何、拓扑与分析的思想,主要研究特定函数构成的"函数空间"的结构、函数空间之间的映射(算子)等,只不过二者侧重点稍有不同:泛函分析更关注算子的定性性质,而调和分析则更关注其定量性质。跟经典分析相比,泛函分析可以处理具有无穷多个自由度的系统,因而在量子物理学的发展史上大放异彩,并在微分方程、概率论、计算数学、控制论、连续介质力学等学科中都有重要的应用,是

近代分析的基础之一。

3. 微分方程及其应用

最后简要阐述微分方程,特别是它在物理中的应用。我们知道,方程是数学中最重要的研究对象之一。顾名思义,由未知函数及其导数构成的方程被称为微分方程。根据所研究的未知函数是一元函数还是多元函数,微分方程主要分为常微分方程和偏微分方程两大类。如果说研究线性方程、代数方程、超越方程和丢番图方程的出发点常常是基于数学本身的需求,那么研究微分方程的出发点主要是用数学研究现实世界的需求,因为物质在一定条件下运动变化的规律往往就是由微分方程描述的。

常微分方程理论跟微积分理论几乎是同时产生的。牛顿在其《自然哲学的数学原理》中,就曾多次应用常微分方程去研究天文学、动力学等领域的实际问题。例如,多个天体在引力作用下的运动规律就由一组常微分方程

$$r_i''(t) = g \sum_{j \neq i} m_j \frac{r_j(t) - r_i(t)}{\| r_j(t) - r_i(t) \|^3}, \quad 1 \leqslant i \leqslant n$$

描述。当 $n=2$ 时牛顿就已经显式地给出该方程(组)的精确解,但当 $n \geqslant 3$ 时其复杂程度远远超出了人们的想象,相关的研究工作极大地推动了数学本身的发展。此外,在研究描述空气流动现象的洛伦兹方程时,人们发现了混沌现象,引起了科学观的革命。除了天体力学和流体力学,常微分方程还广泛见于反应化学、生物数学、经济学等各个领域。

相比于常微分方程,偏微分方程更是应用广泛,在数学与科学中无处不在。例如,1864 年,为了给法拉第(M. Faraday,1791—1867)的电、磁实验和理论奠定数学基础,麦克斯韦(J. Maxwell,1831—1879)写下了作为电磁学理论基石的麦克斯韦方程组。在无场源情形,例如真空中,该方程组为

$$\nabla \cdot E = 0, \quad \nabla \cdot B = 0$$
$$c^{-1} \frac{\partial B}{\partial t} + \nabla \times E = \mathbf{0}, \quad c^{-1} \frac{\partial E}{\partial t} - \nabla \times B = \mathbf{0}$$

其中前两个方程表明电和磁是不可压缩的,后两个方程给出了电和磁的相互转化规律,而方程中出现的常数 c 经由实验测定可知是光速。对后两个方程进行化简,可以推导出

$$\frac{\partial^2 E}{\partial t^2} = c^2 \Delta E, \quad \frac{\partial^2 B}{\partial t^2} = c^2 \Delta B$$

其中

$$\Delta = \frac{\partial^2}{\partial x^2} + \frac{\partial^2}{\partial y^2} + \frac{\partial^2}{\partial z^2}$$

被称为拉普拉斯算子,是最经常出现在各类偏微分方程中的算子,因为它跟欧氏空间本身的对称性(平移与旋转)密切相关。因为这两个方程恰好是人们熟知的波动方程,所以麦克斯韦从数学出发,预言了以光速传播的电磁波的存在性,而且光是一种电磁波!除上述方程外,描述热传播现象的热方程、生物与化学中的反应扩散方程、作为量子力学基石的薛定谔方程、作为广义相对论基石的爱因斯坦方程等,无不是偏微分方程。从宇观到宏观再到微观,这个世界是由偏微分方程"统治"着的。

在数学中,刻画复分析基本研究对象"全纯函数"的柯西-黎曼方程就是一组偏微分方

程。著名的华人数学家丘成桐则发展了一整套强有力的偏微分方程技巧,用以解决微分几何中出现的很多重要问题。时至今日,微分方程仍然是现代数学的一个极其核心的研究领域。七大千禧年问题中,跟物理相关的纳维-斯托克斯方程、杨-米尔斯场方程都是微分方程。霍奇猜想的源头——霍奇理论,跟流形上的偏微分方程密切相关。而唯一被解决的千禧问题——庞加莱猜想,虽然是一个纯几何拓扑问题,但也是哈密尔顿、佩雷尔曼等人通过应用由丘成桐开创的几何偏微分方程方法,才最终给出解答的。

最后我们用一个例子——"听音辨形问题",结束对数学的粗浅介绍。1966年美籍波兰裔数学家卡茨在《美国数学月刊》上发表了一篇题为

"人们能够听出鼓的形状吗?"

的著名文章,使得听音辨形问题变得家喻户晓。虽然现实生活中的鼓面往往是圆形的,但是作为一个数学问题,我们假设鼓面可以是椭圆形的、多边形的,或者其形状是平面中一个比较复杂的有界区域Ω。怎样才能不用眼睛看,只用耳朵听,就"听出"鼓面的形状呢?用数学!事实上,考虑鼓面各点距离平衡位置的位移函数$U(t,x,y)$,则U满足一个二维波动方程

$$\frac{\partial^2 U}{\partial t^2} = c\left(\frac{\partial^2 U}{\partial x^2} + \frac{\partial^2 U}{\partial y^2}\right)$$

以及边界条件(表明鼓面的边界是固定的)

$$U(t,x,y) = 0, \quad (x,y) \in \partial\Omega$$

那么,人们听见的声音是由什么决定的呢?是由鼓面振动时产生的一个或多个固有频率决定的。在数学上,这就意味着需要把描述鼓面振动的函数U分解成鼓面固有振动的叠加。对于任意形状Ω,其固有振动对应的函数$u = u(x,y)$仅仅跟形状有关,所满足的微分方程是

$$\begin{cases} \Delta u + \lambda u = 0, & (x,y) \in \Omega \\ u(x,y) = 0, & (x,y) \in \partial\Omega \end{cases}$$

上述方程中有一个正数λ,它可以有无穷多个不同的取值,

$$0 < \lambda_1 < \lambda_2 \leq \lambda_3 \leq \cdots \to \infty$$

而所有这些不同取值恰好就是全体固有频率的平方。这些正数λ_i被称为区域Ω的特征值。于是,把卡茨的问题翻译成数学,就是

听音辨形问题:能否通过区域Ω的所有特征值,把Ω的形状确定下来?

事实上,在卡茨提出这个问题之前,人们就已经从不同的出发点,研究过"特征值能决定区域的哪些几何量"这个问题了。在19世纪末、20世纪初,物理学家们在研究黑体辐射时,发现了一个现象,那就是"落在固定的区间内的高频特征值的数目跟体积有正比关系,而跟区域的形状无关"。1910年著名物理学家洛伦兹(H. Lorentz, 1853—1928)在当时世界数学中心哥廷根大学以"物理学中的新、旧问题"为题作了一系列五次演讲,其中第四次演讲中提到上述现象,希望有人能够在数学上给出证明。希尔伯特的学生外尔是当时的听众之一。第二年,他给出了这个现象的数学证明。不过虽然他所研究的是微分方程中出

现的问题,用的却是希尔伯特当时刚刚发展起来的积分方程技巧。特别地,外尔的结果告诉我们

  听音可辨面积:区域Ω的所有特征值能够决定Ω的面积。

后来到了1954年,瑞典数学家普莱杰尔(A. Pleijel,1913—1989)进一步证明了

  听音可辨周长:区域Ω的所有特征值能够决定Ω的周长。

特别地,利用这两个结果,以及前面提到的等周不等式的等号条件,可知

  听音可辨圆鼓:由区域Ω的所有特征值能够确定Ω是否是圆。

  除此之外,人们还证明了一些别的量也是由特征值决定的,例如区域内"洞"的个数等。然而,卡茨的问题最终被否定地回答了:1991年美国数学家戈登(Gordon)、韦伯(Webb)和沃伯特(Wolpert)构造了两个长相奇特的"鼓",如图1.7所示。它们并不全等,但特征值完全一样! 当然,这样奇形怪状的鼓在现实中是不大可能出现的。目前,人们依然不知道:

  听音辨光滑鼓问题:已知Ω是边界光滑的区域,能否通过区域Ω的所有特征值把Ω的形状确定下来?

 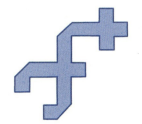

图1.7 等谱"鼓"

甚至人们还不知道下面问题的答案:

  听音辨方鼓问题:能否由区域Ω的所有特征值,确定Ω是否是正方形?

听! 鼓声阵阵,那是催促我们勇闯数学高地的战鼓!

(本章撰写人:王作勤)

参 考 文 献

[1] 亚历山大洛夫,等.数学:它的内容、方法和意义(三卷)[M].孙小礼,等,译.北京:科学出版社,2001.
[2] 布尔巴基.数学的建筑[M].2版.胡作玄,编译.大连:大连理工大学出版社,2022.
[3] 博耶.数学史(上、下)[M].尤塔·梅兹巴赫,修订.秦传安,译.北京:中央编译出版社,2012.
[4] 程艺.数学基础选讲[M].北京:高等教育出版社,2022.
[5] 柯朗,罗宾.什么是数学[M].增订版.斯图尔特,修订.左平,张饴慈,译.上海:复旦大学出版社,2005.
[6] 高尔斯.数学[M].刘熙,译.南京:译林出版社,2014.
[7] 高尔斯.普林斯顿数学指南[M].齐民友,译.北京:科学出版社,2014.
[8] 希尔伯特.希尔伯特几何基础[M].江泽涵,朱鼎勋,译.北京:北京大学出版社,2010.

[9] 广中平祐.数学与创造:广中平祐自传[M].逸宁,译.北京:人民邮电出版社,2022.
[10] 卡茨,乌拉姆.数学与逻辑[M].王涛,阎晨光,译.北京:高等教育出版社,2022.
[11] 克莱因.古今数学思想[M].张理京,张锦炎,江泽涵,等,译.上海:上海科学技术出版社,2020.
[12] 克莱因.西方文化中的数学[M].张祖贵,译.北京:商务印书馆,2020.
[13] 李约瑟.中国科学技术史(第三卷)[M].梅荣照,等,译.北京:科学出版社,2018.
[14] 纽曼.数学的世界(六卷)[M].李文林,等,译.北京:高等教育出版社,2016.
[15] 盛茂,王作勤.几何学基础[M].北京:高等教育出版社,待出版.
[16] 怀尔德.数学概念的演变[M].谢明初,陈念,陈暮丹,译.上海:华东师范大学出版社,2019.
[17] 席南华.认识数学(三卷)[M].北京:科学出版社,2022.

第2章 物　　理

物理学研究时空、能量、物质世界的基本规律,并运用这些规律发展技术。物理学研究的对象从小到大覆盖整个物质世界。在极小端,物理学研究电子、夸克等"点粒子"。高能物理把这些粒子加速到 TeV 能量进行撞击,仍未发现它们有任何内在结构,由此得出结论——它们的直径小于 10^{-19} m;在极大端,物理学研究整个可观测宇宙,其半径等于光速乘宇宙的寿命,约460亿光年(10^{26} m)。当然我们可以想象这两个极端之外的世界,物理学能够想象的最小距离是普朗克长度,10^{-35} m;在另一端,可观测宇宙之外或许有无限大的空间。奇妙的是,极大端与极小端共享同一套物理基本规律,宇宙的演化路径取决于基本粒子的性质。

物理学研究范畴并不包含电子与宇宙之间的所有自然现象。当一类研究对象含有极其丰富的内容,需要很多人专注学习与研究时,人们便会组建一个独立于物理学之外的研究领域,如化学、生物学、地球科学、工程科学等。但物理学与这些领域的界限是模糊的,领域之间交叉而产生化学物理、生物物理、地球物理、工程物理、医学物理等分支学科。同时,物理学领域之内也按照不同研究对象划分出多个分支领域,如量子物理、原子分子物理、光学、凝聚态物理、粒子物理等。

物理学也可以由教学中的基础课程来定义。物理学基础课程一定包括四大力学:经典力学、电动力学、统计力学和量子力学。只有掌握了这些基础课程知识的学生才有资格获得物理专业的学位。同学们要打好物理学知识基础,但不要因物理专业这个名称而对自己的思考范围作出人为的限制。我们相信物理学思维可以帮助同学们解决广泛的,远超出传统物理学的问题。

中国科学技术大学物理学院与核科学技术学院的老师们参与了本章的编写,老师们举例介绍各自专研的领域中过去、现在以及将来的重量级工作。天文学与天体物理学安排在另一章作独立描述。

2.1 理论物理

理论物理可以大致分为高能理论物理和凝聚态理论物理。前者为基本粒子的性质建立模型,预测极高能量、极小尺度下的物理现象;后者为原子尺度的多粒子物质建立模型,预测多体系统各种各样的物理性质。

当代理论物理的主要研究方法是通过作用量原理建立物理模型(图2.1),并利用量子力学、量子场论等工具进行理论计算。作用量支配物质动力学、基本粒子相互作用方式、凝聚态系统中的相变和对称性。通过修改作用量,我们可以尝试构建能解释目前实验现象的理论模型,并提出对未来实验的预言。随着应用数学和计算机的发展,数论、微分几何、代数几何、微分方程定性理论、计算代数、并行计算等工具被广泛用于理论物理研究,帮助物理学家从作用量出发计算具体的实验测量值。此外,机器学习、量子计算等新方法可以帮助物理学家寻找好的作用量,或者发现前人不知道的物理量解析公式。

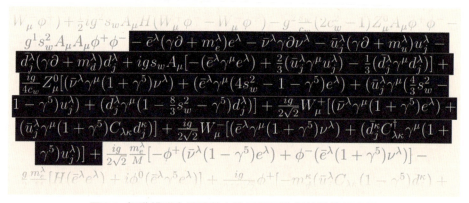

图 2.1 标准模型中描述基本粒子相互作用的拉格朗日量

1. 强相互作用中的渐近自由

质子、中子由夸克组成,夸克之间通过胶子发生强相互作用。这个模型可以解释许多观察到的粒子现象,然而自由独立的夸克却从未被发现。解决这一疑问的方案是戴维·格罗斯(David Gross)、戴维·波利策(David Politzer)、弗朗克·维尔切克(Frank Wilczek)提出的渐近自由(2004年诺贝尔奖)。之前肯尼斯·威尔逊(Kenneth Wilson)提出的重整化理论(1982年诺贝尔奖)指出,粒子相互作用的耦合常数不是真正的常数,而是能量的函数。这一深邃的现象来自量子真空态涨落。强相互作用之外的所有量子场论耦合常数都是低能小、高能大。Gross, Politzer, Wilczek 计算发现强相互作用的耦合常数恰好相反,低能大、高能小,粒子之间距离越近,相互作用能就越大,耦合常数就越小,即所谓的渐近自由(图2.2)。这个计算解释了通常核物理能量(低能)下夸克之间的耦合极强,以至于无法看到自由的夸克。相反,在高能极限下强相互作用耦合极弱,作用理论是一个高能极限下完全可以定义的自洽量子场论。

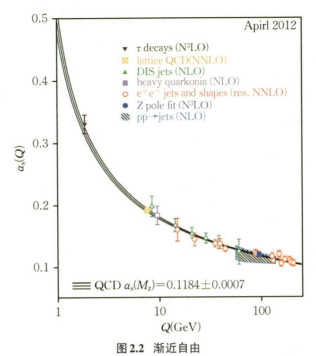

图 2.2 渐近自由

实验证实强相互作用的耦合强度随着作用能增大而逐渐减小。

2. Kawai-Lewellen-Tye 关系

1986 年,川井(Kawai)、勒维伦(Lewellen)、戴自海(Tye)在研究量子引力时发现,如果选择弦理论作为量子引力框架,那么最低阶的引力子散射振幅在数学上可以分解为胶子散射振幅的平方(图 2.3)。这是一个非常震撼的结果,因为引力和核力(强相互作用)完全不同,两者的作用量差别非常大,前者作用量极端复杂。然而,通过多复变函数的解析延拓手段,发现两种相互作用之间存在这个简洁的 Kawai-Lewellen-Tye 关系。物理学家进一步发现,这个关系其实不依赖于弦理论,而是一般量子引力的一种通性。之后,Kawai-Lewellen-Tye 关系被推广到相互作用的更高阶,被称为 Bern-Carassco-Johansson 关系。这个关系在量子场论、量子引力中得到了广泛应用,例如用来研究超引力是否含紫外发散。最近,Bern-Carassco-Johansson 关系再取经典极限,用于爱因斯坦引力波的经典计算,并和双黑洞合并过程的实验作了对比。将来当引力子被实验发现之日,Kawai-Lewellen-Tye 关系即成为量子引力的最基本物理关系。

引力　　　规范理论　　　规范理论

图 2.3 引力子的最低阶散射振幅是胶子散射振幅的平方

3. 几个未解的理论物理问题

(1) 引力的量子化。从理论物理框架看,引力没有量子化,但其他相互作用已经被量子化了,这件事情缺乏美感。弦理论是一种量子引力方案。此外,超引力理论是否可量子化这个问题是理论物理40年来的悬案。

(2) 正反物质不对称。宇宙中正物质远多于反物质,其中的原因并不明朗。标准模型中存在电荷-空间宇称破缺(CP破坏),但破缺的程度太小,根本不能解释观察到的正反物质不对称现象。

(3) 暗物质。星系中需要分布有质量,但不参与电磁或强相互作用的物质,才能在爱因斯坦引力论下解释天文学观察到的星系运动。这样的物质被称为暗物质,但我们尚未发现组成暗物质的是哪种新粒子。

(4) 高温超导。物质在一定低的温度下电阻会变为零并产生完全抗磁,达到超导状态。通常的超导体可以由BCS(Bardeen,Cooper,Schrieffer)理论解释(1972年诺贝尔奖)。然而,实验上发现钇钡铜氧体系可以在液氮温度实现超导,即高温超导,这个现象不能用BCS理论来解释。如何从理论上解释高温超导,并以此为依据寻找更高相变温度的超导体,是凝聚态物理的一个核心问题。

2.2 粒 子 物 理

粒子物理以相对论量子场论为基本理论框架,以加速后高能粒子对撞为主要实验手段,研究时空结构、物质世界基本构成及其相互作用。目前人类创造的最高能量加速器为欧洲核子中心(CERN)的大型强子对撞机(LHC,图2.4),其周长为 27 km 的储存环与超导加速器将相反方向飞行的两束质子加速至 7 TeV,随后进行质子对撞,可以生成质量为 $m_x \geqslant$ 1 TeV/c^2 的新粒子(质子质量 $m_p \approx 0.001$ TeV/c^2),并可以探测 $\Delta x \sim \hbar/7$ TeV $\approx 10^{-20}$ m 空间尺度上的微观结构。

图 2.4 欧洲核子中心大型强子对撞机(LHC)地面鸟瞰以及储存环隧道照片
ATLAS、CMS、LHCb、ALICE是四个探测器,各自有一个数百人到数千人的合作实验团队。

1. 粒子物理标准模型

基本粒子是指不具有更深层次内部结构的、无空间占据尺度的"点粒子"。基于相对论量子场论以及规范对称性建立起来的粒子物理标准模型被认为是迄今为止描述粒子物质世界最精确的理论(图2.5)。标准模型的一些基本规则如下:

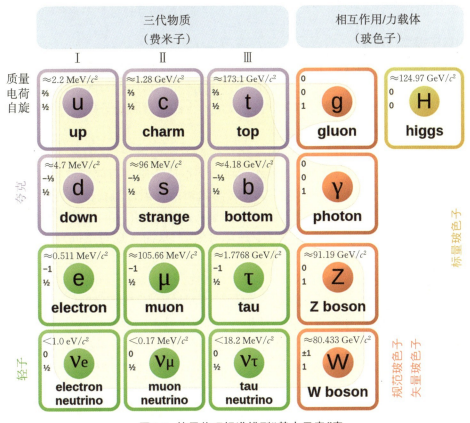

图 2.5 粒子物理标准模型"基本元素"表

对于每个基本粒子模块,都标注了其名称、质量、电荷、自旋量子数。(图片来源:维基百科)

(1) 基本物质场。自旋1/2的费米子,包括:携带整数电荷的轻子(lepton),如电子 e 及其相应的中微子 ν_e;携带分数电荷并具有一个新量子数"色"自由度的夸克(quark),如构成质子 p(uud) 和中子 n(ddu) 的 u 夸克和 d 夸克。

(2) 反物质与代际差别。费米子都存在与之相对应的反粒子;有三代(generation)费米子,各代费米子的量子数完全相同,代际间存在巨大的质量差异。由于质量差异的不稳定性,高代费米子可以向低代衰变。

(3) 矢量规范玻色子。$SU(3)\times SU(2)\times U(1)$ 规范理论预言自旋量子数为1的矢量玻色子,包括:传递强相互作用、无质量且本身带色荷的胶子 g;传递电磁相互作用、无质量、电中性的光子 γ;传递弱相互作用、具有极大质量的重矢量玻色子 $W^\pm$ 和 Z。

(4) 希格斯(Higgs)机理。描述粒子运动的场方程或拉氏量具有对称性,但其能量最低解("真空")却可以不遵循同样的对称性。希格斯机理预言存在一个自旋为0标量的希格斯场，其与W$^{\pm}$/Z粒子的规范耦合使得这两个矢量粒子获得质量，其与物质场的汤川耦合赋予费米子以质量。

粒子物理标准模型获得了巨大的成功，但其仍然只是一个仅能达到$O(10^2)$ GeV能标的有效理论。如何从现有的模型与实验出发，明确问题，探寻与构建更为基本的物理理论，这是粒子物理科学面临的挑战。在此，我们关注几个实验发展与标准模型改进相关联的研究方向。

2. 中微子振荡与质量

不同代中微子在运动过程中可以相互转换，形成振荡现象，这已被大量的深地探测、反应堆、加速器束流中微子实验验证。由于中微子与物质相互作用极为微弱，因此中微子实验都需要大量的探测器物质且该物质需要对ν-e反应产生的极微弱光子具有良好的透射率，即吨量级的水或液体闪烁物质。

众多标准模型的扩展理论给出了对中微子振荡机制的解释，它们都要求中微子具有质量不为零的质量本征态。振荡机制引入的动力学本征态质量与放射性核素β衰变中的运动学惯性质量是否为同一概念？它们又是否与希格斯场耦合而获得"质量"？这些问题都有待回答。因此，需要更多的数据、设计更为精巧的实验，在不同的能区和距离上测量中微子振荡的频率、幅度、代际质量差、CP破坏等效应，从而实现对不同理论模型的检验与改进。

3. 电弱对称性破缺

标准模型电弱机制是一个可精确检验、对间接探测新物理具有良好灵敏度的理论模型：模型仅引入4个自由参数，却预言了精细结构常数等7个基本物理常数[1,2]。这7个常数在理论上相互关联、精确可算，在实验上可独立测量。因此，精确测量这些常数及其演化行为，与理论预言进行"全局拟合（Electroweak global fit）"对比，可以检验标准模型自洽性，并间接探索新物理。

当前，电弱机制自洽性检验的总体情况良好。但在最为敏感的W玻色子质量m_W和弱混合角$\sin^2\theta_W$两类测量中，都显现出一些相互冲突迹象，导致全局拟合的Higgs质量理论预言与实验测量之间存在1.7σ标准方差偏离。因此，需要设计更为精密的实验方案以确定这一偏离的内在来源。

4. 宇宙线物理

超对称理论预言存在一种弱相互作用、电中性、大质量的稳定粒子χ。这一机制能够为天文观测的暗物质现象提供一个自然的基本粒子物理解释。在暗物质星系团核心可能存在大量χ粒子，在极高密度的条件下，这些暗物质粒子将有可能发生湮灭反应$\chi+\chi\rightarrow Z\rightarrow e^++e^-$。相应地，我们将观测到高能宇宙线正电子能量分布呈现$E_{e^+}=m_\chi c^2$线谱结构，或对幂率连续下降本底谱形的偏离。这即为"悟空"暗物质粒子探测卫星（DAMPE）实验的工作原理。如图2.6所示，"悟空"在高能宇宙线e^+能谱~ 900 GeV处，观测到了一个对连续本底偏离的转折型结构[3]；之后，又在高能宇宙线质子谱形中，观测到了对连续本底的偏离[4]。如何理解这些偏离？是新的基本粒子及其相互作用，抑或是特殊星系演化或电磁抛射机制？这些问题有待进一步的研究。

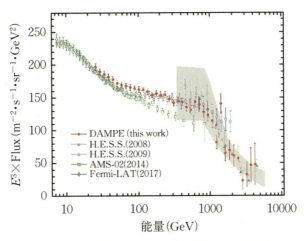

图 2.6 暗物质粒子探测卫星实验正电子能谱[3]

2.3 CP 破 坏

对称性是人类了解和研究自然规律的强有力工具,在物理学研究中具有至关重要的作用。基本对称性包括空间反射对称性(P,又称宇称)、时间反演对称性(T)、电荷共轭对称性(C)等。对称性破缺与自然现象直接相关,如宇宙中存在物质就与C-P联合对称性破坏(简称CP破坏)紧密相关。粒子物理和宇宙大爆炸的理论预期,在宇宙初期物质和反物质等量产生,但现在观测到的宇宙中所剩物质过多,正反物质之间存在严重失衡。1967年萨哈洛夫(Andrey Sakharov)指出物质起源所需的三个条件,其中CP破坏是必要条件之一。人们在实验室里确实观测到了弱相互作用中的CP破坏,但其破坏程度远不足以解释宇宙中正反物质之间的失衡。研究CP破坏本质和寻找新的CP破坏机制是物理学的一个核心科学问题。

1. 标准模型中的CP破坏

宇称守恒(P)曾被奉为基本规律。直到1956年,李政道、杨振宁提出弱相互作用中存在宇称不守恒的大胆假设(1957年诺贝尔奖),并由吴健雄等人在钴(^{60}Co)β衰变实验中予以证实。电荷共轭变换(C)等价于正反粒子变换,属于相对论量子场论范畴。在β衰变实验中,P和C分别被破坏了,但CP联合变换仍保持守恒。直到1964年,詹姆斯·克罗宁(James Cronin)、瓦尔·菲奇(Val Fitch)等人在实验中观测到中性长寿命K粒子衰变到$\pi^+\pi^-$末态,发现了CP破坏现象(1980年诺贝尔奖),推动了卡比博-小林诚-益川敏英(CKM)夸克混合机制的建立(2008年诺贝尔奖)。

量子场论证明了CPT守恒普适定理,至今实验上也没有观测到任何CPT破坏的迹象。反粒子可以被看成是沿着空间、时间的反方向运动的粒子。如果CPT是不变的,则CP破坏意味着T破坏,反之亦然。随着实验精度的提高,科学家坚信的CPT对称性是否也会被发现是不守恒的呢?

2. 寻找重子衰变中的CP破坏

实验中已经观测到的K、B介子CP破坏现象符合标准模型的预期,但与宇宙中物质起源所需的CP破坏强度相差近10个量级。重子是构成物质世界的主体,寻找重子衰变中的CP破坏能够更直接地洞察宇宙原初反物质消失之谜。超子作为重子的一类,含奇异夸克,其寿命被衰变主导,被认为是寻找CP破坏新机制的一个很有希望的场所。2021年,北京谱仪BESⅢ实验在J/Ψ衰变中利用量子纠缠的$\Lambda\bar{\Lambda}$测量了正反超子的衰变不对称参数,为研究超子的CP破坏开辟了新的途径[5]。随后BESⅢ实验在J/Ψ衰变到量子纠缠的$\Xi^-\bar{\Xi}^+$超子对的级联衰变中,把弱作用效应分离出来,测量了重子中提供CP破坏源的弱相位角,尽管还没有发现CP破坏现象,但这一创新方法使得探测CP破坏的灵敏度得以显著提升[6]。国际上正在规划的超级陶粲装置(STCF),峰值亮度比BESⅢ会高出两个量级,并计划实现极化束流,有望在粲介子和超子领域的CP破坏研究中取得重大突破。

3. 用中微子检验CP对称性

中微子振荡实验说明中微子有微小的质量,与夸克混合的CKM矩阵类似,中微子混合矩阵(通常称为PMNS矩阵)中的复相位会在中微子振荡中导致CP破坏现象,即中微子振荡不同于反中微子振荡过程。研究中微子CP破坏的最佳工具是长基线中微子实验,分析中微子和反中微子穿越数百公里的岩石和泥土后的差别。目前人们还不知道中微子CP破坏相位的数值。下一代长基线实验,即美国的沙丘实验(DUNE)和日本的顶级神冈实验(Hyper-Kamiokande),有望对中微子CP破坏作出确定性的测量。

4. 寻找固有电偶极矩(EDM)

基本粒子(电子、夸克)和复合量子体系(中子、质子、原子、分子)的固有电偶极矩(EDM)违反时间反演(T)和空间反射(P)对称性(图2.7)。测量寻找EDM是研究CP破坏的重要实验手段。在过去60多年的历史中,EDM测量精度的大幅提升伴随着各项实验技术的创新与发展。例如:用超流液氦冷却中子,用物质墙形成盒子来装载自旋极化的超冷中子;用激光来冷却与囚禁原子;用光抽运方法来极化原子自旋;选择内禀电场高出外加电场5~6个数量级的分子体系,制备冷分子束流。目前在所有体系上尚未测到非零的EDM,其中测量精度最高的是^{199}Hg原子EDM,其上限为7×10^{-30} e·cm(95% 置信度)[7]。

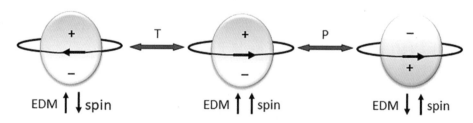

图2.7 EDM反映了P-和T-对称性的破缺

在空间反射或者时间反演作用下,一个具备EDM与自旋的粒子会被转换为与自己性质不同的粒子。

2.4 量子光学

量子光学以辐射的量子理论研究光的产生、传输、探测以及光与物质相互作用。1956年,罗伯特·布朗(Robert Hanbury Brown)和理查德·特维斯(Richard Twiss)首次观测到了光场的强度关联效应,也就是光场的二阶相干性,这个著名的HBT实验被公认为量子光学的奠基性实验。作为比较,传统的双缝干涉实验观测的是光场的一阶相干性。1963年罗伊·格劳伯(Roy Glauber)系统地发展了光场的量子相干理论,同年埃德温·杰恩斯(Edwin Jaynes)和弗雷德·卡明斯(Fred Cummings)提出了表征单模光场与单个理想二能级原子相互作用的J-C模型,这两项工作为量子光学的发展奠定了基础。20世纪60年代激光的问世、80年代量子信息的兴起极大地促进了量子光学的发展。

1. 贝尔不等式的检验

1935年,爱因斯坦与同事以局域实在论为前提假设,讨论相距很远的处于量子纠缠态的两个粒子,他们认为量子力学是不完备的,存在局域隐变量。这就是著名的EPR佯谬。直到1964年,贝尔(John Stewart Bell)提出了一个不等式来检验局域隐变量理论与量子力学的对错。根据局域隐变量理论,测试结果会满足贝尔不等式;而根据量子力学,实验结果可以违背贝尔不等式。

贝尔测试实验中使用的光子偏振纠缠态最初由原子级联辐射得到,但是这种方法存在光子收集效率低等各种问题。后来基本都是用激光泵浦非线性晶体,通过自发参量下转换过程产生一对处于偏振纠缠态的光子。阿兰·阿斯佩(Alain Aspect)、约翰·克劳瑟(John F. Clauser)和安东·塞林格(Anton Zeilinger)等人利用偏振纠缠光子对开展了一系列贝尔测试实验,堵上了实验中存在的各种漏洞,包括局域性漏洞和探测漏洞等,得到了对贝尔不等式的违背,从而否定了局域实在论,并进一步利用量子纠缠实现了量子隐形传态等量子信息过程。他们通过这一系列工作开创了量子信息科学(2022年诺贝尔奖)。

2. 量子密钥分发

1984年,查尔斯·本内特(Charles Bennett)和吉尔斯·布拉萨德(Gilles Brassard)一起开发量子密钥分发协议,即BB84协议(2018年沃尔夫奖)。其基本思想是利用量子不可克隆定理保证信道的安全性,从而在两个用户之间进行物理上安全的密钥分发。有了安全的密钥,用户间可利用经典方法进行信息的加密传输。

BB84协议需要两组非正交的基矢。在偏振编码下可选择水平-竖直基矢(包含水平和竖直两个偏振态)和对角基矢(包含+45°和-45°两个偏振态),这四个态被称为BB84态。图2.8展示了BB84协议量子密钥分发的工作原理。发送方随机选择一个BB84态制备单光子,并发送给接收方。接收方从两组基矢中随机选择一个进行测量。然后双方利用公开通信渠道比对编码基矢和测量基矢,保留相同基矢部分的编码比特和测量结果,由此得到一串原始密钥。根据量子不可克隆定理,如果有人窃听,则原始密钥中存在一定的误码。双方可通过随机公开部分比特抽样得到误码率的估值。如果误码率超过一定的阈值,则可判定信道不安全,抛弃这一串原始密钥重新进行以上过程。BB84协议是量子信息的第一个应用,目前已经走向实用化。

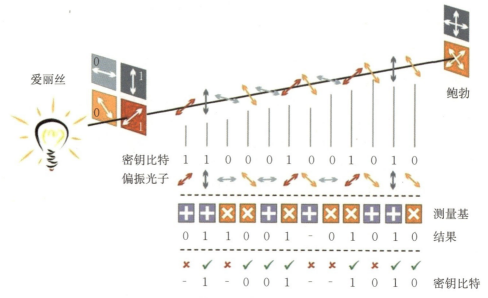

图2.8　BB84协议量子密钥分发的工作原理

3. 量子与经典的界限

以上提到了EPR佯谬,量子力学里还有薛定谔猫佯谬,它揭示了一个尖锐问题(图2.9):量子与经典之间有没有界限？如果有,那么界限在哪里？处于空间位置叠加态的物体的质量最大可以是多少,通俗的说法就是薛定谔猫可以有多大？

图2.9　量子与经典之间的边界区

20世纪80年代,安东尼·莱格特(Anthony Leggett)等人提出了莱格特-皋格(Leggett-Garg)不等式来检验这一问题,随后罗杰·彭罗斯(Roger Penrose)等人则提出了引力坍缩机制,这些开创性理论研究为实验检验打下了基础。目前的实验系统包括超导量子干涉仪、玻色-爱因斯坦凝聚、光学机械振子和大分子等,例如塞林格(Zeilinger)等人实现了C_{60}的双缝干涉。目前实验上实现了由2000多个原子构成的分子(质量大于25000道尔顿)的量子干涉。量子与经典界限问题和引力问题息息相关,意义重大,未来可期。

2.5 凝聚态物理

凝聚态物理的研究对象门类丰富,除了人们熟悉的固态和液态,还包括液晶、溶胶、准晶、超流/超导态、自旋有序态、玻色-爱因斯坦凝聚态等中间态或特殊条件下的凝聚相。凝聚态物理的一般研究范式是:通过对物质的结构以及对称性的分析,结合宏观的力学、热学、声学、光学、电学、磁学性质测定,利用量子力学、电动力学、统计力学等理论建立模型,阐明物质的宏观物性与微观结构之间的根本关联,探寻物质世界的基本规律,并将不断发掘出的新材料、新物性、新器件应用到实际生产生活中。凝聚态物理学的许多重大发现(图2.10)已在当今高新科学技术领域中起到了变革性作用,比如半导体器件、激光器、磁存储、超导技术等。

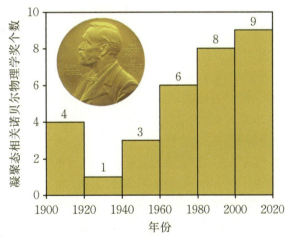

图2.10 与凝聚态物理相关的诺贝尔物理学奖个数
此外,2000—2019年有5个诺贝尔化学奖也与凝聚态物理相关。
(图片来源:昆士兰大学罗斯·麦肯基(Ross McKenzie))

1. 量子霍尔效应

量子霍尔效应是凝聚态物理学中最具代表性的宏观量子现象之一。霍尔效应的基本原理是:电子在磁场中运动时会受到洛伦兹力的作用发生偏转,从而产生与运动方向垂直的霍尔电势差。而霍尔效应拓展到二维受限系统时,出现了全新的演生现象。1980年,克劳斯·冯·克利钦(Klaus von Klitzing)发现在温度为1.5 K、磁场为18 T的条件下,二维电子气中的霍尔电阻随栅压变化呈现出阶梯式的平台,平台值为$h/(ne^2)$(h为普朗克常量,e为电子电荷量,n为整数填充因子)(1985年诺贝尔奖)[8]。这是由于二维电子气中的载流子受迫进行回旋运动,形成量子化的朗道能级,进而产生了仅与基本物理常数关联的量子霍尔电阻平台。量子霍尔电阻由于其极高的阻值准确性(10^{-10}),已经取代实物电阻基准成为欧姆的新定义。

量子霍尔效应的发现开辟了一个全新的研究领域。1982年,崔琦等人在更低温度和更强磁场下发现了分数量子霍尔效应,其霍尔电阻不仅是量子化的,而且填充因子为分数而非整数(1998年诺贝尔奖)[9];2004年,安德烈·海姆(Andre Geim)等人制备了石墨烯并发现了其半整数量子霍尔效应,证明石墨烯中载流子为相对论粒子(2010年诺贝尔奖)[10,11];理论学家大卫·邵勒斯(David Thouless)等人用拓扑学概念解释了量子霍尔效应[12](2016年诺贝尔奖)。

2. 魔角石墨烯

魔角石墨烯是近几年凝聚态物理学领域最受瞩目的工作之一。2009年,伊娃·安德烈(Eva Andrei)团队发现双层石墨烯层间转角可以显著调控电子特性[13]。这项工作吸引了理论物理学家艾伦·麦克唐纳(Allan MacDonald),根据他的计算结果,当转角处在1.1°这个"魔角"时,石墨烯电子的费米速度消失并出现平带[14]。2018年,巴勃罗·贾里洛·埃雷罗(Pablo Jarillo-Herrero)团队(包括研究生曹原)成功制备了层间转角为1.1°的双层石墨烯(图2.11(a)~(c)),通过调控载流子浓度,惊奇地发现石墨烯体系表现出关联绝缘态和超导态[15]。此后多个团队在此体系中进一步发现了铁磁以及拓扑性(图2.11(d))[16]。

魔角石墨烯的发现引发了大量的后续研究。其相图显示超导态与绝缘态相邻,与高温超导体相图非常类似,因此对魔角石墨烯的研究有助于我们更好地理解高温超导的微观机制。同时,衍生出的摩尔超晶格量子模拟器将为研究强关联多体物理提供绝佳的平台。而将转角工程应用于广阔的二维材料体系,将必然为凝聚态物理学领域带来新的研究机遇,并为研发新型量子器件提供重要的材料和物理基础。

3. 激子玻色-爱因斯坦凝聚

玻色-爱因斯坦凝聚(BEC)是一种宏观尺度上具备量子特征的物理现象,它描述了玻色子凝聚在同一低能量子基态的行为。作为一种新的物态,BEC态不仅极具前沿研究价值,而且在新型电子学器件、量子计算以及芯片技术等领域都有着潜在的应用前景。

BEC已在温度为10^{-7} K量级的超冷原子气体中实现[17](2001年诺贝尔奖)。由于固体材料中激子的有效质量比原子小得多,理论上凝聚温度可以达到100 K甚至更高,因此引起了人们的广泛关注。二维过渡金属硫族化合物体系由于减少的维度以及较弱的屏蔽效应,其激子束缚能高达数百毫电子伏特,有助于实现高温凝聚现象。另外,通过构造电双层体系,其层间激子具备长寿命、难复合、易调控的优势。近期研究发现,二维过渡金属硫族化合物组成的双层结构表现出电致发光增强的现象[18],该现象在温度高达100 K时都可观测到,可能与层间激子凝聚直接相关。

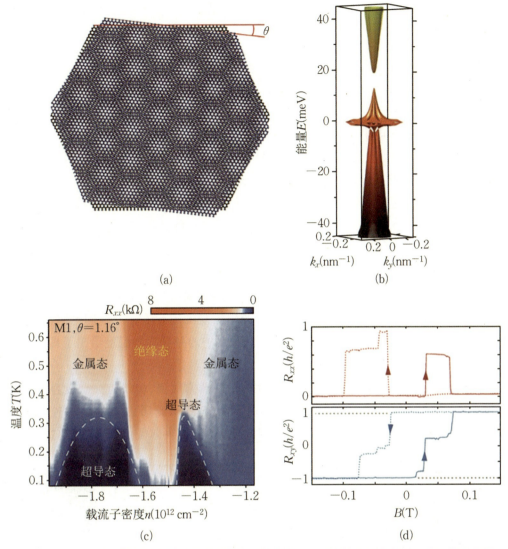

图2.11 （a,b）魔角石墨烯的摩尔超晶格和平带结构[15]；（c）魔角石墨烯的相图，其中超导态和关联绝缘态相邻[15]；（d）魔角石墨烯中的量子反常霍尔效应[16]

一旦激子高温凝聚实现，BEC这一重要宏观量子现象走出实验室，走向应用就将成为可能。此外，激子凝聚的研究还将有助于推动其他领域的发展，如激子超流以及激子增强超导[19]。类似于超导领域，基于激子的高温凝聚也将有望催生多个诺贝尔奖级别的成果。

2.6 超导物理

超导体所展现的零电阻、完全抗磁、磁通量子化以及约瑟夫森(Josephson)效应等奇特电磁性质已经在电力、医疗、通信、军事以及科学研究等领域获得了广泛的应用。人们期望超导相关技术未来能够在能源、交通和量子计算等领域中产生变革性的影响。然而,制约超导应用的主要原因是超导材料的转变温度非常低,需要昂贵的液氦作冷却剂或是复杂的低温制冷设备。因此,寻找在高温下仍保持超导电性的材料一直是研究人员努力实现的梦想。

超导现象的微观机理于1957年被三位物理学家共同发展的BCS理论解决(1972年诺贝尔奖)。BCS理论认为,由于电子与晶格的相互作用,金属中的电子会通过电子配对形成超导电子对(库珀对),这些库珀对可以相干凝聚产生宏观的超导电性。该理论成功解释了当时所发现的大多数金属材料中的超导现象,并对材料中的超导临界温度给出了理论上限,这一上限也被称为麦克米兰(McMillan)极限。

超导发现之后的几十年间,超导临界温度的提高非常缓慢,也没有突破麦克米兰极限。直到1986年,格奥尔格·贝德诺尔茨(J. Georg Bednorz)和亚历山大·米勒(K. Alexander Müller)在铜氧化物陶瓷材料中发现了超导现象(1987年诺贝尔奖)(图2.12)。这一类超导

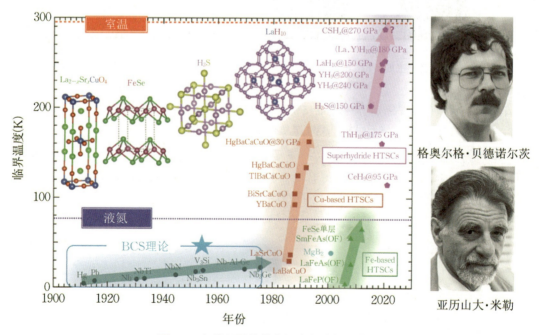

图 2.12 各类超导体转变温度的演化历史[20]

材料体系的转变温度很快被提升到液氮温区以上(大于77 K),开辟了高温超导这一全新的研究领域。这一突破性工作的思路是放弃传统的合金材料,而在金属氧化物中寻找超导电性,其出发点是试图利用这些氧化物材料中电子与晶格的相互作用比一般导体中更强的特点,实现更高的超导转变温度。后续的研究表明在这一类铜基高温超导体中,超导电性形成的机制超越了传统电声模型描述的范围。

2008年,细野秀雄(Hideo Hosono)在一类铁基材料$LaFeAsO_{1-x}F_x$中报道了26 K的超导电性。随后,众多的铁砷化物和铁硒化物等铁基超导体系不断被发现,中国科学家迅速在常压下将超导温度提高到了40 K以上,打破了传统超导体的麦克米兰极限,推动了第二次高温超导研究的热潮。

不同于传统BCS理论中的电子-晶格相互作用图像,电子-电子相互作用导致的强关联效应是产生高温超导的主要物理因素。这一方向的研究难点在于:由于强关联效应,高温超导体正常态的电子行为已经无法用传统理论(如费米液体理论)描述,亟需针对关联电子的新理论来理解高温超导。由于多体量子效应与高温超导材料的双重复杂性,强关联效应如何具体影响高温超导体的物理性质演化也还存在大量争论。因此,高温超导理论的建立,不但能帮助我们更好地理解高温超导现象的微观机制,而且将产生新的理论来帮助人们更好地理解量子多体问题。

同时,人们也在传统超导的BCS理论框架下寻找提高超导转变温度的方法。在强耦合超导理论中,超导转变温度与电声耦合强度正相关。因此,只要材料的电声耦合强度足够大,就有可能大幅提高超导转变温度。但是,强电声耦合也将导致晶格失稳,这也是基于BCS理论超导转变温度存在麦克米兰极限的原因。尼尔·阿什克罗夫特(Neil Ashcroft)在1968年预言高压下形成的金属氢具有很强的电声耦合强度和很高的德拜频率,有可能实现高的超导转变温度。尽管高压下氢的金属化仍然缺乏足够令人信服的实验证据,但通过富氢化物来实现高温超导已经取得了重要的突破。近年来,人们已经在一系列高压下的富氢材料中观测到了高于200 K的超导电性,高压下实现室温超导已经成为了可能,但是超高压力环境又给超导应用带来了新的限制。

人们希望在未来可以实现常压下的室温超导体。如何实现这一目标目前还没有清晰的路线,也许需要依靠新的理论或者新的技术,无论如何,人类期待突破常压下的室温超导,一个全新的超导应用时代可能来临(图2.13)。

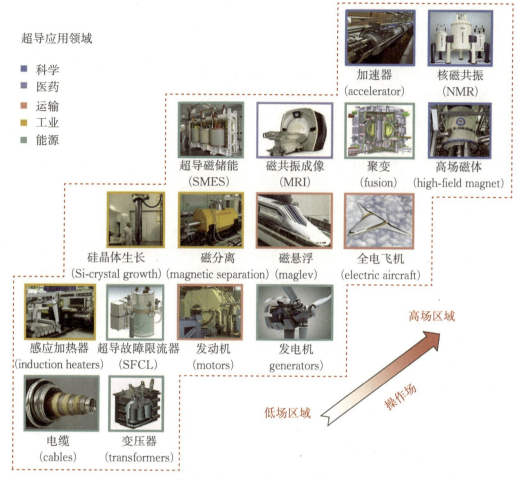

图 2.13 超导体在各行业的应用[21]

2.7 软物质物理

软物质在小的外力作用下就会产生较为显著的形变,它介于理想流体和固体之间,涵盖了从介观到宏观非常宽的尺度范围,它的两个重要特征是复杂性与非平衡。典型的软物质包括高分子、液晶、胶体、薄膜、泡沫、颗粒物质、生命物质等(图2.14),这些物质与我们的生活息息相关,对它们的研究涉及物理、化学、材料、生物等多学科的交叉。几乎所有的现代实验探测手段在软物质研究中都有其用武之地,例如:原子力显微镜、电子显微镜、共聚焦显微镜、扫描近场光学显微镜、X射线、中子散射、单分子操纵与检测、荧光技术等。同时,计算机模拟、机器学习等是软物质理论计算研究的主要手段。

图 2.14 软物质涵盖的物质种类

结构无序是许多软物质体系所呈现出的表观特征,但无序结构中是否隐藏着某种未知的有序呢?在材料领域,通过构筑单元的自组装形成具有特定结构和功能的软物质材料,例如柔性电子材料、仿生材料、超材料等,是软物质物理进一步拓展应用的必经之路,将推动材料科学的革命。生物体是自然界最复杂的软物质,其中发生的各种生命过程都处于非平衡或者近平衡的状态。因此,软物质物理基础问题的研究也将推动人们对生命现象的认识。近年来已经有一些复杂无序软物质体系研究的概念和方法被用来理解一些生命现象,并取得了突破性的进展。理解生物体的结构、动力学和相变将是未来软物质物理研究的重要方向。

1. 复杂体系中的有序现象

1991年诺贝尔物理学奖授予了法国物理学家德热纳(P-G. de Gennes),以表彰他"发现简单体系中有序现象的研究可以推广至复杂体系,特别是液晶和高分子"。德热纳将铁磁体、超导体等凝聚态体系研究中发现的无序-有序相变推广到液晶、高分子等更为复杂的体系,发现这些有显著差异的物理体系可以用通用的数学语言来描述。他证明了液晶的奇异光散射源自液晶分子取向有序的自发涨落,给出了在液晶上施加微弱电流时转变点产生的条件,设立了微乳胶材料相变和热力学稳定的条件,提供了高分子"无序中有序"的理论描述,提出了斑点模型等高分子动力学理论模型,等等。2021年诺贝尔物理学奖授予了在复杂性科学研究中取得杰出成就的三位科学家,其中帕里希(G. Parisi)的主要成就是发现了金属玻璃等复杂体系的无序和涨落之间的相互作用。

2. 玻璃是什么

固体从微观结构上可以分为晶体和非晶体两类。非晶固体无处不在,也被广泛应用于各个领域,玻璃就是其典型的代表。玻璃是液体快速降温而形成的,与液体在缓慢降温条件下形成晶体的过程不同,液体在玻璃化的过程中没有显著的结构变化,而黏度在很窄的温度变化范围内急剧增大,就像液体突然被"冻住"了一样。玻璃化过程无法用已知的相变理论来理解,使得"玻璃和玻璃化转变的本质"成为物理学家安德森(Philip W. Anderson,获1977年诺贝尔奖)心目中"最深刻和最有趣的未解固体理论问题"(图2.15)。物理学家提出了自由体积理论、模耦合理论、热力学理论、动力学促进理论、随机一级相变理论等多个理论模型,从不同角度推动了我们对玻璃的认识。或许现有的某个理论最终会被证实为玻璃化转变的正确理论,或许未来还有更加成功、集大成的理论出现。

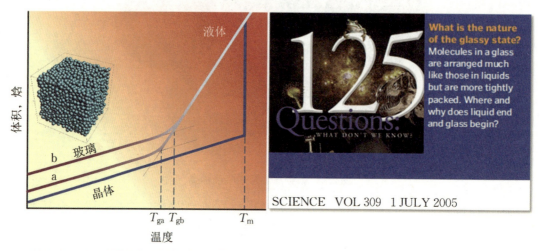

图2.15 (左)玻璃化与结晶的热力学图像比较。(右)Science创刊125周年提出的125个本世纪亟待解决的科学难题之一:"玻璃态的本质是什么?"

2.8 生 物 物 理

生物物理这门学科用物理的技术、理论及思想来研究生命系统的问题,同时也从生命系统中受到启发、探索新的物理问题(图2.16)。在生物物理中,人们发展各种成像和操控手段,结合统计物理和非线性理论等,定量研究生命系统的问题,既探索生命系统区别于非生命系统的独特性,寻找生命系统的普遍规律,也以生命系统中的例子研究各种普适现象,比如复杂性、涌现性。

1. 光镊

1983年亚瑟·阿斯金(Arthur Ashkin)发明光镊(2018年诺贝尔奖),利用高度聚焦的激光束实现对纳米和微米大小电介质颗粒的捕获与操纵。位于激光束焦点附近的电介质颗粒受到两种力,若颗粒比光波长小(图2.17(a)),沿着光场梯度方向的梯度力会将颗粒拉向光场梯度最强的位置,而沿着光传播方向的散射力会推动颗粒;若颗粒比光波长大(图2.17(b)),折射光导致的力将颗粒拉向焦点,而反射光导致的力将其向前推。当激光束高度聚集从而使其产生的梯度力(折射光力)大于散射力(反射光力)时,就能将颗粒捕获在焦点附近。

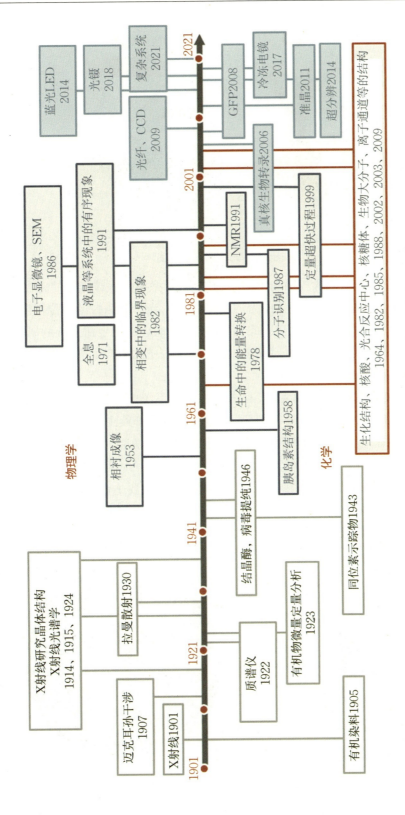

图 2.16 20世纪以来与生物物理有关的诺贝尔物理学、化学奖

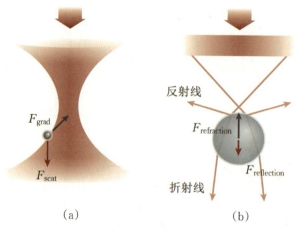

图2.17 光镊原理示意图

光镊能方便地在三维方向上操控微纳米大小物体,其对微纳米颗粒施加的力在0.1～100 pN量级,正好是单个生物分子马达产生的力的量级;同时,光镊对颗粒的定位精度能到亚纳米的量级,其时间精度能到微秒量级。因此,光镊被广泛地应用于生命系统的研究中,比如单分子生物物理、各种细胞及细胞器的远场操控、生命系统中的力产生机制等。

2. 细胞内液液相分离

相变和相分离是统计物理中的重要概念。在生命系统中,二维细胞膜内的相分离导致不同区域的形成早已被发现。2009年科学家发现,秀丽隐杆线虫受精卵细胞里的生殖颗粒(P颗粒)其实是由生物大分子液液相分离而形成的微米尺度液滴(图2.18)。利用高分辨荧光显微镜观测,发现其明显的液滴行为。之后的大量研究发现液液相分离是细胞内的一个普遍的生物分子组织、定位及功能调控的机制,参与各种重要生命活动过程,比如基因表达调控、细胞信号转导、发育、DNA修复、RNA剪切加工与转运、固有免疫、神经信号传递、酶活性及生化反应过程的调控等。生命系统通过生物分子液液相分离而形成高度动态的、具

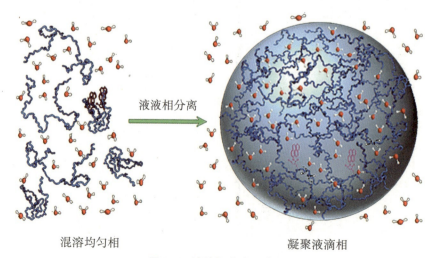

图2.18 液液相分离示意图

有各种功能的无膜细胞器。液液相分离而形成液滴的基本驱动因素是生物大分子(如蛋白质和核酸)之间的多价相互作用,比如蛋白质多个重复结构域的特异性作用、蛋白质的固有无序区域提供的相互作用、核酸分子提供的多价静电相互作用、RNA序列中的重复多个特异结合蛋白质的区块等。细胞内液液相分离的失调将导致各类疾病,比如神经退行性疾病和癌症。

3. 生命系统中集体行为的普适机制

生命体的很多机制都是通过其各种成分相互作用而涌现出来的集体行为。生命系统中在不同尺度上都有多种多样的集体行为,比如鸟群、鱼群、细菌群等的集体运动,各种复杂信号转导、代谢、基因调控、神经活动等网络行为(图2.19)。前面提到的细胞内液液相分离也是由大量生物大分子相互作用展现出的集体行为。生命系统中的这些集体行为是否有一些普适的机制?从中是否能启发一些新的物理?

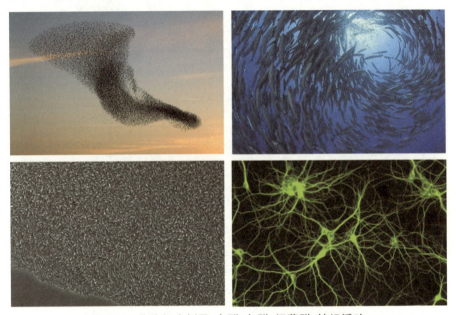

图2.19 集体行为例子:鸟群、鱼群、细菌群、神经活动

2.9 医 学 物 理

医学物理是一门新兴的融合物理、核技术、光学、信息、生物学、仪器科学、放射治疗、医学影像、核医学等传统学科领域的交叉学科。国际上有几十所大学提供医学物理专业的研究生学位。医学物理分为以下四个方面:

(1) 放射治疗:利用加速器产生的电离辐射(包括X射线、电子束、质子束、碳粒子束)作外照射(图2.20),利用放射性核素作近距离内照射,以及用硼中子作俘获治疗等。

(2) 医学影像:X光(DR、CT)、磁共振成像(MRI)、正电子发射断层成像(PET)、单光子

发射计算机断层成像(SPECT)、超声影像等。

(3) 核医学:基于放射性核素制备的核药物,用于分子层面的疾病诊断和肿瘤放射治疗。

(4) 辐射防护:对人员(患者、医务工作者等)以及环境的辐射安全和保护。

医学物理的研究方法主要有:计算机软件技术(治疗计划软件系统、三维建模和可视化、蒙特卡洛剂量计算、基于人工智能的医学大数据分析)和实验测量与操作(比如剂量测量、设备的检测与质量保证、动物实验等)。

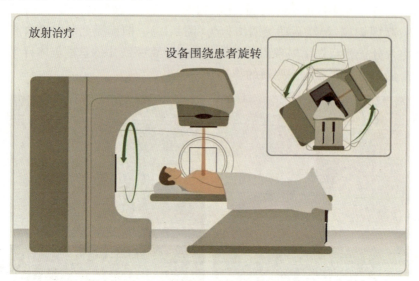

图2.20 用于肿瘤放射治疗的医用加速器

(图片来源:https://www.sohu.com/a/483894189_100086120)

1. 计算机断层扫描

20世纪70年代,物理学家阿兰·麦克莱德·科马克(Allan MacLeod Cormack)和工程师高弗雷·亨斯菲尔德(Godfrey Hounsfield)建立了计算机断层扫描(computed tomography, CT)的数学和物理学基础理论,研制出了CT样机并用于临床(1979年诺贝尔生理学或医学奖)。人体内不同组织对X射线有不同的穿透率;体内病变的组织,如发炎或肿瘤,其X射线穿透率也与正常组织不同。依此原理就能生成体内组织的X射线二维投影图像。CT用X射线束环绕人体某部扫描,由环状的探测器阵列接收从各个角度透过的X射线信号,经计算而获得对应于人体组织X射线衰减系数的三维分布信息,即CT图像,从而发现体内部位的细小病变(图2.21)。CT是目前临床医学诊断用途最广泛的医学影像设备。

2. 正电子发射断层扫描

正电子发射断层扫描(positron emission tomography, PET)将某种物质(如葡萄糖、蛋白质、核酸、脂肪酸等)标记上短寿命的放射性核素注入人体。核素在衰变过程中释放出正电子,一个正电子在行进毫米距离后与体内负电子发生湮灭,产生一对方向相反、能量各为511 keV的光子。通过探测这对光子,并经散射和随机信息的校正,得到体内标记核素的三维分布图像(图2.22)。通过携带标记核素的物质在代谢中的聚集来了解生命代谢活动的情况,从而达到诊断目的。

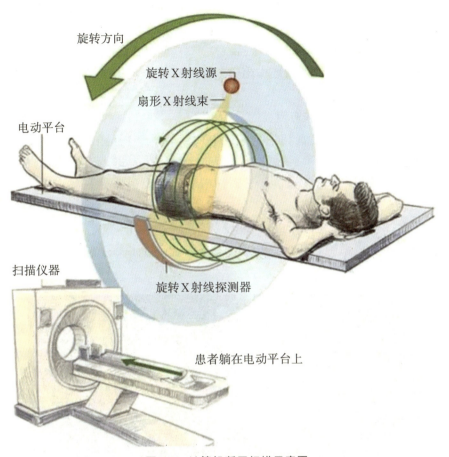

图 2.21 计算机断层扫描示意图

（图片来源：https://www.sohu.com/a/368286074_100195384）

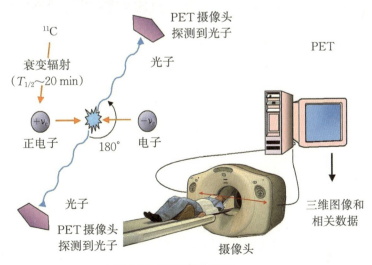

图 2.22 PET 成像原理

（图片来源：https://www.zhihu.com/question/381630248/answer/1105997488）

PET是唯一可在活体上显示生物分子代谢、受体及神经介质活动的新型影像技术。在疾病早期处于分子水平变化阶段时,病变区的形态结构尚未呈现异常,而PET反映分子代谢情况,可发现早期病灶所在。MRI、CT检查发现脏器有肿瘤时,良性还是恶性很难判断,而PET可根据恶性肿瘤高代谢的特点作出诊断。PET已广泛用于多种疾病的鉴别与诊断、疗效评价、脏器功能研究等方面。

3. 微纳米级的X射线生成和应用

纳米机器人是纳米机械装置和生物系统有机结合的产物(图2.23)。展望未来,结合微创医疗的精细治疗手术,纳米机器人可以携带X射线装置进入人体,对身体进行诊断,并对疾病部位进行放射治疗。比如,基于碳纳米管的场发射器件有望克服传统X射线球管体积大、时间分辨率差、冷却设备难实现微型化的缺点,有可能与纳米机器人结合实现微纳米级的X射线生成和应用。通过这种设备将放射源瞄准癌变肿瘤细胞,可改善临床肿瘤控制效果和对健康细胞组织的保护,为诊断和治疗许多棘手的疾病提供前所未有的机会。

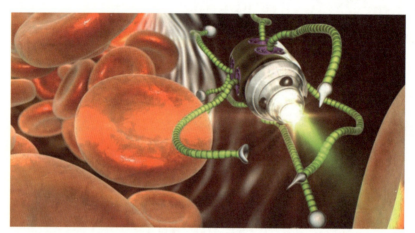

图2.23 科学家成功研制出了一种由DNA分子构成的纳米蜘蛛机器人
(图片来源:https://xsj.699pic.com/tupian/2h6rb4.html)

2.10 加速器物理

不同类型、原理和规模的加速器装置已成为众多科技领域的重要实验平台,应用于粒子物理、原子核物理以及基于先进辐射光源和中子源的泛学科领域,也是医疗领域的重要手段。可以加速的带电粒子通常是电子、质子和离子,甚至是次级带电粒子如不稳定原子核、π介子、μ子等。加速器可将粒子束流加速到接近光速,现今能量最高的加速器(欧洲的大型强子对撞机LHC)可以让能量各为7 TeV的两束质子进行对撞(图2.24)。

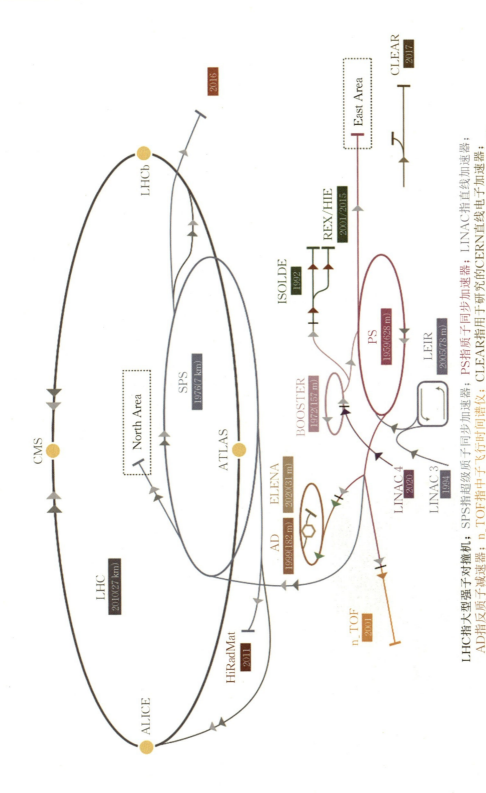

图 2.24 欧洲核子研究中心(CERN)以 LHC 为主的复杂加速器系统和实验站

LHC 指大型强子对撞机；SPS 指超级质子同步加速器；PS 指质子同步加速器；LINAC 指直线加速器；AD 指反质子减速器；n_TOF 指中子飞行时间谱仪；CLEAR 指用于研究的 CERN 直线电子加速器；LEIR 指低能离子环；ISOLDE 指同位素分离器在线设备；AWAKE 指先进质子驱动等离子体尾场加速实验。

加速器物理研究的是如何设计特殊形态的电磁场以对束流的产生、加速、传输和特性进行操作。这些电磁场的形态在不同的加速器设计中差别很大,包括稳定或缓慢变化的静电场和静磁场、快速变化的电场和磁场、高频率电磁波、束流内部的库仑电场和洛伦兹磁场、束流与周围环境作用形成的电磁场、激光或带电粒子束流在介质中形成的尾场等。也需要研究通过什么元件或设备来实现这些电磁场形态,现代加速器经常将人类掌握的技术能力推到极致,如极高场强、极高场均匀性与稳定性、极快脉冲结构等。还要研究束流在电磁场中的运动力学,包括束流内部粒子之间的相互作用和其运行环境。对于大型加速器,其总体构成可能是极为复杂的,如前面提到的LHC需要五级不同设计的加速器的接力加速才能达到最终的束流能量,涉及的加速器总长度超过40 km,元件单元数以万计。

现代加速器也强调那些非加速过程的束流操作(如自由电子激光),以及非带电粒子束流(如通过加速器产生的光子束、中子束、中微子束等),因而将加速器物理的概念进一步拓展为束流物理。

1. 范德米尔和随机冷却

加速器物理学家范德米尔(Simon van der Meer,1925—2011)所受的教育属于电子工程技术,但他具有极好的物理直觉。他的贡献主要有两个:一是提出了磁号(magnetic horn)的设计,用于对作为次级粒子束的反质子束和π介子束的聚焦,特别后者是当今国际上加速器中微子实验装置的关键设备;二是提出了随机冷却的方法并发展了相关的技术,用于将反质子束在相空间中进行压缩,从而使质子束与反质子束在环形对撞机中的对撞成为可能。随机冷却是导致在CERN的质子-反质子对撞机上发现W和Z粒子的关键技术(1984年诺贝尔奖)(图2.25)。在这里,他巧妙地利用了电子线路反馈控制方法,通过对品质非常差的反质子束进行连续的取样和校正,最终提高其束流品质。现在,国际上也将此方法用于重离子束的冷却。

 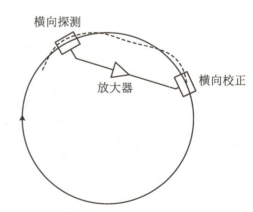

图2.25 范德米尔和随机冷却示意图

2. 马戴和自由电子激光

人们较早就认识到,利用自由电子束与扭摆磁场的作用可以产生定向辐射。依此原理,马戴(John M. J. Maday,1943—2016)采用电子直线加速器提供的高能量和高品质电子束,在1975年实现了红外波段自由电子激光的发射(free electron laser,FEL)(图2.26)。该技术不断得到发展,至今已获得广泛应用,其中硬X射线大型自由电子激光装置在国际上被称为第四代辐射光源,是大国科技竞争的利器。与普通激光相比,FEL可以灵活地通过改变电子束能量和波荡器磁场来调节辐射波长,而且可以将波长范围覆盖从红外到紫外(100 μm～300 nm)扩展到硬X射线(小于0.1 nm),同时具有功率高、相干性好、偏振强、极短脉冲时间结构等优势。

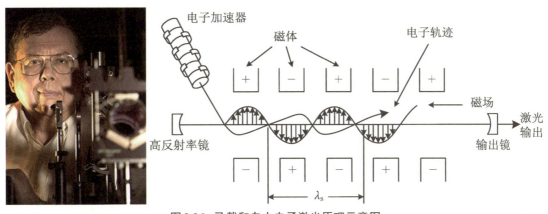

图2.26 马戴和自由电子激光原理示意图

3. 未来超高加速梯度的加速器

传统的加速器加速电场梯度最高能达到100 MV/m,一般情况下只能做到每米几兆伏,这就导致高能量加速器的规模巨大,造价也不断增加。随着超短脉冲强激光技术的发展(2018年诺贝尔奖),激光器的峰值功率达到几百拍瓦,基于激光驱动的等离子体尾场的加速梯度可以达到100 GV/m的量级(图2.27)。国际上多个实验组先后实现了将一定电荷量的电子束团加速到GeV量级,并且具有一定的束流品质。在激光等离子体尾场加速方法快速发展的同时,另外两条高加速梯度的技术路线也获得了不错的发展,分别是基于束流(电子束或质子束)驱动的等离子体尾场加速和基于介质结构的尾场加速。虽然当今的高梯度尾场加速器产生的束流品质尚不能与传统加速器相比,其可靠性也还没达到实用要求,但尾场加速代表了加速器的未来发展方向。

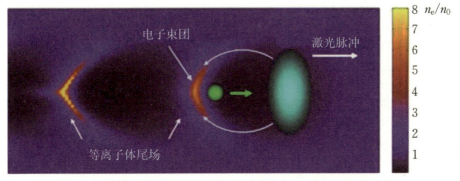

图2.27 激光驱动的等离子体尾场加速示意图(气泡机制加速电子)

(本章撰写人:卢征天、张扬、韩良、彭海平、夏添、李传锋、
曾长淦、陈仙辉、徐宁、袁军华、徐榭、齐妙、唐靖宇)

参 考 文 献

[1] PDG 2022物理基本常数[EB/OL]. https://pdg.lbl.gov/2022/reviews/rpp2022-rev-phys-constants.pdf.

[2] PDG 2022标准模型电弱理论与新物理[EB/OL]. https://pdg.lbl.gov/2022/reviews/rpp2022-rev-standard-model.pdf.

[3] DAMPE实验正电子观测[EB/OL]. https://www.nature.com/articles/nature24475.

[4] DAMPE实验质子观测[EB/OL]. https://www.science.org/doi/10.1126/sciadv.aax3793.

[5] BESⅢ Collab. Polarization and entanglement in baryon-antibaryon pair production in electron-positron annihilation[J]. Nature Physics, 2019, 15(7): 631-634.

[6] BESⅢ Collab. Probing CP symmetry and weak phases with entangled double-strange baryons[J]. Nature, 2022, 606(7912): 64-69.

[7] Chupp T E, Fierlinger P, Ramsey-Musolf M J, et al. Electric dipole moments of atoms, molecules, nuclei, and particles[J]. Reviews of Modern Physics, 2019, 91(1): 015001.

[8] Klitzing K V, Dorda G, Pepper M. New method for high-accuracy determination of the fine-structure constant based on quantized Hall resistance[J]. Phys. Rev. Lett., 1980, 45: 494.

[9] Tsui D C, Stormer H L, Gossard A C. Two-dimensional magnetotransport in the extreme quantum limit[J]. Phys. Rev. Lett., 1982, 48: 1559.

[10] Novoselov K S, et al. Electric field effect in atomically thin carbon films[J]. Science, 2004, 306: 666.

[11] Novoselov K S, et al. Two-dimensional gas of massless Dirac fermions in Graphene[J]. Nature, 2005, 438: 197.

[12] Thouless D J, Kohmoto M, Nightingale M P, et al. Quantized Hall conductance in a two-dimensional periodic potential[J]. Phys. Rev. Lett., 1982, 49: 405.

[13] Li G, et al. Observation of van Hove singularities in twisted graphene layers[J]. Nat. Phys., 2010, 6: 109.

[14] Bistritzer R, MacDonald A H. Moiré bands in twisted double-layer graphene[J]. Proc. Natl. Acad. Sci. U.S.A., 2011, 108: 12233.

[15] Cao Y, et al. Unconventional superconductivity in magic-angle graphene superlattices[J]. Nature, 2018, 556: 43.

[16] Serlin M, et al. Intrinsic quantized anomalous Hall effect in a moiré heterostructure[J]. Science, 2020, 367: 900.

[17] Anderson M H, et al. Observation of Bose-Einstein condensation in a dilute atomic vapor[J]. Science, 1995, 269: 198.

[18] Wang Z, et al. Evidence of high-temperature exciton condensation in two-dimensional atomic double layers[J]. Nature, 2019, 574: 76.

[19] Kavokin A, Lagoudakis P. Exciton-mediated superconductivity[J]. Nat. Mater., 2016, 15: 599.

[20] 单鹏飞, 王宁宁, 孙建平, 等. 富氢高温超导材料[J]. 物理, 2021, 50(4): 217-227.

[21] Yao C, Ma Y. Superconducting materials: Challenges and opportunities for large-scale applications[J]. iScience, 2021, 24(6): 102541-102541.

第3章 化　　学

3.1　化学位于自然科学的中心

在漫长的人类文明发展历史中,科学技术的发展极大地改变了人类的生活方式,延长了人类寿命,提高了生活质量。现在,我们已经习惯了现代技术提供的舒适生活,对各种新鲜的技术名词耳熟能详,然而却往往忽略了这些技术背后的科学。正是因为人们对于科学知识的探索和积累,自然科学在近现代得到了跨越式的发展,才奠定了现代技术的基础。

1985年皮门特尔(Pimentel)首次提出化学是一门中心学科,处于自然科学的中心位置,经历了几千年的发展,是人类持续认识自然、改造自然、提高生活的重要武器。

人类社会发展从化学成果中的受益大到难以估量,人们的衣、食、住、行、健康处离不开化学。在许多媒体报道中,往往将现代生活的舒适性与便利性归结为20世纪的六大技术发明——信息技术、生物技术、核技术、航天技术、激光技术、纳米技术,却很少提及同时期的合成氨、合成尿素、合成抗生素、新药物、新材料与高分子的化学合成技术。实际上,没有这些化学合成技术的发展,上面提到的现代六大技术发明根本无法实现。例如,作为信息技术核心的集成电路芯片是采用化学方法制备的硅单晶片经过光刻生产的,新的半导体电子器件材料是未来信息技术发展的基石。核能源利用中的核心部分,即核材料的生产和后处理,以及使用过程中的保护材料、废水处理,都是化学技术与工业的运用。甚至,如果没有1909年哈伯发明的锇催化高压合成氨技术,从而有效利用空气中的氮,世界粮食产量将无法维持60亿人口的生存;如果没有合成各种抗生素和大量的新药物,人类就没有办法控制疾病,提高寿命。而后面两者极大地影响了人类的基本生存。

然而,什么是化学?

回答这个问题并不是一件简单的事情。中国国家自然科学基金委员会化学科学部的网站上是这样写的:"化学是研究物质的组成、结构、性质和反应及物质转化的一门科学;是创造新分子和构建新物质的根本途径;是与其他学科密切交叉和相互渗透的中心科学……"

化学介于物理学与生物学之间,与这两个学科有着交叉重合的部分,这包括化学与物理学之间的交叉领域物理化学、化学物理学,化学与生物学之间的交叉领域生物化学、分子生物学等。同时,化学是以化学反应为中心,研究物质结构和性质的学问。从研究物质性质的角度来说,与化学直接交叉重合的物理学和生物学都有明确的定义。例如,在物理学中处理与力、电、磁、光、热相关的物理性质,而与生物、生命特征相关联的分子生物学则可以看作生物学的一个领域。自然界本身并无界限,只是在学术发展过程中,产生了知识领域的分化。虽然严格地定义自然科学的领域并不是本源问题,但是与物理学、生物学相比,化学的领域还是比较模糊的,什么是化学的问题还是难以回答。

这种模糊的感觉在很多方面都有体现。例如,在试管中复制古老DNA的聚合酶链式反应(PCR)技术是考古学和刑事侦查学中的一个重要技术,人们常常认为这是一项生物技术,实际上却是获得1993年诺贝尔化学奖的化学技术。回顾1960年以后的诺贝尔化学奖,许多获奖对象的学术成果往往可以看成属于分子生物学领域。近十多年来获得诺贝尔化学奖的人中,一些人坦诚地认为自己并不是化学家,这也从另一方面说明即便是获得诺贝尔化学奖的科学家对何为化学也没有一个明确的共识。

从现代自然科学发展历史来看,20世纪前半世纪是以量子力学为代表的物理学革命,后半世纪则是始于DNA结构解析的分子生物学兴起和生命科学发展带来的生物学革命。与此同时,化学在20世纪吸收了物理学发展的成果,可以在原子、分子水平上理解物质结构和化学反应的本质,认识化学键的本质,同时为理解生命现象打下了基础,促进了分子生物学的发展。但这也给化学在自然科学中的地位、化学的独立性带来一些疑问,有些观点认为化学成了服务其他领域的学问,它在自然科学领域的重要性被弱化了。所以,也就不难理解为什么现在的中学生及其家长们对化学缺乏了解,常常认为化学是一门古老的学科,甚至是造成环境污染的"祸首"。普通大众对化学科学知识的极度缺乏甚至导致在广告媒体中出现"我们恨化学!"的呼喊。

化学作为研究物质的结构、性质和反应的学问,代表了人类了解所生存的世界中物质的构成和变化的愿望,其研究对象非常广泛,从宇宙空间存在的物质直到生命。同时,化学能够创造新物质,这是其他自然科学领域所不具备的特点。也许我们可以从化学发展的历史来感悟一下化学是什么。

3.2 化学从何而来:近代化学之路,原子与分子概念的确立

1. 古代化学技术与物质观

人类对火的使用是人类科技发展和文化演化的转折点。早在150万年前,人类就开始使用自然火,目前考古人员发现南非的斯瓦特克朗(Swartkrans)山洞中存在烧焦的羚羊、野猪、斑马和狒狒的骨化石。在北京周口店发现距今约50万年的山顶洞人遗址存在成堆的灰烬,也表明人类具备了保存火种和使用火的能力。

人类在会用火来取暖、烧煮食物时,就已经开始注意到自然界中物质的化学变化:点燃柴草,形成熊熊大火和烟雾,产生热量,柴草变成灰烬。在这种认识的基础上,逐渐发展了以制陶、冶金、炼丹、火药等为代表的古代化学技术,获得了与原材料性质不同的新物质,这是人类尝试利用物质变化规律进行化学活动的开始。中国国家博物馆收藏的6000年前新石器时代的文物陶鹰鼎,就表明当时的人类已经掌握了用火烧制陶器的技术。在公元前3000

多年,世界上各个民族就已经开始根据本地区的环境和条件,利用不同的原料和方法,独立发明了酿酒技术。火制陶器技术的发展,进一步引起了高温金属冶炼的化学活动,这其中具有代表性的是中国殷商和西周时期的青铜铸造技术与春秋战国时期的冶铁术。1939年在河南安阳出土的殷商时期的司母戊鼎是世界上最大的青铜器出土文物。从公元前4世纪到公元17世纪的两千年间,人类对于长寿的追求、医药的探索、武器的需求等,进一步促进炼金术与炼丹术等化学活动开展,带来了古代医学与黑火药的发展。

从知道自然界中存在物质变化到利用这种物质变化,人类自然而然就会对物质的构成、物质的本质产生好奇与疑问,从而在不同的古代文明中都形成了某种物质观,去理解自然(图3.1)。可以说,化学就是产生于人们对物质本质的好奇心,通过古代实用化学技术的哲学化形成的一套自然科学哲学体系。早在公元前12世纪,商朝就出现了"阴阳说":天为阳,地为阴,天地交感产生了雷、火、风、泽、水、山,这8种事物是自然界总的根源,它们相互交感产生其他事物。到了周朝,出现了"金、木、水、火、土"五行说,五行相克相生、相互结合起来而形成万物,这是化学变化的一种朴素观点。而对后世化学的发展影响重大的则主要是古希腊哲学家的物质观。其中,占统治地位的物质观是亚里士多德(前384—前322)的四元素说:一切物质都由火、空气、水和土四种元素组成,与热、冷、湿和干四种性质相关联,每个元素有两种性质。这四种元素按照各种比例混合就可以得到我们周围的物质。同时,这些元素不是一成不变的,如果获得某种性质或者失去某种性质就能变成其他元素。这些物质观在现代看起来似乎有些荒唐,但是当时人们基于这些物质观去理解燃烧等物质变化就相对自然了。

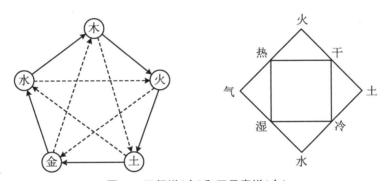

图3.1 五行说(左)和四元素说(右)

2. 技术的遗产

古代化学技术的发展不仅促进了朴素物质观的形成,其技术遗产对于化学的发展至关重要,其中特别重要的是炼丹术与炼金术。在东方,炼丹术所用的实验器具和药物成为化学发展初期所需要的物质准备。经过几百年的摸索和实践,炼丹家们掌握了一批药物的产地、形状、性质,制造出的药物包括升汞($HgCl_2$)、甘汞(Hg_2Cl_2)、氧化汞、硫化汞、氧化铅、四氧化三铅、三氧化二砷、硫化锡等;创造出许多实验方法和设备,包括研磨、混合、焙烧、升华、溶解、结晶、提纯与精炼等方法,以及研磨器、蒸馏器、坩埚等设备。

在西方,化学则被认为发源于炼金术。炼金术的目标是将贱金属变成贵金属,最早起源于古埃及,后经古希腊哲学化,并传到阿拉伯形成阿拉伯炼金术,最终盛行于16世纪的欧洲。化学的英文单词chemistry据说源于埃及语"黑土"。通过炼金术的发展,推动了采矿、精炼、冶金和分析技术的发展。炼金术师们发明了蒸馏器、熔炉、加热锅、烧杯、过滤器、天平等化学器具,已经可以用天平进行定量分析,称量从矿石中提取出来的金属的量。据说当时最精良的天平可以称到0.1 mg。出现了一大批炼金术著作,包括阿拉伯炼金术师贾比尔的《化学之书》、阿尔·拉齐的《秘密中的秘密》、欧洲炼金术师阿尔伯特·马格努斯的《论炼金术》、阿格里斯拉的《论金属》等,细致记录了包括硝酸、王水、硝酸银、氯化铵等多种化学物质的制法。在炼金术的发展过程中逐渐出现了化学实验室的概念和雏形。利巴维乌斯(Libarvius,1540—1616)在《炼金术》一书中画出了理想中的"化学大楼"的正视图和底层平面图,炼金术实验室的结构向合理化迈进,这也是炼金术实验室开始向化学实验室逐步转变的过程。相对于东方的炼丹术,炼金术在西方逐渐从一门"技术"变为一门"学问"。值得一提的是,艾萨克·牛顿(1643—1727)除了发明微积分、建立经典力学体系、提出光的粒子说和色散理论,一生大部分时间都在从事炼金活动,誊写和翻译了许多炼金术专著,进行过大量的炼金术实验。虽然在牛顿之后炼金术依然存在,但是牛顿被称为"最后一位贤者",被认为是最后一位炼金家。

3. 化学的破茧成蝶

从中世纪到16世纪,亚里士多德的自然学一直占据主宰地位,主要通过逻辑推理和思辨进行猜测。但是在进入17世纪后,观察世界的方法发生了改变,自然科学逐步从哲学中分化出来,形成了分别研究某一类自然现象和运动形式的分支学科,强调理论与实践的统一,对种种见解、学说以及理论,要求通过实验加以检验。弗兰西斯·培根(1561—1626)在《新工具论》中主张基于事实的归纳法,走出仅仅依赖于理论讨论的空洞做法。另一方面,勒内·笛卡儿站在怀疑一切的立场上,在他的著作《方法序论》中提倡将复杂的问题尽可能分割成简单的部分,演绎式地获得结果的方法,当根据同样的原则推导出不同结果的时候,必须通过做实验来获得正确的结果。与自然哲学体系不同,近代自然科学把自然界划分为不同的领域,如动物界、植物界、矿物界,或划分为机械运动、物理运动、化学运动、生命运动等,把实验和归纳看成相互辅助的科学发现工具。

随着文艺复兴运动的进行,机械论哲学观点逐渐兴起,开始显著影响近代科学的发展。机械论的自然观影响着人们对世界的看法,排除了神秘主义,认为自然是一台机器,是一个运动中的完全受制于物理学和化学规律的客观存在的体系。17世纪开普勒、伽利略、牛顿、哈维(1578—1657)等在天文学、物理学、生物学领域掀起了科学革命,但化学领域还没有兴起革命,其中的主要原因是不能鉴定物质。化学研究突破所不可或缺的就是鉴定和定量处理纯物质。尽管如此,机械论的自然观和实验哲学已经在促进化学发生变化。

从17世纪到19世纪是近代化学发展的时期。对17世纪化学进步贡献最大的人是罗伯特·玻意耳(1627—1691),他被认为是第一位现代化学家,现代化学的奠基人之一,"近代化学之父"。此外,以冯·格里克(1602—1686)发明真空泵为契机,气体化学蓬勃兴起。

1661年玻意耳匿名出版了最有名的著作《怀疑的化学家》,宣告了化学学科的诞生。在书中,他批判了亚里士多德的四元素说和帕拉塞尔苏斯的三原质论,为元素下了全新的定义——只有那些不能用化学方法再分解的简单物质才是元素:"我认为元素是某种起始的、单一的物体,即完全没有混合的物体。它不是从什么其他物体制得的,而是直接制造称作完全混合物的所有物体的成分,是混合物最终分解所要变成的成分。"他同时认为化学应该是一门独立的学科:"化学到目前为止,还是被认为只在制造医药和工业品方面具有价值。但是我们所学的化学,绝不是医学或药学的婢女,也不应甘当工艺和冶金的奴仆,化学本身作为自然科学中的一个独立部分,是探索宇宙奥秘的一个方面。化学,必须是为真理而追求真理的化学。"他强调:"化学,为了完成其光荣而又庄严的使命,必须抛弃古代传统的思辨方法,而像物理学那样,立足于严密的实验基础之上。"

当然,玻意耳所提出的元素的定义并不是现代化学中所说的元素的含义。作为一名粒子论者,他将机械论哲学应用到化学,尝试根据起始粒子的集合状态的差异说明物质的性质,创建了机械论化学,把化学带到了自然哲学的领域,而化学随着自然哲学向自然科学的转型而成为科学。此外,玻意耳对化学的另外一个重要贡献是用真空泵进行的燃烧和呼吸的研究。他在胡克(1635—1703)的帮助下制成了真空泵,作了有关空气压力和真空的研究,确认了空气参与了很多物质的燃烧,发现了气体体积与压力的关系,并在1662年的著作《关于空气弹性及其物理力学的新实验》中提出了著名的"玻意耳定律"——"恒温下,在密闭容器中的定量气体的压强和体积成反比关系"。在此后的15年,法国物理学家马里奥特(1602—1684)也根据实验独立提出了这一发现,这一规律也被称为"玻意耳-马里奥特定律"。

在近代自然科学革命中,燃烧现象是17世纪到18世纪化学的一个中心课题,带来了近代化学的大发展。17世纪后半叶德国兴起了燃素说,燃素说成了解释燃烧机理的主流方法。德国钦姆·贝歇尔(1635—1682)在1667年所著的《土质物理学》中提出了所有物质都由3种"土"构成:液体土、油性土和石性土。他的学生斯特尔(1659—1734)在此基础上提出了燃素说,把油性土改称为燃素,认为可燃的要素是一种气态的物质,存在于一切可燃物中。根据这一观点,燃素存在于可燃物中,燃素在燃烧过程中释放到大气中而失去。燃素说很好地解释了当时有关燃烧的大多事实。对于金属燃烧后质量增加现象,则引入一个牵强的解释:燃素具有负的或约与重量相反的质量。

燃烧过程中可燃物的重量变化是一个深刻的问题,在燃素说中往往被轻描淡写,因此在化学研究中必须确立定量的研究方法。17世纪后半叶开始的气体化学的定量研究挑战了燃素说,推动了化学的新革命,建立了燃烧的新理论。

关于燃烧的一个主要问题是:空气的成分是什么?对于这一研究做出重大贡献的实验技术是英国植物学家黑尔斯(1677—1761)在1724年发明的排水集气法。实验装置的发展对于化学家研究气体大有帮助,随后英国人约瑟夫·布莱克(1728—1799)在1755年发现了碳酸气(二氧化碳);同年,布莱克的学生丹尼尔·卢瑟福(1749—1819)发现了浊气(氮气);1766年,英国人亨利·卡文迪什(1731—1810)发现了易燃空气(氢气);1772年瑞典人卡尔·舍勒(1742—1786)发现了火空气(氧气);1744年约瑟夫·普利斯特利(1733—1804)发现了脱燃素气体(氧气),同年法国人拉瓦锡(1743—1794)也制得氧气,并于1777年将其正式命名为氧气。

这些重要气体的发现以及化学实验技术的进步否定了燃素说,建立了新的化学理论:氧化论。1777年,拉瓦锡向巴黎科学院提交了一篇报告《燃烧概论》,阐明了燃烧作用的氧化学说。他通过精确的定量实验证明,虽然物质在一系列化学反应中改变了状态,但参与反应的物质的总量在反应前后都是相同的。他用实验证明了1756年俄国米哈伊尔·瓦西里耶维奇·罗蒙诺索夫(1711—1756)所发现的化学反应中的质量守恒定律。他与克劳德·贝托雷(1748—1822)合作,设计了一套简洁的化学命名法,并在1787年出版了《化学命名法》。

1789年,基于氧化论与质量守恒定律,拉瓦锡出版了化学教科书《化学基础论》,成为此后数十年化学教育的标准教科书。在这本书中,他将用化学方法不能分解的物质定义为化学元素。这本书也与玻意耳的《怀疑的化学家》一样,成为化学史上划时代的作品。

18世纪的化学史起到了承前启后的作用,《化学基础论》推翻了"燃素说"这一理念,初步建立的定量化学和物质守恒定律为后来的化学发展奠定了坚实的理论基础,推动了化学产业的发展,主要产业是硫酸和碱的大规模、低成本制造,从而带来了玻璃、肥皂、染料,以至于棉织物等的普及,促进了近代欧洲的工业革命。

4. 原子和分子概念的确立与化学的专业分化

拉瓦锡的化学革命把化学从定性的科学变成了定量研究的科学,化学进入定量化学(近代化学)时期。但是对于元素还只是在实践性意义上给了一个定义,关于元素的数目和本性的理论是空洞的。受粒子论哲学影响,17世纪的化学家相信存在构成物质的终极粒子,但是在拉瓦锡的化学中还不能定量预测某个反应的结果。其中一个化学问题是:酸碱中和反应是否存在某些规律或定量关系?

自拉瓦锡后,定量分析成为19世纪化学研究的基本手段。质量守恒定律是化学的基本定律之一。1766年,卡文迪什引入"当量"的概念,即中和同一质量的某种酸所需要的各种碱的质量。在这个基础上,1792年,德国数学家、化学家耶雷米亚斯·本杰明·里希特(1762—1807)出版了《化学计量法纲要》,指出:化合物有确定的组成,化学反应中,反应物之间存在定量关系,两种物质发生化学反应,一定量的一种物质总是需要定量的另一种物质。

更进一步,随着分析对象的不断扩大,引出了一个重要的问题:化合物是否具有确定的组成,即组成化合物的各种元素的比例是否确定不变? 这个问题是深刻的。法国药剂师约瑟夫·普鲁斯特(1754—1826)主张"定比定律"(1794),两种或两种以上元素化合成某一化合物,其质量的比例是一定的,不能增或者减。这一结论立刻遭到法国化学家克劳德·贝托雷(1748—1822)的反对,争论持续8年之久。19世纪初期,所有化学家几乎都承认了定比定律,但是实验测量精度一直存在一些偏差,误差为1‰~20‰,直到比利时分析化学家斯达(1813—1891)在1860年用不同方法制备金属银,又用多种不同方法制取氯化银,所得实验误差在3‰左右,争论才尘埃落定。

定比定律以重量分析为基础,其意义是重大的,促进了原子论的创立。18世纪末就有化学家用粒子说来说明化学现象,但未考虑到对应各个元素的不同质量的粒子。约翰·道尔顿(1766—1844)根据前人的讨论和化学事实提出原子论,提出拉瓦锡的不能分解的元素是由同质原子构成的,原子因元素不同而具有不同质量和大小。"物质是由具有一定质量的原子构成的;元素是由同一种类的原子构成的;化合物是由构成该化合物成分的元素的原子结合而成的'复杂原子'构成的;原子是化学作用的最小单位,它在化学变化中不会改变。既然不同元素的原子以简单的整数比化合,而同种元素的原子质量必然相同,那么由两种不同元素组成的不同化合物中,原子数目发生了变化的元素之间的质量比一定是简单的整数比,实际上就是化合物中的原子个数比。"据此,就可以给化学家之前假设的概念一个清晰的模型,即一定量的成分相结合形成化合物,这为定量处理化学反应和化学键铺平了道路。

1808年,道尔顿出版了著名的《化学哲学新体系》,这是继拉瓦锡的《化学基础论》之后又一本化学史上里程碑式的著作。在书中,他概括了科学原子论的四个要点:所有物质都是由牢不可破的原子构成的;原子无论发生怎样的化学反应都不被破坏而维持原样;原子的种类只有元素的数目那么多;赋予原子相对原子量这一可以由实验确定的量。不同元素的原子以简单整数比相结合,形成化学中的化合现象,化合物(复杂原子)的质量为所含各种元素原子质量的总和。

道尔顿的化学原子论的建立为普鲁斯特的定比定律赋予了理论依据,是继拉瓦锡创立的燃烧的氧化理论之后,在理论化学领域取得的最重要的进步,把模糊的猜测变成明确的、经得起实验检验的科学理论,圆满解释了各种化学实验事实,揭示了质量守恒定律、定比定律的本质和内在联系,有着广泛的实验基础。原子量作为区别原子种类的基本标志,使化学研究走向精确化、定量化和系统化。原子论是化学的基础,揭示了一切化学现象的本质都是原子运动,明确了化学的研究对象,对化学真正成为一门学科具有重要的意义。当然,我们需要认识到,这一理论并不是完美无瑕的。首先,原子不可分的观点在化学中是成立的,但是在物理上是不成立的。19世纪末电子的发现证明了原子是可分的。其次,当时没有分子的概念,道尔顿将化合物分子当作复杂原子。对原子论缺陷的进一步解决是化学理论发展的一条主线。

复杂原子的问题在意大利化学家阿伏伽德罗(1776—1856)提出分子假说后得到纠正。1808年,法国科学家约瑟夫·盖·吕萨克(1778—1850)发现,在气体的化学反应中,同温同压下参与反应的气体的体积成简单的整数比,即结合体积比定律或气体化合体积定律。如2体积氢气与1体积氧气反应生成水;2体积一氧化碳和1体积氧气反应生成二氧化碳;1体积氨气和1体积氯化氢反应生成盐等。这一法则暗含的意思是在等温等压条件下相同体积的不同气体具有相同数目的反应分子。但这一结论被道尔顿反对,他认为不同原子具有不同的质量和大小,因此相同体积的不同气体不可能含有相同数目的原子。按照气体化合体积定律,一个氧化氮的复合原子由半个氧原子和半个氮原子组成,半个原子的存在与道尔顿的原子不可分的基本观点相矛盾。

1811年,阿伏伽德罗基于气体化合体积定律和道尔顿的原子论,发表论文提出了分子假说,从而解决了这个问题。阿伏拉德罗假设单质气体分子由两个原子组成,用molecule integrante(分子整合物)表示分子,用molecule elementaire(分子元素)表示原子,一切都可以很好地解释。他修正了气体化合体积定律,提出:"在同温同压下,相同体积的不同气体具有相同数目的分子"。之所以引入分子的概念,是因为道尔顿的原子概念与实验事实发生了矛盾,必须用新的假说来解决这一矛盾。

分子论与原子论是一个有机联系的整体,它们都是关于物质结构理论的基本内容。然而这一概念在随后的50年里并没有被多数化学家接受。1814年和1821年,阿伏伽德罗又连续发表了两篇阐述分子假说的论文。同样地,法国物理学家安培(1775—1836)也独立提出了类似的分子假说。直到1856年,阿伏伽德罗逝世,分子假说仍然没有被大多数化学家承认。据考证,中文"化学"一词出现于同一年(1856年,清朝咸丰六年)的书刊中。英国人韦廉臣(A. Williamson,1829—1890)在编写的《格物探原》中使用了"化学"一词,介绍了西方近代科学中的一些化学知识。

在分子假说被接受前的50年里,化学的发展遇到的主要障碍是原子量测定方面的混乱。这一过程中,对原子量测量贡献较大的是瑞典化学家贝采利乌斯(1779—1848)。原子量确定中的一个问题是标准元素的选择。道尔顿选择氢的原子量为1来确定其他原子的原子量,但很多元素不与氢形成化合物。贝采利乌斯采用以氧的原子量为100(后来调整为16)的标准确定了很多元素的原子量,在1814年发表了最早的原子量表,1818年发表了修订版,报告了47个元素的原子量。其确定的原子量在化学式正确的情况下,与现在的原子量相比大多数是正确的,但是金属原子量由于使用了错误的化学式,多为正确值的2~4倍。在1826年修正了部分金属原子量,但碱金属等的原子量还是错误的。

围绕原子量的混乱,这一时期化学家在原子量、分子量、化学式、分子式、当量等方面存在很多分歧。1860年9月3—5日在德国的卡尔斯鲁厄举行了第一次国际化学会议,主要来自欧洲各国的140名化学家出席了会议,商讨了在分子、原子、当量以及化学符号等基本问题上的统一原则。在会议上坎尼扎罗(1826—1910)所写的《化学哲学教程概要》为会议最后达成一致性认识起到了重要的作用。坎尼扎罗通过研究化学史论证了原子-分子论,沿着历史的线索对化学理论和一些测定方法进行分析和总结,解决了大家所关心的问题,澄清了许多模糊乃至错误的认识。坎尼扎罗的阐述把原子论和分子论假说整理成一个协调的系统,原子-分子论因此被广大化学家接受。虽然坎尼扎罗一生并没有在发现化学新物质上有什么贡献,也没有提出新学说,但是他结束了当时化学界混乱的局面,使近代化学的发展走上了正确的道路。

卡尔斯鲁厄会议(Karlsruhe Congress)是历史上第一次国际化学会议,也是世界上第一次国际科学会议,在化学史上有着重要的地位。现在使用的很多化学共识就是在当时形成的。**原子-分子论的确定直接导致化学元素周期律的发现和化学专业分化。**

19世纪初科学界的大事件是意大利物理学家亚历山德罗·伏特(1745—1827)发明了电池。和空气泵(真空泵)的发明促进了气体化学的兴盛一样,电池的发明促进了电化学这一新的领域出现,对化学的发展做出了巨大贡献。1780年,伽伐尼(1737—1798)将两种不同的金属与青蛙腿的肌肉接触产生了电流,发现了"动物电"。伏特受此启发,在1800年报道了用锌和银两种金属片夹住浸了盐水的纸和毛毡,叠放成电堆,获得具有稳定电流的电池。随后贝采利乌斯和英国化学家汉佛莱·戴维(1778—1829)立即将它用于化学研究。贝采利乌斯在1802年发现电流分解盐类,发现酸在阳极附近生成、碱在阴极附近生成,发展了总括性说明化学键的电化学二元论,认为化合物中的原子靠电性力结合,这种结合可以通过电流分解。这种二元论很好地说明了无机化合物,一时成为化学键的主流观点,但对于19世纪30年代以后发展的有机化学中的化学键则不符合,成为了一种阻碍。拉脱维亚化学家特奥多尔·格罗特斯(1785—1822)在1806年提出电解中分子交替重复水解和再结合过程的学说,提出电解水时负极从水分子夺走氢,夺走氢后留下的氧接着从邻近的水分子夺氢,这个过程不断持续。这一观点作为水中质子迁移的格罗特斯机理一直沿用到今天。在电化学领域中另一个代表性人物是英国化学家迈克尔·法拉第(1791—1867),大家所熟知的是他在电磁感应等领域中的工作,他对化学的最大贡献是电分解定律的发现。法拉第设计了库仑表,准确地测定电量,通过测定水电解所产生的氢的量,即流过的电量,确定了电解时流过的电流量和所分解的物质的量之间的定量关系,发现分解量与流过的电量成严格的正比关系,产生1g氢的电量可以分解质量等于化学当量的物质,说明电化学当量与化学当量一致,因此提出氢、氧、氯、碘、铅、锡的电化学当量是1,8,36,125,58。这个结果实际上与原子量的问题密切相关,但很遗憾,由于法拉第不相信原子的存在,并未与原子量的测定相关联。电化学的研究马上在实用方面产生重要结果,19世纪30年代后半段电镀技术和工业化获得了发展。

由于采矿、冶金事业的需要,到19世纪初,无机化合物成了定量研究的主要对象,但与之对比的是有机化合物的研究进展较小。人们很早就知道乙醇、乙醚、乙酸、甲酸等几个有机化合物,但仅停留在定性研究上。1780年前后,舍勒利用安息香酸在水中的溶解度比它的钙盐低的原理得到了安息香酸。同一时期法国的罗埃尔(1718—1779)从人尿中分离出尿素。虽然拉瓦锡把有机化学当作化学的一部分,但早期人们还是认为有机物是在动物和植物中通过"生命力"这种特别的力合成的。1824年德国化学家弗里德里希·维勒(1800—1882)由银的氰酸盐和氯化铵溶液得到了白色晶体,但不是预想中的氰酸铵,而与从尿中得到的纯尿素[$(NH_2)_2CO$]相同,颠覆了当时"生机论"中不能从无机物制备有机物的观点。进入19世纪,化学家们就陆续从动植物中分离出新的有机化合物,为有机化学发展开辟了道路。19世纪初普鲁斯特从植物的甜汁中同时确定了葡萄糖、果糖、蔗糖,从奶酪中分离出氨基酸中的亮氨酸。1805年塞特纳(1783—1841)从罂粟中分离出吗啡,到1835年前后分离出35种生物碱。1825年米歇尔·欧仁·谢弗勒尔将脂肪加水分解,获得了甘油和脂肪酸。利用从植物和动物中分离出的脂肪酸,发明了用硬脂肪酸制蜡烛的方法,并获得专利。戴维和尤斯图斯·冯·李比希(1803—1873)发现氰酸(HOCN)和雷酸(HONC)组成相同,而性质不同。像这样的实例随后发现很多,包括无机物。1830年贝采利乌斯提出异构概念说明了这样的实例。这一时期,有机化合物的分析也逐渐成熟。有机物分析的准确性取决于如何准确地测定有机物所含的碳、氢被氧化后生成的二氧化碳和水的量。早期,拉瓦锡用氧化汞等氧化剂来分析难燃烧的砂糖和树脂等,但数据不准确。1811年盖·吕萨克和泰纳(1777—1857)引入用氯酸钾作氧化剂的方法,给有机分析带来了革新,后来进一步改为氧化铜,使分析更安全和更容易。其中比较重要的分析技术是李比希改良的捕获球装置。随着有机化合物分析技术的进步,人们了解了有机化合物的组成,开始尝试按化学标准对有机化合物分类,最初的尝试就是用基团(radical,又称根、基),这个词语从拉瓦锡时代就被用来表示一系列反应中仍保持其统一性的物质的稳定不变的部分。1828年安德烈·杜马(1800—1884)和布莱(1777—1858)将各种脂都视为油气和酸的加成物,并将乙烯视为与氨相似的碱性物。基团论在当时归纳了一些有机化学的事实,解释了一些有机反应,但并没有揭示有机化合物的本质。后来发现,在一些取代反应中,有些基团中的原子可以被其他原子取代,这是基团论解释不了的。随后出现了取代论,其核心观点是含氢的有机化合物受卤素或氧作用后,每失去一个氢原子,必得到一原子的卤素或氧。杜马在提出取代论的同时又提出了类型学说,指出在有机化学中存在一定的类型,有机化合物中的氢被等当量的氯、溴等元素取代后,类型保持不变,存在化学类型和机械类型两类。

19世纪中期围绕原子、分子的混乱得到解决,同时关于有机化合物的知识增加,有机化学得到了快速发展。19世纪后半叶,专门研究有机化学物质的化学家层出不穷,有机化学作为独立的专业领域得到确立。在这一过程中,有机化学首先解决的问题是化学结构,为此确立了原子价的概念。19世纪40年代到50年代,德国化学家赫尔曼·科尔贝(1818—1884)与英国化学家爱德华·弗兰克兰(1825—1899)为原子价概念的建立做出了贡献,认为金属有机化合物是无机化合物的氧和其他元素被碳氢基置换后的产物。1858年德国有机化学家弗里德里希·奥古斯特·凯库勒(1829—1896)和阿奇博尔顿·库珀(1831—1892)各自独立提出碳是4价,碳原子相互结合形成碳链。碳四价学说对有机结构理论的形成起了重要作用。洛施密特(1821—1895)等人发展了不饱和的概念,凯库勒通过双键和单键交替结合解决了苯的碳原子是4价的问题。法国物理学家毕奥(1774—1862)在1815年发现有机物的液体可以使光的偏振面发生旋转,从而带来有机立体化学的发展。1848年,法国化学家巴斯德(1822—1895)在研究酒石酸盐旋光性的过程中提出,它的半面晶态与旋光性存在一定的关系。到了1874年,雅克比·亨利克·范托霍夫(1852—1911)和勒贝尔(1847—1930)独立地阐明了光学活性与结构之间的关系,奠定了立体化学的基础。有机化学的另外一个问题就是合成方法,有机化合物的合成在19世纪后半叶成了化学中重要的领域。19世纪中期和后半叶发现了很多至今仍在广泛使用的合成反应,多数用发现者命名,如伍尔兹(Wurtz)反应(1855)、坎尼扎罗(Cannizzaro)反应(1859)等。

采用阿伏伽德罗分子假说后,原子量的混乱消除了,原子价概念的导入也夯实了化学的基础。随着化学分析手段提高,分析化学不断进步,也促进了新元素的发现,无机化学同时进入系统化过程。

从1790年到1859年,人类共发现了31种新元素,总共已知道60种以上的元素了。但1830年以后发现的新元素只有5个。以往的化学分析方法,如定性、定量和容量分析,已经达到了发现新元素的极限。在19世纪后半叶,仪器分析被引入分析化学,取得了显著成果。德国化学家罗伯特·本生(1811—1899)和德国物理学家古斯塔夫·基尔霍夫(1824—1887)引入了分光法,带来了大量新元素的发现。本生发明了本生灯,将火焰颜色用于硬水中盐的分析,与基尔霍夫一起通过棱镜分光,在1860年发现了铯,次年发现了铷。随后1861年克鲁克斯(1832—1919)发现了铊,赖希(1799—1882)和里希特(1824—1898)发现了铟。此外,还出现了利用物质特有光学性质分析的折射仪和旋光仪,以及19世纪后半叶基于电解的分析方法。在19世纪后半叶,这些方法促进了卤素、稀土元素以及稀有气体的发现与研究。

基于新元素的发现和物质性质的分析,人们尝试对元素进行分类,这一尝试最早开始于19世纪前半叶。众多科学家参与其中,包括拉瓦锡的《化学概要》、德国化学家德贝莱纳(1780—1849)的三元素组、法国化学家尚古多(1820—1986)的螺旋图以及英国化学家纽兰兹(1837—1898)的八音律表等,但成功独立发现元素周期律的是俄国化学家德米特里·门捷列夫(1834—1907)和德国化学家洛塔尔·迈耶尔(1830—1895),他们分别在1869年和1870年各自发表了论文。

周期律的建立,使化学研究从只限于对无数个别的零散事实作无规律的罗列中摆脱出来,它将各种元素看作是有内在联系的统一体,表明元素性质发展变化的过程是由量变到质变的过程,奠定了现代无机化学的基础。

同有机化合物的结构一样,无机化合物的立体结构也是一个核心问题。化学结构理论在有机化学领域取得了成功,但在无机化合物中遇到了困难。虽然原子价的原理可以揭示简单无机化合物的结构,但很多无机化合物的盐是复杂的,很多金属中原子价不是一定的。法国化学家阿尔弗雷德·维尔纳(1866—1919)发展了配合物结构理论,提出了主原子价和副原子价的概念,中心金属和配位分子(铵)的结合属于副原子价,称其为配位数。他的理论开拓了配位化学的新领域,他因此在1913年获得了诺贝尔化学奖。

原子量体系的确立、元素周期律的明确奠定了化学发展的基础。这一时期,物理学家对热和能量的理解被引入化学,促进了物理化学的形成与发展。

17世纪,关于热的本质有"运动说"和"物质说"两个对立的观点。在运动说中,构成物质的原子或粒子的运动就是热,牛顿的粒子论哲学是其背景;在物质说中,存在"热素"这种没有质量的物质,有关热的现象就是基于这种物质产生的。热化学是研究化学热效应的科学,它是物理化学中建立和发展较早的一部分。化学运动和热运动之间的转化是一种常见的自然现象。法国物理学家、工程师萨迪·卡诺(1796—1832)在1824年写了《关于火的动力的考察》,明确了热从高温流向低温时做功,考虑热变功的效率,但是基于气体的热素说的框架,法国物理学家伯诺瓦·克拉珀龙(1799—1864)在10年后对这一概念作了补充,进行了公式化,使其更加明确。1840年,俄国物理学家热尔曼·亨利·赫斯(1802—1850)提出赫斯定律:"在任何一个化学过程中,不论该化学过程是立刻完成或是经过几个阶段完成的,它所发生的热总量始终是相同的。"这一理论的意义在于,从化学运动和热运动关联的角度,提出了能量转化和守恒的结论。虽然很多科学家对于热和功的转变作出了不同程度的说明,但是德国的朱利叶斯·罗伯特·冯·迈尔(1814—1878)、赫尔曼·冯·亥姆霍兹(1821—1894)以及英国的詹姆斯·焦耳(1818—1889)三位科学家明确了热力学第一定律:能量守恒与转换。热力学第一定律的发现,揭示了热学、力学、电学、化学等各种运动形式之间的统一性,使物理学与化学在一定程度上结合在一起。

热力学第一定律建立后,开尔文(1824—1907)意识到卡诺工作的重要性,在1848年提出了热力学温度的概念,基于气体膨胀时对外界所做的功与温度成正比这一事实定义热力学温度,在1851年阐述了热力学第二定律:"从物体的任何部分都不可能通过将它冷却到周围物体的最冷程度以下来产生力学的效果。"这是热力学第二定律的一种表述形式。德国物理学家鲁道夫·克劳修斯(1822—1888)引入了熵的概念,表述了第二定律:"热在没有同时产生与之关联的变化的情况下,不会从低温物体向高温物体移动。"随着气体分子运动的系统研究和统计力学的发展,詹姆斯·克拉克·麦克斯韦(1831—1879)、路德维格·玻尔兹曼(1844—1906)和普朗克(1858—1947)的工作进一步揭示了热运动的本质,明确了热力学第二定律只适用于有限的宏观世界,而不适用于微观世界,它是大量分子运动的一种统计规律,并导出熵函数与概率的关系式:$S=k_B \ln W$,W是体系的"热力学概率"或"微观状态数"。

可以看出,到了19世纪中叶,对于原子和分子有关现象的本质抱有兴趣的科学家多数既是物理学家,也是化学家。道尔顿、法拉第、阿伏伽德罗等都是代表性人物。但是物理学家和化学家逐渐开始分化。热力学、统计力学的开拓者主要是物理学家,对化学并没有太大的兴趣。到了19世纪后半叶,有机化学兴盛,多数有机化学家对与他们研究的问题没有直接关系的理论问题没有显示出太大的兴趣。但是,依然存在一批科学家,对于物质的物理性质和化学性质之间的关联研究感兴趣,尤其是19世纪后半叶热力学理论的出现,物理化学作为化学的一个领域诞生并发展起来了。"物理化学"术语在18世纪中叶首先由俄国罗蒙诺索夫(1711—1765)提出。1887年,德国化学家威廉·奥斯特瓦尔德(1853—1932)与荷兰化学家范托夫(1852—1911)合办德文期刊《物理化学杂志》,刊登了几篇关于物理化学方面的研究,这一名词逐渐被采用。

热虽然是一种物理量,但化学反应中产生的热始终是化学研究感兴趣的问题。1840年赫斯提出一系列化学反应的反应热总和取决于始态和终态,与所经历的路径无关的法则。在19世纪50年代到60年代,丹麦的尤里乌斯·汤姆森(1826—1909)和法国的贝特洛(1827—1907)改良热化学测定装置和技术,如弹式量热仪,从化学反应的热效应解释化学过程的方向性,认为反应热是反应物亲和力的量度。热力学应用于解决化学问题始于19世纪60年代后期,其中作出最突出贡献的是美国耶鲁大学的数学物理教授约西亚·威拉德·吉布斯(1839—1903)。他在1873—1878年间发表了三篇论文,对经典热力学规律进行了系统总结,并引入吉布斯自由能 $G=H-TS$(H,T,S分别是体系的焓、热力学温度和熵)。这显示出化学变化的驱动力是反应物和生成物之间的自由能的差值,等压条件下自由能的差值朝减小的方向变化,在平衡状态变为0。化学平衡理论建立之后,得到了广泛的应用,有效地指导了生产。例如,加大温度、增大压力可以加快反应速率,使一些反应物的产率增大。高压合成氨的生产工艺就在这种认识的指导下产生的。在这个基础上,1906年德国能斯特(1864—1941)提出当T趋向于0时,自由能变等于焓变,同时熵变为0,即所谓的能斯特热原理,并得到了著名的能斯特公式用于计算电池的电动势。普朗克根据统计理论指出,当物质的完美晶体在绝对零度时,熵等于零,这就是热力学第三定律。这也表明绝对零度不可能达到,这样就能从热化学数据直接计算化学反应平衡常数K。

至此,化学反应理论开始发展起来,1889年瑞典化学家阿伦尼乌斯(1859—1927)发现反应速率随温度变化,提出了反应速率常数k随温度变化的阿伦尼乌斯公式:$k=A\exp(-E_a/RT)$,E_a为反应活化能。1884年范托夫应用热力学第二定律得到了溶液渗透压与浓度和热力学温度成正比的关系$\Pi=iRTc$,其中Π为渗透压,c为浓度,i是经验参数,数值为2。在范托夫工作的基础上,阿伦尼乌斯提出了电离说,说明盐在溶液中稀释而离解,很好地解释了范托夫的渗透压公式。奥斯特瓦尔德将电离说用于酸的研究,在1887年推导出著名的奥斯特瓦尔德稀释定律。据此,将α作为阿伦尼乌斯解离度,就可以得到$c\alpha^2/(1-\alpha)=K$,这里K是常数,c是酸的浓度。因此,在弱酸和弱碱的情况下用这个公式就可以计算H^+和OH^-的浓度。在这一时期,胶体和表面化学理论也得到了发展。19世纪末,哈迪(1864—1934)和弗罗因德利希(1880—1941)从胶体置于电场中会向电极移动的实验确认了胶体粒子带电荷,这一移动被称为电泳。

到了19世纪后半叶,化学已经发展起来,可以处理复杂的有机化合物,特别是染料、糖、蛋白质、卟啉、萜烯等,这些化合物不仅在实用方面具有重要的地位,很多物质在生命过程中也扮演了重要角色。天然有机化学作为有机化学的一大领域得到了确立,不仅在化学产业方面变得很重要,也为20世纪生物化学的飞跃发展做好了准备。

天然有机化学发展的先驱者是德国有机化学家埃米尔·费歇尔(1852—1919),他确定了糖的立体排布并合成了糖,确立了糖化学;确定了尿素、黄嘌呤、咖啡因等的结构,对卟啉衍生物化学进行了系统化;研究了蛋白质的分解,获得了氨基酸,了解了蛋白质的肽结构。从天然有机化学的研究开始,逐渐弄清了与生物体有关的分子的结构,奠定了生物化学的基础,到了20世纪生物化学这个学术领域就诞生了。

19世纪近代化学的发展的意义是重大的,它带来了技术的发展和化学产业的快速扩张,化学产业从19世纪初小规模的家族工业形式变化到19世纪末的巨大产业。在这一时期著名的化学产业包含制碱产业、肥料产业、煤焦油化合物和合成染料、天然染料的合成与合成化学产业、制药产业、炸药产业、金属和合金产业。其中,我国的制碱专家侯德榜(1890—1974)是中国近代化学工业的奠基人之一,是世界制碱业的权威。他在1942年研究得到了侯氏制碱法,又称联合制碱法,通过与合成氨工业联合,可同时生产纯碱和氯化铵,食盐的利用率由氨碱法的70%提高到95%。

19世纪也是化学教育兴起的年代。在进入19世纪以前,化学发展的主要力量是富有才能的业余爱好者,化学还没有作为学问在大学里教授。1784年法国在巴黎设立了理工学校,开始进行化学教育。此外,一些教授的私人实验室开始接受选拔的学生,进行化学教育。

3.3 物理学的革命:现代化学的诞生与发展

1. 物理学的三大发现与原子的结构

到19世纪后半叶,随着原子-分子论、元素周期表、有机结构与化学热力学理论的提出,通过在原子的层次上认识和研究化学,无机化学、有机化学、分析化学和物理化学组成了较为系统的化学学科。到19世纪末,出现了改变物理学和化学的三个革命性发现,这些发现直接或间接与采用真空放电管的研究相关,其背景是真空泵的技术进步。

1838年法拉第发现电流通过低压气体放电产生辉光,1857年德国的约翰·盖斯勒发明了盖斯勒管,观察到低压气体的放电现象,1870年左右英国的威廉·克鲁克斯(1832—1919)发明了克鲁克斯管,在极低真空中放电,发现阴极发射一种看不见的粒子流,德国物理学家戈登斯坦(1850—1930)将之命名为阴极射线。德国物理学家海因里希·赫兹(1857—1894)认为阴极射线是以太波,但法国物理学家让·佩兰(1870—1942)则认为阴极射线是荷电粒子。

关于阴极射线本质的争论和研究直接导致了19世纪末的物理学三大发现。首先是1895年德国的威廉·伦琴(1845—1923)在真空放电管的实验中发现了X射线,并因此发现获得了1901年第1届诺贝尔物理学奖。1896年法国的亨利·贝克勒尔(1852—1908)在研究荧光与X射线的关系时,发现了铀的放射性。在此基础上,居里夫妇(Piere Curie, 1859—1906;Marie Sklodowska Curie, 1867—1934)在1898年先后发现了钍、钋和镭的放射性。发现放射性的贝克勒尔和居里夫妇因放射性研究而获得1903年的诺贝尔物理学奖,居里夫人于1911年再度获得诺贝尔化学奖。1897年约瑟夫·约翰·汤姆孙(1856—1940)发现了电子,揭示了阴极射线的本质,并因此获得了1906年的诺贝尔物理学奖。随后电子的电荷和质量被测定,1897年英国物理学家威尔逊(1869—1959)发现用X射线照射会使空气离子化,所生成的离子成为核而形成雾,这种成雾箱后来被用于基本粒子研究,汤森德(1868—1957)测定了一个离子生成的水粒子的下降速度,用斯托克斯定律测定了电子的电荷是 $1.0×10^{-19}$ C。芝加哥大学的罗伯特·密立根(1868—1953)在1908—1917年用油滴做了同样的实验,确定电子的电荷为 $1.592×10^{-19}$ C,进一步利用这个值和质荷比($0.54×10^{-11}$ kg/C)确定了电子的质量约为 $9×10^{-31}$ kg,是氢原子质量的1/1850。

19世纪末的三大发现使物理学发生了深刻的变化:电子比最轻的氢原子质量的1/1836还要轻;电磁波除了无线电波、红外线、可见光、紫外线,还有波长更短的X射线;相比于化学反应中一个原子释放出来的能量只有几个电子伏特,天然放射性现象中一个原子放出的能量可达几百万电子伏特;化学反应不会引起原子的改变,而原子经过放射却完全改变了。这三大发现冲击着前一个时期的机械唯物论和形而上学的观点,使道尔顿的原子论中关于原子不可再分的观念瓦解了。人们开始探索原子的内部结构,并发现几乎在所有化学现象中都是电子在扮演主角。同时,化学家利用X射线衍射获得了在原子分子水平上了解分子和晶体结构的手段。

2. 新的物理理论:量子论与量子力学的诞生

1897年汤姆孙发现电子后,否定了道尔顿的原子实心球模型,并在1904年提出了原子的"枣糕模型",即原子是一个带正电荷的球,电子镶嵌在里面。1911年,汤姆孙的学生恩斯特·卢瑟福(1871—1937)通过用α粒子轰击金箔的散射实验发现了原子核,否定了"枣糕模型",提出了原子由原子核和电子组成,原子核带全部正电、有几乎全部的原子质量,带负电的电子在核外绕核高速运动的"行星模型"。行星模型成功解释了粒子散射实验结果,但是从经典理论上来看,电子绕核高速运动不符合稳定性要求。按照经典电动力学,任何带电粒子在加速运动过程中要以发射电磁波的方式放出能量,电子绕核运动的半径将逐渐减少,必然导致原子核与电子碰撞,毁灭原子。人们意识到,要理解原子和电子的行为,单靠经典力学、经典电磁学是不够的。

19世纪的经典物理学是构筑在物质和能量的连续性基础上的。虽然19世纪的化学家在一片茫然中假设存在原子、分子来推进研究,获得了巨大的成功,但是并没有人真实观察到原子,物理学家也对原子具有不同于化学家的观点,在原子论和非原子论之间存在论战。然而,1827年英国植物学家罗伯特·布朗(1773—1858)在显微镜下发现了花粉颗粒的无规则运动,即布朗运动。法国物理化学家让·佩兰(1870—1942)认为这显示分子的存在。1905年爱因斯坦(1879—1955)给出了分子热运动带动花粉布朗运动的数学模型。随后让·佩兰在1905—1912年开展了布朗运动理论的实验验证,实验结果与爱因斯坦的理论模型一致,并推导出阿伏伽德罗常数(N_A)是$(6.5～6.9)×10^{23}$,于1926年获得诺贝尔物理学奖。至此,原子论取得胜利,否定了物质的连续性。

进入20世纪,能量的连续性也受到质疑。近代原子结构理论的开端是由氢原子光谱的实验工作开始的,实验发现不同于可见光的连续光谱,氢光谱是由一条条不连续的分离谱线构成的,称为线性光谱。1900年德国的马克斯·普朗克(1858—1947)在揭示黑体辐射时,摆脱能量连续性的旧观念,考虑固体由原子排列而成,原子一直处于振动状态,假定这些振子具有的能量不是经典中认为的连续的,而是只限于$h\nu$能量的整数倍,则辐射能的放射或吸收不是连续的,其中h是具有量子论特征的常数,称为普朗克常量$h=6.63×10^{-34}$ J·s。1905年,爱因斯坦(1879—1955)在解释光电效应时,指出光所具有的能量也是不连续的,一个光

粒子的能量是 $h\nu$，被称作辐射量子，光具有波动性和粒子性。量子论的必要性逐渐明朗起来，为后来玻尔提出原子结构模型带来了很大的启发。

尼尔斯·玻尔(1885—1962)于1913年发表《论原子结构和分子构造》，提出了原子结构的玻尔理论，假定原子只存在于一系列特定能量值的稳定状态(定态)，能量最低的状态为基态，原子中的电子由一个定态跃迁到另一个定态时，只能吸收或放出两个定态能量差值的能量(辐射)，原子可能存在的各种定态是能量不连续的，克服了卢瑟福原子结构模型存在的问题，解释了氢原子光谱规律。这是一个划时代的理论，玻尔也因原子结构和原子辐射的研究而获得了1922年诺贝尔物理学奖。

玻尔的理论模型在后面得到了进一步发展，1915年，德国的索末菲(1868—1951)提出了电子运动的椭圆形轨道，引入了角量子数。1916年，根据原子光谱在磁场作用下可以分裂的事实，又提出自旋量子数的概念。到了1925年，荷兰物理学家乌伦贝克(1900—1988)和古兹米特(1902—1978)在研究碱金属光谱的精细结构时，提出电子自旋的概念，引进了自旋量子数。同年，奥地利物理学家泡利(1900—1958)提出在同一个原子中两个电子不能共处于同一个量子状态，即"泡利不相容原理"。

玻尔的理论模型虽然借助了普朗克和爱因斯坦的量子论，但依然采用经典力学理论研究电子的运动，是一种半量子化、半经典力学的旧量子论。1925年出现的量子力学则提供了圆满表述原子、分子微观世界的理论，不仅给物理学也给化学带来了很大的冲击。

1925年，沃纳·海森伯(1901—1976)提出矩阵力学，将体系的始态和终态的指标作为矩阵的行和列来表示能量和跃迁频率可观测量。他和马克斯·玻恩(1882—1970)、若尔当(1838—1922)进一步发展了计算原子性质所必需的矩阵代数，用于解决氢原子的问题，但应用于其他问题时计算复杂。

1924年，法国物理学家德布罗意(1892—1987)提出像电子这样的粒子也具有波动性的反常识的大胆观点，并把微观粒子的粒子性质(能量 E 和动量 p)与波动性质(频率 ν 和波长 λ)用德布罗意关系联系起来，即 $E=h\nu$ 和 $p=h/\lambda$。于是就提出了物质具有粒子、波动二象性，即不仅电磁波具有粒子性，像电子等粒子也具有波动性。1927年美国戴维森(1881—1958)和革末(1896—1971)发表了所发现的电子衍射照片，这是电子波存在的确凿证据，证明了德布罗意的理论。

从德布罗意提出的电子的波粒二象性得到的最重要结论之一就是海森伯在1927年提出的不确定原理，即要同时测定一个粒子的动量及其位置是不可能的。这表明，电子的运动状态无法用经典力学来描述，只能用量子力学进行描述，德布罗意的电子波是电子出现的概率波，而非经典意义的波。

奥地利物理学家埃尔温·薛定谔(1887—1961)在1925—1926年将德布罗意的观点发展成了波动方程，他将哈密顿的变分原理用于描述电子状态的德布罗意波，成功确立了具有经典美感的电子波动方程——薛定谔方程，为量子理论找到了一个基本公式。玻恩对波函数的物理意义作出统计解释，即波函数的平方数值代表粒子出现的概率。保罗·狄拉克(1902—1984)发现薛定谔的波动力学方程与海森伯、玻恩、若尔当的矩阵力学从数学上是等价的，将其统称为量子力学，但薛定谔方程的形式更容易理解，因此成为量子力学的基本方程。

薛定谔基于波动方程计算氢原子的谱线,得到了与玻尔模型和实验相符的结果。通过求解氢原子与类氢原子体系的本征波函数和本征能量,确定了能量由主量子数 n 决定,获得了氢原子轨道的可视化的图形表示(s,p,d,f轨道)。薛定谔方程对于氢原子是可以求解的,但是对于多电子体系是无法求解的。人们很快就尝试近似求解多电子体系的薛定谔方程,1927年哈特里(Hartree,1897—1958)用单电子波函数乘积表示多电子波函数,通过变分原理和自洽场方法,获得多电子波函数的近似解,但是这个函数不满足对电子交换的反对称性。1929年,约翰·斯莱特(Slater,1900—1976)用斯莱特行列式来构建多电子波函数,发展了哈特利-福克法,可以近似求解多电子体系波函数,这一方法也成为后来处理分子电子状态的重要方法。

量子力学的发展,使化学家获得了说明化学现象的新的基本原理。将量子力学应用于解释化学问题,之前一直是谜团的化学键的本质就可以理解了,从而诞生了"量子化学"这一新的领域。

量子力学开拓者之一狄拉克在1929年的论文《多电子体系的量子力学》中写道:"这一物理法则完全可以看作是物理学的大部分和整个化学的数学理论基础,唯一的困难是这一法则的严密应用过于复杂,还要推导难以求解的方程式。"

3. 20世纪前半叶化学

19世纪的近代化学是以原子概念为中心发展起来的,而在20世纪的现代化学中,电子成为很多化学现象中的主角,基于电子的行为阐释化学是20世纪现代化学的一大特征。这样,化学与物理就关联在一起,可以基于基本相同的原理理解问题,这也使得新物质的合成成为可能。这一趋势进而影响了生物学,20世纪后半叶生物学的大部分可以基于分子去理解,开辟了研究与生命现象相关的复杂化学体系的道路。20世纪的科学朝向专业化、细分化发展,化学的成果也被引入到了地球科学和空间科学。

1951年,美国化学家莱纳斯·鲍林(1901—1994)对20世纪前半叶的化学作了如下的总结:"我们刚刚度过的半个世纪,从庞大而尚未整理成形的经验知识的堆积中向有组织的科学发展。这个变革主要是原子物理学发展的结果。发现电子和原子核之后,物理学家对原子和简单分子的电子结构的详细理解取得了急速进步,量子力学的发展达到了顶点。关于电子和原子核的新的概念很快引入化学,引导出了一个能将莫大的化学事实的一大半归纳于一个统一的组织架构中的结构论的形式。同时,通过把新的物理学技术应用于化学问题,不断有效地使用化学本身的技术,使伟大的进步得以实现。"虽然化学脱胎于仅仅依赖经验的学问,但已开始朝着理论性、精确性的学问发展。

这一时期,物理化学在多个方向取得了发展,包括化学热力学与溶液化学、化学键理论与分子结构理论、化学反应理论等。其中,最突出的就是结构化学和理论化学的发展。

基于热力学理解化学的尝试在1920年前后就已经完成了,成就了化学热力学。基于亥姆霍兹和吉布斯引入的自由能的概念,通过自由能对组分的偏微分得到化学势,可以说明相平衡与化学平衡等性质,开启了用热力学数据预测化学平衡的道路。为了处理真实气体与溶液,美国物理化学家吉尔伯特·牛顿·路易斯(1875—1946)分别在1901年和1907年引入"逸度"和"活度"概念代替"压力"和"浓度",修正了实际体系与理性体系的偏差,极大地扩大了化学热力学在实际体系中的应用。1905年,瓦尔特·能斯特提出了"能斯特热定律",即"伴随着物理或化学变化的熵变随温度趋近于0 K而趋近于零"。这一定律在1910年由普朗克表述为"所有完全的晶体的熵在热力学温度为零度(0 K)时等于零"(热力学第三定律),由此可以用热力学的数据确定平衡常数。美国化学家威廉·吉奥克(1895—1982)提出了获得极低温的绝热消磁法,获得了10^{-3} K的低温,为热力学第三定律提供了大量可靠的证据。20世纪30年代,统计力学包括量子统计力学被广泛应用于解决化学问题,可以根据分子结构知识获得热力学函数的信息,通过计算化学物质的热力学函数表,进一步预测特定的化学反应在特定条件下是否可以发生。化学热力学的另一个突破是非平衡态的热力学过程,可以描述自然界中的非平衡态热力学系统或不可逆过程。

化学热力学的发展推动了溶液化学的研究。基于化学热力学可以讨论非电解质溶液的热力学性质、溶解度、相平衡等。早期阿伦尼乌斯的电离学说只适用于稀电解质溶液,认为电解质在溶解之前是分子状态。在20世纪初布拉格父子根据X射线衍射的结果确认强电解质在溶解前已经成了离子。彼得·德拜(1884—1966)和埃里希·休克尔(1896—1980)认为强电解质中离子受周围带相反电荷的离子氛吸引,减小了离子的移动度,在1923年引入统计力学方法计算离子氛的强度,定量预言了电导率与离子浓度和电荷数的关系。1926年拉尔斯·昂萨格(1903—1976)进一步考虑了布朗运动,提出了对非水溶液也适用的更一般公式。此外,与电解质溶液理论有关的还有酸、碱问题。1923年,路易斯拓展了阿伦尼乌斯电离说的酸碱概念,将能够接受电子对的分子或离子定义为酸,给出电子对的定义为碱。路易斯酸与路易斯碱的概念到现在还被广泛使用。

化学键的本质是什么?这一直是化学家心中的一个谜团。在发现电子,确定原子的结构之后,人们开始着眼于化学键电子理论的建立。

1916年,路易斯和美国化学家科塞尔(1888—1956)提出符合"八隅体规则"的化学键电子理论。科塞尔用圆环原子模型说明了离子键,即电子从一个原子转移至另一原子,通过静电相互作用形成化学键(图3.2(a))。路易斯则采用立方体原子模型,两个原子可以相互"共有"一对或多对电子(图3.2(b))。1919年,欧文·朗缪尔(1881—1957)拓展了路易斯的化学键理论,引入了"共价键"这一术语。

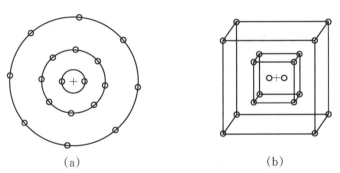

(a) (b)

图3.2 科塞尔(左)与路易斯(右)的氩原子模型

然而化学键电子理论的物理基础比较简陋,对实验的解释只是形象的,而对电子对的物理含义并不清楚。1927年,德国物理学家沃尔特·海勒斯(1904—1981)和弗里茨·伦敦(1900—1954)开创性地应用量子力学处理氢分子的共价键,定量地阐释了两个中性原子形成化学键的原因,这标志着一门新兴化学领域的出现:量子化学。

他们设想,两个氢原子放在一起时,体系包含了两个带正电的核和两个带负电的电子。用两个氢原子的1s轨道波函数构成的斯莱特行列式表示氢分子的电子波函数,通过求解薛定谔方程计算氢分子的能量作为核间距的函数,根据能量曲线获得氢分子的键能。这是首次阐明阿伏伽德罗分子假说中双原子分子的键的本质:两个氢原子结合成一个稳定的氢分子是因为电子密度重新分布集中在两个原子核之间,使体系的能量降低,氢分子便可以在平衡距离稳定存在,形成化学键。计算的键能包含两项:一项是核与电子以及电子与电子之间的库仑作用能,这是可以用经典理论理解的;另一项是全同电子在空间交换位置形成的交换能,这是无法用经典描述的。虽然当时还没有讨论不同自旋电子之间的相关能,但是这种处理已经成功得到约为实测值2/3的计算键能。

从1927年到20世纪50年代末是化学键理论的创建时期,其主要标志是三种化学键理论的建立和发展、分子间相互作用的量子化学研究。第一种理论是价键理论,在海特勒与伦敦根据原子轨道最大重叠观点、自旋相反的电子对成键的工作基础上,鲍林和约翰·斯莱特在1931年各自独立提出了杂化轨道的概念,说明了甲烷的键和立体结构,发展了价键理论。第二种理论是分子轨道理论,在1928年由罗伯特·马利肯(1896—1986)首先提出,将分子看作一个整体,由原子轨道组合成分子轨道,然后电子按能量从低到高的顺序排在分子轨道上,这一理论得到了光电子能谱实验的支持,在化学键理论中占据主导地位。1931年休克尔将分子轨道法扩展到处理共轭分子体系中,可以理解苯等共轭分子的芳香性以及芳香化合物的反应性等,打开了分子轨道法解决有机化学问题的道路。罗伯特·马利肯因"采用分子轨道法的化学键及分子电子结构相关的基础研究"而获得1966年诺贝尔化学奖。第三种理论是配位场理论,于1929年由汉斯·贝特(1906—2005)提出,用于讨论过渡金属离子在晶体场中的能级分裂,说明络合物中心离子或原子与配位体间结合力的本质。1952年,欧格尔(1927—2007)把晶体场理论和分子轨道理论结合起来,发展成为现代配位场理论。配位场理论利用能级分裂,比较合理地说明了许多过渡元素络合物的结构和性能的关系,包括颜色、自旋态等,是迄今较为满意的络合物化学键理论。

利用分子轨道对称性,人们开始对协同反应的机理和空间构型进行分析和总结。1951年,日本化学家福井谦一(1918—1998)提出了前线轨道理论,认为分子的能量最高的占据轨道(HOMO)和能量最低的未占据轨道(LUMO)是决定一个体系发生化学反应的关键,通过计算前线轨道的性质,就可以解释各种化学行为。1959年,伍德沃德(1917—1979)和霍夫曼(1937—)利用这一理论,揭示了周环反应的立体化学选择规则,并于1965年发展成为分子轨道对称守恒原理,这是量子化学发展的一个里程碑,不仅解释了化学反应的现象,还能预测许多化学反应是否能进行,这是20世纪以前的化学所不能想象的。霍夫曼因对分子轨道对称守恒原理的开创性研究,与福井谦一一起获得了1981年的诺贝尔化学奖。

这一时期结构化学的发展主要依赖于实验技术的飞跃发展。通过X射线衍射技术的应用,可以获得简单无机、有机化合物的分子及晶体结构方面的详细信息。1912年劳厄与弗里德里希、克尼平共同用闪锌矿的晶体观察到X射线的衍射。1914年劳伦斯·布拉格实验证实了呈现面心立方排列的Cl^-和Na^+的结构。这是最早被解析的晶体结构。进一步地,分子的红外、可见、紫外区域的光吸收与发射的分子光谱发展起来了,可以获得分子结构和分子中电子态相关的信息。

化学反应理论在20世纪初期并没有太大的进展。在19世纪后半叶就已经形成了分子活化参与反应的观点。法国物理化学家雷内·马塞兰(1885—1914)在1910年用亲和力表示反应速度。把亲和力换成吉布斯自由能计算反应速度,产生了热力学反应论。接着是海德堡大学的特劳茨(1880—1960)和利物浦大学的麦卡拉·路易斯(1855—1956)在1916—1918年间假设气相中发生的反应是分子碰撞所致,提出了碰撞反应论,据此计算反应速度。直到20世纪30年代,柏林大学的亨利·艾林(1901—1981)和迈克尔·波兰尼(1891—1976)基于前期统计力学反应论的工作,提出反应体系势能面的过渡态理论,终于打开了从理论上理解化学反应的大门。过渡态理论不可能准确地计算出反应速度,但是提供了一个大框架,有助于了解化学反应是怎样发生的。同一时期,化学反应理论的发展还包括热反应中的连锁反应机制、光反应与分子激发态性质等。

20世纪前半叶是核化学/放射化学的诞生与飞跃发展的时期,可以看到1960年之前的诺贝尔化学奖得主中,从事与放射性、放射元素、核反应相关的科学家占据多数。放射化学是物理与化学的一个交叉领域。随着放射性元素的发现,元素可以发生转换,像古代炼金术士们所追求的那样,一个疑问是"是否可以实现人工转换"。以卢瑟福为首的科学家们开始用粒子射线碰撞探索实现元素人工转换的可能性,发现元素发生转换是可能的,可以制造人工放射性元素。进一步发现了核分裂,并由此产生巨大的能量,在能源和武器方面带来巨大的冲击。核化学/放射化学成为化学的一个尖端领域。在核化学领域,可以制造比铀重的元素,出现了超铀元素化学。同时,将放射性元素作为示踪剂的研究,对于分析化学、生物化学的发展具有重要的意义。

分析化学在20世纪通过吸收物理、物理化学、配位化学等其他领域的成果,诞生了新的仪器分析方法与技术。物理化学中关于溶液平衡的知识使人们对定量分析中的重要现象和概念有了明确的理解,如同离子效应、溶度积、pH、缓冲溶液、配离子形成、指示剂理论等,促进了指示剂更有效的使用。现在化学研究中常用的红外、可见、紫外分光分析,质谱、磁共振、电子分光、色谱、极谱、微量元素分析等都是在20世纪前半叶开发的,并在第二次世界大战之后进一步飞速发展起来。其中一些方法是物理学的进步所带来的,也有一些方法源于化学自身的发展。例如,放射元素的分离促进了色谱技术的发展。同位素化学的发展,对质谱分析技术要求增加,促进了质谱分析技术的发展。

20世纪初,天然存在的元素几乎都已经被发现,元素周期表接近完成,但还留下部分空缺的元素。无机化学研究在20世纪初始的30年内并不是太活跃。无机化合物的键合结构复杂,元素的行为多无规律性,无机化学还停留在事实积累的阶段。但这一现象在20世纪30年代后开始发生改变。首先是新元素的发现与元素周期表的完成。随着X射线晶体学和分光学的引入,人们可以获得更加可靠和准确的无机化合物和晶体结构的信息。通过稀土样品X射线光谱分析,补全了元素周期表中的稀土元素。截至1945年,已经知道了元素周期表到96号为止的所有元素。对于矿物分析的研究也同步促进了地球与宇宙化学的发展。

化学键理论的发展合理地揭示了无机化合物中化学键的本质,配位化学作为无机化学、分析化学、有机化学、生物化学交叉的领域获得发展。1929年德国物理学家汉斯·贝特用量子力学阐释配合物的键和物理性质,提出了晶体场理论,用对称性讨论金属离子的d轨道电子的能量如何受到晶体场的影响，发生分裂。1941年鲍林则基于杂化轨道的思想对配位键作了解释。1932年，美国物理学家约翰·范弗莱克(1899—1980)用晶体场理论成功地解释了配合物的磁性，并进一步结合马利肯的分子轨道理论发展了配位场理论。

无机化合物固体材料的结构和物性也成为无机化学的研究对象，随着X射线衍射技术的进步，复杂结构也逐步得以解析。无机化合物大多由离子构成，离子尺寸的大小决定了晶体的结构。1926年挪威的戈尔德斯密特发表了离子半径表，后由鲍林作了修正，用于讨论无机化合物的晶体结构和化学键。此外，无机化合物固体材料的电学性质、磁学性质以及可能缺陷与缺陷扩散模型，主要是由物理学家开始研究的，也逐渐成为无机化学研究的主要物性。

19世纪后半叶，基于四价碳原子的四面体学说和苯环结构学说，有机化学建立了经典的有机结构理论，发展了有机合成技术和相应的工业。20世纪前半叶，有机化学在这些方面继续取得了新的进步，同时还新发展了物理有机化学、天然有机化学、高分子化学。

随着结构化学的发展，有机结构理论进一步完善，发展了立体构象的解析，这主要得益于X射线及电子衍射、偶极矩测定、红外和拉曼吸收等技术在有机结构测量中的应用。同时，随着电子理论的出现，基于电子行为揭示有机反应机理的有机电子理论在20世纪20年代出现了，诞生了物理有机化学。1928年，克里斯多夫·英戈尔德(1893—1970)针对有机取代反应的位置问题，引入"诱导效应"和"中介效应"，将给予电子并使之共有的试剂称作亲核试剂，电子接受体的试剂称为亲电试剂，解释了苯环上的取代反应的位置问题。他与休斯(1906—1963)在反应机理的研究方面引入了物理化学的研究方法，并随后发展了有机电子论。

有机合成化学的发展一直没有停滞，但在20世纪30年代发生了一些变化。首先，随着处理复杂天然有机化合物的领域的发展，复杂分子的合成成为关注的对象，并随着有机化学在生物学、医学、药学、农学领域的应用兴盛而得到强化。其次，通过物理化学来理解化学现象，并进一步指导复杂化合物的合成，在反应中考虑催化剂的选择。再次，积极地引入分光法和物理分析技术，辅助复杂化合物的合成。在20世纪前半叶这些还只是开始取得了一些典型的成果，真正的硕果出现在20世纪后半叶，像人工合成靛蓝这样的染料已经可以实现了。

高分子化学的诞生是从确认橡胶、纤维素等这些大分子量物质的链接方式开始的。早期，人们认为这些物质是由小分子聚集的胶体。1917年，德国的赫尔曼·斯陶丁格(1881—1965)发表观点，认为这些分子是共价键链接的长链状大分子，明确了高分子的存在，诞生了高分子化学。赫尔曼·马克(1895—1992)与波兰尼一起利用X射线晶体学，解析了纤维素的显微结构，并于1926年独自发展了支持斯陶丁格巨型分子的理论，进一步开展了聚合机理和高分子溶液黏度、橡胶弹性等研究。这些研究为20世纪30年代塑料、纤维、合成橡胶制造的技术革新开辟了道路。

在19世纪末、20世纪初开创的天然有机化学的研究在20世纪前半叶得到了很大的发展，是有机化学中最活跃的领域。在20世纪前半叶，天然有机化学取得了许多业绩，10人因天然有机化学研究获得诺贝尔化学奖。这些业绩包括两种异构体的结构的确认、蛋白质纯化与分子量测定、氨基酸的分离与鉴定、核酸的作用与化学结构、叶绿素的结构和氯高铁血红素的合成、类固醇的结构和激素的纯化、胡萝卜素的结构和维生素的合成等。

在19世纪后半叶,生物化学作为处理生命现象的化学有两个流派,一个是作为医学生理学的一个领域——生理化学,另一个是有机化学中的研究生物体构成分子的流派。到了20世纪,这两个流派合二为一,形成一个独立的学科领域。天然有机化学的发展,使一些复杂有机分子的结构得以解析,生物化学在这些分子结构的基础上,从生物体相关的分子结构研究逐渐转移到以探明生物体内化学反应为目标的动态生物化学。酶的研究是20世纪前半叶生物化学研究的关键,这一时期的研究形成了"酶是蛋白质"的观点。伴随着物理化学的反应速度论的研究进展,开始尝试理解决定酶反应速度的因素,发展了酶反应理论方程。此外,在酶研究的实验方法中也引入了物理化学手段。德国的瓦尔堡用改进的压力计测量微生物、动物组织切片、酶溶液等呼吸、发酵时产生的气体。1923年,赫维西(1885—1966)引入了用放射性同位素作为示踪剂研究生物化学的方法,弄清了体内由简单物质合成复杂物质的机理,以及代谢过程中存在的中间体的形成过程。此外,在动态生物学中还涉及的研究课题包括呼吸和生物体内的氧化还原、糖分解机理和柠檬酸循环、脂质代谢、蛋白质和氨基酸代谢、维生素和激素的功效等。

20世纪前半叶化学的发展,给化学工业带来了巨大的推动力,化学产业已经变成超大规模的产业。一个典型的例子是在第一次世界大战中哈伯和波西发展的用空气中的氮气合成氨的技术。高分子化学的发展,促进了塑料和尼龙等人造纤维、合成橡胶的大规模生产。在医学领域,化学疗法获得进步,驱逐了各种疾病,药物产业得到了发展,革命性的事件是抗生素青霉素的发现。同样,化学的研究成果在肥料、农药等领域得到了应用,解决了人类最基本的粮食问题。

4. 20世纪后半叶的化学

20世纪后半叶的化学发生了很大的变化,取得了巨大的进展。这里,除了既有领域的连续进步,更重要的是一些先进技术的发展带来化学研究的深度和范式的改变。

第二次世界大战后,半导体技术得到迅猛发展,随之而来的是电子和计算技术的划时代进步和以此为基础的测量技术的飞跃进步。

X射线结构解析等领域已经有通用设备产品,成为化学研究领域广泛使用的研究仪器,也被用于生命科学领域的复杂生物分子的结构解析,例如在1953年沃森和克里克的DNA结构解析中发挥了决定性的作用。20世纪后半叶,在X射线解析领域诞生了很多诺贝尔奖获得者。同时,随着真空度提高,电子射线和中子射线衍射手段得到发展,结构解析的对象进一步扩展到薄膜、固体表面、液体、生物大分子等。

显微镜技术有了飞跃进步。光学显微镜的分辨率由衍射图像点的扩展决定,通常是波长的二分之一的水平,在可见光区域为0.2 μm,无法直接观测原子、分子。在激光和微弱光检测技术以及计算机技术的支持下,光学显微技术的实用性进一步增强,有了很大发展。利用光通过具有不同折射率的物质时产生相位差原理的相位差显微镜可以观察无染色的细胞和微生物。超分辨荧光显微技术可以在单分子水平观测细胞中分子的运动。绿色荧光蛋白质和荧光成像技术可以跟踪生物体蛋白质的行为、位置和变化。用电子束代替光的透射电子显微镜可以获得0.2~0.3 nm的分辨率,使得观察原子成为可能。如果电子束仅仅扫描材料表面,发展的扫描电子显微镜(SEM)技术则可以研究材料的表面微观结构。此外,扫描隧道显微镜(STM)和原子力显微镜(AFM)可以获得0.01~0.1 nm的分辨率,获得原子尺度上的表面电子态结构。而扫描近场光学显微镜(SNOM)利用光在物质表面引起的极化场的表面电磁场,将物质的光学性质图像化后进行观察。

激光的出现促进了分子光谱技术的跨越式发展,可以研究更精细的分子结构和电子状态。除了进一步发展了传统的红外与拉曼振动光谱、紫外-可见光吸收与发射光谱技术,激光技术还催生了一些新的光谱检测技术,如利用激光的单色、能量高、相位一致的特点发展的非线性光谱技术,以及在纳秒(10^{-9} s)到皮秒(10^{-12} s)时间内光脉冲形成的超快光谱技术,可以研究分子的激发态和化学反应过程。基于同步辐射的高能X射线和γ射线,可以研究对象原子周围结构的信息。

此外,一些研究分子或材料表面释放的电子光谱信息技术,随着第二次世界大战后真空技术和电子能量测定技术的进步而迅速发展起来。例如,通过光激发测定物质中释放的电子的动能的光电子能谱技术,可以获得物质内部该电子的键能等相关信息。利用俄歇效应的俄歇电子能谱,可以获得材料表面化学组成的信息。电子能量损失谱(EELS)通过测量表面电子能量的损失,解析表面吸附分子的振动光谱。

最后一项值得一提的技术是磁共振技术,发展了以核自旋为对象的核磁共振(NMR)、以电子自旋为对象的电子自旋共振(ESR或EPR)(研究分子中自旋电子状态的有力手段,也已用在生物相关分子中)、可以获得生物体的断层成像的磁共振成像(MRI)技术等。

至此所讲到的各种光谱和磁共振技术是现代仪器分析化学的主要研究方法。此外,在现代化学的分离、分析技术中,特别重要的方法还有质谱、色谱分析法。这两种方法都是20世纪前半叶就已有的方法。20世纪后半叶,色谱-质谱联用仪也成了重要的分析仪器。

这些分析技术的发展,使得化学家们可以触摸到原子,观察到具体化学反应中的超快过程。

20世纪前半叶的量子化学研究受制于计算能力的不足,研究对象仅限于简单分子,需要采用经验参数的分子轨道法和强调化学直觉的原子价键法进行定性讨论。进入20世纪60年代,计算机技术惊人的发展速度使得海量的计算日益成为可能,不使用经验参数的分子轨道计算成为量子化学计算的主流,计算结果的可信度也显著提高。另一方面,化学反应的理论也取得了进步。这使得化学现象的理解和预测更加可信,理论与计算化学慢慢成为引导实验研究的一个方向标。

20世纪前半叶,简单共轭分子的电子结构可以用休克尔分子轨道(HMO)方法进行讨论,电子转移和电子光谱等很多实验结果是不能解释的。从1950年前后起,量子化学计算向着更高的精度努力。不使用经验数据的从头算(ab initio)方法的发展也开始于20世纪50年代。在哈特利-福克(Hartree-Fock)方法的基础上,1951年芝加哥大学的罗特汉(Roothaan,1918—)提出了平均场近似,用已知原子轨道基展开分子轨道波函数,提出了哈特里-福克-罗特汉(Hartree-Fock-Roothaan)方程,将薛定谔方程中求解波函数变成求解展开系数。然而哈特里-福克-罗特汉方法忽略了具有反向平行自旋电子运动之间的相关能,所以进一步引入表示激发态电子结构的波函数的组态相互作用方法,从而使量子化学计算变得精密,达到了可以信赖的水平。此外,在20世纪70年代,发展了一套基于电子状态的密度泛函理论方法,相对于哈特里-福克-罗特汉方法,密度泛函理论方法用较少的时间可以获得相对准确的计算结果，目前已经成为处理多电子体系的一种流行的从头算方法。在量子化学计算方法发展过程中起到关键作用的约翰·波普尔和密度泛函理论方法的创始者沃尔特·科恩共同获得了1998年的诺贝尔化学奖。对于复杂分子体系，从头算方法是不可行的。针对复杂分子体系，也相应地发展了经典的分子力学方法，可以处理大的体系，但不能研究化学反应。一种折中的方式是将分子力学方法与从头算方法结合起来，发展了QM/MM或ONIOM方法（洋葱方法），对于复杂体系中感兴趣部分用从头算方法，而对于剩下部分用分子力学方法。

同一时期，与量子化学方法并行发展的是热力学与统计力学方法，在溶液等复杂体系、非平衡体系和高分子溶液领域都出现了新的进展。

20世纪，化学热力学另一个重大突破就是对不可逆过程热力学的研究，以及形成的不可逆过程热力学耗散结构理论。昂萨格因研究不可逆过程热力学理论和普利高津（1917—2003）因创立热力学耗散结构理论而分别于1968年和1977年获得诺贝尔化学奖。

在高分子溶液理论方面，1942年弗洛里（1910—1985）和哈金斯（1897—1981）独立用晶格模型计算热力学量，揭示了高分子溶液的蒸气压和渗透压。弗洛里在1948年前后开始将排除体积的概念引入高分子溶液理论，带来了高分子溶液理论的新进展。

化学反应机理的研究更加精密。由于观测技术和理论与计算化学的进步，化学反应和分子动力学的研究得到了很大的发展，可以在分子水平上理解化学反应的信息。

在实验方面，20世纪后半叶，化学弛豫法和闪光光解法等方法的发展，开拓了研究快速反应的道路。通过这些方法，可以直接观测短寿命反应中间体和激发态，尤其是激光技术的发展使得超短寿命化学物种的研究成为可能。因此，反应机理和激发态研究取得了飞跃发展。另一方面，在20世纪末，过渡态的观测也在飞秒激光技术的发展下成为可能，飞秒化学或者超快化学随之诞生了。在气相反应中，用交叉分子束可以弄清双分子反应发生时的详细信息。在光化学、表面化学、催化化学等领域都有了很大的进展。在理论方面，对反应的理解也取得了很大的进步。基于从头算的量子化学计算方法，可以直接在计算机中模拟实验中无法捕捉的一个过渡态结构，以及对应的电子结构信息，与观测技术相结合，可以很清晰地勾画出所研究的物质信息和对应的反应信息，从而探索机理。

也正是这种表征与计算技术的发展，揭示了一系列新的化学机理，建立了相应的理论，例如溶液中的电子转移反应理论，化学反应中的基元反应理论，固体表面的反应和催化机理等。这种研究范式的改变让化学在这个时期急速发展起来。

新物质的发现和合成以极快的速度进行，合成化学发展得越来越快。到1945年为止，自然界存在的元素全部被发现了，从第二次世界大战后到1984年合成了97号到109号人工元素。对于简单化合物，1985年发现了C_{60}、C_{70}等富勒烯，证实了像碳那样的常见元素也存在未知的单体，给大家的化学认知带来很大的冲击。一些典型的新物质包括稀有气体化合物、准晶体、有机金属化合物等。发展了新的合成方法，如不对称合成、交叉耦联反应；产生了一些新的合成理念，如全合成、逆合成等。同时，研究的物质从分子走向功能材料，如自组装膜与纳米粒子、液晶和超分子、导电高分子材料、高温超导材料、分子磁体等。

另一个可以自成一章内容的就是基于分子的生命现象的理解。生命是化学现象。1953年，DNA的结构被解析，开辟了在分子水平阐释生命现象的道路，诞生了分子生物学这一尖端学科。得益于X射线和NMR等结构解析技术的进步,生物大分子的结构和功能可以建立起联系,结构生物学的领域诞生了。分子理论在理解生物过程方面必然发挥着重要的作用。分子生物学常被看作生物学的一个领域,但站在以分子为基础的学问这点上,这也就是化学。

3.4 超越分子的前沿:当代化学与未来化学

可以看出,20世纪的化学是生机勃勃的。我们已经进入了21世纪,21世纪的化学有了什么样的发展?现状如何?未来的化学又将是什么样子?

化学在之前取得了很大的进步,原动力是人类想要了解这个世界上存在的物质而对其性质产生的求知好奇心,以及人们想要过健康舒适生活的欲望。前者作为求知好奇心的对象,主要引导基础化学的学术发展。后者作为应用化学的技术,带来了工学、医学、药学、农学和以此为基础的产业的发展。

但21世纪的化学好像失去了作为学术领域的本性,2001年杂志 Nature 发表了《被成功埋没的领域》,论述的就是化学学科。化学作为传统的学术领域,其本身的发展已经成熟了,但它与其他学科的重合进一步加大。举一个简单的例子,大数据与人工智能已经与化学相结合,催生出智能化学的诞生。

这种多样性使得对化学难以定义,所以化学容易被误解,不能获得充分的评价。而对于公众而言,化学与化学产业变成了同义词,常常被一些化学产业的负面影响"牵连"……

其实,化学领域依然存在许多未解的问题,依然存在驱使人类求知好奇心、激动人心的大问题。Nature 曾经列出6个问题:

- 如何设计具有特殊功能和动力学特征的分子?
- 细胞的化学基础是什么?
- 在能源、航天、宇宙、医药领域如何制备将来需要的材料?
- 思考和记忆的化学基础是什么?
- 在地球上生命是怎样诞生的?在地球之外诞生生命有可能吗?
- 怎样能探索全部元素的组合?

美国21世纪化学科学的挑战委员会在《超越分子前沿:化学与化学工程面临的挑战》一书中,也对化学和化学工程师提出了一些重大挑战:

- 学习如何合成并制造任何具有科学意义或使用价值的新物质,运用高选择性的紧凑的合成路线与过程得到期望的产物,并在生产过程中坚持低能耗且对环境友好。
- 发展新的材料和测量装置以保护公民免遭恐怖主义、事故、犯罪和疾病的危害,其中包含通过使用高灵敏度和高选择性的手段发现并确认危险物品和有害生物机体。

- 在各种时间尺度和全部分子尺寸范围上认识并控制分子如何进行反应。
- 学会如何设计和制备其性能在生产之前可以预言、裁剪和调制的新物质、新材料和新的分子器件。
- 详细深入地认识生命体系中的化学。
- 开发出能够治愈目前尚属不治之症的医药产品和治疗方法。
- 将自组装发展成合成和制造复杂体系及材料的有用手段。
- 认识错综复杂的地球化学,包括陆地、海洋、大气以及生物圈的化学,从而维持地球的可居住性。
- 开发出永不枯竭的、低廉的能源(包括能源生成、存储以及输运的新方法),以铺就一条通向真正可持续发展未来的道路。
- 设计并发展能够自我优化的化学体系。
- 变革化学过程中的设计,使之安全、紧凑、灵活、节能、环境友好并且有益于新产品的快速商品化。
- 卓有成效地向公众传达化学和化学工程对社会的贡献。
- 吸引最好的、最有才华的年轻学生进入化学科学领域来应对所有这些挑战。

(本章撰写人:武晓君)

参 考 文 献

[1] 周公度.化学是什么[M].北京:北京大学出版社,2011.
[2] 徐建中,马海云.化学简史[M].北京:科学出版社,2019.
[3] 广田襄.现代化学史[M].丁明玉,译.北京:化学工业出版社,2018.
[4] 鲍林.化学键的本质[M].卢嘉锡,黄耀曾,曾广植,等,译.北京:北京大学出版社,2020.
[5] 21世纪化学科学的挑战委员会.超越分子前沿:化学与化学工程面临的挑战[M].陈尔强,等,译.北京:科学出版社,2004.

第4章 天 文 学

4.1 什么是天文学

天文学是一门既古老又现代的学科,仰望星空是人类从文明萌芽开始孜孜不断的追求。下面我们罗列从2000年以来诺贝尔物理学奖中与天文学有关的奖项来佐证天文学正在蓬勃发展(表4.1)。

表4.1 2000年以来诺贝尔物理学奖中与天文学有关的奖项

年份	获奖者	国籍	获奖原因
2002	雷蒙德·戴维斯	美国	在天体物理学领域做出的先驱性贡献,尤其是探测宇宙中微子
	小柴昌俊	日本	
	里卡尔多·贾科尼	美国	在天体物理学领域做出的先驱性贡献,这些研究导致了宇宙X射线源的发现
2006	约翰·马瑟	美国	发现宇宙微波背景辐射的黑体形式和各向异性
	乔治·斯穆特	美国	
2011	索尔·珀尔马特	美国	透过观测遥距超新星而发现宇宙加速膨胀
	布莱恩·施密特	美国、澳大利亚	
	亚当·里斯	美国	
2015	梶田隆章	日本	发现了中微子振荡,并因此证明了中微子具有质量
	阿瑟·麦克唐纳	加拿大	
2017	莱纳·魏斯	美国	对激光干涉引力波天文台探测器及引力波探测的决定性贡献
	巴里·巴里什	美国	
	基普·索恩	美国	
2019	吉姆·皮布尔斯	加拿大、美国	在物理宇宙学的理论发现
	米歇尔·马约尔	瑞士	发现了一颗围绕太阳型恒星运行的外行星
	迪迪埃·奎洛兹	瑞士	
2020	罗杰·彭罗斯	英国	发现黑洞的形成是广义相对论的确凿预测
	赖因哈德·根策尔	德国	发现位于银河系中心的超大质量致密天体
	安德烈娅·盖兹	美国	

第4章 天 文 学

天文学是研究从行星到整个宇宙各个层次结构、形成和演化的一门基础学科。宇宙各层次结构大致分为恒星-行星系统、星系、宇宙大尺度结构以及整个宇宙。从时间和空间尺度上,宇宙对人类来说遥不可及,人类能够科学地认识宇宙主要是基于如下两个基本假设:一是物理规律是普适性的。人类在地球上发现的物理规律,在宇宙任何地方,只要物理条件相同就都适用。二是物质的存在形式是普适性的。也就是说,无论在地球上还是在宇宙深处,只要物理条件相同,物质的存在形式就是相同的。

天文学以观测发现为基础,以物理规律为工具,以给出宇宙的结构形成和演化基本规律为目标,以观测验证和发现新的物理规律为最高追求。本质上,天文学是以天文发现为核心的基础学科,对观测技术的无止境追求,催生了一批新的技术,并被广泛应用于人类的生产和生活。例如,电荷耦合器件(CCD)替代了照相底片,已广泛应用于数码产品。另一个例子就是,WiFi的发明也是源自射电天文学家为了发展高效传输射电望远镜图像的研究。这样的例子还有很多。

浩瀚的宇宙对天文学家来说不仅意味着灿烂的星空,更是一个具备各种极端条件的实验室。宇宙中存在的各种极端条件远远超出了地球上能够达到的极限。例如:

(1) 超高能量。地面加速器能将粒子加速到的最高能量约为 30 TeV,而天文学家观测到的宇宙线粒子最高能量达到 10^8 TeV。

(2) 超强磁场。地面稳态强磁场最高能达到 40 T,而磁陀星(magnetar)——一种强磁场的中子星,其表面强磁场高达 $10^{11}\sim10^{12}$ T,甚至更高。

(3) 巨型原子核。实验室能制造出来的最重的原子核是原子序数为 118、质量数为 293 的超重原子核。而中子星核区存在大约 10^{57} 个核子,因此中子星核区可以看作一个巨大的原子核,核区的密度高达十几倍核密度($\sim10^{18}$ kg/m^3)。

(4) 强引力。某天体引力场的强弱可以用致密参数 ξ 表征,ξ 值越小,该天体的引力场越弱,ξ 接近 1 表示引力场为强场。致密参数 ξ 的定义为引力场中检验粒子的引力能与其静止质量对应的能量之比:

$$\xi \equiv \frac{\frac{GMm}{R}}{mc^2} = \frac{GM/c^2}{R} \equiv \frac{R_g}{R}$$

其中,M 和 R 分别为天体的质量和半径,m 为星体表面检验粒子的静止质量,$R_g = GM/c^2$ 为星体的引力半径。对地球和太阳来说,它们的致密参数分别为 7×10^{-10} 和 2×10^{-6},可以看出太阳系的引力场较弱。中子星的典型质量约为 1.4 倍太阳质量,半径约为 15 km,它的致密参数约为 0.1。对黑洞来说,致密参数约为 1,因此中子星表面和黑洞视界附近的引力场非常强,需要用广义相对论来处理。

(5) 超真空。在星系中,星际介质的典型密度为每立方厘米中仅有一个核子,但是在天文量级的尺度,例如几十光年的尺度上,其中的星际气体足以形成新的恒星。特别值得一提的是,有些物理现象和物理效应只有在宇观尺度上才容易显现出来,例如暗物质和暗能量的发现。这些新的天文现象的发现可能最终导致一场新的物理学革命。

4.2 观天巨眼:天文望远镜

基于天文观测结果,我们可以研究宇宙的过去、现在,甚至预言宇宙的未来。来自宇宙的信息目前主要有:陨石和月球上取回的物质;高能宇宙线粒子;从射电到高能伽马射线的多波段的电磁波辐射;宇宙高能中微子以及高频引力波。其中,电磁辐射依然是宇宙信息的主要来源。

地球大气对光学和射电基本是透明的,因此地面望远镜主要是光学望远镜和射电望远镜。一个最基本的问题是:为什么望远镜越大越好?这有两方面的原因:一方面,大型望远镜的接收面积大,可以探测到来自遥远宇宙深处非常暗弱的信号,也就是说望远镜越大,它的灵敏度就越高。另一方面,望远镜越大,它的角分辨率就越高,越能分辨出遥远天体的几何结构。根据光的波动性我们知道,望远镜的分辨率(θ)取决于望远镜的口径(D)和望远镜的工作波长(λ):

$$\theta = 1.22 \frac{\lambda}{D}$$

下面列举一些典型的从光学到伽马射线的望远镜,以及中微子望远镜、引力波望远镜和宇宙线粒子探测器等非电磁波望远镜。列举的望远镜不是很全面,只是希望给各位同学这样一种印象:天文观测已进入了多波段(电磁波)和多信使(高能宇宙线、中微子、引力波)的时代。

1. 光学望远镜

目前地面最具代表性的、最大口径的光学望远镜是位于美国夏威夷莫纳克亚山顶的凯克双胞胎望远镜(图4.1)。凯克望远镜的主镜口径为10 m,它由36块六边形的子镜组成。为了消除地球引力对镜面形变的影响,该望远镜采用了主动光学技术,保证望远镜无论指向哪个方向,都始终保持抛物形。主动光学的核心是在每个子镜的后面安装三个受计算机控制的控制器,通过控制器给子镜施加压力,达到调整子镜形状的目的,控制器的调整频次是每秒2次,以保证4 nm的面形精度。来自遥远天体的星光到达地球表面的时候,基本是平面波,但是受到大气湍动的影响,平面波的波前会发生畸变。为了消除大气湍动的影响,人们发展了自适应光学的尖端技术。首先,从望远镜附近发射一束钠原子激光,照射大气层,激发90 km处钠层中的天然钠原子,被激发的天然钠原子就会发光,这样天文学家就人为地制造出一个所谓的标准星。另外,还需要在望远镜的光路上增加一个15 cm的变形镜,通过实时接收标准星的辐射,监测地球大气的湍动情况,再反馈给变形镜后面的控制器,随时改变变形镜的形状,以抵消地球大气的影响。由于地球大气湍动的频次较快,变形镜后面的控制器调整的频次高达每秒670次!

另一个具有代表性的地面光学/红外望远镜是欧洲南方天文台的四胞胎甚大望远镜(图4.2),每个望远镜的主镜口径为8.2 m,四个望远镜之间还可以两两干涉,组成了一个红外的干涉阵,实现了地面等价于130 m口径的望远镜的分辨率。

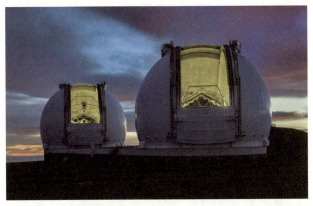

图 4.1 位于美国夏威夷两个口径为 10 m 的凯克（Keck）望远镜

（图片来源：凯克天文台网站）

图 4.2 欧洲南方天文台位于智利的 4 台口径为 8.2 m 的甚大望远镜（VLT）
及其红外干涉仪（VLTI-Gravity）

（图片来源：欧洲南方天文台网站）

目前正在建造的下一代地面光学望远镜有美国的三十米望远镜（TMT）和欧洲的极大望远镜（ELT）。TMT 是一座由美国、加拿大、日本、中国、巴西、印度等国参与建造的地面大型光学望远镜，台址在夏威夷。其主镜是由 492 块六边形镜面拼接而成的。ELT 主镜直径为 39.3 m，由 798 个六角形小镜片拼接而成，集光面积达到了 978 m^2，建造完成后将成为世界上最大的光学望远镜。ELT 台址最终选择在智利阿马索内斯山区。

为了彻底消除地球大气的影响，也可以将光学望远镜发射到太空成为空间光学/红外或紫外望远镜。美国的哈勃空间望远镜（HST）于 1990 年 4 月发射，它的观测波长从远紫外一直延伸到红外，望远镜的主镜为 2.4 m，角分辨率达到了 $\sim (1/20)''$。最近刚公布首批观测结果的詹姆斯·韦伯空间望远镜（JWST，图 4.3）是哈勃空间望远镜的继任者，它的口径达到了 6.5 m，可以探测宇宙最深处的光学和红外辐射。JWST 已于美国东部时间 2021 年 12 月 25 日 7 时 20 分发射升空，并已于 2022 年 7 月 14 日公布了首批观测成果。我国也将于 2024 年前后发射 2 m 口径的空间巡天望远镜（CSST），CSST 与哈勃空间望远镜的口径相当，而视场比哈勃空间望远镜要大 350 倍。

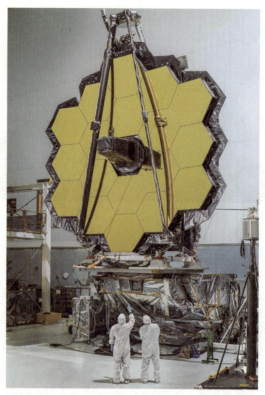

图 4.3 正在地面组装的詹姆斯·韦伯空间望远镜
（图片来源：美国宇航局网站）

光学望远镜还有一个重要的指标是它的视场，一般来说，望远镜的口径越大，视场就相对越小，通过特殊的光学设计，可以实现大口径大视场的观测效果。大视场的望远镜可以同时观测大量的天体，适用于天体普查式的巡天观测。位于河北兴隆的郭守敬望远镜全称是大面积光纤光谱望远镜（LAMOST），它是目前世界上最大的光谱巡天望远镜（图 4.4），LAMOST 拥有 4000 根光纤，一次能观测近 4000 个天体，号称光谱之王。

图 4.4 位于河北兴隆的郭守敬望远镜
（图片来源：国家天文台网站）

中国科学技术大学与中国科学院紫金山天文台合作共建的2.4 m口径的大视场巡天望远镜(WFST,图4.5)位于青海省海西州茫崖市冷湖镇赛什腾山顶,是北半球最大的光学巡天望远镜,用于开展北天球最高灵敏度时域巡天,将提供北天球$r<25$等恒星和星系高精度位置以及u,g,r,i,z(不同的光学波段)多色测光数据,预期在时域天文、太阳系天体和近场宇宙学等方面取得突破性成果。

图4.5 中国科学技术大学-紫金山天文台大视场巡天望远镜效果图
(图片来源:WFST项目组)

2. 射电望远镜

目前世界上口径最大的可移动的单天线射电望远镜是美国的绿岸望远镜(GBT),它的口径是110 m(图4.6)。口径最大的射电望远镜是中国的500 m口径球面望远镜(FAST),又称天眼望远镜(图4.7)。

20世纪50年代,英国剑桥大学的赖尔(Martin Ryle)以及澳大利亚的科学家发明了一种叫综合孔径的技术,通过将分散在一定距离上的射电望远镜连网,组成望远镜阵列,同时观测,再将各个望远镜的观测数据拿到一起,通过计算机分析,可以得到一个分辨率等同于一台大口径射电望远镜的分辨率,等效口径约等于两台射电望远镜之间的最大距离。这个技术已经获得了1974年的诺贝尔物理学奖。当然,这里说等效于一台大口径望远镜,只是从分辨率的角度。望远镜阵的灵敏度还是只依赖于所有望远镜总的接收面积,远小于等效口径这么大望远镜的灵敏度。

图 4.6 绿岸望远镜
（图片来源：美国绿岸望远镜天文台网站）

图 4.7 天眼望远镜
（图片来源：中国科学院国家天文台网站）

比较著名的射电望远镜阵有甚大天线阵（VLA，图 4.8）和阿塔卡马大型毫米波/亚毫米波阵列（ALMA）。VLA 是由 27 座 25 m 口径的天线组成的射电望远镜阵列，位于美国新墨西哥州，是世界上最大的综合孔径射电望远镜阵。甚大天线阵每个天线重 230 t，架设在铁轨上，可以移动，所有天线呈 Y 形排列，每臂长 21 km，组合成的最长基线可达 36 km。甚大天线阵于 1981 年建成，工作于 6 个波段，最高分辨率可以达到 0.05″，与地面大型光学望远镜的分辨率相当。ALMA 位于智利北部阿塔卡马沙漠，是最大的毫米波/亚毫米波射电阵。ALMA 望远镜阵列有 54 座口径为 12 m 的天线以及 12 座口径为 7 m 的天线，总共有 66 座天线一起协同工作。66 座 ALMA 天线可用不同的配置法排成阵列，天线间的距离变化多样，最短可以是 150 m，最长可以到 16 km，分辨率高达 $(4 \times 10^{-3})''$。

图 4.8 美国甚大天线阵

（图片来源：美国国家射电天文台网站）

通过综合孔径技术，将分布在全球的射电望远镜组网观测，得到地球半径这么大口径望远镜的空间分辨率的虚拟望远镜技术，称之为甚长基线干涉仪（VLBI）。VLBI技术极大地提高了射电望远镜的分辨率，但是它的灵敏度依然不高，因为灵敏度正比于参与VLBI观测的所有望远镜总的接收面积。正在建造的平方公里射电望远镜阵（SKA）由两套望远镜阵构成，分别位于南非和澳大利亚，位于南非的约200面抛物面天线组成蝶形天线阵，位于澳大利亚的由超过10万个偶极天线（类似于家用电视天线）组成低频孔径阵列。中国是SKA项目的创始国之一。SKA所有望远镜总的有效接收面积达到了一平方公里，并且所有的望远镜分布在几千公里的基线上。因此，SKA设计理念兼顾了射电望远镜的灵敏度和分辨率。

3. 空间X射线望远镜

地球大气对X射线不透明，X射线望远镜必须发射上天。代表性的X射线望远镜有美国宇航局的钱德拉（Chandra）X射线天文台（图4.9）和欧空局的XMM牛顿X射线天文台，以及中国的慧眼——硬X射线调制望远镜（Insight-HXMT，图4.10）。以钱德拉X射线天文台为例，由于X射线光子的粒子性强，该望远镜采用掠射式成像原理，工作波段为0.1～

图 4.9 钱德拉X射线天文台

（图片来源：美国宇航局网站）

10 keV,它的空间分辨率为 $0.5'$。X射线望远镜的主要观测对象包括超新星遗迹、银河系中心黑洞、碰撞超团,主要的科学目标是研究致密天体附近的高能现象以及暗物质存在的证据。

图 4.10　硬 X 射线调制望远镜

(图片来源:HXMT项目组)

4. 空间伽马射线望远镜

代表性的空间伽马射线望远镜有美国的费米伽马射线空间天文台(Fermi-GLAST,图 4.11)。该望远镜于2008年发射,工作能段为 20 MeV~300 GeV。上面搭载的主要仪器有大区域(伽马)望远镜(LAT)和伽马暴监视器(GBM)。LAT的探测原理是高能光子撞到一个薄金属片产生电子-正电子对。随后探测器通过分析粒子的径迹和能量来得到入射的高能光子的方位和能量。GBM使用14个闪烁器(其中12个是碘化钠晶体,探测范围为 8 keV~1 MeV;另2个是锗酸铋晶体,探测范围为 150 keV~30 MeV)的探测器,可探测全天空仪器能量范围所有伽马射线暴。该望远镜的主要观测对象为耀变体、活动星系、伽马射线脉冲星、伽马暴、高能宇宙线、超新星遗迹、早期宇宙、暗物质等。

图 4.11　美国费米伽马射线空间天文台

(图片来源:美国宇航局网站)

5. 地面甚高能切伦科夫望远镜

地球大气对甚高能(TeV,甚至 PeV=1000 TeV)粒子和光子是不透明的。对这么高能量的粒子,它们与地球大气中的原子、分子碰撞会产生大量的次级粒子,干脆我们就将地球大气当作"探测器",在地面通过探测次级粒子的辐射来间接探测原初高能粒子或光子。TeV 切伦科夫望远镜的基本原理是:高能伽马光子或宇宙线粒子与地球大气碰撞,产生大气簇射粒子,由于初级粒子能量实在太高了,它的簇射粒子运动速度仍然接近光速,并超过大气中的光速,在晚上产生暗蓝色的切伦科夫光。对 1 TeV 光子来说,切伦科夫光池的直径约为 250 m,每平方米接收到的切伦科夫光子数约为 100,持续时间为纳秒。比较有代表性的切伦科夫望远镜有德国的 H.E.S.S.(high energy stereoscopic system),H.E.S.S. 由四台切伦科夫望远镜组成(图 4.12),工作能段为 100 GeV~100 TeV,望远镜位于纳米比亚。值得一提的是,该望远镜是为了纪念维克托·赫斯(Victor Hess),他是奥地利裔美国物理学家,宇宙线的发现者。

图 4.12　四台切伦科夫望远镜

(图片来源:H.E.S.S. 网站)

6. 地面和空间宇宙线粒子探测器

地面目前最大型的宇宙观测站是位于中国四川稻城海拔 4000 m 高原上的高海拔宇宙线观测站(LHAASO):拉索望远镜(图 4.13)。它是世界上海拔最高、规模最大、灵敏度最强的宇宙线探测装置。它一开始进行科学观测就取得了举世瞩目的重大发现。例如,2021 年 5 月 17 日,拉索团队发布在银河系内发现大量超高能宇宙加速器,并记录到能量达 1.4 PeV 的伽马光子,这是人类观测到的最高能量光子。

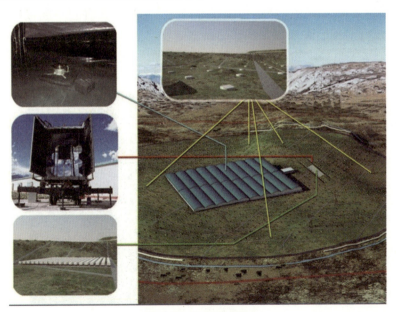

图 4.13　拉索望远镜

(图片来源:拉索合作组)

空间宇宙线探测器有丁肇中教授领导的大型国际合作项目Alpha磁谱仪(AMS)和中国科学技术大学校友常进院士领导的暗物质粒子探测卫星(DAMPE，图4.14)。AMS被安装在国际空间站上，它能直接探测宇宙空间的高能粒子，包括反粒子。DAMPE卫星又称悟空号卫星，它是世界上观测能段最宽、能量分辨率最优的暗物质粒子探测卫星。2017年11月30日，国际权威学术期刊《自然》在线发表，暗物质粒子探测卫星"悟空"测量到了电子宇宙射线在1.4 TeV附近的异常波动，该信号可能是由暗物质湮灭产生的。

图4.14 悟空号卫星

(图片来源：中国科学院紫金山天文台网站)

7. 中微子望远镜

中微子参与弱相互作用，它与物质的作用截面非常小，所以非常难以探测。以日本超级神冈中微子望远镜(Super-K，图4.15)为例，它的探测基本原理是：高能中微子与纯净水中的电子发生散射，将其能量给了电子，电子以接近光速的速度在透明介质中高速运动，产生切伦科夫光，对这些切伦科夫光子用布置在周围的大量光电倍增管收集处理。为了屏蔽宇宙线粒子的影响，超级神冈中微子望远镜位于一个废弃的地下矿井里。超级神冈中微子望远镜主要的科学成就是探测到来自太阳和超新星爆发的中微子，发现了太阳中微子短缺的问题，因此获得2002年诺贝尔物理学奖。进一步的实验发现了中微子振荡，并证明了中微子具有质量，因此获得2015年诺贝尔物理学奖。

图4.15 超级神冈中微子望远镜

(图片来源：东京大学宇宙线研究所网站)

另一个著名的中微子望远镜是美国位于南极冰盖下的中微子望远镜:冰立方(IceCube)中微子天文台。观测站的数千个探测器位于南极的冰层之下,分布范围超过一立方千米。由于无法屏蔽大气中微子的影响,冰立方主要观测能量约为 1 TeV 的中微子,以用来研究宇宙中极高能量的天文物理现象。冰立方于2010年12月8日建造完成。冰立方最大的发现是探测到迄今为止最高能量的 1 PeV 宇宙中微子。

8. 引力波探测器

引力波是爱因斯坦广义相对论的理论预言。广义相对论认为引力是一种时空弯曲效应,我们可以类比电磁波来理解引力波。根据麦克斯韦电磁理论,带电粒子加速运动就产生电磁波,电磁波是一种新的物质,它一旦产生,将以光速在真空中传播。电磁波有电有磁,传播到哪里,哪里就有周期性振荡的电磁场,因此我们可以用带电粒子来探测电磁波,电磁波会引起带电粒子的周期性振荡。同样的道理,有质量的天体加速运动,例如两个黑洞相互绕转,它就会产生引力波,引力波传播到哪里,哪里就有"引力",当然这里的"引力"是指时空的弯曲,而且时空弯曲是周期性振荡的,形象地说,引力波就是时空的涟漪。那如何探测引力波呢?由于物质都存在于时空中,引力波来了之后会引起时空中检验粒子之间相对的运动。引力波有两种偏振模式,但无论是哪种偏振模式,它的效应都是引起相互垂直的两个方向上距离周期性的增大和减小。只要我们能够检测到相互垂直两个方向上距离周期性的改变,就能够探测到引力波。引力波探测器本质上是一种测量距离的仪器。以美国地面的两台激光干涉引力波天文台(LIGO)为例,它们就是两台 4 km 长的迈克耳孙干涉仪(图4.16)。LIGO 首次直接探测到了宇宙中两个恒星级黑洞合并产生的引力波,因此获得2017年诺贝尔物理学奖。

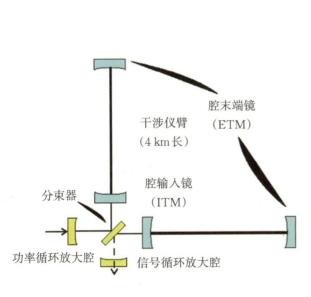

图4.16 美国地面两台激光干涉引力波天文台及其工作原理图

(图片来源:LIGO 合作组)

4.3 系外行星探测：寻找另一个地球

寻找地外生命对人类具有重要的意义，但目前还遥遥无期。对天文学家来说，寻找太阳系外的行星(extra-solar planets或exoplanets)，特别是寻找人类宜居的恒星-行星系统是现实可行的研究课题。行星本身不发光，只能反射恒星的光，因此探测太阳系外的行星是非常困难的。

1. 视向速度法

人类一直到1995年才在类太阳的恒星周围发现了第一颗质量与木星差不多大的系外行星，因此获得了2019年的诺贝尔物理学奖。这颗系外行星是通过所谓的视向速度法探测到的，它的原理非常简单：在由恒星和行星组成的双星系统中，行星与恒星同时围绕它们共同的质心做椭圆轨道运动，在大多数情况下，椭圆轨道与地球上的观测者的视线方向存在一定的倾角，导致恒星周期性地朝向观测者和背离观测者运动。以太阳和木星组成的双星系统为例，如果观测者的视线方向位于轨道平面之内，则太阳的视向速度为± 13 m/s。太阳周期性的运动导致太阳光谱中的吸收线的频率由于多普勒效应发生周期性的红移和蓝移，通过精密的光谱仪可以监测到太阳的周期性运动，从而探测到其周围的木星。1988年，布鲁斯·坎贝尔(Bruce Campbell)、戈登·沃克(Gordom Walker)和斯蒂芬森·杨(Stephenson Yang)通过视向速度法发现仙王座伽马(Gamma Cephei)恒星可能存在一个行星，但是由于数据质量不高，很可惜随后他们自己又否定了这一结论，直到2003年才确认仙王座伽马恒星的确存在行星。1995年10月6日，瑞士日内瓦天文台的米歇尔·马约尔(Michael Mayor)和迪迪埃·奎洛兹(Didier Queloz)在恒星飞马座51(51 Pegasi)中监测到了恒星视向速度周期性变化，该周期为4.231天，视向速度为± 57.496 m/s(图4.17)。飞马座51是一颗G5型恒星，质量约为1.06太阳质量，温度比太阳略低。结合这些观测数据，发现飞马座51周围存在一个质量为0.47木星质量的行星，并命名为飞马座51b！

飞马座51b系外行星的发现出人意料：根据开普勒第三定律可以估算它的轨道半径只有水星轨道半径的五分之一。大质量的气体行星没有预计到会在恒星附近被发现，这就是所谓的热木星问题，因为飞马座51b非常靠近恒星，它的温度要远高于木星的温度。热木星问题还没有完全被解决，目前比较流行的观点认为，它们先在远处形成，类似太阳系中的木星，形成之后，由于角动量损失，不断向内迁移，最终形成热木星。角动量损失机制有两种可能性：一种是该恒星-行星系统外部还存在恒星或其他第三体，恒星-行星系统构成了内双星系统，它们的质心又与第三体构成外双星系统，内外双星系统之间存在角动量的交换。另一种可能性是，在刚诞生的时候，热木星轨道之内存在大量的小行星，恒星-行星系统通过不断抛射恒星附近的小行星而损失能量和角动量。由于行星离恒星太近了，像飞马座51这样的恒星-行星系统不可能存在生命。

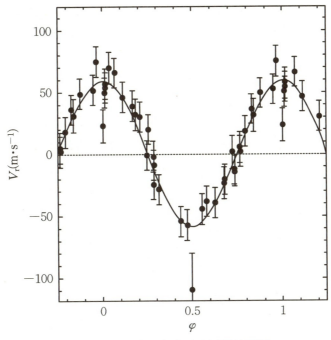

图4.17 飞马座51视向速度测量结果[11]

2. 掩食（凌日）法

第二大类系外行星的探测方法是掩食（凌日）法。掩食法的原理是：如果观测者的视线方向在恒星-行星的轨道平面附近，行星由于周期性的轨道运动，周期性地遮挡了恒星的光，恒星亮度周期性地变暗。这非常类似金星凌日，所以也称之为凌日法。

如图4.18所示，行星沿着虚线箭头方向从左到右运行，在时刻2掩食开始发生，导致恒星的光度发生小小的下降，掩食结束之后，恒星的光度恢复原样。通俗地说，行星掩食恒星，导致恒星的光变曲线被周期性地挖了一系列"坑"。

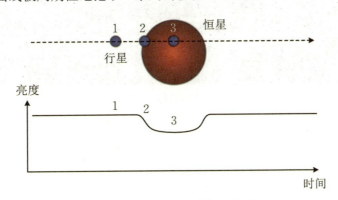

图4.18 掩食法探测系外行星的原理

（图片来源：research.iac.es/galeria/hdeeg）

与视向速度法相比，掩食法的优点是不需要对恒星作分光光谱分析，只需要测光观测，相对要容易一些，无论是在地面还是在空间，观测都容易进行。另外，掩食法可以测量行星的大小,加上质量,可以估算行星的密度,研究行星的结构。在掩食的情况下,可以通过恒星的吸收光谱分析行星的大气成分,例如HST和JWST就作过此类的观测。通过掩食法探测系外行星的旗舰型望远镜是美国宇航局于2009年3月6日发射的开普勒空间望远镜。开普勒空间望远镜其实就是一个大相机,它的观测模式就是选择某个恒星较多的天区,长时间不断拍照,监测视场中恒星的光度变化。

3. 其他探测方法

目前系外行星主要是通过掩食法和视向速度法探测到的,其他方法还包括天体测量法、微引力透镜法和直接成像法。下面分别简单加以介绍。如果望远镜的空间分辨率较高,可以监测到恒星在天球面上围绕质心的周期性位置移动,从而探测到其周围的行星,这就是天体测量法的原理。由于受制于望远镜的口径和地球大气湍动的影响,提高空间分辨率很难,目前还没有通过天体测量法探测到新的行星。微引力透镜法是中国科学技术大学校友毛淑德教授和他的导师帕琴斯基(Paczyński)教授提出来的。我们先解释一下什么是微引力透镜现象。广义相对论告诉我们,光线在引力场中(严格来说,在弯曲时空中)会弯曲,特别是当被观测天体(源)、引力透镜天体、观测者三者共线的时候,源发的光受到引力透镜天体的引力作用,会发生汇聚现象,从而使得源的亮度增加,这非常类似凸透镜的放大作用,我们称之为引力透镜现象。如果透镜天体是银河系中的恒星-行星系统,在我们监测遥远天体的时候,该恒星-行星系统恰好穿过了我们的视线方向,我们会发现遥远天体的亮度先开始逐渐变亮,当三者完全共线的时候,源的亮度达到极大,之后源的亮度就逐渐变暗。这时候由于系外行星围绕恒星运动,又回到了我们的视线方向,再次发生了放大倍数小一点的引力透镜现象(图4.19)。根据源的光变曲线,我们可以发现系外行星,并能估计行星的大小(图4.20)。

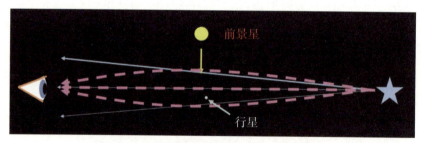

图4.19 微引力透镜法探测系外行星示意图

右侧五角星代表光源,前景星为恒星-行星系统,当前景星-行星穿过光路的时候,会出现两次微引力透镜放大现象。

以上探测系外行星的方法都是间接的。俗话说,眼见为实,能否直接给系外行星拍照呢?原则上是可以的,但挑战很大。系外行星本身不发光,只能反射恒星的光,所以它比恒星要暗弱得多,这是一个亮度比非常高的系统,而且恒星-行星离得也非常近,观测难度很大。天文学家通过星冕仪将恒星的光遮住,成功地通过直接成像法观测到了系外行星。

截止到2023年8月24日,已发现的系外行星有5501颗,存在行星的恒星有4063颗,其中存在多个行星系统的恒星-行星系统有876个。

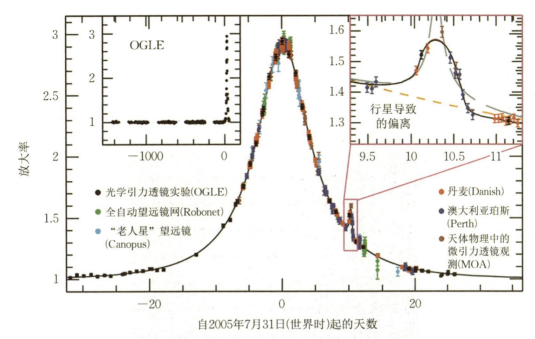

图 4.20 通过引力透镜法探测到一颗 5.5 个地球质量的系外行星：OGLE-2005-BLG-390Lb[1]
图中显示的是微引力透镜效应导致的恒星的光变曲线。

4.4 恒星的结构与演化

通过对恒星的测光和光谱观测可以对银河系内大量的恒星进行详细的分类，基于这些海量的观测结果，天文学家首先发现了恒星光度和温度之间的经验定律，天体物理学家进一步成功建立了恒星内部结构和演化的模型。这一巨大的成就是天体物理学发展成为一门成熟学科的标志。因此，恒星物理是天体物理的基础，需要加以详细介绍。

1. 恒星的观测

对天体进行光谱观测是天文学从一门古老学科发展成为现代天体物理学的分水岭。在这之前，古代的天文学家或者观星家们主要通过观测天体的位置和亮度来研究天体的运动和银河系的结构等。天体光谱学始于 1666 年艾萨克·牛顿使用三棱镜发现太阳光的色散。1814 年，德国科学家夫琅禾费发明了分光仪，在太阳光的光谱中，他发现了 574 条黑线（吸收线），这些线被称作夫琅禾费线。

美国天文学家爱德华·查尔斯·皮克林（Edward Charles Pickering）于 1876—1918 年期间担任哈佛大学天文台的台长，他领导的天文学家分别在北美的哈佛大学天文台和南美秘鲁的观测站对大量的恒星进行光谱观测。皮克林直接把分光的棱镜安装在望远镜前端的物镜处，这样在照相底片上一次就能同时拍摄到几百个恒星的光谱。为了分析海量的观测数据,他还领导了一支由清一色的女性观测助手组成的团队日复一日地人工证认恒星光谱,并根据光谱对恒星进行分类。将恒星从热到冷按照字母O、B、A、F、G、K、M重新进行了排列(图4.21),并在主序列中引入十进制来表示中间恒星的光谱,比如从B型星到A型星依次包含B1、B2、B3型星等,这就是著名的哈佛分类法。哈佛分类法已正确地将恒星按照温度降低的次序进行了排列,这一恒星分类法最终发展成今天使用的摩根-肯那光谱分类法(MK光谱分类法)。

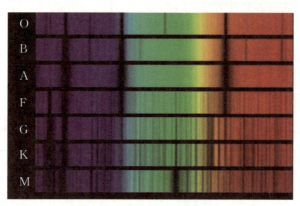

图4.21 典型恒星的光谱类型[13]

除了OBAFGKM,MK系统还包含R、N和S三个亚型。20世纪90年代末期,天文学家又制定了两类新的恒星谱型L和T,用于描述非常"冷"的恒星类型。但总的来说,目前所观测到的绝大部分恒星类型都能用O、B、A、F、G、K、M这七类来描述。在天文学界有一句口诀专门用于记住这七大恒星类别的顺序:Oh, Be A Fine Girl! Kiss Me! 早期的恒星演化理论认为,恒星的一生将从O型朝M型逐渐冷却,这一过程伴随着质量丢失和光度下降,顺序靠前的恒星被称为"早型星"就是这一历史观的产物。随着技术的发展,对遥远恒星的距离测量成为可能,这就使得人们能够正确估计恒星的内禀光度。人们发现,某些光度极低的恒星并不属于K型和M型,而是类似于F型星和G型星,这与恒星沿光谱序列演化的假说相冲突。典型恒星的光谱型及其特征如表4.2所示。

表4.2 典型恒星的光谱型及其特征

光谱型	颜色	温度(K)	光谱特征
O	蓝白	$T_e \geqslant 30000$	紫外连续谱强,有弱HeⅡ,HeⅠ,H线
B	蓝白	$12000 \leqslant T_e \leqslant 30000$	HeⅠ线在B2型达到最大,B0之后HeⅡ消失,H线逐渐变强
A	白	$7500 \leqslant T_e \leqslant 12000$	H线在A0达到极大,CaⅡ线增强,出现弱的中性金属线
F	黄白	$6000 \leqslant T_e \leqslant 7500$	H线变弱但仍明显,CaⅡ线大大增强,电离和中性金属线的强度增大
G	黄	$5000 \leqslant T_e \leqslant 6000$	属太阳谱型,CaⅡ线很强,Fe及金属线强,H线弱
K	橙	$3500 \leqslant T_e \leqslant 5000$	金属线主导,连续谱蓝端变弱,分子带(CN,CH)变强
M	红	$T_e \leqslant 3500$	分子带主导,中性金属线强

恒星有两个基本参数：光度和温度。如果我们将银河系内所有恒星都点在光度-温度图上，我们会发现大部分恒星都位于图中的所谓的主序上，位于主序上的恒星称为主序星。这一结果最早由德国天文学家赫茨普龙于1911年在研究昴星团和毕星团中恒星性质的统计关系时得到。赫茨普龙采用的是恒星光度-颜色图，恒星的颜色基本上表征了恒星的表面温度。1914年美国天文学家亨利·诺里斯·罗素发表了类似的结果。他通过皮克林提供的太阳近邻300余颗恒星的星等和光谱，迅速得到了更加清晰明确的结果——当时被称为罗素图。他的结果于1914年同时刊登在了《自然》和《大众天文学》杂志上，罗素图的纵轴代表恒星的星等，光谱型沿横轴画出，罗素确认了赫茨普龙关于主序存在的这一结论。

赫茨普龙和罗素的开创性成果表明恒星的光度和温度之间存在很强的相关性，此后，他们的方法被迅速用于更多的恒星样本中，所得结果为后来恒星结构和演化理论的建立做出了巨大的贡献。今天，由依巴谷天文卫星和盖娅天文卫星提供的数据，视差精度已经达到了1‰左右，其主要的科学思想和观测结果依然和百年前赫茨普龙、罗素二人的工作一致。为了纪念二人在恒星物理中的重要贡献，后人将恒星的光度（星等）-颜色（光谱型）的二维分布图称为赫茨普龙-罗素图，简称赫罗图。赫罗图无可争辩地给出了恒星光度和温度之间的统计关系，并且在赫罗图上还存在少量的红巨星、白矮星等非主序星（图4.22）。

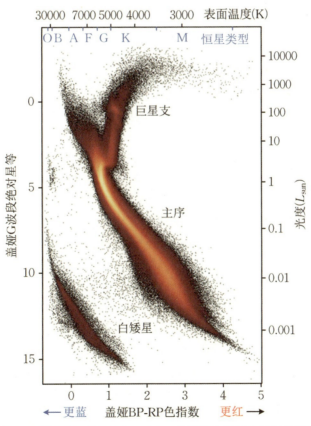

图4.22 欧洲航天局盖娅卫星（GAIA）拍摄的太阳近距恒星的赫罗图
（图片来源：欧空局网站）

2. 恒星的演化

为了正确理解赫罗图,我们需要发展恒星结构和演化的理论。恒星的寿命很长,例如,太阳的寿命大约是100亿年,人类无法通过观测单个恒星来研究它的演化。幸运的是,恒星的质量范围约为0.08太阳质量到几百太阳质量,银河系里有几千亿颗恒星,不同的恒星处于不同的演化阶段。我们可以通过观测相同质量的、处于不同演化阶段的恒星来研究恒星的结构和演化。位于赫罗图不同位置的恒星其实就是由恒星的质量与其演化阶段决定的。

另外,来自恒星的电磁辐射主要是来自恒星表面的辐射,由于恒星内部的密度和温度相对较高,对光子是不透明的,来自恒星内部热核反应产生的辐射不断被恒星内部的物质吸收和散射,经过100万年才能达到恒星表面,最终作为恒星的能源被辐射出去。我们观测到的恒星的电磁辐射已经不能很好地及时反映恒星的内部结构信息。当然,来自恒星内部热核反应产生的中微子可以直接被我们观测到,不过这已经是很近代的事情。

恒星的理论研究的首要问题是弄清楚恒星的能源是什么。恒星向外界辐射的巨大能量主要来源于恒星内部的热核反应。处于主序星、红巨星阶段的恒星,其核心持续进行的热核反应,为它们提供了巨大的辐射能源。以目前的太阳为例,在其内核高温、高压的条件下,四个氢原子核聚变为一个氦原子核,发生了质量亏损,释放出巨大的核能。按爱因斯坦的质能关系式,可以算出1 g氢聚合为氦时所释放的能量相当于11 t煤的热值。科学家推算,太阳形成的初期,氢约占总质量的78%,若以其1/10的氢作为有效"燃料",它可以保持目前的状态约100亿年。

在球对称假设下,恒星结构和演化方程并不复杂。基本方程组包括:质量分布方程,即到恒星中心不同距离处的质量分布;流体静力学平衡方程,假设恒星内部处于压力和引力平衡,则可以决定恒星内部压强分布;光度方程,即恒星的光度来自恒星内部的热核反应所释放的能量;能流方程,恒星内部热核反应所释放的能量需要通过能量转移过程慢慢传递到太阳的表面,该方程决定了恒星内部温度随着半径的变化;最后一个方程就是恒星内部物质的物态方程。基本方程弄清楚之后,就可以编写计算机程序,模拟恒星的结构和演化了,这样的程序有不少,比如由计算机专家比尔·帕克斯顿(Bill Paxton)领衔编写的MESA(modules for experiments in stellar astrophysics)程序,MESA程序是开源的,详见https://docs.mesastar.org/。利用MESA程序可以模拟恒星在赫罗图上的演化轨迹。

恒星的演化很敏感地依赖于它的质量,同时也依赖于恒星的原初金属丰度。我们可以根据恒星的演化特征将其分为小质量、中等质量和大质量恒星的演化。

(1) 小质量恒星的演化(图4.23)。

我们先讨论小质量恒星的演化,这里小质量指的是质量范围为0.08~0.5太阳质量的恒星。氢聚变的点火温度大概是1000万摄氏度,要求恒星的质量大于0.08太阳质量,也就是说只有质量大于0.08太阳质量,星体的内部温度才可以达到氢聚变的点火温度。对于小质量的恒星,其内部大约有超过10%的氢可以通过对流燃烧。理论和观测都表明,恒星的质量越大,恒星的光度就越大。例如,恒星的质量增加10倍,它的光度就要增加10000多倍,这就是所谓的质光关系。因此,恒星的质量越大,它的寿命就越短。对于小质量恒星,它们的寿命要大于目前宇宙的年龄(137亿年),那么恒星内部10%以上的氢烧完之后到底发生什么?目前还不能通过观测来确认,只能通过数值计算来预测。理论计算表明,小质量恒星核区氢燃烧结束之后,外壳层膨胀,发生超新星爆炸,核区达不到氦进一步燃烧的温度,会坍缩形成一颗白矮星。

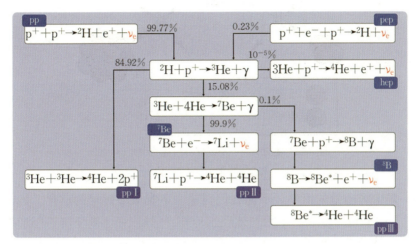

图4.23 小质量恒星核区的热核反应主要通过质子-质子链(**pp链**)进行

最终结果是4个氢原子核合成为1个氦原子核加两个正电子和两个电子中微子:
$4{}_{1}^{1}H \rightarrow {}_{2}^{4}He + 2e^{+} + 2\nu_{e}$。(图片来源:维基百科)

(2) 中等质量恒星的演化(图4.24)。

中等质量恒星的范围为0.5~8太阳质量,中等质量恒星核区氢燃烧结束之后,会进一步发生氦燃烧,生成碳元素(图4.25)。碳与氦进一步燃烧会生成氧元素。碳和氧都是对生命非常重要的元素。也就是说,恒星内部就像一个炼丹炉,生成了比氢和氦更重的元素。它们随着超新星爆发,再被抛洒到宇宙尘埃中。

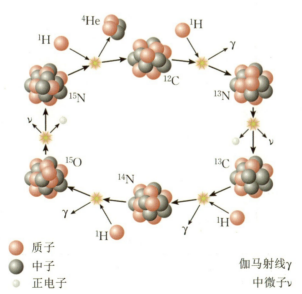

图4.24 碳氮氧循环之一(**CNO-I**): ${}_{6}^{12}C \rightarrow {}_{7}^{13}N \rightarrow {}_{6}^{13}C \rightarrow {}_{7}^{14}N \rightarrow {}_{8}^{15}O \rightarrow {}_{7}^{15}N \rightarrow {}_{6}^{12}C$

最终结果是从氢到氦的聚变。(图片来源:维基百科)

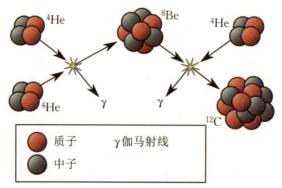

图4.25 氦燃烧——$3\alpha(\text{He})$过程：$3{}_{2}^{4}\text{He} \rightarrow {}_{6}^{12}\text{C}$
(图片来源：维基百科)

太阳是一颗中等质量的恒星。下面我们讨论一下类太阳恒星的演化。如图4.26所示，第1个阶段就是原恒星的形成。星际气体经过冷却，气体压强不断下降，达到某个临界值的时候，经过引力坍缩形成原恒星。原恒星开始形成的时候颜色偏红，体积大，光度也大，这个阶段释放的能量来自气体收缩释放的引力能。随着原恒星的进一步坍缩，它的半径不断减小，核区温度不断升高，这时候光度基本上是一个常数，这就是第2个阶段。第3个阶段就是所谓的金牛座原恒星阶段，这个阶段原恒星演化非常剧烈，有一半的物质通过星风损失掉。第4个阶段就达到了稳定的主序星阶段，在主序星阶段，恒星内部的核反应主要是氢燃烧，恒星一生之中大部分时间都待在主序星阶段，这也解释了为什么大部分恒星都待在赫罗

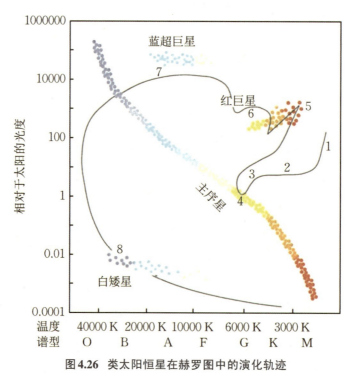

图4.26 类太阳恒星在赫罗图中的演化轨迹
(图片来源：Morison(2008))

图上的主序带上。恒星核区氢燃烧结束之后,就开始氦燃烧,外壳层开始氢燃烧,并不断膨胀成为一颗巨星,在膨胀过程中,恒星的表面温度会下降,观测上就表现为一颗红巨星,这就是第5个阶段。到了第6个阶段,核区的氦燃烧也停止了,开始碳燃烧,碳燃烧阶段恒星的演化非常不稳定,恒星的温度和光度会发生剧烈的变化,在观测上表现为一颗变星。碳燃烧结束之后,核区任何热核反应都停止了,紧挨着核区,氦壳层还继续燃烧,再紧挨着氦燃烧壳层是氢燃烧壳层,即所谓的双壳层燃烧。核区热核反应停止之后,会进一步坍缩成为一颗白矮星,外壳层抛射形成行星状星云,这就是第7个阶段。最后一个阶段就是超新星爆炸之后,核区会遗留下来一颗表面温度达上万摄氏度高温的白矮星。

(3) 大质量恒星的演化(图4.27)。

这类大质量恒星指的是质量大于8太阳质量的恒星。大质量恒星演化晚期内部热核反应从最初的氢燃烧一直燃烧到铁为止。我们知道,铁是宇宙中比结合能(单位核子结合能)最大的元素,也就是最稳定的元素,热核反应到铁就结束了。铁核不再发生热核反应有两方面的原因:一方面,将铁再经过核反应生成更高质量数的原子核是吸热过程;另一方面,铁核与其他原子核发生热核反应,需要很高的温度,在这么高的温度下,核区的高能光子会将铁核打碎,形成质量数更小的原子核。例如,硅燃烧的温度大概是3×10^9 K。在恒星结构演化晚期,恒星表现为一颗红巨星,最内核为热核反应已停止的铁核,紧挨着铁核会形成一个类似洋葱的结构,外部分别是硅燃烧、镁燃烧、氖燃烧、氧燃烧、碳燃烧、氦燃烧、氢燃烧壳层,最外层是没有燃烧的氢壳层。图4.28所示是原子核比结合能的曲线。

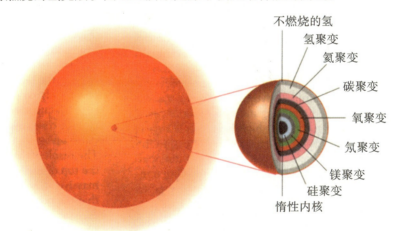

图4.27 大质量恒星演化晚期核区的类洋葱的结构
(图片来源:维基百科)

以20太阳质量的恒星为例,核区氢燃烧的时间大概是10^7年,氦燃烧的时间是10^6年,碳燃烧的时间是300年,氧燃烧是200天,而硅燃烧仅有2天时间。铁核是通过电子简并压与引力抗衡的,类似白矮星,随着外壳层核燃烧的不断进行,铁核越来越大,当铁核的质量超过钱德拉塞卡极限的时候,铁核就会坍缩,在坍缩过程中,释放大量的引力能,将铁核加热,铁核被高能光子解离为氦核和游离的中子,紧接着氦核也被高能光子解离成等量的质子和中子。铁核和氦核解离过程都是吸热过程,导致铁核进一步坍缩。由于这时候核区的密度很高,与质子等量的电子是极端相对论的,它们的能量远大于电子的静能,当电子的能量高于中子和质子的质量差的时候,逆β过程就开始发生:$p + e^- \rightarrow n + \nu_e$,即所谓的中子化过程开始发生。中子化过程之后,致密星的核区以中子为主,加上少量的质子和电子。这时候新生的中子星就形成了。恒星外壳层随之坍缩,撞击到新生的中子星表面,壳层反弹形成激波向外冲出去,产生超新星爆发。超新星爆发的光度大概是10^9太阳光度,基本上和整个星系的光度相当! 超新星爆发最大的亮度可以达到-18星等,每年下降6~8个星等。超新星爆发率大概是每40多年一次,但是由于尘埃的吸收,我们只能看到其中10%~20%的超新星爆发。核坍缩超新星爆发过程能量主要来自中子星的引力能,中子星的引力结合能比铁核的核结合能还要高10倍左右,而且铁核坍缩的动力学时标仅有100毫秒左右,所以说在超新星爆发的过程中释放的引力能是恒星一生中释放核结合能的10倍,在超新星爆发过程中释放的引力能99%以中微子的形式释放掉了,只有1%的能量转化为超新星爆发的动能。即便如此,超新星爆发仍然是宇宙中剧烈的爆发现象之一。

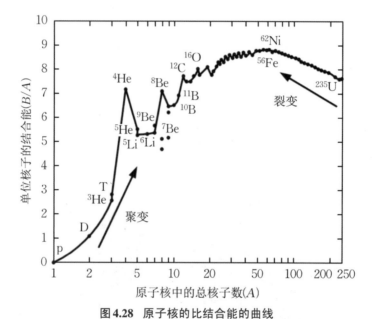

图4.28 原子核的比结合能的曲线

铁原子核的比结合能最大,在从氢核到铁核的聚变过程中,大部分结合能在聚变到氦核的过程中就被释放了。

如果原初恒星的质量大于25太阳质量,铁核坍缩,原子核被解离以及中子化的过程之后,新生中子星的质量大于奥本海默极限,铁核的坍缩将直接形成恒星级质量的黑洞。

3. 恒星的结局:白矮星、中子星和黑洞

恒星演化晚期,核区热核反应停止之后,不同质量的恒星的核区坍缩将分别形成褐矮星、白矮星、中子星和黑洞。下面简单介绍一下什么是白矮星和中子星,黑洞的概念在下一节介绍。

很早的时候天文学家在很多行星状星云中心发现了暗的、白色或者蓝白色的星星,并将之命名为白矮星。白的意思是指它的温度较高,达到了1万摄氏度以上,矮的意思是指它的光度只有太阳光度的几百分之一。例如,天狼星B就是一颗白矮星。天狼星B的质量约为0.95太阳质量,它的光度只有太阳光度的1/360。但是它的表面温度约为8000 K,比太阳的温度要高。

早在1926年,福勒(R. H. Fowler)就大胆猜测白矮星内部的压强来自电子的简并压。也就是电子简并压和引力相抗衡。电子简并压是一种量子力学效应,起源于电子是费米子,遵从泡利不相容原理。对经典理想气体来说,温度越高,气体的压强越高。当温度为零时,气体的压强基本为零。对白矮星来说,核区主要由碳或者氧原子核与电子组成。核区的密度高达10^7 g/cm^3。在这么高的密度下,即使核区的温度为零,由于泡利不相容原理,同一个能量区间的电子数目是有限的,低能态被占满之后,电子只能到更高的能态。因此,白矮星核区的电子能量从低到高都有,低能态被电子占满。系统中电子的最高能量称为费米能。根据分子运动论,系统中的微观粒子具有能量和动量,必然产生宏观的压强。1931年,年仅19岁的钱德拉塞卡根据福勒的思想,发现随着白矮星质量的增加,核区电子的费米能越来越高,当电子的费米能比电子的静止质量还大的时候,电子变成相对论性的粒子,这时候电子的费米简并压有限,不足以支撑更大质量的白矮星,即白矮星存在质量上限,这就是著名的钱德拉塞卡极限,钱德拉塞卡极限约为1.4太阳质量。白矮星的半径大约为几千公里,与地球半径相仿。观测发现,白矮星的质量范围为0.17~1.33太阳质量,的确没有发现超过钱德拉塞卡质量的白矮星。理论很好地解释了观测结果。

中子星的概念非常类似于白矮星的概念。最简单的中子星模型假设中子星内部由自由的中子气体组成。中子也是费米子,遵循泡利不相容原理,存在费米简并压。因此,中子星也存在质量上限。物理学家朗道最早提出中子星的概念,美国物理学家奥本海默最早通过计算广义相对论的流体静力学平衡方程,得到中子星的最大质量约为0.7太阳质量,因此中子星的质量上限称为奥本海默极限。奥本海默的中子星模型过于简化,一般来说,中子星内部不仅存在中子,还存在少量的质子和等量的电子,甚至其他核子。另外,核子之间还存在强相互作用,不能简单近似为理想气体。根据更一般的理论限制,中子星的最大质量不应该超过3.2太阳质量。

中子星在1967年的时候以脉冲星的形式被首次发现。脉冲星是快速旋转的、表面磁场高达10^{12} G的中子星。中子星表面存在几十倍中子星半径这么大的磁层,磁层中存在大量的由电子和离子组成的等离子体。转动的磁场产生电场,电场加速磁层中的带电粒子沿着开放的磁力线方向运动,辐射射电辐射。由于射电辐射主要沿着磁轴方向,如果磁轴和自转轴不重合,辐射束周期性地扫过地球,观测上就表现为射电脉冲,脉冲周期为中子星的自转周期(图4.29)。

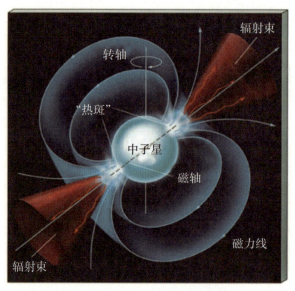

图4.29 射电脉冲星模型示意图

4.5 黑洞与引力波

1. 黑洞基本概念

黑洞和引力波是爱因斯坦广义相对论的两个重要理论预言。在牛顿力学的框架内,有一个非常类似的概念:暗星。英国地质学家约翰·米歇尔(John Michell)与法国皮埃尔-西蒙·拉普拉斯(Pierre-Simon Laplace)分别在1783年、1796年独立地提出了"暗星"的概念,即表面逃逸速度大于光速的星体。在经典牛顿力学的框架下,基于光的粒子说,令光在"暗星"表面的动能等于其重力势能,有 $\frac{1}{2}mc^2 - \frac{GMm}{r_s} = 0$,可得临界半径 $r_s = \frac{2GM}{c^2}$,当星体半径小于此值时光在表面的动能不足以克服重力势能,从而无法"逃离"星体达到无穷远处,使得人们无法得到关于此星体的任何观测信息,这也是"暗星"这一名称的由来。暗星的概念其实不严谨。首先,牛顿力学只适用于描述宏观、低速物体的机械运动。牛顿力学和万有引力理论中并不含光速这个基本物理常数,或者说在万有引力理论中,光速为无穷大,即引力是超距相互作用。其次,光子的静止质量为零。虽然暗星的临界半径与下面我们要讨论的黑洞视界半径完全相同,但是我们可以把它理解为量纲分析的结果:用两个基本物理常数 G 和 c 构造一个长度的量纲,结果必然是 GM/c^2,常数2可以理解为一种巧合。

牛顿力学是建立在绝对时空观基础之上的。绝对时空观认为,时间和空间是绝对的,时空可以影响物质的运动,因为万物都存在于时空之中,但物质绝对不可能影响时空的性质。爱因斯坦的相对论革新了人们对时空的认识。狭义相对论统一了时间和空间,但时空仍然是绝对的。广义相对论放弃了绝对时空的概念,认为物质和时空存在相互作用。物质可以改变时空的性质,使得时空弯曲,而弯曲时空决定时空中物体的运动。在广义相对论中,不存在引力这种相互作用。地球绕着太阳转,本质上是由被太阳弄弯曲的时空性质决定的。时空弯曲由时空度规($g_{\mu\nu}$)刻画,爱因斯坦于1915年11月18日发表了正确的决定时空如何弯曲,即决定度规的引力场方程,这代表着广义相对论的正式建立。广义相对论场方程发表后不到两个月,德国天文学家卡尔·史瓦西(Karl Schwarzschild)便得到了真空场方程的静态球对称解,采用史瓦西坐标系$\mathrm{d}x^\mu = \{\mathrm{d}x^0, \mathrm{d}x^1, \mathrm{d}x^2, \mathrm{d}x^3\} = \{t, r, \theta, \varphi\}$,时空间隔可表示为

$$\mathrm{d}s^2 = -\left(1 - \frac{2GM}{c^2 r}\right)c^2 \mathrm{d}t^2 + \frac{1}{1 - \frac{2GM}{c^2 r}}\mathrm{d}r^2 + r^2(\mathrm{d}\theta^2 + \sin^2\theta \mathrm{d}\varphi^2) \equiv g_{\mu\nu}\mathrm{d}x^\mu \mathrm{d}x^\nu$$

式中重复指标($\mu, \nu = 0, 1, 2, 3$)代表求和。从此度规($g_{\mu\nu}$)出发通过计算得到的星光掠过太阳表面发生偏折、水星近日点的进动等理论值与天文观测符合得很好,因此被视为广义相对论正确的有力证明。显然在此度规函数中存在两个发散点,即$r=0$与$r=\frac{2GM}{c^2}$,后者常被称为史瓦西半径。后经过大卫·芬克尔斯坦(David Finkelstein)以及其他学者,例如著名的天文学家亚瑟·斯坦利·爱丁顿(Arthur Stanley Eddington)证明度规在史瓦西半径处的奇异性可通过坐标变换消除,而$r=0$对应于时空曲率的奇点,无法通过选取坐标将其消除,是一种内禀的奇异性。史瓦西半径对应于黑洞的事件视界,通过光锥及其开口分析,黑洞视界内部的光锥指向半径减小的方向,在视界处,光锥与视界面相切,所以物质包括光,一旦落入黑洞视界内,最终都会落入黑洞的奇点,因此黑洞视界内部的信号无法传播出去,视界亦即黑洞区的边界。除去史瓦西黑洞,新西兰数学家克尔(Roy Kerr)在1963年发现了场方程的轴对称转动解,它描述的是质量为M和单位质量角动量为a的天体外部的弯曲时空。与史瓦西黑洞类似,克尔黑洞也存在内禀的环形奇点。

2. 黑洞的存在性与奇点定理

自史瓦西黑洞提出以来,人们对于黑洞存在性的争论便未停止。另一个需要回答的问题是,宇宙中黑洞能形成吗?前面我们提到,在恒星演化的晚期,恒星内部氢燃烧结束之后,会发生超新星爆炸,核区坍缩形成白矮星和中子星这样的致密星,甚至直接形成黑洞。核坍缩具体产物依赖于恒星的初始质量和金属丰度。恒星晚期核坍缩为什么能形成黑洞?这是因为白矮星和中子星都存在质量上限,它们内部压强都来源于费米子的简并压,统称为费米星。一个很自然的问题是,当致密星质量达到最大值之后,内部压强不足以与引力抗衡的时候,它们会坍缩成黑洞吗?1939年,奥本海默和斯奈德(H. Snyder)通过求解球对称尘埃物质(内部压强为零)的场方程发现在引力的作用下尘埃会不断收缩,最终坍缩为奇点。为了简单起见,他们假设在引力坍缩过程中星体内部压强近似为零,并且忽略掉旋转等因素所引起的球对称偏离,最终计算结果表明,在随动观测者看来,当达到临界质量之后,中子星坍缩为黑洞的时标仅为毫秒量级!这似乎是关于黑洞存在性的第一个理论上严格的证明,但有许多人对此提出质疑,球对称的条件过于苛刻,现实中并不存在。如果物质坍缩过程中不是球对称的,物质具有一定的角动量,牛顿力学告诉我们,物质最终不会坍缩

到一点上。

　　类星体的发现重新点燃了人们研究黑洞的热情。正是受到类星体发现的鼓舞,1963年彭罗斯开始深入研究黑洞是否存在奇点,最终做出了革命性的工作。彭罗斯放弃了球对称物质的假设,仅对其能量密度提出正定的要求,为此他引入拓扑学来研究相关问题并创造性地提出了"俘获面"(trapped surface)概念。在1965年的文章中,彭罗斯以时空上一柯西超曲面作为物质的初始分布,假设一开始物质按照球对称分布形式进行引力坍缩,则外部的真空部分可用史瓦西度规描述。此时无限远处观测者只可接收到史瓦西半径之外的信号。当物质收缩到史瓦西半径以内时,周围的时空便出现一个类空球面,即俘获面。俘获面是一个闭合的类空二维曲面,任意两条与其正交的类光测地线会在未来某点相交(图4.30)。俘获面一旦形成,即使物质的分布发生变化如偏离球对称等,也会一直存在下去。而在正定的能量密度条件下,俘获面内部的所有物质随着时间推移最终都会汇集到径向坐标的原点,故时空奇点是不可避免的。这一重要结果被称为彭罗斯奇点定理。该定理表明,若初始时空非常不平坦具有俘获面,且物质场满足合理的条件,则爱因斯坦场方程意味着时空必然具有奇点。

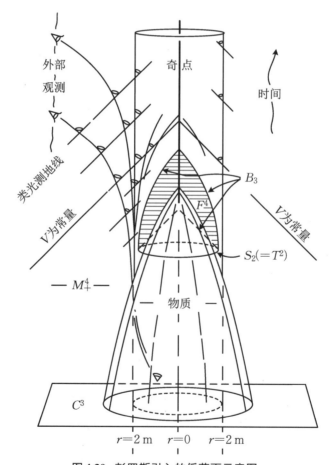

图 4.30　彭罗斯引入的俘获面示意图

F^4俘获面T^2的编时未来集,B^3是F^4的边界。图中为球对称情形,对偏离球对称同样适用。

图 4.31 直观地解释了俘获面的概念。其中三维类空的空间已被压缩为二维平面,即用二维平面代表三维空间。平面向上的法线方向代表时间演化方向。星体的表面用黄色的圆圈表示,从星体表面发出的、沿着径向向外传播的光用蓝色的圆圈表示,向内传播的光(假设光可以自由地向内传播,类似中微子)用红色圆圈表示。作为对比,左图显示的是静态时空。在静态时空中,星体的大小基本不随时间演化,从星体表面发出的往外传播的光的直径越来越大。右图显示的是引力坍缩的时空,且在该时空中,随着时间的演化,星体的半径越来越小,从星体表面发出向外和向内传播的光的半径也在不断减小,甚至小于上一时刻星体的半径。在这种情况下,星体的表面就被彭罗斯称为未来俘获面。在引力坍缩过程中,一旦出现俘获面,随着时间的演化,俘获面最终会坍缩到一点——奇点。

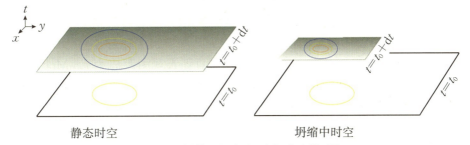

静态时空　　　　　　坍缩中时空

图 4.31　俘获面概念图(空间为二维)[17]

如图所示,时间朝上。左图为静态时空。$t=t_0$ 切片中黄色圆圈表示原始球体沿着径向分别向内外发送光信号。在 $t=t_0+dt$ 时刻,光波形成两个新的球体,分别用红色和蓝色圆圈表示。右图为坍缩时空。在 $t=t_0+dt$ 时刻,蓝色和红色球体表面的面积都可能小于初始时的黄色表面。在这种情况下,黄色表面被称为未来俘获面。

3. 银河系中心超大质量黑洞的发现

人们与黑洞有关的实际观测最早来源于 20 世纪 60 年代类星体(quasar)3C 273 的发现。1908 年爱德华·法思(Edward Fath)观测到 NGC 1068 的核区有强的发射线。1918 年希伯·柯蒂斯(Herb Curtis)发现"一条奇怪的直线"连接至 M87 的核心。1939 年格罗特·雷伯(Grote Reber)发现射电源天鹅座 A。对于这些源的反常现象(全波段辐射、具有发射峰等),最初人们并不清楚它们的本质,事后我们知道 NGC 1068 的核区的发射线来自核区超大质量黑洞吸积盘辐射照射盘上或周围冷气体产生的荧光发射线;连接 M87 核心的"直线"是来自核区超大质量黑洞的星系尺度的喷流;而天鹅座 A 的射电辐射应该来自黑洞喷流中相对论性电子的同步辐射。1963 年荷兰天文学家马尔滕·施密特(Maarten Schmidt)第一个意识到射电源 3C 273 的光谱中无法证认的宽发射线其实是高红移后的氢的巴尔末线和电离氧的谱线,其红移值为 0.158。根据宇宙大爆炸理论,宇宙学红移 0.158 的天体距离我们约为 24.8 亿光年(760 Mpc)!施密特从而成为"类星体"的发现者。根据类星体的距离计算,类星体的典型光度高达 10^{46} erg/s,该光度大概是整个银河系总和的 1000 倍。后续研究表明这些类星体其实是位于其他星系中心的致密、高光度的辐射源,也被称为"活动星系核"(AGN),通常光度在一个典型星系的光度总和的两个量级以上。一些科学家试图将类星体解释为超大质量恒星,但恒星质量过大会导致不稳定性与极短的寿命。类星体的能源成了一个谜。1964 年埃德温·萨佩特(Edwin Salpeter)、雅可夫·泽尔多维奇(Yakov Zeldovich)和伊戈尔·诺维科夫

(Igor Novikov)猜测类星体的能源来自质量高达10亿倍左右太阳质量的黑洞吸积周围气体释放的引力能。在彭罗斯提出有关黑洞的一系列理论后,超大质量黑洞成为解释类星体的主流模型。1967年约翰·惠勒(J. A. Wheeler)和雷莫·鲁菲尼(Remo Ruffini)正式使用"黑洞"一词,并沿用至今。

黑洞模型被用于解释类星体以后,1969年唐纳德·林登贝尔(Donald Lynden-Bell)提出多数星系中心都存在黑洞。两年后,他与马丁·里斯(Martin Rees)一起讨论了银河系中心超大质量黑洞的存在性,并提出了几类关键的观测方法,包括探测银河系中心0.2 pc(秒差距)内的水的复合线来确定其速度,从而判断该区域是否存在一质量为$10^7 \sim 10^8 M_\odot$(太阳质量)的天体;利用甚长基线干涉仪(VLBI)测量弱信号,从而确定银河中心黑洞的尺寸;探测银河系中心远红外波段的流量等。在20世纪90年代早期,望远镜的角分辨率不足以在空间上区分彼此相距银河中心黑洞的史瓦西半径量级的天体,故只能通过观测附近的恒星与气体的轨道来确定银河系中心物体产生的引力势能,得到其质量密度并与各类已知天体的密度对比确定其具体组成。1995年三好正人(M. Miyoshi)等人观测距离为7.3 Mpc的星系NGC 4258核心处的水脉泽。利用VLBI,他们以高于毫角秒的角分辨率绘制了水脉泽的位置与速度分布图,得到旋转曲线后根据开普勒定律确定了中心物质密度在$10^9 M_\odot \text{ pc}^{-3}$量级,远大于银河系中已知密度最大的稳定多体系统球状星团,后者的密度在$10^5 M_\odot \text{ pc}^{-3}$量级。观测结果排除了星系核心附近气体的运动源于中心的密集星团的假设,进一步肯定了黑洞的存在。银河系中央几个秒差距内存在大量的星团与炙热气体,是用于确定银河系中心致密射电源人马座A*(SgrA*)产生的引力势能的绝佳观测对象。若银河系中心确实存在超大质量黑洞,则周围星体的速度v应与其距离中心半径r的1/2次方成反比,正如太阳周围的行星;而对于空间上较为分散的密集星团,则根据星团的具体密度,周围星体的速度可能随半径一同上升或者与半径的依赖关系变低。因此,对于银河系中心附近星体速度的观测成为确定黑洞存在的关键。

20世纪90年代,马普研究所的根策尔(Reinhard Genzel)与加州大学洛杉矶分校的盖兹(Andrea Mia Ghez)率领各自的团队分别在智利的欧洲南方天文台(ESO)与夏威夷的凯克(Keck)天文台开始了关于银河中心星体轨道的观测。观测工作存在许多困难,除了对于望远镜空间分辨率的极高要求外,由于银河系中大量星体间尘埃的阻隔,可见光波段的光子到达地球的透射率只有大约百万分之一。此外,在关于星体轨道的长期测量中地球大气的波动也会对测量结果产生不小的影响。为了克服这些困难,两个团队主要进行近红外波段的观测,在此波段光子的透射率可达十分之一,并且率先发展应用了斑点成像技术以抵消大气湍动的影响。此技术要求在极短的时间(约0.1 s)对目标天体进行曝光成像,然后将得到的一系列图片用移位加法处理,最终获得更清晰的图像。显然,这项技术成为空间上分辨人马座A*周围星体的有力手段。有了足够高的角分辨率,根策尔与埃卡特(Andreas Eckart)利用直径为3.5 m的新技术望远镜(NTT)进行了持续四年的观测,得到了一系列星体的投影速度矢量图(图4.32)。这些速度很好地符合了反比于r的1/2次方关系:$v \propto r^{-1/2}$,与中心存在黑洞的假设一致。

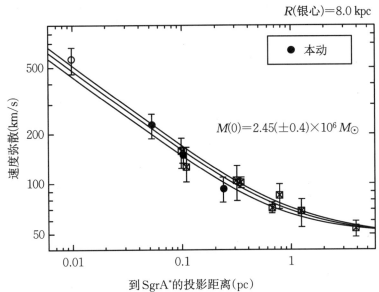

图4.32 星体投影速度与人马座A*中心投影距离的函数关系[3]
由曲线可推断出银河系中心的黑洞质量大约为 $2.5\times10^6 M_\odot$，考虑后续观测数据后这一估计增加至 $4\times10^6 M_\odot$。

斑点成像技术曝光时间极短，只适用于观测较亮的星体。为了长期追踪单个恒星的轨道，盖兹与根策尔团队使用了自适应光学技术，此技术可延长曝光时间并实现利用光谱仪来研究星体，从而得到它们的组成信息与径向速度。运用新技术后，两个团队开始了单一星体轨道的追踪观测。研究的星体被标记为 S_2，它绕人马座 A* 运动轨道周期很短，只有大约 16 年，并且轨道呈现高度的椭圆形状，偏心率 $e=0.88$，与人马座 A* 的最近距离只有 17 光年时，相当于质量为 $4\times10^6 M_\odot$ 的黑洞史瓦西半径的 1400 倍。两个团队分别测得的数据彼此符合得很好，对数据进行分析后他们发现 S_2 轨道内其余发光星体、暗物质等物体的影响在估计中心物体质量时可忽略，从而得到中心质量大约为 $4\times10^6 M_\odot$，考虑轨道大小后这意味着中心物体的密度至少为 $5\times10^{15} M_\odot\,\text{pc}^{-3}$。这些观测结果的最合理解释便是银河系中心的致密物体为超大质量黑洞。两个团队分别在 ESO 与 Keck 天文台对 S_2 轨道进行了长达 26 年（1992—2018）的观测，结果为银河中心存在超大质量黑洞的假设提供了运动学层面的有力证明（图4.33）。此外，两个团队还利用 2018 年 S_2 恒星经过近心点的机会，探测到了相对论效应下的轨道进动，这是符合理论计算的一个了不起的实验成果。

目前的观测数据还不能对在黑洞几百个史瓦西半径内的物体进行细致研究，但是红外耀斑的偶然发现为进一步的研究提供了可能。利用具有更高角分辨率的 GRAVITY（仪器）可由这些耀斑追踪人马座 A* 的最内部区域。观测发现这些耀斑起源于黑洞的近邻区域，以光速的 30% 围绕中心物体做轨道运动，距离中心只有 3～5 史瓦西半径，刚好位于质量为 $4\times10^6 M_\odot$ 的克尔（Kerr）黑洞的最小稳定圆轨道（ISCO）外。这些结果也为银河系中心致密物体为超大质量黑洞的假设提供了额外的证明。

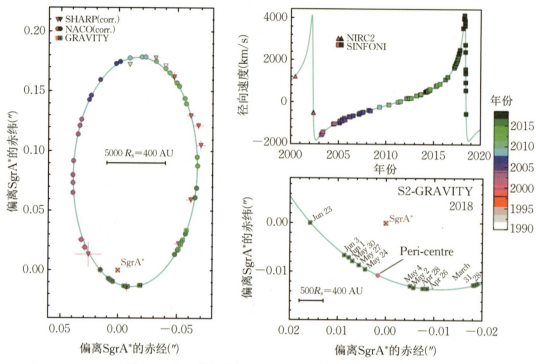

图 4.33 对 S_2 在 26 年间（1992—2018）观测结果的总结[7]

左图轨道显示了与人马座 A*射电源（图中褐色十字处）的相对位置。右上为 S_2 径向速度与时间函数关系图，右下为 2018 年测得的轨道近心点附近的放大图，S_2 分别于 2002 年 4 月与 2018 年 5 月运动至近心点。各图中青色曲线为考虑相对论效应后与实测数据匹配度最高的拟合曲线。

4. 给超大质量黑洞拍照

银河系中心发现了一个 400 万太阳质量的暗天体，但是我们并不能百分百确认它就是黑洞。它只是疑似黑洞，是黑洞候选体：我们唯一能确定的是，它的质量都集中在一个非常小的半径之内，还无法排除它不是黑洞的可能性。黑洞与其他天体最本质的区别是它存在视界面，视界面里面是黑的。很多情况下，黑洞吸积周围的气体，在黑洞视界之外存在很多高温的气体，这些气体能够被我们探测到，但在这些气体的中心应该有一个非常暗的阴影区域。如果能拍到黑洞视界的阴影，眼见为实，才能证明黑洞是真正存在的！

根据爱因斯坦的广义相对论，光线从黑洞周围辐射，到达地球的路途中，在黑洞视界附近被黑洞弄弯了，类似光线在透镜中发生偏折，我们称之为引力透镜现象。由于引力透镜效应，我们实际上看到的黑洞阴影大约是实际黑洞的视界的 5 倍。

虽然黑洞视界已被自己放大了 5 倍多，但问题是黑洞视界实在太小了！以天鹅座 X-1 为例，黑洞视界在天上的张角相当于月球上 0.7 μm 物体在天上的张角！作为比较，我们知道真核细胞的大小大概为 1 μm。目前人类在地面的光学望远镜还不能分辨出月球上一个细胞大小的物体。另外，天鹅座 X-1 主要发射 X 射线，X 射线望远镜的分辨率比光学望远镜更差。因此，目前以及在今后相当长的时间内，人类还无法给恒星级黑洞拍照。那能不能给其他星系中心的超大质量黑洞拍照呢？其他星系中心的黑洞虽然质量大，相应地它们的视界也大，但是由于其他星系距离地球实在太远了，黑洞视界在天上的张角也非常小。例如，室女座超星系团的中心距离地球约6千万光年！

　　黑洞视界在天上的张角最大，也就是我们在地球上看起来最大的黑洞是哪个呢？答案是银河系中心的黑洞。太阳系位于银河系的一个叫猎户臂的旋臂上，到银河系中心的距离大约是2.7万光年。银河系中心黑洞的质量大约为400万太阳质量，它的视界直径大约为2400万公里，在天上的张角只相当于月球上一个乒乓球在天上的张角。即使这样，这已经是宇宙中在天上张角最大的黑洞了。张角排名第二大的黑洞是距离银河系较近的一个编号为M87的星系中心的超大质量黑洞，它在天上的张角大概比银心黑洞张角略小一点。这是因为虽然M87距离地球比银河系中心远了大概一千多倍，但是M87中心黑洞的质量也比银河系中心黑洞大了一千多倍，约为65亿太阳质量。因此，为了给黑洞拍照，银河系中心的黑洞和M87星系中心的黑洞是我们首要的观测目标。

　　给黑洞拍照难度虽然很大，但科学意义巨大。如果能拍到黑洞视界的阴影，眼见为实，就能真正证明黑洞是存在的。首先需要考虑的是，用什么波段的望远镜给黑洞拍照？前面提到，银河系中心黑洞并不活跃，被吞噬、落到黑洞视界附近的气体比较稀薄，而且原子已经被打碎了，变成相等数量的正负电荷（主要是电子和离子），物理学家称之为等离子态，也就是物质第四态。由于等离子体中存在电流，会产生磁场，很高能量的电子在磁场中运动会产生射电辐射，我们称之为电子的同步辐射。中国科学技术大学西校区就有一个可以产生非常亮的同步辐射的加速器。根据理论计算，银河系中心黑洞周围的气体主要发射很强的高频无线电波，对应的波长达到了1 mm，这个波段的无线电波的波长已经非常靠近红外了，因此我们需要一个强大的高频射电望远镜来给黑洞拍照。

　　观测波段确定之后，我们就要寻找世界上最大的高频射电望远镜来给黑洞拍照。为了给黑洞拍照，目前最理想的两个目标源是银河系中心的黑洞和M87近邻星系中心的黑洞，我们需要多大的射电望远镜才能将黑洞视界大小分辨出来呢？根据测算，我们需要一个地球这么大口径的射电望远镜！显然，单个望远镜的口径不能做到这么大。目前口径最大的射电望远镜是中国在贵州平塘大窝凼的天眼望远镜，它的口径是500 m，还远远不够，而且天眼望远镜工作波长较长。

　　这次给黑洞拍照使用的望远镜叫事件视界望远镜（event horizon telescope，EHT），其实就是一个毫米波段的射电望远镜阵，即毫米波的甚长基线干涉仪（VLBI），它由位于南极洲、美洲和欧洲6个地方的8台射电望远镜组成（图4.34）。天文学家协调全世界各个地方的高频射电望远镜，同时观测银河系中心、M87星系中心以及其他的一些源。在观测的过程中，地球的自转带动阵列中望远镜一起运动，每个望远镜扫出一个弧，对应一个等效口径和地球直径一样大的超级望远镜表面的一部分（图4.35）。参与黑洞视界望远镜的射电望远镜在给黑洞拍照的时候，大家一起协同工作，任务完成之后，各自独立工作。因此，事件视界望远镜是一个虚拟的望远镜。

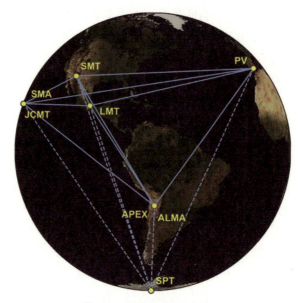

图 4.34 黑洞视界望远镜[4]

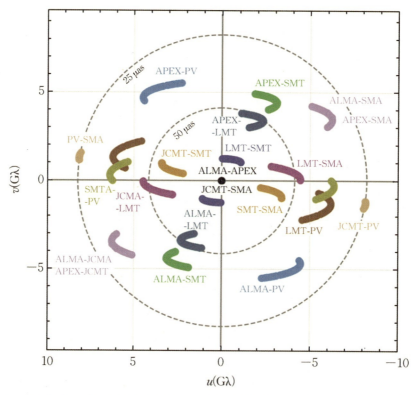

图 4.35 由分布在全球各地的望远镜连网观测达到地球这么大口径虚拟望远镜的效果图[4]
图中的曲线是由2017年参与EHT观测的一对望远镜随着地球的自转扫出的虚拟望远镜的一部分。

黑洞视界望远镜也不是随时都可以观测,因为成功的观测需要全球参与观测的望远镜几乎同时观测,这就要求各个参与观测的望远镜所在地的天气状况良好,不能有太多云影响观测。幸运的是,黑洞视界望远镜合作组在2017年4月5日、6日、10日和11日对银河系中心以及M87中心黑洞成功进行了观测。每个观测台站记录的数据量惊人,合作组采用专用硬盘来记录数据,再把它们运到数据中心进行处理,经过近两年时间的后期处理和分析(所谓的冲洗照片),人类终于得到了首张黑洞视界阴影的照片。为什么需要两年时间呢?这是因为数据量大,需要超级计算机才能处理,而且各个地方的天气因素也要想办法排除,更重要的是参与观测的望远镜不多,每次连续观测时间不超过10 min,随着地球的转动,各个望远镜扫过的弧线只相当于地球这么大望远镜的很小的一部分。

2019年4月10日21时,全球六地(比利时布鲁塞尔、智利圣地亚哥、中国上海和台北、日本东京、美国华盛顿)同时召开新闻发布会,宣布人类首次利用一个口径如地球大小的虚拟射电望远镜,为距离地球5500万光年的近邻超巨椭圆星系M87中心成功拍摄世界上首张超大质量黑洞图像(图4.36)。

这张照片最重要的科学意义就是中心有一个黑色的类似圆形的区域,它就是我们所期待的黑洞视界的阴影。前面我们说过,黑洞与其他天体最本质的区别是它存在视界,黑洞照片发表之后,黑洞的存在就"实锤"了!外面明亮的像甜甜圈一样的环状结构是围绕黑洞高速旋转的高温气体发的光(射电辐射)。

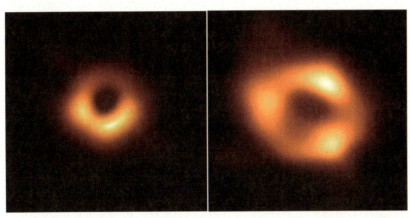

图4.36 人类拍摄的首张黑洞照片:近邻星系M87中心黑洞照片,以及银河系中心首张黑洞照片[4-5]

激动人心的是,在北京时间2022年5月12日晚9点,事件视界望远镜合作组又正式发布了第二个黑洞照片:银河系中心黑洞人马座A*的首张照片!银河系中心黑洞照片和M87中心黑洞照片看起来的确差不多,都像甜甜圈。但实际上它们的差别是非常大的:首先它们的质量不一样,银河系中心黑洞质量约为400万太阳质量,大约只是M87中心黑洞质量的1/1500;另外,因为银河系中心黑洞质量小,所以黑洞尺度也小,黑洞视界附近的气体围绕黑洞转一圈只需要几分钟,最多半小时,而气体围绕M87中心黑洞转一圈则需要5天,甚至一个月,这取决于黑洞转得有多快;最后,两个黑洞吞噬周围的气体很不一样,相对于同样的重量,银河系中心黑洞吞噬周围的气体量不到M87中心黑洞的1/1000。

为什么差别这么大的两个黑洞的射电图像看起来差不多呢?这说明黑洞周围的气体运

动情况和射电辐射完全是由广义相对论支配的。结果导致黑洞周围的气体温度基本相同,且都以接近光速的速度围绕黑洞运动,特别是在黑洞视界附近,时空的相对弯曲程度是差不多的。

2017年4月5日—11日同时对银河系中心黑洞和M87中心黑洞进行了观测,为什么银河系中心黑洞的照片晚了三年才公布?这是由于银河系中心黑洞的个头小,黑洞周围气体流动相对快,图像随时间变化也较快,类似于我们在看电影的时候,本来电影就比较模糊,拍照的时候曝光时间不能太长,否则图像就更模糊,所以我们在"洗"银河系中心黑洞照片的时候,多花了几年时间。

5. 恒星级黑洞与引力波

对一颗质量比太阳大20倍左右的恒星,在它演化的晚期,核区坍缩可能形成一颗与太阳质量差不多大或者大几十倍的黑洞,我们称之为恒星级黑洞。银河系中大约有2000亿颗恒星,据估计,大恒星死亡之后,在银河系中留下了几百万颗恒星级黑洞。其他遥远的星系中也应该存在大量的恒星级黑洞。问题是,如何通过观测发现这些恒星级黑洞?黑洞又不发光,怎样去找黑洞呢?虽然黑洞不发光,但它对周围的气体或天体有万有引力,我们可以利用黑洞视界外面很靠近黑洞的气体和天体作为探针,探测黑洞的存在。

在银河系中,一半以上的恒星处于双星系统中,而且根据恒星的演化理论我们知道,质量越大的恒星寿命越短。当双星中质量较大的恒星先死亡之后,它可能形成一颗恒星级黑洞,随后该黑洞从其周围的伴星吸积气体,气体落入黑洞视界附近,黑洞强大的引力将使得吸积气体以接近光速的速度相互碰撞,这非常类似于蹦极:从很高的地方落入地球,由于地球的引力,人的下落速度将越来越快,人的动能不断增加,在这个过程中,人的引力势能不断转变为人的动能。通过黑洞吸积,最终将气体加热到百万摄氏度甚至千万摄氏度,高温气体将发射很强的X射线,我们称之为X射线双星系统。天文学家可以通过X射线在银河系内寻找处于双星系统中的恒星级黑洞。在这个过程中,能量总是守恒的,气体的热能本质上来自气体在黑洞强大引力场中的引力能。来自宇宙空间的X射线是无法穿透地球的大气层而到达地球表面的,所以X射线望远镜只能上天,成为X射线卫星。人类探测到的第一颗恒星级黑洞候选体是天鹅座X-1,也就是在天鹅座方向观测到第一个X射线双星系统。它于1964年被发现,是个很强的X射线源,距离地球约7240光年。根据双星的轨道运动监测,黑洞的质量约为21太阳质量。它的伴星是一颗蓝色超级巨恒星,质量约为20~40太阳质量,在天气晴朗的夜空使用小型双筒望远镜可看见天鹅座X-1的伴星。

最后简单提一下,我们还可以通过引力波探测双黑洞。2015年9月14日,美国的激光干涉引力波天文台首次探测到两个恒星级黑洞合并最后阶段产生的引力波信号,合并之前两个黑洞的质量分别为29太阳质量和36太阳质量,合并之后二者形成了一个62太阳质量的黑洞,大约3太阳质量的物质转化成能量,以引力波的形式释放出来(图4.37)。目前引力波天文台已经探测到了好几百例黑洞合并事件。毫无悬念地,2017年诺贝尔物理学奖授予了美国科学家雷纳·韦斯、巴里·巴里什和基普·索恩,以表彰他们为"激光干涉引力波天文台"项目和发现引力波所做的贡献。

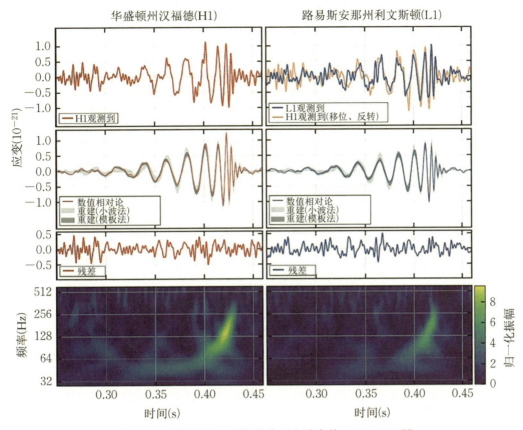

图 4.37 人类直接探测到的首个引力波事件：GW150914[10]

4.6 物理宇宙学

1. 相对论宇宙学

牛顿宇宙观认为时空是绝对的，与时空中的物质分布是无关的。整个宇宙是永恒的、稳定的。牛顿宇宙观存在的最大问题是物质之间只存在引力相互作用，没有斥力，因此在引力的作用下宇宙会发生引力坍缩。为了避免宇宙坍缩，牛顿认为宇宙应该是无限的，但是无限、稳定的宇宙又会带来其他问题，比如奥伯斯佯谬等。

爱因斯坦的广义相对论告诉我们，宇宙时空和宇宙中的物质是存在相互作用的，整个宇宙的演化必然包括时空和物质的共同演化。1917年爱因斯坦将广义相对论引力场方程应用于宇宙的结构和演化，开创了相对论宇宙学，从此之后，宇宙学才真正成为了一门科学。爱因斯坦发现宇宙引力场方程的解是不稳定的，宇宙要么膨胀，要么收缩。这一结论与爱因斯坦的宇宙观是不一致的，爱因斯坦从哲学上考虑，认为宇宙应该是静态的、有限无边的，且是均匀各向同性的,不存在宇宙中心。为了得到一个静态的宇宙学模型,爱因斯坦在他的引力场方程中人为地加入了一个具有斥力作用的项,即宇宙学常数项,但问题是爱因斯坦的静态宇宙学模型的解是不稳定的!我们现在知道,观测和理论都表明我们的宇宙正在膨胀。爱因斯坦后来认为,引入宇宙学常数项是他一生犯过的最大错误。具有讽刺意味的是,被爱因斯坦本人否定了的宇宙学常数项又被天文学家引入宇宙学模型来解释宇宙加速膨胀。

1922年俄国气象学家、数学家弗莱德曼(Friedman)得到了不含宇宙学常数项的宇宙引力场方程的均匀和各向同性的解(图4.38)。根据弗莱德曼的解,我们的宇宙从一个奇点开始膨胀,膨胀宇宙的演化取决于宇宙中物质的多少。假设宇宙的临界密度为 ρ_c,宇宙的实际密度为 ρ,我们可以定义无量纲化的密度 $\Omega \equiv \rho/\rho_c$。根据宇宙中物质密度的多少,宇宙命运分为三大类:

(1) 如果宇宙的密度较大,即 $\Omega > 1$,弗莱德曼的解对应闭宇宙。宇宙的尺度因子先不断增加,达到极大值之后,再不断地减小,直至为零。也就是说,宇宙先从奇点膨胀,膨胀到极大值之后,再不断地收缩,最终收缩到奇点。闭宇宙时空曲率为正,类似篮球面的空间曲率(图4.39(a))。

(2) 如果宇宙的密度较小,即 $\Omega < 1$,弗莱德曼的解对应所谓的开宇宙。也就是说,宇宙的尺度因子不断增加,宇宙永远膨胀下去;同时,宇宙时空曲率为负,类似马鞍形的空间曲率(图4.39(b))。

(3) 如果宇宙的密度恰好等于临界密度,即 $\Omega = 1$,弗莱德曼的解对应所谓的平宇宙。也就是说,宇宙的尺度因子不断增加,宇宙永远膨胀下去;同时,宇宙时空的曲率为零,类似无限大平面的空间曲率(图4.39(c))。

由于物质只存在引力,不存在斥力,在上面三种情况中,宇宙膨胀都是不断减速的,也就是说宇宙膨胀的加速度小于零。根据弗莱德曼的膨胀宇宙学模型,宇宙的演化非常类似于在地球表面沿径向抛出一个物体,如果抛射物的初始速度小于地球表面的逃逸速度,即对抛射物来说,地球的引力过强,抛射物先远离地球,最终经过不断减速又重新落回到地球表面。如果抛射物的初始速度大于地球表面的逃逸速度,即对抛射物来说,地球的引力不是很强,抛射物虽然不断减速,但最终脱离地球的引力到达无穷远处,且速度不为零。如果抛射物的初始速度恰好等于逃逸速度,则抛射物不断减速,最终勉强脱离地球的引力,即抛射物到达无穷远处的时候,它的速度恰好为零。

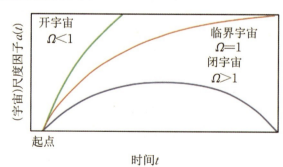

图4.38 弗莱德曼的相对论性宇宙学模型[13]
宇宙尺度因子随着时间段演化。

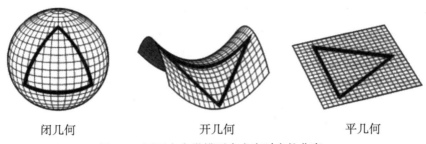

| 闭几何 | 开几何 | 平几何 |

图4.39 不同宇宙学模型中宇宙时空的曲率

2. 宇宙大爆炸

最早从观测上发现宇宙在膨胀的是美国天文学家埃德温·哈勃。其实古代天文学家就发现天上不仅有点状的星星,还有具有延展结构的星云(neubula),德国哲学家康德大胆地猜想这些星云是类似于我们银河系的遥远的星系。后来哈勃利用造父变星作为距离指示器,测量到了部分星云的距离,发现它们都在银河系之外,因此这些星云就是河外星系。通过对来自这些星系谱线的红移测量,哈勃进一步发现星系在退行,而且星系的退行速度与它们的距离成正比,这就通过观测给我们描绘了宇宙在膨胀的场景。如图4.40所示,这就是哈勃早年得到的所谓的速度(v)和距离(d)的线性关系,即著名的哈勃定律:$v=H_0 d$,比例常数H_0被后人命名为哈勃常数。根据哈勃定律,原则上可以利用红移来测量星系的距离。哈勃常数$H_0 \sim 70$ km/(s·Mpc),但还存在巨大的争议,不同的测量方法得到的结果还不一致,被称为"哈勃常数危机"(Hubble tension)(图4.41)。

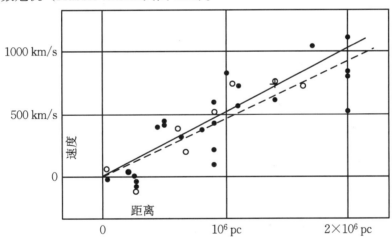

图4.40 河外星系的速度和距离图,即著名的哈勃定律[8]

对于理论物理学家来说,发现宇宙膨胀之后,一个很自然的推论就是:回望过去,我们的宇宙不断在收缩。20世纪40年代,伽莫夫和阿尔法首先提出宇宙起源于100亿~150亿年前一次猛烈的宇宙爆炸,宇宙的爆炸是时空的膨胀,同时物质随着时空的膨胀也不断地膨胀,我们称为宇宙大爆炸。宇宙大爆炸发生后最初的瞬间,新生的宇宙温度高达1.4×10^{32} K。这时可能出现了一些比夸克还基本的粒子及其反粒子,它们是什么?根据目前的物理理论还无法预知。但在极高温度中,它们运动速度接近光速,根本无法相互结合形成物质,即使短暂形成,也会被极高的温度解离,所以也有人把这时的宇宙比作一锅原始汤,或者原初火球。过了大约五万分之一秒,宇宙温度降为 1.0×10^{11} K,夸克相互结合形成了几乎相等数量的质子和中子。这时宇宙中还有大量几乎相等数量的带负电的电子和正电子,以及大量不带电的光子和中微子。过了大约 1 s,温度降为 1.0×10^{10} K,中子不断衰变为质子(因为中子的质量比质子的质量略大)和电子以及电子反中微子,即 $n\to p+e^-+\bar{\nu}_e$,同时正负电子对不断湮灭转化为光子,即 $e^++e^-\to\gamma+\gamma$。到了宇宙最初 3 min 的时候,温度降为 1.0×10^9 K,质子数已经是中子数的 6 倍!到了 3 min 时,中子基本上都和质子结合为氦核,剩余的质子就是氢核。中子在原子核中很稳定,因此此时宇宙中形成了最初的两种元素,即氢和氦,它们的质量比约为 3∶1,还有非常非常少量的锂。宇宙大爆炸准确预言了宇宙中轻元素的核合成,并被观测证实,这是宇宙大爆炸理论的重要观测证据之一。

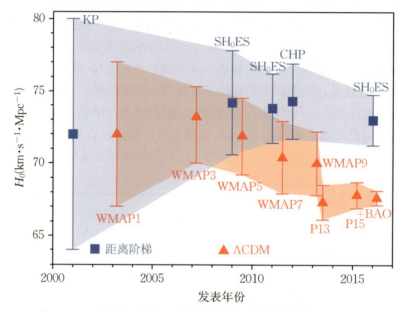

图4.41 2001—2016年期间 H_0 的测量值[6]

其中蓝色带误差棒的点表示来自近邻宇宙观测所给出的 H_0 值,而红色带误差棒的点则表示高红移观测所给出的 H_0 值。显然,蓝色和红色区域互不重叠,存在尖锐的冲突,被称为"哈勃常数危机"。

自由的原子核和自由电子由于正负电荷相互吸引,原则上可以形成中性原子,但此时光子能量极高,足以电离任何刚形成的原子,所以稳定的氢原子无法大量形成。又过了大约38万年,对应宇宙学红移 $z\sim1000$,宇宙的温度降低到了 3000 K 左右,光子能量不足以电离氢原子,质子和电子复合形成氢原子。氢原子合成之后,光子与中性的氢原子不再发生相互作用,即光子与电子退耦,之后 3000 K 的宇宙黑体辐射一直保留了下来。随着宇宙的膨胀,所有光子的波长都被等比例拉长,对应黑体辐射的温度不断下降,目前宇宙背景辐射下降到了 $\sim$3 K,伽莫夫当年预测的值为 $\sim$5 K,这个预测值与现在的观测值是非常接近的。宇宙微波背景辐射是宇宙137亿年前遗留下来的宇宙化石,它保留了宇宙137亿前的物理状态,是宇宙学观测的首要目标。

其实早在1966年的时候,普林斯顿大学的迪克和吉姆·皮布尔斯(Peebles)就在想方设法通过观测寻找5 K的微波背景辐射,可惜他们并没有找到。宇宙微波背景辐射在1962年很戏剧性地被两个贝尔实验室的工程师彭齐亚斯和威尔逊意外发现了。他们想方设法排除了各种噪声,于1965年确认了宇宙微波背景辐射,因此获得了1978年诺贝尔物理学奖。真所谓"有心栽花花不开,无心插柳柳成荫"。皮布尔斯教授终其一生在物理宇宙学方面做出了很多开创性的理论工作,他也因此获得了2019年的诺贝尔物理学奖。

彭齐亚斯和威尔逊只是观测到了宇宙微波背景辐射在波长7.32 cm处的亮度。1989年发射的宇宙微波背景探测仪,也就是COBE卫星,在0.5 mm到10 cm波段对宇宙微波背景辐射进行了全波段的观测,发现宇宙微波背景辐射是各向同性的,而且是一个2.73 K的标准黑体谱(图4.42)。

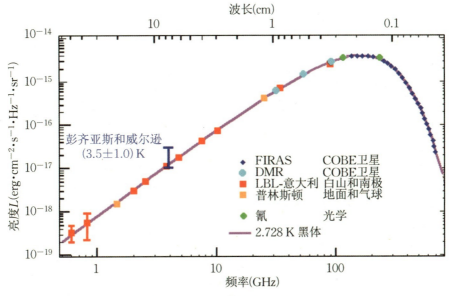

图4.42 宇宙微波背景辐射谱

宇宙微波背景的发现是宇宙大爆炸的一个非常确切的证据。COBE卫星发现我们的宇宙微波背景基本上是各向同性的,但不是完全各向同性的,在扣除地球运动的影响和银河系尘埃辐射的影响之后,微波背景辐射表现出大小为十万分之一的温度变化,也就是说6×10^{-5} K,这种细微的温度各向异性表明宇宙早期存在微小的密度不均匀性。在光子与电子退耦的时候,由于宇宙存在微小的密度不均匀性,光子从密度高的地方辐射出来的时候,需要克服引力势能,光子的频率要下降一点,从而导致观测到的宇宙微波背景辐射的各向异性,这就是所谓的萨克斯-沃尔夫(Sachs-Wolfe)效应。正是宇宙早期的微小的不均匀性导致了我们现在星系的形成:随着宇宙的膨胀,在引力的作用下,密度相对较高的地方会变得越来越高,最终导致这一区域的物质之间的自引力超过了宇宙其他地方所有物质对它的引力,从而坍缩形成宇宙中的第一代亚星系的结构。约翰·马瑟和乔治·斯穆特推动并领导COBE卫星项目,并对宇宙微波背景辐射进行全波段的观测,因此获得了2006年的诺贝尔物理学奖,他们获奖的理由是发现宇宙微波背景辐射的黑体形式和各向异性(图4.43)。

图 4.43　宇宙微波背景辐射的各向异性：Planck 卫星的观测结果
（图片来源：Planck 合作组）

对宇宙微波背景辐射观测的困难主要来自水蒸气的影响，水蒸气对微波的吸收非常厉害。我们可以通过卫星观测，比方说 COBE、WMAP 和 Planck 卫星；或者通过气球观测，比方说 BOOMERANG（毫米波河外辐射和地球物理的气球观测）和 MAXIMA；或者在高海拔的沙漠观测，例如 CBI 和 VAS；南极气温低，也非常适合观测宇宙微波背景辐射，比如 DASI、SPT、BICEP 等项目。中国西藏阿里也非常适合宇宙微波背景辐射观测，那里建有中国阿里微波背景辐射偏振望远镜（AliCPT），对宇宙微波背景辐射的偏振观测原则上可以测量宇宙原初引力波。

通过宇宙微波背景的观测，我们可以测量宇宙的基本参数。例如，通过分析 WMAP 卫星 5 年的数据和改进的地面与气球实验数据，发现含暗能量的冷暗物质模型与观测符合得很好（图 4.44）。宇宙微波背景同样可以给出宇宙曲率的信息，也就是说我们可以用宇宙微波背景来测量宇宙的时空曲率（图 4.45）。

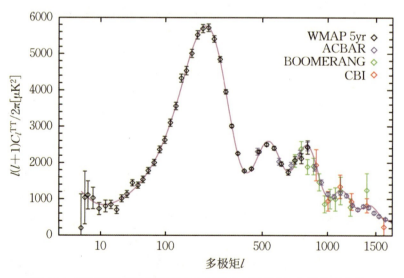

图 4.44　根据微波背景辐射的各向异性，可以测量宇宙学基本参数
利用 5 年的 WMAP 数据和改进的地面与气球实验数据，发现含暗能量的冷暗物质模型与观测符合得很好。（图片来源：WMAP 合作组）

3. 暗物质和暗能量

暗物质和暗能量通过天文观测被发现,但是它们的物理本质目前还不清楚,可能会导致新物理的诞生。

前面我们已经提到,如果恒星,比如太阳,围绕银河系中心运行,它的轨道运动速度 $v \approx \sqrt{GM/r}$,其中 M 为恒星轨道之内所有物体的质量,r 为恒星与中心天体的距离。如果轨道之内只有中心天体,那么星系中心附近的恒星运动速度应该要比距离中心远的恒星运动速度快很多。可是在实际观测过程中,天文学家发现,距离星系中心远的恒星运动速度并不慢,甚至可以媲美星系中心附近的恒星速度。举个例子,太阳系位于银河系第三旋臂上,距离银河系中心 2.6 万光年,根据万有引力定律,太阳系的运行速度应该是 160 km/s,事实上观测的结果却是 240 km/s。也就是说,太阳系的实际速度要远远大于理论速度。这说明还存在着我们没有观测到的物体提供了额外的引力。这个物质不发光,表明它不参与电磁相互作用,所以我们无法直接轻易观测到它。科学家就把这个物质称为暗物质。天文学家还通过星系团的动力学、星系团的引力透镜效应等发现了暗物质存在的踪迹。

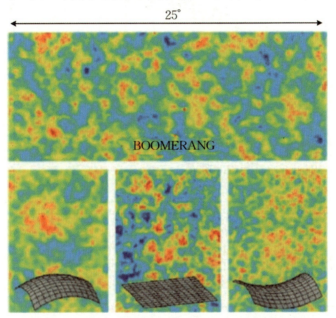

图 4.45 根据微波背景辐射,可以测量宇宙的时空曲率[13]
结果表明我们的宇宙是平坦的。

根据宇宙微波背景的各向异性,我们可以测量宇宙中到底有多少暗物质,这主要通过所谓的 Sachs-Wolfe 效应来测量。前面我们已经提到宇宙微波背景辐射从物质引力势阱中跑出来的时候,会发生引力红移效应,从而导致了宇宙微波背景辐射在大尺度上的一个微小的不均匀性,这就是所谓的 Sachs-Wolfe 效应。通过 Sachs-Wolfe 效应,天文学家发现宇宙中能提供引力的暗物质是宇宙中所有重子物质的 5 倍之多!

根据弗莱德曼的宇宙学模型,宇宙是减速膨胀的。Ia 型超新星是碳-氧核白矮星达到钱德拉塞卡极限之后,星体核坍缩触发了碳-氧核的核爆炸,将整个星体炸毁。因此,Ia 型超新星爆炸的光度基本是一样的，天文学家建议将Ia型超新星作为宇宙的标准烛光，用于测量Ia型超新星所在星系的距离。天文学家通过对Ia型超新星的观测，很神奇地发现，现今的宇宙非但没有减速膨胀，还在加速膨胀（图4.46）。这意味着宇宙中存在着一种新的物质提供了斥力，在斥力的促使之下，宇宙才会加速膨胀。科学家把提供斥力的这种新的物质称为暗能量。暗能量的物理本质是什么？现在还不清楚。根据宇宙的加速膨胀的观测，我们发现现今的宇宙中暗能量占比达70%之多，暗物质占比是25%，暗能量、暗物质才是宇宙的主角，它们占据了宇宙物质总量的95%以上，而已知的重子物质只占据了不到5%，而且它们大部分以气体形式存在，而我们观测到发光的恒星只占其中不到1%。也就是说，我们对于宇宙还知之甚少，搞清楚了暗物质和暗能量，有可能导致一场新的物理学革命。由于观测到宇宙的加速膨胀，三位科学家分享了2011年诺贝尔物理学奖。

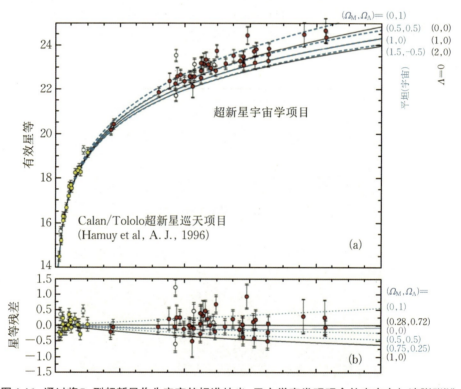

图4.46 通过将Ia型超新星作为宇宙的标准烛光，天文学家发现现今的宇宙在加速膨胀[14]

我们简单总结一下宇宙的演化。根据个人理解，宇宙演化经历了如下几个重要的阶段：

（1）宇宙暴胀。暴胀理论认为早期宇宙的空间以指数倍的形式膨胀。暴胀过程发生在宇宙大爆炸之后的$10^{-36}\sim10^{-32}$ s。在暴胀结束后，宇宙继续膨胀，但是膨胀速度小得多。限于篇幅，我们不详细讨论暴胀理论。

（2）宇宙轻元素的核合成：最初三分钟。

（3）光子和电子退耦：宇宙微波背景辐射的形成。这个阶段又称为宇宙的黑暗时代。

（4）第一代天体的形成：宇宙再电离。宇宙早期的密度扰动在引力的作用下不断放大，最终导致暗物质聚集，在暗物质引力场的作用下，宇宙中的气体不断聚集，形成亚星系结构。

最终导致大爆炸发生后大约1.8亿年,宇宙中的第一代恒星诞生。亚星系中的气体不断形成恒星,最终形成了星系。大爆炸后4亿年,第一代星系诞生了。第一代星系形成之后,又将宇宙中的中性氢原子几乎完全电离。

(5) 宇宙加速膨胀。在宇宙早期,辐射场占主导地位,随着宇宙的膨胀,物质场开始占主导地位,因为辐射场能量密度随着宇宙膨胀的变化规律是$\rho_r \sim a^{-4}$,而物质场的能量密度随着宇宙膨胀的变化规律是$\rho_M \sim a^{-3}$,其中a为宇宙尺度因子。显然,辐射场的能量密度下降得比物质场的能量密度快。在辐射或者物质占主导地位的时候,宇宙是在减速膨胀的。随着宇宙的继续膨胀,由于暗能量的密度保持不变,大约在大爆炸后50亿年,暗能量开始占主导地位了。暗能量是一种斥力,导致目前的宇宙正在加速膨胀。

(6) 银河系的形成。银河系大约在大爆炸后38亿年形成。又过了50亿年,太阳系开始形成,地球差不多与太阳同时形成。大约46亿年前,一团围绕太阳旋转的星际尘埃聚集成我们生活的地球。

4. 宇宙的命运

我们可以推测一下宇宙未来的命运。目前我们的宇宙是在加速膨胀的,将来智慧生命的视界可能增加,但是其他星系快速移出了我们的视界。将来,本星系群合并成为一个星系,除了我们自己的星系,宇宙中将空无一物。即使你是哈勃,那时候你也无法探测到星系的退行,从而发现哈勃定律,即宇宙在膨胀(图4.47)。另外,随着宇宙的膨胀,宇宙微波背景的温度也太低,以至于我们无法探测,我们将无法了解宇宙的信息。虽然我们可以通过我们所在星系的化学丰度知道星系的年龄,但是无法知道宇宙的演化,例如宇宙是否起源于大爆

图4.47 这张近10000个星系的照片被称为哈勃超深场
这张快照包括不同年龄、大小、形状和颜色的星系。最小、最红的星系大约有100个,可能是已知的最遥远星系,存在于宇宙只有8亿年的时候。(图片来源:美国宇航局网站)

炸。目前的暗物质和暗能量是相当的，而且我们的宇宙微波背景是可测量的。如果宇宙太年轻，暗能量还不占主导地位，不起作用，则无法知道暗能量的存在；如果宇宙太老，则无法知道宇宙在膨胀，到那时候恒星都已死亡，智慧生物无法知道它们的这个演化。

爱因斯坦说，宇宙最不可理解的是它是可以理解的。与宇宙的年龄相比，人类的历史非常短暂，人类早期对宇宙的认识只停留在哲学思辨、甚至是玄学阶段。但是，目前我们对137亿年前整个宇宙的时空性质、宇宙中的物质组成以及它们的演化状态的了解精确到了百分之一！这比我们对地球内部物理性质的了解要精确得多。这是人类所取得的巨大成就。我们做到这点主要是基于观测的进步和现代物理学的发展。当然，人类对宇宙的认识还没结束。暗物质和暗能量（宇宙学常数）的物理本质是什么？宇宙早期通过量子涨落产生的原初引力波能否被观测到？广义相对论在宇宙大尺度上是否正确？这些问题都是属于物理学和天文学交叉领域前沿的研究课题，目前还没有正确的答案。希望年轻的学子们能树立正确的科学观和宇宙观，打好数理基础，将来加入专业研究者的队伍，共同探索宇宙的奥秘。

（本章撰写人：袁业飞）

参 考 文 献

[1] Beaulieu J P, Bennett D P, Fouque P, et al. Discovery of a cool planet of 5.5 Earth masses through gravitational microlensing[J]. Nature, 2006, 439(7075):437-440.
[2] DAMPE Collaboration. Direct detection of a break in the teraelectronvolt cosmic-ray spectrum of electrons and positrons[J]. Nature, 2017, 552(7683):63-66.
[3] Eckart A, Genzel R. Observations of stellar proper motions near the Galactic Centre[J]. Nature, 1996, 383(6599):415-417.
[4] Event Horizon Telescope Collaboration. First M87 event horizon telescope results. Ⅰ: the shadow of the supermassive black hole[J]. Astrophys. J. Lett., 2019, 875:L1.
[5] Event Torizon Telescope Collaboration. First Sagittarius A* event horizon telescope results. Ⅰ: the shadow of the supermassive black hole in the center of the Milky Way[J]. Astrophys. J. Lett., 2022, 930(2):L12.
[6] Freedman W L. Cosmology at a crossroads[J]. Nature Astronomy, 2017, 1(5):168-173.
[7] GRAVITY Collaboration. Detection of the gravitational redshift in the orbit of the star S2 near the Galactic centre massive black hole[J]. Astron. Astrophys., 2018, 615:L15.
[8] Hubble E. A relation between distance and radial velocity among extra-galactic nebulae[J]. Proceedings of the National Academy of Science, 1929, 15(3):168-173.
[9] IceCube Collaboration. First observation of PeV-energy neutrinos with icecube[J]. Phys. Rev. Lett., 2013, 111(2):021103.
[10] LIGO Collaboration. Observation of gravitational waves from a binary black hole merger[J]. Phys. Rev. Lett., 2016, 116:061102.
[11] Mayor M, Queloz D. A Jupiter-mass companion to a solar-type star[J]. Nature, 1995, 378:355-359.
[12] Mao S, Paczyński B. Gravitational microlensing by double stars and planetary systems[J]. Astrophys. J. Lett., 1991, 374:L37.
[13] Morison I. Introduction to astronomy and cosmology[M]. Chichester: Wiely, 2008.

[14] Perlmutter S, Aldering G, Goldhaber G, et al. Measurements of and from 42 High-Redshift Supernovae[J]. Astrophys. J., 1999,517(2):565-586.

[15] Prialnik D. An introduction to the theory of stellar structure and evolution[M]. Cambridge: Cambridge, 2000.

[16] Riess A G, Filippenko A V, Challis P, et al. Observational evidence from supernovae for an accelerating universe and a cosmological constant[J]. Astron. J., 1998,116(3):1009-1038.

[17] Senovilla J M, Garfinkle D. The 1965 Penrose singularity theorem[J]. Class. Quantum Grav., 2015,32:124008.

[18] WMAP Collaboration, Nolta M R, et al. Five-year Wilkinson microwave anisotropy probe observations: angular power spectra[J]. Astrophys. J. Suppl., 2009,180(2):296-305.

[19] 向守平. 天体物理概论[M]. 合肥:中国科学技术大学出版社,2008.

[20] 侯嘉昊,袁业飞. 黑洞的理论预言和观测证认[J]. 物理实验,2020,40(12):1.

[21] 唐泽源,袁业飞. 事件视界望远镜对近邻星系M87中心超大质量黑洞的成像观测[J]. 科学通报,2019,64(20):2072.

[22] 袁业飞. 相对论天体物理[J]. 现代物理知识,2015,27(5):9-15.

第5章 地球和空间科学

地球和空间科学是自然科学的重要基础领域之一,与物理学、化学、生命科学等并列。"空间"指人类发射的探测器可以到达的地方,而太阳系以外目前还只能用望远镜进行远距离观测,一般属于天文学的研究范畴。因此,地球和空间科学研究的空间范围基本对应于整个太阳系:从地球内部到陆地、海洋和大气,进而延伸到太阳、行星和行星际空间,直至太阳风层顶(图5.1),可谓"上穷碧落下黄泉"。地球和空间科学研究的时间范围从太阳系形成(约46亿年前)至今(图5.2),乃至无限未来,可谓从"鸿蒙初辟"到"地老天荒"。地球和空间科学研究这个广阔时空中存在的结构、物质及其发生的各种运动和变化,在资源开发利用、生态环境保护、自然灾害防控等方面对人类经济社会发展发挥着重要作用。

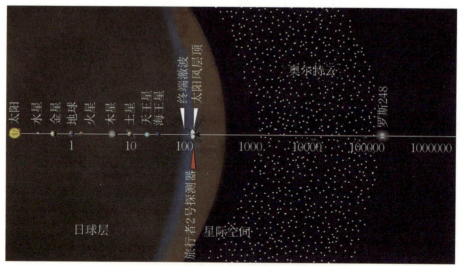

图5.1 地球和空间科学研究的空间范围:太阳系
太阳风层顶半径约为120 AU(天文单位AU即平均日地距离,为$1.496×10^8$ km)。
(图片来源:https://solarsystem.nasa.gov/resources/492/oort-cloud-and-scale-of-the-solar-system-infographic/)

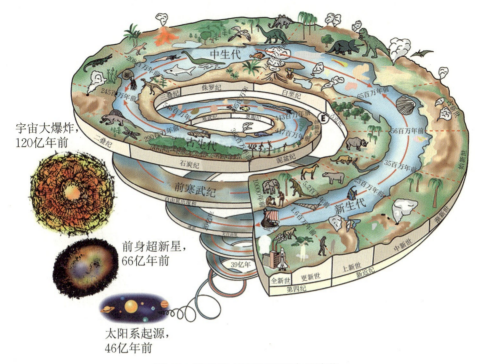

图 5.2 地球从 46 亿年前至今的演化

从古至今分为冥古宙、太古宙、元古宙(三者合称为隐生宙,也称前寒武纪)、
古生代、中生代、新生代(三者合称为显生宙)。

(图片来源:https://www.naturphilosophie.co.uk/testing-times-methods-dating-geological-past/)

5.1 地球和空间科学的发展历史

当古人在夜晚仰望浩瀚的苍穹和璀璨的星辰,在慨叹自身渺小的同时,不免兴起探索宇宙奥秘之思。我国战国时期的伟大诗人屈原在《天问》一诗中就追问道:

    遂古之初,谁传道之?
    上下未形,何由考之?
    冥昭瞢暗,谁能极之?
    ……
    天何所沓?十二焉分?
    日月安属?列星安陈?
    ……

翻译成现代汉语就是:

关于远古初始时的情况,是如何传述下来的?
开天辟地之前的鸿蒙时代,又如何推求考证?
当时昼夜未分混沌一片,谁能穷究其状?
……
天与地在哪里交会?十二辰是如何划分的?
日月众星之间如何归属?谁将它们陈列在其位?
……

这些问题充分折射出屈原丰富深刻的哲学思想和追求真理的探索精神,值得后世不断传承和弘扬。

华夏之外,其他古文明也不乏对宇宙万物本原的探究。在屈原因忧愤投江而死两年后的公元前276年,古希腊学者埃拉托色尼(Eratosthenes)出生了。埃拉托色尼兴趣广泛,取得很多非凡成就,其中最著名的是对地球周长的测量。埃及南部的赛伊尼有一口深井,夏至日太阳光可以直射井底,表明太阳位于当地的天顶(太阳光垂直于当地的地球表面)。在夏至日中午,他在距离赛伊尼5000希腊里的亚历山大城测量了一座方尖塔阴影的长度,推算太阳光偏离当地垂线的角度为7°12′(圆周角的1/50)。他据此计算出地球的周长是252000希腊里,相当于约39600 km,与今天所知的地球实际周长惊人地一致!埃拉托色尼通过逻辑推理将地理和天文知识、几何原理与观察测量有机结合在一起,获得了相当精确的地球周长(图5.3)。也是他第一个创造并使用"地理学"这个词。埃拉托色尼的地球周长测量工作是地球和空间科学研究乃至自然科学研究的典型范式。

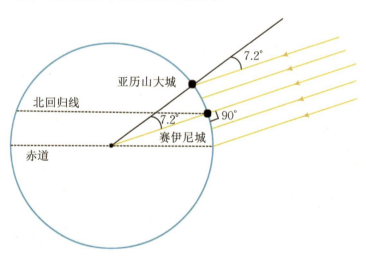

图5.3 埃拉托色尼测量地球周长的原理

15—16世纪,罗盘(中国古代四大发明之一)等导航技术的应用使人类活动得以从陆地和近海向远洋拓展。航海活动和地理大发现开阔了人类的视野,刷新了人类对地球的认识,为自然科学研究提供了大量的经验事实,推动了科学观念的突破,促成了近代自然科学的诞生。波兰科学家哥白尼提出的"日心说"打破了天主教廷"地心说"对人们思想的禁锢,将地球还原为绕太阳运转的行星(解决了屈原"日月安属"之问)。科学史研究者指出,"日心说"

不仅是天文学的一次革命,也应被视为地球科学的滥觞。17世纪,意大利科学家伽利略制成天文望远镜,取得了关于太阳和行星的多项新发现。更重要的是,伽利略开创了受控实验的方法,对实验结果进行了严谨的理论分析和数学表述,奠定了近现代自然科学的基础。英国科学家牛顿在《自然哲学的数学原理》一书中论证了开普勒行星运动定律与他的引力理论之间的一致性,展示了地面物体与天体的运动都遵循着相同的自然定律。地球和空间科学的发展与自然科学的整体发展同步,密不可分。

地球漫长的演化历史留下了由多种类型岩石和地貌等构成的地质记录,从复杂的地质记录反推地球的演化历史是一项艰巨的挑战。恩格斯在《反杜林论》中指出,"地质学按其性质来说主要是研究那些不但我们没有经历过而且任何人都没有经历过的过程……全部地质学是一个被否定了的否定的系列,是旧岩层不断毁坏和新岩层不断形成的系列","要挖掘出最后的、终极的真理就要费很大的力气,而所得是极少的"。尽管如此,地质学家并没有停下对科学真理的探寻脚步。18世纪,英国地质学家赫顿提出了"将今论古"的"均变说"。他认为现今的地质作用在过去以同样方式、类似强度发生过,因此可以用现今地质作用的规律去反演古老地质事件发生的条件和过程。莱伊尔将赫顿的观念总结为"现在是了解过去的钥匙"。赫顿和莱伊尔奠定了地质学研究现实主义思想的理论基础,被认为是现代地质学的创立者。19世纪,英国和法国学者提出可以用沉积岩层所含的生物化石确定岩层的相对年代,达尔文提出的进化论为古生物学提供了科学的理论基础。

地球究竟有多么古老?这一直是人们非常关心的问题。17世纪的神学家从《圣经》记载中推断,地球诞生于公元前4004年10月22日下午6点(令人印象深刻的"数据精度"!)。但研究地层和化石的地质学家认识到,地球经历过沧海桑田式的漫长演化;6000年实在是太短了,不足以使地球和生物演变成今天的模样。热力学奠基人之一、19世纪的英国物理学家开尔文勋爵十分热衷于地球年龄的计算。他通过冷却模型算出地球的年龄约为1亿年,并认为这是自己最重要的科学贡献。由于开尔文在科学界的崇高威望,莱伊尔等地质学家和达尔文等生物学家虽然对他的结果十分怀疑,但当时根本无力反驳。实际上,由于当时还不知道元素放射性衰变会释放大量热量,开尔文的冷却模型计算严重低估了地球的年龄。虽然开尔文的探索未竟全功,但他率先将物理学用于地球年龄的定量计算,推动了地球科学向更加精密的方向发展。

19—20世纪物理学和化学的蓬勃发展有力地推动着地球科学的进步。偏光显微镜为人们观察和鉴定矿物提供了很大帮助,而X射线衍射技术的出现使人们得以测定矿物晶体的微观结构。美国学者克拉克通过对不同种类岩石的元素分析,得出了大陆地壳的平均化学组成。挪威学者戈尔德施密特应用晶体化学原理,阐明了元素的地球化学性质和在地球中分布的规律。克拉克和戈尔德施密特被认为是地球化学的奠基人。放射性同位素的发现和质谱仪的发明为确定地质事件的绝对年龄提供了有力工具,而对稳定同位素分馏的研究为揭示地球和行星物质来源以及测量古温度提供了重要手段。20世纪50年代,美国学者帕特森利用地球和陨石样品的铅同位素组成,确定地球的真实年龄为45.5亿年。20世纪上半叶,地震波成为探测地球内部的利器。科学家以地震波走时理论为基础,确定了地壳-地幔界面(莫霍面)和地幔-地核界面(古登堡面),进而提出了地球内部圈层结构。重力、电磁、地热等方法与地震学一起,推动地球物理学进入快速发展轨道,为认识地球内部不同尺度的结构、成分和动力学演化提供了重要的物理依据。地球化学和地球物理学的建立是地球科学朝向定量化和实证化发展,从博物学和臆测上升为一门真正科学的重要标志。

与此同时,世界上的海洋强国纷纷开始组织自己的海上调查。19世纪70年代,英国的挑战者号考察船航行12万多千米,进行了多学科综合性的海洋观测并取得大量成果,这被认为是现代海洋科学的开端。20世纪中叶,人们通过海洋探测认识到洋底存在巨大的环球山系,即洋中脊。从洋中脊向两侧的大洋地壳岩石年龄逐渐变老,验证了大洋地壳从洋中脊生长和运动扩张的海底扩张学说。海底扩张学说也使德国学者魏格纳在20世纪初提出的大陆漂移学说获得了新的生命力,这两种学说共同发展出了固体地球科学的系统理论——板块构造学说。板块构造学说认为,地球表层刚性的岩石圈由不同级别、大小不一的板块构成,板块漂浮在软流圈之上,处于不断运动之中;板块内部比较稳定,而板块边界是火山喷发、地震、造山等地质作用十分活跃的地带;大洋板块向地球深部俯冲,形成几千米深的海沟。除了海洋地质学,物理海洋学、海洋化学等其他海洋科学分支学科也都取得了显著进展,例如发现了海水化学组成的恒定性。

东西方文明很早就积累了丰富的气象学知识。汉武帝时期将反映自然节律变化的二十四节气纳入《太初历》,用于指导农事。古希腊哲学家亚里士多德撰写的《气象汇论》是世界上最早的气象书籍,描述并粗浅解释了风、云、雨、雪、雷、雹等天气现象。17—18世纪,温度计、气压计、湿度计等观测仪器的发明为大气科学的建立奠定了技术基础。18世纪中叶,英国科学家哈得来修正了哈雷(哈雷彗星的发现者)提出的信风理论,认识到地球自转对大气运动的影响;美国科学家富兰克林用风筝查明了雷暴云中电的性质。1783年,法国科学家查理用氢气球进行了高空温度和气压的测定,这类高空探测尝试为后来的大气三维结构研究(1930年后普遍使用无线电探空仪)开辟了道路。与此同时,世界上20个国家联合组建了统一规范的国际气象观测站网。1820年,德国大气学家布兰德斯绘制了第一张天气图,开创了科学的天气分析和预报方法。19世纪末,挪威大气学家皮耶克尼斯提出了著名的大气环流理论。1946年,美国科学家开始尝试用干冰和碘化银人工影响天气。

1957年,苏联发射了第一颗人造地球卫星斯普特尼克1号,正式开启了人类对太空的探索征程。1961年,苏联宇航员加加林乘坐东方1号飞船,成为第一个进入太空的人。1969年,美国阿波罗11号飞船实现首次载人登月。除了对月球的实地考察,阿波罗计划还带回来超过380千克的月球岩石和土壤样品,对这些样品的研究显著促进了人类对月球起源和演化历史的认识。从20世纪70年代开始,苏联和美国相继发射了空间站。我国太空探索起步比苏联和美国略晚,由钱学森主持运载火箭研制工作,其后赵九章建议并主持了我国第一颗人造卫星的设计和研制。1970年,东方红一号卫星成功发射,它迄今仍在轨运行。在世界各国太空探索活动的基础上,空间物理学和行星科学迅速兴起。

除了观测研究,受控实验也在地球和空间科学学科发展中起到了十分重要的作用。18世纪末,英国学者霍尔开展了最早的岩石熔融、岩浆结晶以及石灰岩变质形成大理岩的实验。1905年,美国卡内基研究所建立了地球物理实验室(已于2020年更名为地球与行星实验室),开展了大量模拟地球内部状态的高温高压实验研究。20世纪20年代,加拿大学者鲍文在卡内基研究所进行实验,建立了岩浆结晶分异的演化序列(后被称为鲍文反应序列),促进了人们对火成岩成因的认识,也奠定了现代岩石学研究的基础。1953年,美国学者尤里和其学生米勒模拟原始地球大气的成分和条件,通过火花放电合成了氨基酸等有机物,提出了早期地球环境下生命起源的可能机制。在空间物理学领域,等离子体模拟实验也逐渐成为研究高层大气和行星际空间环境的重要手段。

从20世纪中期开始,计算机技术和信息技术迅猛发展,并快速渗透到地球和空间科学的各个领域。与此同时,探测及分析仪器与技术、实验模拟仪器与技术也取得了长足的进步。这些有利条件持续推动着地球和空间科学不断向更广阔、更微观、更精密、更系统的方向发展,并催生了注重多圈层相互作用的"地球系统科学"和"全球变化学"等概念。随着人类经济社会的发展,资源与环境问题日益突出,火山、地震、海啸、极端天气、磁暴等灾害也时有发生,这些都给地球和空间科学带来了新的挑战。而人类对未知世界的无限向往和对地球及自身命运的深切关怀,不断给地球和空间科学注入新的发展动力。

5.2　地球和空间科学的分支领域

按照研究对象和研究方法的不同,地球和空间科学可以划分成不同的分支领域(图5.4)。从研究对象(圈层)来说,可以分为固体地球科学(包括地质学、地球化学、地球物理学)、地理学、海洋科学、大气科学、环境科学、空间科学等。从研究方法来说,可以分为地球和空间物理学、地球化学与宇宙化学等。

图5.4　地球和空间科学的分支领域

1. 地质学

地质学(geology)主要研究固体地球(特别是岩石圈)的物质组成和演化历史,包括矿物学、岩石学、矿床学(经济地质学)、火山学、地球化学、沉积学与地层学、古生物学(地球生物学)、构造地质学、第四纪地质学、能源地质学、水文地质学、工程地质学等学科。代表性国际学术期刊为 *Geology*,代表性中国科学家包括丁文江、翁文灏、李四光、刘东生等。

2. 地球化学

地球化学(geochemistry)通过化学的理论和方法,研究元素和同位素在地球上的分布、迁移和演化规律。在我国学科分类中,地球化学被列为地质学的二级学科,但地球化学已渗透到地质学乃至地球和空间科学的众多领域。对陨石等地外样品的研究称为宇宙化学(cosmochemistry)或天体化学。代表性国际学术期刊为 *Geochimica et Cosmochimica Acta*,代表性中国科学家包括侯德封、涂光炽等。

3. 地球物理学

地球物理学(geophysics)一般指固体地球物理学,广义上则还包括空间物理学。地球物理学主要通过地震波、地电、地磁、地热、重力等物理方法研究地球内部结构、状态和地球动力学过程,地震、火山等自然灾害的孕育发生机理及监测、预报和预警,以及地下矿产资源和能源的勘探开发等。代表性国际学术期刊为 *Journal of Geophysical Research — Solid Earth*,代表性中国科学家包括陈宗器、傅承义、顾功叙等。

4. 地理学

地理学(geography)主要研究地球表面的形貌、土壤、水文、降水以及人地关系等内容,包括自然地理学与人文地理学。大地测量学(geodesy)有时被归入地理学。计算机硬件和软件系统支持的地理信息系统(geographic information system, GIS)从20世纪60年代开始快速发展,并被广泛应用。代表性中国科学家包括翁文灏、竺可桢、胡焕庸等。以人口密度将中国分为东南和西北两半壁的黑河—腾冲—线称为"胡焕庸线",对我国经济布局、民政建设、交通发展具有重要参考价值。

5. 海洋科学

海洋科学(marine science 或 oceanography)研究海洋及极地的自然现象和变化规律。海洋科学包括海洋气象学、物理海洋学、海洋化学、海洋生物学、海洋地质学等分支学科。从20世纪中叶开始,深海下潜和钻探以及海洋地球物理探测等技术取得显著进步,推动海洋石油工业快速发展。代表性国际学术期刊为 *Journal of Geophysical Research — Oceans*。代表性中国科学家包括童第周、刘光鼎等。

6. 大气科学

大气科学(atmospheric science)研究大气(主要指对流层和平流层,平流层顶距地面约 30 km)的自然现象和变化规律,致力于"天有可测风云"。大气科学包括大气探测学、气候学、天气学、动力气象学、大气物理学、大气化学、人工影响天气、应用气象学等学科。代表性国际学术期刊为 *Journal of Geophysical Research — Atmosphere*。代表性中国科学家包括竺可桢、叶笃正等。

7. 环境科学

环境科学(environmental science)属于多学科交叉领域,研究地表环境问题以及人类活动对环境的影响,例如全球气候和环境变化。1962年著名的科普著作《寂静的春天》出版使公众对环境问题的关注度上升,推动环境科学成为正式学科。环境保护与可持续发展已成为当今世界各国人民共同关心的重大社会经济问题。代表性国际学术期刊为 *Environmental Science and Technology*。

8. 空间物理学

空间物理学(space physics)是人类进入太空时代以来迅速发展起来的新兴学科,研究包括电离层和磁层在内的地球高层大气、太阳和行星际空间的物理现象和变化规律,在我国学科分类中被列为地球物理学的二级学科。代表性国际学术期刊为 Journal of Geophysical Research — Space Physics 和 The Astrophysical Journal。代表性中国科学家包括赵九章等。

9. 行星科学

行星科学(planetary science 或 planetology)也是人类进入太空时代以来形成的新兴学科,研究太阳系行星及其卫星的物质组成、内外部结构和演化历史。行星科学包括行星化学、行星内部物理学、天体生物学、比较行星学等学科。陨石是行星科学的重要研究对象。代表性国际学术期刊为 Journal of Geophysical Research — Planets。代表性中国科学家包括欧阳自远等。

地球和空间科学的不同分支领域之间存在着密切的交叉,所以并没有截然的区分。研究中经常需要采取系统论的观点,充分考虑多圈层相互作用,并且综合运用多种研究方法。

5.3 地球和空间科学的研究方法

与自然科学的其他学科一样,地球和空间科学的研究方法主要包括观测、受控实验、数值模拟计算以及位于三者之上的理论分析。

1. 观测

地球和空间科学在很大程度上是一门观测科学,对地球和空间中的各种结构、物质和现象进行观察和测量。根据观测方式的不同,又可以分为以下几种类型:

(1) 样品测试分析。样品的种类包括地球上的矿物、岩石、沉积物、化石、水体、大气以及陨石等(图5.5)。此外,还可以通过钻探获得地球深部岩石(包括冰芯)样品,通过深空探测自主采样返回取得地外样品。按照研究需要,可以进行野外现场分析,但更多情况下是在实验室内对样品进行不同尺度的形貌、结构、元素组成、同位素组成、古地磁等多方面的测试分析(或称表征)。光谱(包括同步辐射)、质谱(包括离子探针)、色谱等现代仪器分析方法已经在地球化学与宇宙化学研究中得到了广泛应用,很多情况下可以实现样品的微量、微区、无损分析。

(2) 地基(陆基和海基)观测。在地面和海洋通过固定和流动观测台网,进行地震波、地电、地磁、地热、重力、形变等地球物理场以及海洋、大气及空间等方面的探测。地球物理场可以采用天然信号源,例如天然地震和交变电磁场;也可以通过人工激发的方式产生,例如用人工爆破或气枪产生地震主动源、人工电磁场、激光信号源等。激光雷达是探测大气及空间的重要手段,而声呐(声波雷达)是探测海洋的重要工具。分布式光纤传感技术、冷原子绝对重力仪等新的观测技术和仪器装备的出现不断为学科发展带来新的机遇。

(3) 空基和天基观测。通过携带无线电探空仪的探空气球、飞机(包括无人机)、探空火箭、人造卫星、空间站等对地球、大气及空间进行观测,包括发射携带空间载荷的探测器对行星进行探测。收集地面目标电磁辐射信息的称为遥感对地观测。由地基、空基和天基观测系统构成的综合气象观测系统为提高气象预报准确率提供了坚强的技术保障。

图5.5 种类丰富的地球科样品

2. 受控实验

在实验室里模拟地球和空间的物理和化学条件,开展受控实验,考察实验条件与结果之间的因果关系,是解释观测数据、认识地球和空间的重要方法。根据模拟圈层的不同,可以分为以下几种类型:

(1)高温高压实验。温度和压强是控制地球和行星内部过程的两个关键的强度变量,高温高压实验是固体地球和行星科学中经常采用的研究手段。常用的高温高压装置包括高温炉、高压釜(流体作为传压介质)、活塞圆筒压机(固体介质)、多面砧压机(固体介质)、金刚石压腔等,可实现最高温度几千开、最高压强几百吉帕(相当于几百万大气压),已达到地球中心所处的条件。更高的温度和压强条件(对应于巨行星和太阳系外行星)可以通过冲击波或脉冲激光等动态高压技术加以实现。传统的高温高压实验是在淬火(卸载温度和压强)后对实验产物进行观察和表征,但体系状态可能已在淬火过程中发生变化。新的发展趋势是将分析测试技术(特别是光谱分析和电化学分析)与高温高压装置相结合,在高温高压条件下原位观测体系的微观结构、物理性质、化学组成和变化过程。带有透明窗口的金刚石压腔(或称金刚石对顶砧)是进行原位观测的理想实验平台,常与同步辐射X射线技术联用(图5.6)。

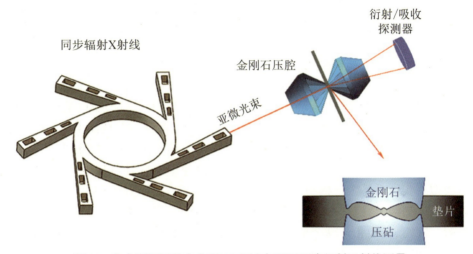

图5.6 在金刚石压腔中实现400万大气压及同步辐射X射线测量

(图片来源:https://gl.carnegiescience.edu/news/how-diamond-anvil-cell-works-4-mbar)

(2)地表环境模拟。在实验室里可以采用一些通用装置(例如米勒-尤里实验中使用的烧瓶和玻璃管道)或水槽(包括海洋模拟舱)、烟雾箱等专用装置,模拟陆地、海洋(以及湖泊与河流)、大气的物理化学条件,通过对实验过程和产物的观测解析自然现象,认识相关机理。

(3)空间环境模拟。利用地面装置模拟弱磁/零磁、微重力、高低温、原子氧、高真空等空间环境条件,研究空间物质特别是等离子体的物理和化学过程。我国目前正在哈尔滨工业大学建设"空间环境地面模拟装置"国家大科学工程。

3. 数值模拟计算

通过超级计算机进行数值计算来模拟物理体系,相当于用计算机来做仿真实验。一方面,可以进行原子或分子尺度的模拟,考察物质的微观结构和物理化学性质以及它们之间的内在联系。随着计算技术的发展,经典力学模型已逐渐被更为精密的、基于量子力学理论的第一性原理(ab initio)方法取代。与实验模拟相比,数值模拟更容易实现极端条件,而且一般耗费较低。另一方面,还可以对固体地球、大气、海洋等大尺度体系进行模拟,认识其长时间尺度的动力学过程和机理。动力学模拟依据的一般原理有:

(1) 运动学:遵循质量守恒定律。
(2) 动力学:遵循动量守恒定律。
(3) 能量转换和传递:遵循能量守恒定律。
(4) 热力学:遵循热力学第一和第二定律。
(5) 介质属性:遵循相应的气体状态方程和黏性、导热性的变化规律等。

机器学习等人工智能方法也正在越来越多地被用于数值模拟计算研究。在虚拟空间中实现物理体系的"数字孪生",已成为地球和空间科学领域的重要研究方法。

4. 理论分析

通过观测、受控实验和数值计算得到的结果只是经验事实,需要科学家运用科学思维方法对其进行加工,即通过理论分析,才能形成对地球和空间自然现象及其规律性的认识,或者说是一种推测性的解释和说明,即科学假说。恩格斯在《自然辩证法》中指出,"只要自然科学在思维着,它的发展形式就是假说"。新的经验事实的出现对科学假说进行检验和修正,科学假说经过足够的迭代和精确化,就可以上升为理论。理论有不同层次之分,固体地球科学的框架性理论是板块构造学说,它可以解释众多的地质、地球化学和地球物理观测事实。大洋(风生与热盐)环流理论和大气环流理论分别是海洋科学和大气科学的重要基础理论。

观测的直接研究对象是真实的地球和空间,但它不能控制自然现象的发生及其条件,这往往会限制对过程、规律和机理的认识。实验是一种正演方法,在受控条件下进行,有利于强化和纯化条件,发现规律,建立因果联系,检验理论的正确性,但费时费力,有时囿于条件难以绝对模拟真实体系。数值模拟可以处理极端条件、复杂体系和非常广的时空尺度,有利于侦查和探索未知情况,但它往往涉及较多的假设和近似,其结果需要经过实验和观测结果的严格检验。观测、实验和计算结果是理论分析的基础,同时也需要用理论分析加以统领与整合。在地球和空间科学具体研究中一般以某一种方法为主,结合其他方法提供的证据,提供自洽性更强的解释和更加令人信服的结论。

5.4 地球和空间科学的前沿方向

"你是谁?从哪里来?到哪里去?"这是自然科学和哲学研究要为人类解答的终极命题。就地球和空间科学的研究范畴来说,我们希望了解:从46亿年前开始("遂古之初")太阳系如何形成和演化,地球的内部和表层如何变迁?原始生命如何形成,并与环境协同演化?人类活动对地球有何影响,地球未来的命运是什么?人类在宇宙中是否孤独,地外生命是否存在?对于这些根本性的问题,我们目前还不能给出十分清晰的回答。

人类对自然世界的认识总是由近及远。在几千年的文明史中,人类不停拓展自己的活动疆域,从陆地到海洋,到天空,再到太空和行星,"可上九天揽月,可下五洋捉鳖"的梦想已逐步变为现实。尽管如此,我们目前对作为"远方"的深海、深地、深空的认识仍然不够充分和深入。再加上地球表层环境受到内动力作用、外动力作用和人类活动的共同影响,所以有必要将由不同圈层组成的地球系统作为一个有机整体来处理,以便尽可能准确把握全球环境的变化规律,进而预测其未来演变方向。2020年,国家自然科学基金委员会将地球和空间科学的战略前沿方向明确为"三深一系统",即"深海"、"深地"、"深空"和"地球系统"。

1. 深海

人类主要生活在陆地上,往往觉得陆地十分广袤。其实,陆地只占地球表面积的29%,其他71%都是海洋。当我们从这个角度看地球时,会对海洋的浩瀚有更深刻的领悟(图5.7)。海洋与人类的生存和发展息息相关。正因为含大量液态水的海洋的存在,才使地球成为一颗"蓝色星球",在太阳系中如此独树一帜,与众不同。

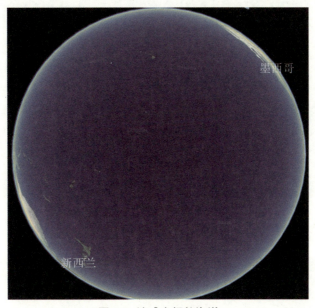

图5.7 地球广阔的海洋

长久以来,人类就对海洋深处充满向往。19世纪法国科幻作家儒勒·凡尔纳有一部代表作《海底两万里》,就讲述了鹦鹉螺号潜艇船长尼摩周游海底的故事。"海底两万里"并非指海底以下两万里深,而是指鹦鹉螺号潜艇航行了两万里。事实上,海洋水的总量为1.35×10^{18} t,平均深度为4 km。世界上最深的地方是菲律宾东北附近的马里亚纳海沟,最深处超过11 km(图5.8)。相较之下,珠穆朗玛峰的高度都显得黯然失色。

从20世纪50年代开始,随着探测技术的进步,人类对深海和海底的认识取得了快速进展。通过用声学设备探测海底形貌,人们发现大洋中脊(中央海岭)构成了相互连接、绵延近7×10^4 km的巨大环球山系(图5.9)。地球物理探测结果表明,洋中脊附近热流值高,重力值低,地震频繁,震级低,震源浅。根据这些发现,科学家提出了海底扩张学说,其主要内容是洋中脊火山喷发生成大洋地壳,地幔对流带动洋壳向洋中脊两侧扩张(图5.10),并在海沟处俯冲下沉到地幔中,洋壳每2亿~3亿年就要更新一次。地球物理学家随后发现洋中脊两侧岩石的正、负磁异常条带(地球磁极倒转导致)对称分布,这为海底扩张学说提供了重要证据。

科学、技术与工程导论

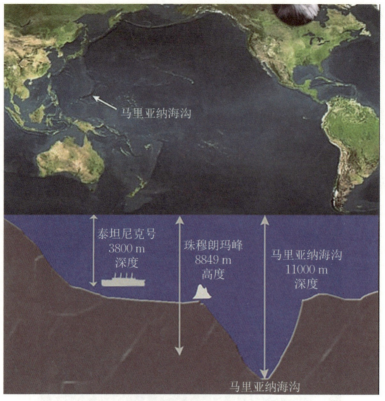

图5.8 地球表面最深处——马里亚纳海沟
（图片来源：https://www.messagetoeagle.com/mariana-trench-deepest-part-of-the-worlds-oceans/）

图5.9 大洋中脊（中央海岭）
由大西洋中脊、中央-西南-东南印度洋海岭、东太平洋海隆等构成。
（图片来源：https://www.sohu.com/a/529651370_121314565）

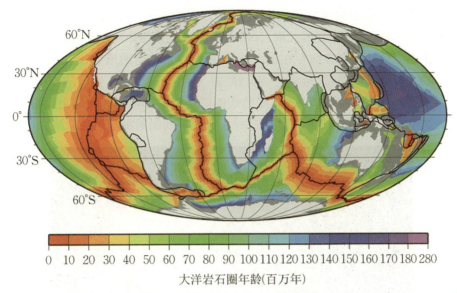

图 5.10 洋底年龄分布指示海底扩张

(图片来源:https://ngdc.noaa.gov/mgg/image/crustalimages.html)

海底探测可以用拖网、抓斗等采样器取得海底沉积物、岩石和锰结核等样品。从1968年开始,全球科学家启动了深海钻探计划(DSDP,1968—1983)及其后续的国际大洋钻探计划(ODP,1985—2003)、综合大洋钻探计划(IODP,2003—2013)和当前的国际大洋发现计划(IODP,2013—2023)。大洋钻探是地球科学领域迄今规模最大、影响最广、历时最久的大型国际合作研究计划。50多年来,格罗玛·挑战者号、乔迪斯·决心号和地球号等大洋钻探船完成300多航次,钻井近4000口,累计取得岩芯超过40余万米。大洋钻探计划取得的主要成果包括:

(1) 通过在南大西洋的钻探,发现洋壳年龄沿洋中脊两侧逐渐变老,有力支持了海底扩张和板块构造学说。

(2) 取得了各大洋海底沉积物的完整剖面,揭示了2亿年来的海洋演化历史和气候演变规律,为古海洋学的建立奠定了基础。

(3) 发现了天然气水合物(即"可燃冰")的存在,为人类社会发展提供了新的能源解决方案。

(4) 在洋底沉积物中发现大量微生物,证实了"深部生物圈"的存在。

不过由于技术条件的限制,大洋钻探在洋底打的最深钻孔只到约2 km深度处,还未能打穿平均厚度为7 km的洋壳与地幔的边界面(莫霍面)。

在水肺的帮助下,潜水员的海洋下潜记录是332 m深度,这已经达到人类的极限。人的身体难以负荷更大的压力,而且在几百米以下,海洋黑暗而又寒冷,是一个令人感到绝望的环境。深海潜水器是海底科学探测的重要工具。继美国、日本等国家实现万米深潜之后,2020年,我国自主研发的全海深遥控潜水器海斗一号和全海深载人潜水器奋斗者号(图5.11)相继在马里亚纳海沟完成了万米级作业,标志着我国深潜技术已经进入了世界前列。深潜器作业发现,海底局部存在热泉,喷出热液时会形成"黑烟囱"(图5.12)。这是由于海水冷却使新生的高温大洋地壳产生裂隙,海水沿裂隙向下渗透可达几千米。海水被加热升温,并溶解了岩石中多种金属元素,又沿着裂隙对流上升并喷发在海底。约350 ℃的喷出热液与海水在成分和温度方面存在很大差异,所以形成浓密的黑烟,冷却后在海底及其浅部通道内堆积了硫化物的颗粒,形成金、铜、锌、铅、银等多种具有重要经济价值的金属矿产。这种高温热液活动区看似生命禁区,其实黑烟囱周围广泛存在着管状蠕虫和极端嗜热的古细菌。有人甚至猜测,原始生命很可能就起源于海底黑烟囱周围的热液系统。

图5.11 多次完成万米海试的奋斗者号载人潜水器

(图片来源:https://www.sohu.com/a/530931539_121124010)

图5.12 海底"黑烟囱"的形成机理

(图片来源:https://www.sohu.com/a/544696757_121303829)

　　蓝色的海洋似乎象征着某种永恒。经典海洋电影《泰坦尼克号》的主题曲是《我心永恒》,片中的"海洋之心"宝石是一颗蓝色钻石。"钻石恒久远,一颗永流传。"那么,海洋究竟是否与地球一样古老,又是如何形成的呢?目前一般认为,地球形成于原始星体大碰撞产生的高温炽热条件,甚至形成岩浆海洋,这显然无法与液态水的海洋兼容。问题的答案来自另一种蓝色宝石——锆石(图5.13)。这颗比蚂蚁还小的锆石是一种耐高温和风化的矿物,产自澳大利亚西部的杰克山(Jack Hills),是目前已知的地球上最古老的样品。地球化学家通过U-Pb同位素定年发现其年龄约为44亿年(地球形成后约1亿年),而其特殊的O同位素组成表明那时便已存在海洋。因此,地球表面可能用1亿年左右的时间就冷却到水的沸点以下,从大气中凝结出了原始海洋。在海洋几十亿年的演化历史中,不断发生着生命的诞生、进化和灭绝。深海孕育着无尽的生命、矿产和能源资源,还有很多的未知秘密等待我们去探寻。

图5.13 世界上最古老的矿物:杰克山锆石[1]
U-Pb同位素指示其年龄为44亿年,O同位素表明当时存在海洋。

2. 深地

除了《海底两万里》,儒勒·凡尔纳还有一部科幻代表作是《地心游记》,讲述了黎登布洛克教授等三人从冰岛火山口进入地心旅行的故事。不少人也都曾幻想通过挖洞到达地球的另一侧。那么对于地球科学家来说,他们究竟是否能够到达地心,又是如何了解地球深部奥秘的呢?

最直接、也最容易想到的探测深地方法就是往地球内部打钻,但这并不容易。我国打的最深科学钻井是位于大庆油田所在的松辽盆地的松科二井,井深为7018 m。苏联在邻近挪威的科拉半岛打的一个钻孔垂直深度达12262 m,迄今保持着最深钻井的世界纪录,有人称其为"通向地狱之门"。这个超深钻孔从1970年到1983年完成了12 km,最后的200多米又花费了10年的时间才达成,这项工程随后被停止直至废弃。随着深度的增加,温度和压力都增大,导致钻头和钻杆难以承受。与地球6300多千米的半径相比,12 km的深度实在显得微不足道。即便与大陆地壳35 km的平均厚度相比,也只达到了约三分之一。如果把地球比作一个鸡蛋,我们还没有打穿其蛋壳。因此,我们距离地心尚远,打钻的方法远远不能满足地球深部探测的需要。

其实,地球深部的物质有时也能自动到达地表,这可以通过隆升之类的构造运动,更直接的途径是通过火山喷发。火山通道就像一部垂直运行的电梯,把深部的岩浆和岩石样品输送到地表。地幔熔融形成的岩浆比较富铁,冷却固化之后形成一种黑色的火山岩,称为玄武岩。玄武岩之中有时还包含了绿色的橄榄岩,它是被岩浆捕获的小块地幔(称为地幔捕掳体,图5.14)。玄武岩和地幔捕掳体的起源深度一般不超过200 km,来自地球更深层位的样品极为稀少。从20世纪80年代开始,陆续发现一些超深金刚石,它们包裹的微小矿物指示其起源深度超过300 km,甚至达到地幔过渡带(400~660 km深)和下地幔(660~2900 km深)。2014年,研究者从巴西茹伊纳(Juina)地区的金刚石矿中找到了一颗包裹林伍德石的超深金刚石(图5.15),发现林伍德石含有质量分数超过1%的水,这为地幔过渡带富水的猜测提供了直接证据。如果地幔过渡带的平均含水量真能达到1%(质量分数),其储水总量将超过大洋水总量的3倍。

图5.14 玄武岩和富含绿色橄榄石的地幔橄榄岩捕掳体
(图片来源:https://www.sandatlas.org/peridotite/)

图5.15 巴西茹伊纳金刚石中的富水林伍德石包裹体[2]
指示地幔过渡带至少局部可含1%的水。

要实现对地球深部更全面和更深入的了解,我们需要一种能够穿透整个地球的利器,这就是从地震震源向四周辐射的弹性波,即地震波,其中体波又分为纵波(P波)和横波(S波)。地震波的传播速度取决于地球内部物质的密度和弹性模量,因此通过在地表观测地震波到达时间,就可以计算出地震波的速度,进而推断地球内部的物质组成。观测结果显示,地震波在地球内部的传播速度存在多处不连续面(图5.16),表明地球内部存在像洋葱一样的圈层结构,从外到里依次为地壳—上地幔(及地幔过渡带)—下地幔—外地核—内地核(图5.17)。横波在外核消失,又在内核出现,这表明外核是液态的,而内核为固态。在计算机技术发展与医学X射线CT理论应用的基础上,形成了地震层析成像方法,可以给地球"拍片子",了解地球内部的精细结构(图5.18)。除了地震波,天然交变电磁场也可以入射大地。大地电磁测深法通过在地表采集电磁数据,能够反演出地下不同深度电导率分布的信息。多种地球物理探测方法的综合运用使地球深部结构越来越"透明化",在矿产资源勘探、工程灾害地质防御等方面发挥了重要作用。

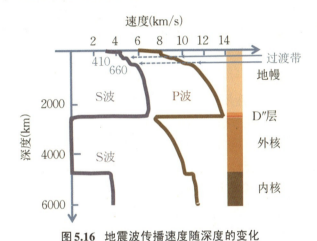

图5.16　地震波传播速度随深度的变化

(图片来源:https://en.wikipedia.org/wiki/Low-velocity_zone)

图5.17　地球内部圈层结构

从外向内依次是地壳、地幔、外地核(液态)、内地核(固态)。

(图片来源:https://www.sciencealert.com/earth-s-hidden-innermost-core-hints-at-an-even-more-dramatic-planet-history)

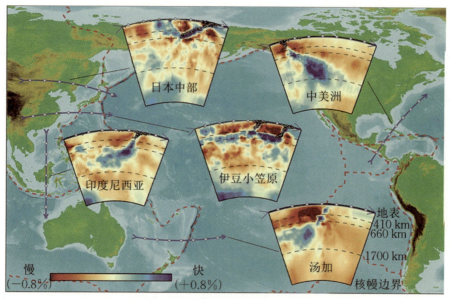

图5.18 地震学得到的不同地区地幔P波速度结构模型[3]
红色代表速度慢,蓝色代表速度快

不管是地震波速、密度、弹性模量,还是电导率,都只是物质的物理性质,要由其得到物质组成,则还需要结合高温高压实验获得的相变和物性信息。通过对实验数据与地球物理探测资料进行匹配,同时结合不同类型陨石(石陨石、铁陨石)的启示,目前已经基本建立起随深度变化的全球物质组成模型。总体上,地壳和地幔是石质的(含Ca、Al的Fe-Mg硅酸盐成分),而地核是金属质的。橄榄石是上地幔中最主要的矿物,在地幔过渡带转变为瓦茨利石和林伍德石。下地幔主要的矿物是布里奇曼石。地核成分是含有少量轻元素的铁镍合金。

当然,真实的地球远非如此简单。地球物理探测在多个深度都发现了电导率异常区、地震波低速带和超低速带,还在下地幔底部发现了大型低剪切波速省(LLSVP)。一般认为,这些区域显示的地球物理异常与挥发分富集以及熔融有关,但具体原因尚不十分清晰。此外,矿物物理学家通过实验也不断发现,地球深部条件下可以生成具有特别性质的一些特殊物质。例如,我国科学家近年发现,下地幔条件下可以形成多种形式的超氧化物,同时释放氢气,很多地球历史上的重大事件可能都与此反应相关。现在的地球深部是否真正有这些超氧化物存在,还需要通过地球物理探测结果进行检验。

地球深部(除外核外)虽然以固体为主,但绝对不是完全静止不动的。在超过百万年计的时间尺度上,深部地幔热的物质上涌(这是地球内部向地表输送能量的重要途径),浅部冷的地幔下沉,形成地幔对流。地幔对流为上方板块的运动提供了部分的驱动力。由全部地壳和上地幔顶部构成、厚度约100 km的刚性的岩石圈层称为岩石圈。岩石圈不是一个整体,而是分裂成很多块,称为板块。全球岩石圈包括六大板块,即太平洋板块、欧亚板块、印度-澳大利亚板块、非洲板块、美洲板块和南极洲板块,此外还有一些次一级的小板块(图5.19)。在洋中脊下方,地幔上涌导致其发生减压熔融,形成洋中脊火山喷发,也驱动两侧的大洋板块相互远离(地表体现为海底扩张)。在海沟附近,相邻板块相向运动,地幔下沉和板块自身的重力拖曳促使大洋板块向大陆板块或另一个大洋板块之下俯冲,这里也称为俯冲带。经过海水热液蚀变的大洋板块在俯冲过程中释放流体,导致上面的地幔发生熔融,岩浆喷发形成火山弧(图5.20)。"俯冲工厂"将俯冲板块作为"原料"进行加工,"产品"是富含挥发分的弧岩浆。岩浆上升过程中挥发分可能因饱和而出溶,导致爆发式的火山喷发(这与啤酒或香槟喷射的原理是一样的),给人类和环境带来严重危害。此外,在板块内部还有一些地幔热柱上涌,加热上面水平运动的板块并使其熔融,形成火山岛链,例如著名的夏威夷帝王岛链。

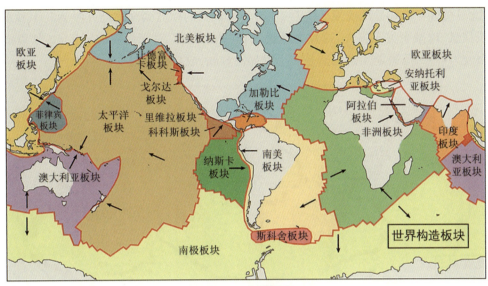

图5.19 全球板块

箭头指示板块运动方向。

(图片来源:https://www.geologyin.com/2019/06/what-jumpstarted-earths-plate-tectonics.html)

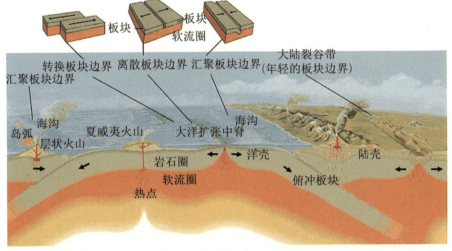

图5.20 板块运动与火山喷发

洋中脊:板块相互远离,地幔熔融形成海底火山;俯冲带:板块相向运动,富水条件下熔融,形成火山弧;板块内部热点:异常高温导致运动板块熔融,形成岛链(如夏威夷)。

(图片来源:https://pubs.usgs.gov/gip/dynamic/Vigil.html)

火山喷发之外,地震是另一种直观展现地球深部活力的方式。全球地震分布(图5.21)是地球科学家划分板块的重要依据。地震是岩石圈快速释放能量造成的振动,以地震波的形式向外传播。绝大多数的地震是由构造运动造成的,在断层上发生岩石的脆性破裂。除了板块边界,板块内部也存在不同层级的断层或断裂带。郯庐断裂带是东亚大陆上的一条主干断裂带,在中国境内延伸2400多千米,附近发生过多次地震活动,例如1975年的辽宁海城地震。由于地震波P波比S波传播速度快,但破坏性较小,电磁波又比地震波传播速度快,因此尽可能在破坏性地震发生之后,在破坏性较大的横波到来之前几秒到几十秒发出避险警报信息,以减少灾害损失,这称为地震预警(图5.22)。对于地震的发生,10年以上的长期预报较为可靠,但短期预报仍然是一个世界性难题,成功案例很少。

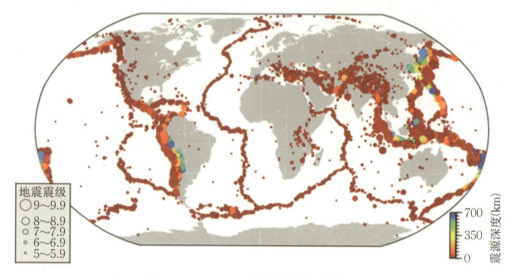

图5.21　2000—2020年间全球地震震中分布
圆点大小代表不同震级,颜色代表不同深度

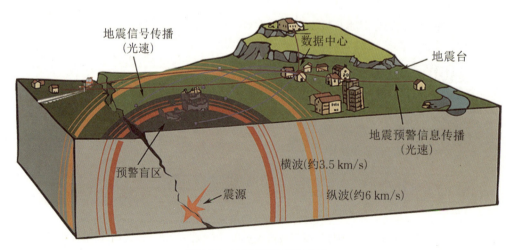

图5.22　地震预警系统原理

(图片来源:http://www.seismo.ethz.ch/en/research-and-teaching/fields_of_research/earthquake-early-warning)

地球深部不仅是火山喷发和地震的策源地,也孕育了丰富的矿产资源。岩浆作用和热液流体活动是迁移富集金属元素、形成内生金属矿床的关键过程。除了直接钻探,多种地球物理和地球化学方法也被有效应用于勘查地球深部的矿产资源,分别称为物探和化探。与世界先进水平相比,我国在矿产资源勘探开采深度和开采技术方面仍存在一定差距,需要奋起直追。"劈开高山,大地献宝藏",向地球深部要资源,夯实国民经济社会发展的物质基础,是地球科学工作者的重要使命。

3. 深空

自古以来,人类就对深空寄托着无尽梦想,同时也怀有一些敬畏和不安。凝望中秋明月,遥想广寒宫中嫦娥仙子,宋代文豪苏轼思绪飞扬,"不知天上宫阙,今夕是何年?我欲乘风归去,又恐琼楼玉宇,高处不胜寒"。西方的罗马人用爱与美的化身维纳斯女神命名金星,而用骁勇战神玛尔斯命名血红色的火星。

古人普遍将流星视为不祥之物。今天,我们知道流星是空间物质被地球引力吸引,高速穿越地球大气层时产生的光迹。大部分流星体在落到地面之前就燃烧殆尽,幸存的物质被称为陨石,落地时形成撞击坑。有人将地质历史上的一些生物灭绝事件归因于陨石撞击,这种认识与古人有暗合之处。但也有假说认为,陨石将氨基酸和糖分等生命构成要素带到地球,地球生命即发祥于此。无论陨石撞击幸或不幸,陨石都是我们了解小行星、月球、火星等星体的重要研究对象。不同来源的陨石与地球样品在化学组成上的差异使人们可以对比研究不同行星形成与演化的共性与特性,综合探讨地球和其他各行星的演化规律,这被称为比较行星学。

1957年苏联首次发射人造卫星,拉开了人类主动探索太空的帷幕,也引发了苏联与美国之间的太空竞赛。人类迄今已成功完成了70多次月球探测任务,火星和金星各40多次,太阳8次,木星8次,土星5次,天王星和海王星各一次(图5.23),取得了许多里程碑式的进展。其中,美国国家航空航天局(NASA)在1961—1972年间实施的系列载人登月飞行任务阿波罗计划是太空探测史上具有划时代意义的一项成就,极大促进了人类对月球的认识。

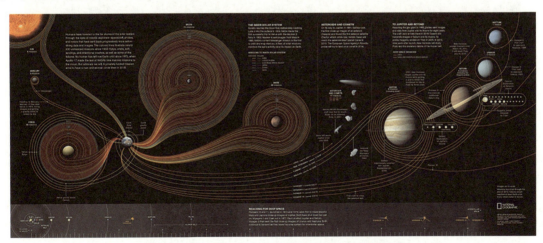

图5.23 截至2012年年底人类完成的太空探测任务
每一圈代表一次任务。

(图片来源:http://cosmicdiary.org/fmarchis/2014/05/19/54_years_of_exploration/)

进入21世纪后,中国逐渐走向世界太空探索的中心位置。2020年年底,嫦娥五号任务实现中国首次月球无人采样返回,将1.7 kg月壤样品带回地球。中国科学家对嫦娥五号样品中玄武岩岩屑进行了细致深入的研究,获得了对月球演化历史的新认识。研究发现,月球的岩浆活动一直持续到约20亿年前,年轻玄武岩的地幔源区不含有克里普岩(一种富含K、稀土、P和放射性元素的岩石,一般被认为是月球岩浆洋演化的最终产物),也几乎不含水。

在探月工程取得重大成功的鼓舞之下,中国继续向深空进军。2021年,中国首次自主火星探测器天问一号顺利完成"绕、落、巡"任务。探测器从火星向地球发送指令后再返回需要约30 min,但是从进入火星大气到着陆的时间只有9 min,所以位于地球的控制中心无法进行实时操控。天问一号的着陆巡视器自主智能着陆,及时完成十几项关键动作,将速度从4.8 km/s降至零,安全度过了"恐怖9 min"。搭载多个科学载荷的祝融号火星车(图5.24)开展巡视探测,拍摄了着陆点全景和火星地形地貌等影像图。搭载火星磁强计等载荷的环绕器也成功开展火星全球遥感探测。随着火星探测和科学研究的推进,有望就火星是否存在水和生命等人类关心的重大科学问题找到更明确的答案。新时代的科技工作者正在用深空探测实际行动,尝试解答屈原在《天问》中提出的问题。

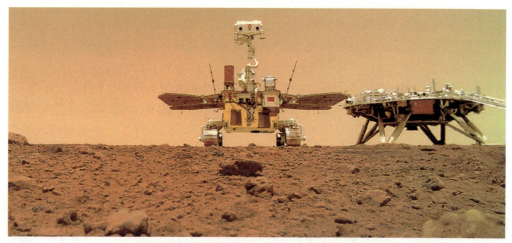

图5.24 祝融号火星车(左)与着陆平台(右)
(图片来源:https://www.cnsa.gov.cn/n6758824/n6759219/c10005194/content.html)

科学家也没有忘记太阳这颗居于太阳系中心、维系地球万物生长的恒星。2021年4月,NASA于2018年发射的帕克太阳探测器(图5.25)穿过日冕层(太阳大气最外层),成为首个正式"触摸"太阳的人类探测器。帕克探测器为认识太阳风的起源和高能粒子物理提供了宝贵的观测资料。中国目前也在积极规划对太阳的立体观测方案。

美国和欧洲1997年联合发射的卡西尼号土星系探测器就像一位孑然一身的探险家,先后借助金星、地球和木星的引力弹弓效应迂回飞行,行程为35亿千米(地球与土星之间距离最远时为16亿千米),于2004年才进入土星轨道。卡西尼号让人类有幸一窥土星及其冰质卫星的奇观:土卫六(泰坦)上,甲烷河流注入甲烷海洋;土卫二上,含有有机分子的间歇泉喷射而出,表明其冰冷的壳下存在液态水的海洋,这片海洋中可能蕴藏着生命的原料。而土星自己是一个被咆哮的风暴和引力的律动主宰着的世界(图5.26)。在太空中度过20多年之后,卡西尼号的燃料终于耗尽。科学家为这位来自地球的"探险家"设计了一场壮烈的结局。2017年,卡西尼号多次在土星和土星环之间穿越,对土星进行近距离观测。9月15日,卡西尼号冲入土星大气,挣扎着将天线指向地球,最终与土星融为一体。

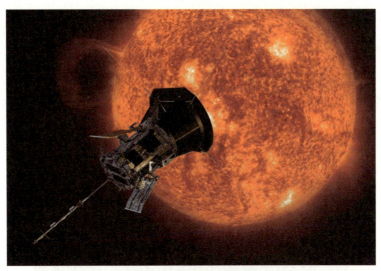

图5.25 帕克太阳探测器

(图片来源:https://www.nasa.gov/content/goddard/parker-solar-probe)

图5.26 土星北极的六边形风暴

(图片来源:https://solarsystem.nasa.gov/planets/saturn/galleries/)

从1977年开始,NASA发射的探测器旅行者1号和2号已经在太空中旅行了40多年,至今还在沿着不同的轨道继续探索太阳系的边际。1990年2月14日,旅行者1号在60亿千米之外回望母星,地球看上去只是一粒尘埃(图5.27),科学家们把这张照片命名为"暗色蓝点"。人类深刻地体会到,在浩瀚的宇宙剧场里,地球只是一个极小的舞台。美国学者和作家萨根在《暗色蓝点》一书中写道:

> 我们成功地拍摄了这张照片,当你看它,会看到一个小点。那就是这里,那就是家园,那就是我们。你所爱的每个人,认识的每个人,听说过的每个人,历史上的每个人,都在它上面活过了一生。我们物种历史上的所有欢乐和痛苦,千万种言之凿凿的宗教和经济思想,所有狩猎者和采集者,所有英雄和懦夫,所有文明的创造者和毁灭者,所有的皇帝和农夫,所有热恋中的年轻人,所有的父母、满怀希望的孩子、发明者和探索者,所有道德导师,所有"超级明星",所有圣徒和罪人——都发生在这颗悬浮在太阳光中的尘埃上。

图5.27 "暗色蓝点"——旅行者1号60亿千米外看到的地球

(图片来源:https://solarsystem.nasa.gov/resources/536/voyager-1s-pale-blue-dot/)

旅行者2号对天王星和海王星进行了探测,加深了人类对这两颗远日行星的了解。除了科学仪器,旅行者号还携带了包含地球文明信息的镀金铜板声像片,以期在宇宙中漂流的漫长岁月里能遇上地外生命,并与之进行交流。2025年,旅行者号在能量全部用完之后将自由漂移,飞入奥尔特云,甚至漂向银河系的其他恒星。旅行者号的漫长深空探测之旅如同一部壮丽的史诗,鼓舞和激励后继者奋勇向前。

4. 地球系统

地球系统是指由大气圈、水圈、生物圈和陆圈(特别是岩石圈)组成的有机整体(图5.28)。地球系统科学研究这些圈层之间的相互作用,为认识全球环境变化规律和趋势建立科学基础,为解决人类生存与可持续发展的资源、环境和灾害等重大问题提供科技支撑。地球表层环境是地球系统科学研究的核心对象,它受到内动力作用、外动力作用和人类活动的共同影响。

图 5.28 地球是一个多圈层相互关联的复杂系统

（图片来源：https://mynasadata.larc.nasa.gov/basic-page/earth-system-matter-and-energy-cycles）

地球深部是整个地球系统运行的引擎，对地球表层的演化产生深远影响。"发电机理论"认为，地球液态金属外核的流动是产生地球磁场的关键原因，尽管其具体机制尚不十分明确。35亿年之前，地磁场便已形成。地磁场就像一把顶在狂风中的雨伞，帮助地球抵御太阳风（太阳喷射的高速等离子体流）的侵袭（图5.29），减少大气分子的逃逸，也降低高能粒子对生物的危害。一部分粒子偷偷溜进地球南极和北极附近，激发高层大气分子电离，形成缤纷绚丽的极光。此外，太阳风与大气相互作用还形成天然交变电磁场，其中的低频信号可以穿透地面之下几百千米深度，使地表电磁观测可以获得地球深部的电性结构信息，这就是大地电磁测深法。因此从电磁角度来看，"天地感应"其实有一定的科学道理。

图 5.29 太阳风与地球磁场

（图片来源：https://moon.nasa.gov/moon-in-motion/sun-moonlight/solar-wind/）

板块俯冲将包括水和沉积物在内的地球表层物质输送到地球深部,这些"异物"是导致地幔不均一性的重要原因。在地球深部居留很长的一段时间之后,俯冲的部分表层物质又通过板块折返、地幔上涌、火山喷发等过程返回地表,完成地表与地球深部之间的物质循环,其中又以挥发分的循环最为重要。火山喷发释放大量 H_2O、CO_2、SO_2、N_2 等挥发分,深刻塑造大气和海洋的演化。地幔中的水含量每增减 0.1 ppm,海平面高度就会相应变化 1 m。早期地球的大气是还原性的,含有很多的 CH_4 和 NH_3。有学者指出,板块俯冲将还原性的碳和氮输送到地球内部,而火山喷发释放氧化态的 CO_2 和 N_2,这可能是导致大气氧化的重要机制。此外,有证据表明地球在约 7 亿年前(新元古代)曾出现过全球冰冻现象,这被称为"雪球地球",火山喷出 CO_2 造成的温室效应可能是解冻"雪球地球"的关键因素。另一方面,超级火山喷发释放的 SO_2 被氧化后在平流层中形成硫酸气溶胶,散射和反射太阳辐射,可以导致全球短期变冷。1815 年印度尼西亚坦博拉火山喷发,使 1816 年成为北半球的"无夏之年"。形成大火成岩省(LIP)的大规模溢流式火山喷发可能导致全球生态系统发生剧烈变化,造成生物大灭绝。在 2.5 亿年前(二叠纪末),火山喷发持续约两百万年,喷出的物质覆盖了约 250 万平方千米的地表,形成西伯利亚大火成岩省,这被很多学者认为是引起地球历史上最大的生物灭绝事件的重要原因。

第四纪以来(25.8 万年至今)地球系统的变化尤其受到关注。从第四纪开始,全球气候明显出现冰期与间冰期交替的模式。米兰科维奇理论认为,北半球高纬地区夏季太阳辐射变化(包括岁差、黄赤交角与地球轨道偏心率三要素)是驱动第四纪冰期旋回的主因,使气候变化存在 2 万年、4 万年和 10 万年三个天文周期。黄土、湖泊沉积物、石笋、珊瑚、树轮、冰芯等是研究地球系统变化的重要信息载体。对这些沉积物记录的研究发现,80 万年以来全球气候环境演化以 10 万年周期为主,而之前的 80 万年则是以 4 万年周期为主,但导致这种变化的原因仍是未解之谜。

在过去的 3 个世纪,人类对全球环境的影响不断升级,化石燃料的使用使大气中 CO_2 浓度从工业革命前的 280 ppm 增加到现在的 415 ppm,全球地表温度上升超过 1 ℃。如果人为的 CO_2 排放量继续增大,全球气候可能在未来几千年内严重偏离自然行为,温室效应将导致极地冰盖融化,海平面显著上升,一些陆地和岛屿被淹没,生态系统面临严重威胁。地球科学家因此提出了"人类世"的概念("世"是比"纪"更低一级的年代单位)。为管控气候变化带来的风险,人类迫切需要通过全球协约的方式减排温室气体,承担共同但有区别的责任。中国已率先提出碳达峰与碳中和的"双碳"目标,即在 2030 年前碳排放量达到峰值,2060 年前通过植树造林等手段吸收 CO_2 来抵消碳排放量,达到"零排放"。进一步明确人类 CO_2 排放造成的全球气候环境效应,为政府和社会制定减排方案提供坚实的科学支撑,保障宜居环境与人类社会可持续发展,是地球和空间科学的重要使命。

5.5 地球和空间科学与其他学科的交叉

经过长期的学科交叉融合,物理学、化学和生命科学的原理和方法已相当深入地渗透到地球和空间科学研究中,这从地球物理学、空间物理学、地球化学、地球生物学等支柱学科的名称便可见一斑。现代地球和空间科学研究要求掌握数学、物理学、化学、生物学等学科的基础知识,也需要能够有效运用计算机技术和信息技术手段。下面具体介绍几个学科交叉的实例。

1. 同位素地球化学

19世纪末,贝克勒尔、居里夫妇等法国物理学家发现了几种元素的天然放射性,共同获得了1903年度诺贝尔物理学奖。居里夫人此后继续研究镭在化学和医学上的应用,于1902年分离出高纯度的单质镭,获得了1911年度诺贝尔化学奖。地球科学家很快认识到,放射性核素的衰变定律可被用于精确的地质计时。与此同时,人们发现离子在磁场中发生偏转,英国科学家阿斯顿根据此原理,于1919年制成第一台质谱仪,获得1922年度诺贝尔化学奖。在这些科学技术进展基础上,地球化学家开发了Rb-Sr、Sm-Nd、K-Ar、U-Th-Pb等定年方法,用于确定地质体的形成时间和地质事件的发生时间,发展出同位素地质年代学这一学科。

20世纪初,科学家发现同一元素存在原子质量有别的变种,称为同位素。1931年,美国科学家尤里发现氘,即氢的重同位素,获得1934年诺贝尔化学奖。尤里阐明了稳定同位素的分馏原理,并与助手爱泼斯坦利用碳酸钙与海水之间的氧同位素分馏,计算出古海洋的温度。这方面的研究后来发展成为稳定同位素地球化学这一学科。

同位素不仅可用于定年和测温,还可以被用作示踪剂,作为"指纹"来追踪地质样品的来源和成因。同位素地球化学是地质学、核物理学和放射化学的共同结晶,在地球和空间科学、生物医学等领域以及工业和农业生产中都得到了广泛的应用。

2. 等离子体与空间物理学

等离子体是由电子、离子和未电离的中性粒子组成的物质状态,被视为物质的第四态。宇宙普通物质的99%都是等离子体。19世纪,英国科学家法拉第等人开始研究气体放电现象。20世纪初,英国科学家为了解释无线电波可以远距离传播的现象,推测地球上空存在能反射电磁波的电离层,随后被实验证实。从20世纪30年代起,磁流体力学及等离子体动力论逐步形成。1950年后,世界先进国家开始大力发展受控热核实验,促使等离子体物理蓬勃发展,陆续建成一批受控聚变实验装置。与此同时,一些低温等离子体技术也得到应用和推广。1957年第一颗人造卫星发射以后,空间等离子体物理学迅猛发展。1958年,美国科学家帕克提出了太阳风模型,范艾伦提出地球上空存在着强辐射带(范艾伦带)。1974年,美国科学家格内特根据卫星资料,阐明地球是一颗辐射星体,主要辐射为长波辐射和热红外辐射。

等离子体是核物理学和空间物理学的重要研究对象。由等离子体的研究又发展出空间天气学。空间天气学把太阳大气、行星际空间和地球的磁层、电离层和中高层大气作为一个有机系统，按空间灾害性天气事件过程的时序因果链关系配置空间和地面的监测体系，了解空间灾害性天气过程的变化规律。空间天气学的应用目标是减轻和避免空间灾害性天气对高科技技术系统所造成的重大经济损失，为航天、通信、国防等部门的重要活动提供空间天气预报、效应预测和决策依据。

3. 地球生物学与天体生物学

生命的形成和演化与其所处的环境息息相关，所谓"物竞天择，适者生存"。古生物学是建立在地质学渐变论、灾变论和生物学进化论基础上的交叉科学，通过研究保存在地层中的生物遗体和遗迹（化石），来了解古生命与古环境的协同演化。除了动物和植物，古生物学的研究对象后来又扩展到古代地球的微生物，发展成地球生物学。

生物学科学技术的进步给地球生物学带来了新的发展机遇。分子古生物学将现代生物学理论和技术方法应用于地球古生物的研究，如研究古DNA和古氨基酸，从分子水平上探索古生物的进化和遗传，使古生物研究从宏观深入到微观。分子古生物学也逐渐被应用于考古学研究。

嗜极生物（例如前面提到的嗜热细菌）的发现促进了天体生物学的发展。天体生物学研究天体上是否存在生命现象以及适合生命生存的条件。生命宜居的条件包括：必要的组成物质，即能够合成有机物的C、H、O、N等元素；适宜的温度；液态的水；大气的保护；足够长的时间。综合考虑这些条件，在地球之外，火星和土卫六是太阳系内最有可能存在生命的地方。未来的深空探测任务有望破解地外生命是否存在之谜。

4. 计算地球科学与大数据人工智能

从20世纪60年代开始，原子/分子尺度或大尺度动力学数值模拟在地球和空间科学研究中得到了广泛应用。随着计算机技术的发展，高性能计算的重要性更加凸显，人工智能和计算结果可视化得到高度重视。计算地球科学已经逐渐发展成与观测地球科学、实验地球科学鼎足而立的研究领域。

从2012年以来，大数据在商业、医学和多个自然科学领域经历了高速发展。地球和空间科学通过观测和实验积累了大量数据（据估计超过40 ZB，即40万亿GB），但这些数据尚未得到充分的挖掘和利用。大数据时代给地球和空间科学的发展带来了崭新的机遇和挑战，新的大数据挖掘技术和基于人工智能的分析处理技术已经越来越多地应用于地球和空间科学的各个领域，并已产生重要的科学和工程技术影响力。

地球是人类赖以生存的家园，空间是人类深情向往的远方。地球和空间科学具有悠久的发展历史，一路走来却始终不忘"天问"初心；又"其命维新"，不断创造性地拓展人类的活动疆域与知识边界。安身立命于地球，我们对她的过去难掩内心好奇，也更加关心她的未来将何去何从。抬首仰望星空，我们难抑心潮澎湃，义无反顾踏上求索征途。

感谢陆高鹏、姚华建、陈伊翔、黄金水、雷久侯提出的修改意见。

（本章撰写人：倪怀玮、汪毓明）

参 考 文 献

[1] Valley J W, Cavosie A J, Ushikubo T, et al. Hadean age for a post-magma-ocean zircon confirmed by atom-probe tomography[J]. Nature Geosciences, 2014(7):219-223.

[2] Pearson D G, Brenker F E, Nestola F, et al. Hydrous mantle transition zone indicated by ringwoodite included within diamond[J]. Nature, 2014(507):221-224.

[3] Li C, van der Hilst R D, Engdahl R, Burdick S. A new global model for P wave speed variations in Earth's mantle[J]. Geochemistry, Geophysics, Geosystems, 2008(9):Q05018.

第6章 生物学

6.1 生物学简介

在开始探讨什么是生物学之前,需要理解什么是"生命"。根据目前人类已有的知识,生命只存在于地球上,树是生命,鸡、鸭、鱼、虫是生命,细菌也是生命。那么如何给"生命"下一个精准的定义呢?"生命"究竟有哪些基本的特征呢?

亚里士多德在其著作《论灵魂》中提到,"生命"是一种将新陈代谢、感觉和运动等各种能力结合起来的统领者。人们对"生命"的理解不同。有些人认为"生命"是维持自身在自然界中稳定存在并将自身性状遗传下去的最小基因组。根据该定义,病毒也算是一种生命,然而病毒并不能独立于宿主生存,因此有人质疑病毒是否是一种生命。又有些人认为,"生命"是机体通过新陈代谢进行逆熵的过程,即低熵体;人造机械也可以具备维持系统低熵的能力,但人造机械并不能被称为"生命"。还有些人认为"生命"是与外界环境进行物质信息交换,不断完善适应进化的过程;有些计算机程序也能完成适应进化过程,显然计算机程序不能被称为"生命"。目前,科学家研究大量不同模式的生物,对地球上的生物尽可能做出较为全面的理解,旨在较好地概括描述"生命"。

生物学(biology)也称生物科学、生命科学,属于自然科学范畴。它由经验出发,广泛研究生命的所有方面,包括生命的起源、构造、分布、分类、功能、进化、发育、行为、与环境的关系等方面。简而言之,生物学就是一门研究生命规律和生命现象的基础学科。它涉及的领域广阔,包含许多分支。例如:生物化学(biochemistry)研究生命化学;分子生物学(molecular biology)从分子水平研究组成生命的大分子,包括其结构、功能以及相互作用等方面;细胞生物学(cell biology)研究细胞基本结构的功能;生理学(physiology)研究机体组织器官相互作用和调控;进化生物学(evolution biology)研究生命多样化产生的基础;生态学(ecology)研究生命个体在生活环境中的相互作用和影响;植物学(botany)研究植物的相关生命活动等。

细胞学说、生物演化、生物遗传、生物稳态是现代生物学大厦的重要组成部分。

细胞学说(cell theory)由德国植物学家施莱登(Schleiden)和动物学家西奥多·施旺(Theodor Schwann)在1838—1839年提出。1858年,德国病理学家鲁道夫·菲尔绍(Rudolf L. K. Virchow)完善了细胞学说的内容,提出了新细胞都是由老细胞通过分裂产生的理论,进而论证了生物界在结构上的统一性和在进化上的一致性。

生物演化(biological evolution)是指生物的可遗传性状在世代间的改变,即种群内基因频率的改变。

生物遗传(biological heredity)是指在个体繁殖的过程中,先复制基因,再通过亲代传递给子代。在此过程中,基因存在突变的可能性,进而改变生物学特性。因此,即使是同一物种,不同个体之间也会存在明显的差异。这种现象会随着自然选择而变得更为普遍或者罕见,这就是进化。查尔斯·达尔文(Charles Darwin)与阿尔弗雷德·罗素·华莱士(Alfred Russell Wallace)最早提出以自然选择为基础的进化理论。1859年,达尔文在他的代表作《物种起源》中详细阐述了"进化"这一概念。1930年,达尔文的"自然选择"与孟德尔的"遗传"进一步融合,使进化机制"自然选择"与进化的单位"基因"结合,形成了"现代综合理论"。

生物稳态(biological homeostasis)指一个开放的系统可以借由许多关联机制的动态平衡进行自我调整,使得该系统的内在情形维持在相对稳定的状态。自然界中所有的生物,不论是单细胞还是多细胞生物,都有各自的体内平衡机制。体内平衡的稳态对于维持生物系统正常运转具有重要的意义。

现代生物学研究覆盖广泛尺度(图6.1),从分子层面(小于1 nm)到整个生物圈。近些年,科技发展还催生了如太空生物学等新兴学科。生物学不同的研究尺度所研究的内容也不尽相同。例如:分子层面的研究注重生物大分子的结构和功能,分子及其聚集态在生物体生命关键过程中的作用;细胞层面的研究注重解析细胞的形态结构、细胞周期、细胞通信、细胞生理等。

总之,作为自然科学重要的基础学科之一,生物学与人类繁衍生息和生命健康息息相关。

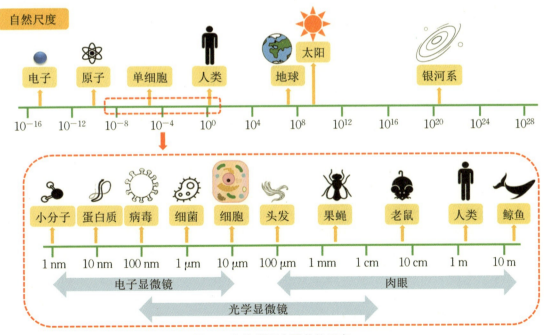

图6.1 生物学研究覆盖的尺度

生命系统的层次从大到小可以分为生物圈、生态系统、群体、个体、器官、组织、细胞、分子和原子等;生物学研究的尺度跨度大(可从 1 nm 到 10 m),其中电子显微镜的分辨率约为 0.1 nm,光学显微镜的分辨率约为 200 nm,肉眼的分辨率约为 100 μm。

6.2 生物学发展及分支领域

1802年法国科学家让·巴蒂斯特·拉马克(Jean-Baptiste Lamarck)和德国科学家特来维拉纳斯(Trevillanas)提出了"生物学"这一概念。经过漫长的发展,"生物学"有了基本的雏形,其发展历程可大致分为四个关键时期,从最初的萌芽期,经历了古代生物学时期和近代生物学时期,到目前的现代生物学时期,"生物学"的内容逐渐丰富。

1. 萌芽时期

萌芽时期是指人类诞生到阶级社会的出现,这一时期属于石器时代。在这一时期,人类对于生物的认知来自对自然的探索和生活经验的积累。

2. 古代生物学时期

古代生物学的发展起始于奴隶社会后期,这段时期,人类发明并改造铁器,使得生产力大力发展,拉开了原始牧业、农业和医学的序幕。在生活和生产实践过程中,人类不断积累经验、发现并总结规律,对事实进行记录和整理。这段时期古希腊涌现了许多著名学者,如研究形态学和分类学的亚里士多德,研究解剖学和生理学的克劳迪亚斯·盖伦(Claudius Galenus)。亚里士多德认为有机体最初是从有机基质中产生的,无机物可以变成有机的生命;克劳迪亚斯则提出了著名的人格类型概念,并且有《气质》《本能》《关于自然科学的三篇论文》等论著。中国古代也有许多生物学相关的医学典籍。例如中国最早的医学典籍《黄帝内经》,讲述了中国古人对生命现象的观察,其中还记录了许多真实的临床案例。因此,《黄帝内经》可认为是中国古代生命科学的经典之一。此外,中国古代著名的生物学相关著作还有《扁鹊难经》《齐民要术》《本草纲目》等。

3. 近代生物学

15世纪文艺复兴运动拉开了西方近代生物学的序幕,使生物学发展进入快车道。16世纪中期,比利时学者安德烈亚斯·维萨留斯(Andreas Vesalius)的工作奠定了人体解剖学的基础。17世纪,英国科学家罗伯特·胡克(Robert Hooke)发现并且命名了"细胞"(cell);荷兰科学家安东尼·列文虎克(Antony van Leeuwenhoek)用自制的显微镜首次发现了微生物世界。18世纪,瑞典科学家卡尔·冯·林奈(Carl von Linné)创立了双名命名法,建立了生物学的科学分类方法。19世纪,涌现了许多重大学说和著作。其中,德国植物学家施莱登(Matthias Jakob Schleiden)和动物学家西奥多·施旺(Theodor Schwann)提出了经典的"细胞学说",认为细胞是组成一切动植物的基本单位;鲁道夫·魏尔肖(Rudolf L.K. Virchow)提出了细胞病理学说;查尔斯·罗伯特·达尔文(Charles Robert Darwin)发表了《物种起源》,认为生命都起源于一个原始细胞,并且随着环境的变化,物种会不断进化来适应环境,从而生存下来，也就是著名的"物竞天择，适者生存"进化论(图6.2)；奥地利生物学家格雷戈尔·孟德尔(Gregor Johann Mendel)提出了遗传学的两个基本定律——分离定律和自由组合定律。前者是指遗传因子在体细胞内成对存在，而在生殖细胞中单个存在，即在生殖细胞形成时，体细胞内成对的遗传因子开始分离。后者是指成对的遗传因子分离后，与原来并不是一对的遗传因子进行自由搭配，最终进入同一个生殖细胞中。这些重大的研究进展促使生物学从传统的描述性科学向实验性科学发展和转变。

图6.2 人类进化概述图[1]

4. 现代生物学

进入20世纪后，现代科技的发展使得生物学的研究逐步深入到分子水平。另外，实验观察方法也从传统的静态观察分析转变到对生命活动的动态追踪和分析。1953年，美国生物学家詹姆斯·杜威·沃森(James Dewey Watson)和英国生物学家弗朗西斯·克里克(Francis Harry Compton Crick)提出了遗传物质脱氧核糖核苷酸(DNA)的双螺旋结构模型，即DNA是由两条核苷酸链组成的双螺旋结构。从此，生物学研究进入了新阶段——现代分子遗传学(图6.3)。1990年，人类基因组计划正式启动，美国、英国、法国、德国、日本、中国科学家共同参与了这项宏伟的生物学工程，协同破译人类基因组的全部序列信息。2003年4月14日，人类基因组计划完成。随后，生物学进入了一个百花齐放的新时代。

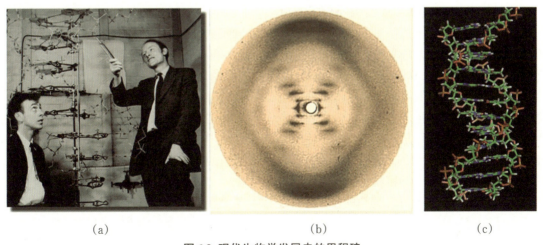

(a)   (b)   (c)

图6.3 现代生物学发展史的里程碑

(a) 沃森和克里克在进行学术讨论[2]；(b) 富兰克林拍摄的B型DNA衍射图谱[3]；(c) DNA双螺旋结构[3]。

生物学是多学科交叉融合的学科,分支领域众多,包括分子生物学、细胞生物学、神经生物学和生态学等。

分子生物学(molecular biology)从分子水平研究生物大分子的结构和功能,从而揭示生命现象的本质与规律。生物大分子包括核酸和蛋白质,前者包含遗传信息,后者执行生命活动。因此,研究核酸和蛋白质的结构和功能以及二者之间的关联互动是理解生命活动本质和规律的关键。

细胞生物学(cell biology)从细胞层面研究生命活动的基本规律。细胞作为生命活动和功能的基本单位,解析细胞的结构以及其在生命活动过程中发挥的作用和机制是细胞生物学领域所关注的焦点。

神经生物学(neurobiology)研究神经系统的结构、功能、发育、遗传、药理和病理,旨在解释神智活动的机制。人类到底是如何记忆、学习、感觉和思考的?这是神经生物学需要解析的问题。

生态学(ecology)是研究环境与生物之间关系的一门学科,它有自己的独特的研究对象和方法。生态学帮助人们理解自然规律,解决环境日益恶化、资源日益枯竭等问题,寻找人与自然长期和谐相处的途径。

6.3 近年重大生物学研究进展例举

生物学在21世纪取得了许多备受瞩目的突破。近年来生物学相关发现已经连续多年占据年度重大科学进展的半壁江山。了解这些年度重大科学进展不仅有利于把握生物学发展的最前沿,而且能推进理解基础生物学知识。下述列举2021年国内外典型重大生物学进展。

1. 人工智能预测蛋白质结构:AlphaFold

DNA是携带并遗传信息的生物大分子,经过转录和翻译过程来合成能够执行多种功能的蛋白质。蛋白质功能多种多样,参与细胞内外的多种生命活动过程,从而维持细胞的稳态。例如,微管蛋白,作为细胞骨架结构分子维持细胞的形态构造;各种生物酶,介导细胞内许多关键酶促反应;抗体,参与机体免疫反应,进而保护机体免受外来病原体的危害;激素,调控机体的诸多功能。这些多种多样的蛋白质功能往往由蛋白质结构决定,因此解析蛋白质结构是阐明蛋白质功能的一个重要环节。从一级结构的氨基酸序列、二级结构简单的折叠和螺旋,到三级结构的复杂组装,最后再到四级结构的缔合和装配,氨基酸通过这样的级联式程序,最后形成能够精细运作的蛋白质功能体。

目前,测定蛋白质一级结构的技术方法已经非常成熟。然而,解析蛋白质高级结构的技术方法仍在逐步完善。现阶段人们使用低温电子显微镜[4]、X射线晶体衍射[5]等方法解析蛋白质高级结构,十分耗时耗力。截至2021年7月,2万个人类蛋白质中仅有约30%被解析结构,并且大约2.8亿非人类蛋白质中仅0.01%被解析结构。由此可见,解析蛋白质结构的工作量庞大,导致总体进展缓慢。为此,研究人员逐渐探索人工智能在蛋白质结构解析上的应用。

谷歌Deep Mind团队在开发出AlphaGo围棋人工智能后,将目光聚焦蛋白质结构预测,开发出了蛋白结构预测算法AlphaFold。传统的蛋白质结构预测通过分析氨基酸同源序列中的共变异来推测演算相互接触的氨基酸残基,从而获得蛋白质的结构信息。AlphaFold则可以通过训练神经网络来准确地预测氨基酸残基对之间的距离。此外,AlphaFold还可以预测氨基酸之间化学键的角度,这样能获得更多的结构信息,从而显著提升蛋白质结构预测的精准度。

2020年,Deep Mind团队在第14届蛋白质结构预测技术评估(CASP)大赛上展示了AlphaFold超群的蛋白质结构预测能力。AlphaFold凭借人工智能的超强深度学习能力,学习了17万个蛋白质的氨基酸序列和三维结构,从而掌握了蛋白质的折叠规律,并在此基础上预测蛋白质的结构。令人惊叹的是,该算法面对即使是同源区段较少的序列,也能达到很高的预测准确性[6]。该研究结果于2021年7月发表在 Nature 上,成为蛋白质结构预测领域的一个重大里程碑式成果(图6.4)。此后,包括Deep Mind团队在内的许多科研人员依旧不停地升级优化AlphaFold。目前,最新版本的AlphaFold基于多序列比对的基础,已经将相关蛋白质结构的物理和生物信息融入深度学习算法中[7]。尽管有上述诸多优点,AlphaFold还不是很完美,例如它对部分蛋白或特定蛋白氨基酸序列的结构预测仍然准确度不高。

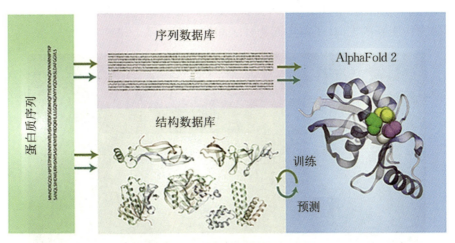

图6.4 蛋白质结构预测基本过程[8]

蛋白质结构预测的基本过程主要分为两个阶段:第一阶段,输入氨基酸序列和多序列对齐(MSA),旨在提供哪些残基在三维空间中位置相近的信息;第二阶段,由第一阶段可以得到原子坐标,将每个残基作为一个独立的物质,预测其旋转和平移参数,最终输出预测的目的蛋白三维结构。

2. 解锁古老泥土DNA宝库

研究人类谱系的发生是揭示人类进化历程的一种重要手段。哺乳动物的骨骼和牙齿不仅含有丰富的DNA,而且含有大量无机物。由于无机物在自然界中稳定性相对较好,因此骨骼和牙齿可以最大限度地保存其原有的形态结构。相比于有机物,无机物还不容易被降解。随着时间的推移,环境中的矿物质会慢慢进入骨骼和牙齿之间的间隙,逐渐代替有机物,最后形成化石。由此可见,骨骼和牙齿是研究数万年前古代物种DNA的重要材料来源[9]。然而,多种技术挑战使研究人员并不是每次都能完好无损地获得这些古代物种的DNA。因此,世界各国研究人员正在致力于开发技术攻克获取古老DNA这一难题。

目前科学家开发了通过PCR结合高通量的测序技术来发现泥土沉积物中存在的古代物种的DNA。近期,科学家利用这些技术,在西班牙的Estatuas洞穴泥土沉积物中成功发现尼安德特人和丹尼索瓦人的细胞核DNA和线粒体DNA(图6.5)。该研究成功获得了10万年前尼安德特人的遗传信息[10]。科学家还在美国佐治亚州的Satsurblia洞穴中提取了25000年前(旧石器时代晚期)的沉积物样本,并利用鸟枪测序法(将基因组分解成数百万个片段,然后通过计算机进行排序和整合)分析了样品中人类和哺乳动物细胞核与线粒体的基因组[11]。研究发现了三种基因组:第一种是具有大量欧亚大陆血统的人类基因;第二种是狼的环境基因组,该物种是目前现存的欧亚狼和狗的祖先;第三种是欧洲野牛的环境基因组,目前在现代野牛中也能发现这类基因组。这些数据不仅揭示物种种群结构的重塑,而且还证明了直接对沉积物的DNA进行测序,可以获得与系统发育相关的全部基因组数据[11]。

从泥土沉积物中提取DNA可以有效拓展到分析其他物种的遗传特征,从而克服了原有骨骼和牙齿DNA来源仅限于人类基因组的分析的缺点。此外,只需提取少量的DNA就可以通过互补分析来重建多种哺乳动物物种的进化特征。与传统的从保存完好的骨骼和牙齿中提取DNA的方法相比,该方法操作可行性较高。分析古代沉积物中的DNA还可能为生态系统的研究指明新的方向,了解不同物种之间的相互关系。

图6.5 研究人员在西班牙的Estatuas洞穴中获取泥土沉积物样品[12]

3. 抗新型冠状病毒强效药出现

2019年新型冠状病毒(COVID-19)开始在世界传播。目前,已经有多家公司分别针对不同阶段的新型冠状病毒[13],研发出了几种针对新型冠状病毒有效的药物,包括莫奈拉韦(Molnupiravir)、帕克洛维德(Paxlovid)和巴瑞克替尼(Baricitinib)等。

图6.6显示了新型冠状病毒表面的特殊蛋白质外观,例如病毒S蛋白。该蛋白能够与人

类细胞中ACE2受体结合,进而绕过人体防御系统,进入细胞,最终感染人类。

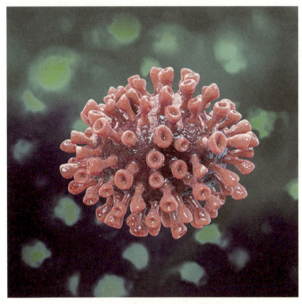

图6.6 新型冠状病毒模型[14]

莫奈拉韦是由默沙东公司研发的一种对抗新型冠状病毒的口服药(图6.7)。该药物具有抵抗多种RNA病毒的活性,包括严重急性呼吸综合征冠状病毒2型(SARS-CoV-2)、严重急性呼吸综合征冠状病毒(SARS-CoV)、中东呼吸综合征冠状病毒(MERS-CoV)以及季节性流感病毒[15]。其治疗机理是通过干扰病毒的复制过程来阻止病毒在宿主体内的进一步增殖。正常情况下,RNA聚合酶能够以碱基互补配对的方式,将UTP、CTP、GTP、ATP底物分别与模板链的AMP、GMP、CMP、UMP进行互补,但是当加入莫奈拉韦后,莫奈拉韦的活性形式β-D-N4-羟基胞苷三磷酸(MTP)能够与底物CTP竞争性结合模板序列中的GMP,由此,在复制过程中引入了错误的碱基,使得RNA复制产物发生突变(图6.8)。同时,MTP与GMP的这种配对方式十分稳定,能够逃避宿主细胞内校正机制的管控,从而达到破坏病毒正常复制的目的[16]。临床研究表明,莫奈拉韦适用于早期的新型冠状病毒患者,可以显著降低这些患者的住院率或死亡率,但是对于中期和晚期新型冠状病毒患者,莫奈拉韦并没有很显著的药效[17]。2021年11月4日,莫奈拉韦(MK-4482,EIDD-2801)于英国上市,成为世界上首个用于治疗新型冠状病毒的口服抗病毒药物。

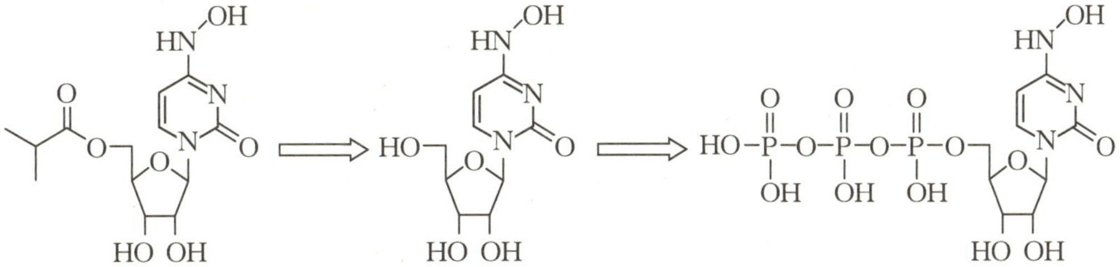

图6.7 莫奈拉韦进入患者体内后的代谢过程[15]

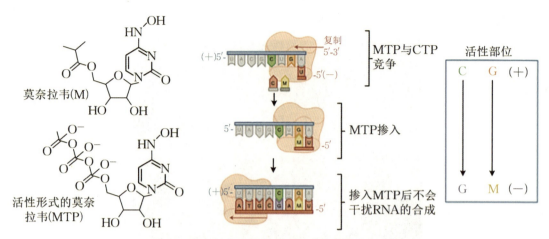

图6.8 莫奈拉韦治疗新型冠状病毒的作用机制[18]

MTP与CTP竞争性结合鸟苷酸,这种竞争结合并不会引起RNA复制中断,但是会引起病毒RNA的复制错误。

帕克洛维德(Paxlovid)是由美国辉瑞公司研发的一种口服类抗新型冠状病毒药物,由奈玛特韦(Nirmatrelvir,图6.9)和利托那韦(Ritonavir)两种抗病毒药物组成,用于治疗早期和中期感染新型冠状病毒的患者。该药物通过抑制SARS-CoV-2主蛋白酶Mpro(也称3CL蛋白酶)的活性,削弱病毒的自我复制能力[19]。帕克洛维德其实是一种复方剂,其中利托那韦含量较少,旨在抑制奈玛特韦的降解,奈玛特韦因此得以高效地发挥作用,从而达到抵抗新型冠状病毒的目的。新型冠状病毒变异迅速,有时可以抵抗针对SARS-COV-2病毒表面棘突蛋白的药物,但是帕克洛维德成分中的奈玛特韦在体外可以有效抑制当前变异新型冠状

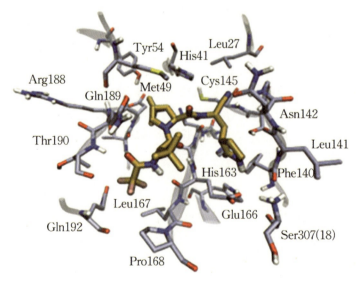

图6.9 奈玛特韦的结构[19]

分子动力学(supervised molecular dynamics, SuMD)模拟奈玛特韦和新型冠状病毒主蛋白酶(Mpro)相互结合的路径。橙色:分子动力学模拟轨迹的最后一帧。淡蓝色:配体与残基的结合位点。

病毒（α、β、δ、γ、λ和μ等毒株）的活性。也有研究表明，奈玛特韦对于奥密克戎（Omicron）在体外也有一定的抑制作用。

虽然抗新型冠状病毒药物的研发已经走上正轨，但是其研发的速度仍跟不上病毒的变异速度并且药物的治疗效果仍待进一步检验。

4."迷幻药"可治疗创伤后应激障碍

创伤后应激障碍（post traumatic stress disorder，PTSD）是一种精神疾病。患者通常在经历或者目睹关于自身或他人的重大创伤性事件后，出现延迟性和持续性的精神障碍，产生抑郁、焦虑、自残等应激行为。因此，研发治疗该疾病的药物具有重要意义。

目前用于治疗创伤后应激障碍的药物有盐酸舍曲林（Sertraline）和盐酸帕罗西汀（Paroxetine）。虽然这些药物有一定的治疗作用，但是仍然有40%～60%的患者对这些药物毫无反应。科学家发现"迷幻药"的主要成分3,4-亚甲基二氧基甲基苯丙胺（MDMA）对于创伤后应激障碍精神疾病具有一定的疗效。3,4-亚甲基二氧基甲基苯丙胺是一种环取代苯乙胺，具有独特的精神药理学特征，可以减轻患者在回忆过去所经历事件时的恐惧感，从而减少治疗过程中发生的回避行为的频率，同时又可以使患者保持清醒的状态。该药物的作用机理主要是通过释放突触前5-羟色胺，作用于5-HT1A和5-HT1B受体，以减轻患者的焦虑和抑郁情绪，同时唤起患者的积极情绪。此外，3,4-亚甲基二氧基甲基苯丙胺还能促进患者分泌更多的去甲肾上腺素和多巴胺，从而提高患者的治疗动机强度，以配合治疗[20]。该药物在临床上的应用仍存在着争议。实际上，3,4-亚甲基二氧基甲基苯丙胺是"摇头丸"的主要成分，容易造成过度使用，进而引发健康和社会秩序问题。因此，对于3,4-亚甲基二氧基甲基苯丙胺的临床研究进度非常缓慢。直到2017年，有研究表明药用级别的3,4-亚甲基二氧基甲基苯丙胺并不具备极度兴奋、摇头不止等风险特征，对于3,4-亚甲基二氧基甲基苯丙胺治疗创伤后应激障碍的研究才再一次进入大众的视野[21]。

2021年7月，*Nature Medicine*发表了一篇关于3,4-亚甲基二氧基甲基苯丙胺治疗创伤后应激障碍精神疾病及其安全性的文章（图6.10）。在这项临床实验中，90名患者随机地平分为两组，分别接受3,4-亚甲基二氧基甲基苯丙胺和安慰剂的治疗。研究以自残、滥用药物、抑郁等不良事件的发生情况作为评估指标来研究3,4-亚甲基二氧基甲基苯丙胺的治疗效果。研究结果表明，3,4-亚甲基二氧基甲基苯丙胺的辅助治疗对患有重度创伤后应激障碍的患者非常有效[22]。研究数据表明，与盐酸帕罗西汀和盐酸舍曲林相比，配合心理治疗，3,4-亚甲基二氧基甲基苯丙胺的安全性较高，有更低强度的药物依赖性和停止给药后的戒断反应[23]，并且药物的耐受性较好。治疗结束后的2～23个月的随机访问情况表明，创伤后应激障碍精神疾病患者的治愈维持时间较长。部分没有得到显著治疗效果的患者仍然觉得3,4-亚甲基二氧基甲基苯丙胺对他们的病情有所帮助，有利于他们调整自己的情绪，从而维持正常生活的能力。尽管3,4-亚甲基二氧基甲基苯丙胺的治疗效果令人鼓舞，但该药物的临床应用依旧存在争议。仍需要开展进一步精细设置的临床实验（考虑样本量的大小、实验组的异质性），以进一步确定3,4-亚甲基二氧基甲基苯丙胺的使用剂量和治疗时间等关键参数。

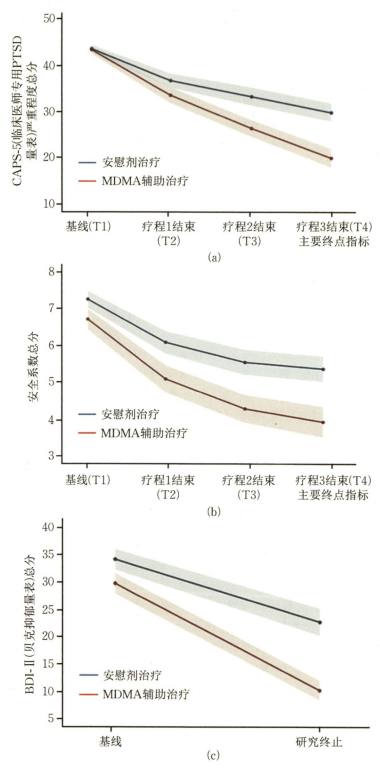

图6.10　3,4-亚甲基二氧基甲基苯丙胺治疗PTSD的效果[22]

5. 单克隆抗体治疗传染性疾病

单克隆抗体是由单个B淋巴细胞克隆分泌的一类能够识别特定抗原表位的蛋白质大分子。单克隆抗体特异性识别抗原表位后,能够清除抗原或受到抗原影响的细胞,从而保护机体内环境稳态。由于B淋巴细胞无法进行大规模的增殖,因此利用B淋巴细胞在体外生产单克隆抗体在早期极具挑战性。早在1975年,科学家试图融合小鼠的骨髓瘤细胞和绵羊的B淋巴细胞,旨在形成能够分泌绵羊红细胞抗体的杂交瘤细胞。该融合细胞具有癌细胞的特征能进行无限增殖,因此利用杂交瘤细胞可以大规模生产单克隆抗体(图6.11)。目前生产单克隆抗体成本高并且功效有限,导致单克隆抗体在传染病领域的研发相对于疫苗和抗生素而言,一直处于滞后的状态。然而,2019年新型冠状病毒暴发,重新掀起了利用单克隆抗体对抗传染性疾病的研发浪潮[25]。

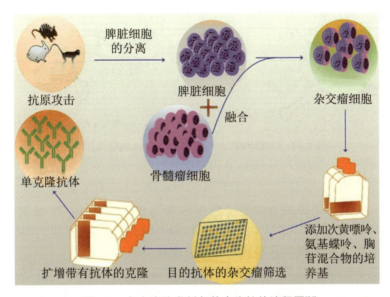

图6.11 杂交瘤技术制备单克隆抗体流程图[24]

从哺乳动物中获取经过特定抗原免疫的脾细胞,再与骨髓瘤细胞融合,形成能够
分泌特定抗体的杂交瘤细胞,筛选并扩增这些杂交瘤细胞,最终获得目标抗体。

截至2021年,已经研发出多种对抗新型冠状病毒以及其他病原体,包括疟疾寄生虫、艾滋病病毒(HIV)和呼吸道合胞病毒(RSV)等的单克隆抗体。这些单克隆抗体在临床上均表现出良好的治疗效果[26]。2021年年底,美国食品药品监督管理局(FDA)已授予3种用于治疗新型冠状病毒的单克隆抗体的紧急使用权。此外,中国也自主研发了新型冠状病毒中和抗体——安巴韦单抗注射液(BRII-196)和罗米司韦单抗注射液(BRII-198)。临床试验数据表明,这种单抗注射液药物能够显著降低新型冠状病毒晚期患者的住院率和死亡率。随着新型冠状病毒变种(COVID-19)的出现,目前已授权使用的单克隆抗体的疗效大幅度降低,如礼来(LLY)公司研发的巴尔莫拉维(Bamlanivimab)和埃特司韦(Etesevimab)单克隆抗体对感染奥密克戎的患者的治疗效果下降了数倍[27]。综上所述,单克隆抗体在对抗传染性疾病方面具有独特优势,但仍待积极研发和推广。

6. CRISPR/Cas9基因编辑技术应用于临床

近年来,法国生物学家埃马纽埃尔·卡彭蒂耶(Emmanuelle Charpentier)、美国生物学家詹妮弗·杜德纳(Jennifer A. Doudna)和华裔生物学家张峰(Feng Zhang)发展了基于Cas9蛋白的基因编辑技术(CRISPR/Cas9)。该技术能够对基因组特定部位DNA进行精准切割和编辑,因此获得"分子剪刀"的称号(图6.12)。凭借该项技术,埃马纽埃尔·卡彭蒂耶和詹妮弗·杜德纳获得了2020年的诺贝尔化学奖[28]。该方法具有广泛的应用前景,为临床治疗提供了新的策略。

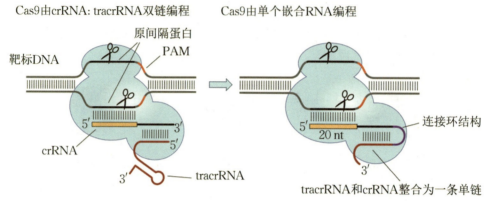

图6.12 CRISPR/Cas9系统切割DNA的模型图[28]

crRNA与tracrRNA形成双链RNA结构,该RNA结构与Cas9蛋白结合形成功能复合物,对目标DNA行使剪切功能。

CRISPR/Cas9系统是原核生物(细菌和古细菌等)拥有的一种细菌免疫防御机制(图6.13)。该系统由CRISPR基因序列和Cas9核酸内切酶两部件组成。CRISPR基因序列主要由前导序列、重复序列和间隔序列这三部分组成。CRISPR序列的启动子是前导序列,外源DNA序列则是间隔序列,而重复序列的转录产物可以形成发夹RNA结构。

当细胞受到外源DNA入侵时,这些外源DNA可被CRISPR序列中特定的间隔序列识别;随后,这些CRISPR序列转录并加工为成熟的crRNA;再根据碱基互补配对原则,与tracrRNA形成双链;同时,位于CRISPR序列附近的Cas9基因转录翻译为具有核酸内切酶活性的Cas9蛋白,与成熟的crRNA结合,形成crRNA-Cas9复合物,从而在特异位点切割外源入侵DNA。在发展出来的CRISPR/Cas9系统中,科学家们将crRNA和tracrRNA连接形成单链引导RNA(sgRNA)来替代双链RNA(上述crRNA和tracrRNA)。

尽管CRISPR/Cas9技术在2012年就进入大众的视野,但由于其存在不可预知的脱靶风险,因此科研人员不敢轻易将其应用于临床。直到最近,CRISPR/Cas9技术才开始应用于临床,并取得了可喜的效果。为此,CRISPR基因编辑技术在临床上的应用成功入选Science杂志2021年度十大科学突破之一。该技术的应用包括两种基因编辑成体疗法:治疗眼科疾病的Edit-101和治疗肝脏疾病的NTLA-2001。

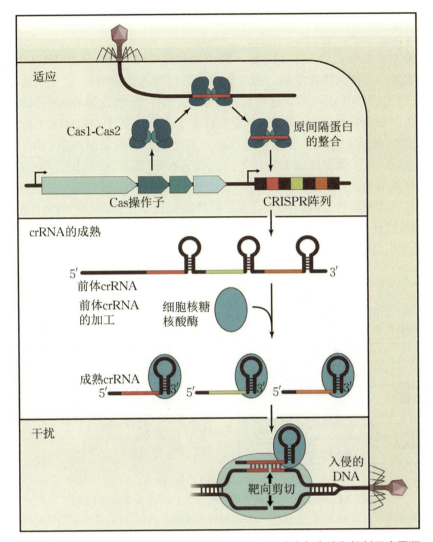

图 6.13 原核生物（细菌和古细菌等）CRISPR/Cas9 系统免疫防御机制示意图[29]

该防御机制主要分为 3 个过程：获取外源 DNA 上的原间隔序列 PAM 插入 CRISPR 序列中；该 CRISPR 序列先转录为前导 crRNA，再依靠细胞内的 RNA 剪切机制，生成成熟的 crRNA，并与 Cas 蛋白形成 CRISPR/Cas9 复合体；该复合体能够识别并切割特定的再次入侵的外源 DNA，从而完成免疫防御。图中黑色模块表示重复序列，其余不同颜色的模块表示从外源 DNA 上获取的间隔序列，前导序列未标出。

莱伯氏先天性黑矇症（Leber congenital amaurosis，LCA）是一种非常严重的遗传性视网膜病变，许多儿童因此而成为先天性眼盲患者，这些儿童会在很短的时间内，双眼视力逐渐减弱，直至完全失明。虽然这种疾病类型多样，但是大多数致病原因是常染色体上的基因发生突变。因此，发展治疗该疾病的方法具有十分重要的意义。基于 CRISPR/Cas9 基因编辑技术的 Edit-101 就是最近发展出来的用于治疗该疾病的方案，主要针对的靶基因是 Cep290[30]。其原理是利用腺相关病毒（adeno-associated virus，AAV）搭载 CRISPR/Cas9 基因编辑工具（Cas9 来自金黄色葡萄球菌），然后在 Cep290 特异性 sgRNA 的向导下，直接将

Cep290基因内含子中的突变序列整体删除或者倒位,从而使得Cep290蛋白正常表达,达到修正治疗的目的。

转甲状腺素淀粉样变性(ATTR)是一种由甲状腺素转运蛋白(TTR)基因发生特定突变引起的罕见蛋白质错误折叠疾病。患者体内的蛋白质通常会溶解、错误折叠,淀粉样变性堆积在全身,进而诱发其他一系列健康问题,例如造成神经(多发性神经病)、肾脏和眼睛的损害。通常在出现症状后2～15年内,患者会死于该疾病。基于CRISPR/Cas9基因编辑技术的NTLA-2001被成功地应用于治疗该疾病。其治疗原理就是敲除编码甲状腺素转运蛋白的TTR基因,从而降低甲状腺素转运蛋白的表达水平(图6.14)。2021年6月Intellia公司一期研究的临床数据显示,基于CRISPR/Cas9基因编辑技术的NTLA-2001能够有效地降低患者体内的甲状腺素转运蛋白水平。这是世界上首批支持体内CRISPR疗法安全性和效果的临床数据,拉开了2021年在医学领域基因编辑技术突破的序幕。

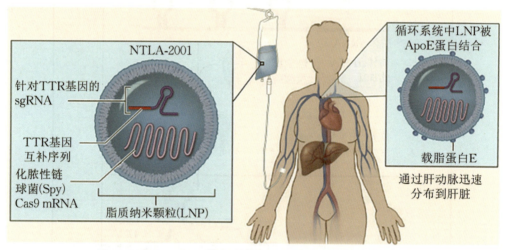

图6.14　NTLA-2001基因编辑技术治疗肝脏疾病的原理图[31]

针对TTR基因的sgRNA和Cas9 mRNA被包裹成脂质纳米颗粒,随后该颗粒被注射到患者肝脏的特定部位,进入细胞后,Cas9的mRNA迅速翻译生成Cas9蛋白,与sgRNA形成复合物,通过细胞核孔,到达细胞核基因组的特定部位,最终实现对TTR基因的剪切编辑。

综上所述,CRISPR/Cas9基因编辑技术在临床上的应用可以理解成向病人特定部位注射相关sgRNA和Cas mRNA,最终在特定位点实现高效的基因编辑。这一治疗策略为许多遗传疾病的治疗开辟了新的途径,开启了医学领域的新时代。

7. 体外胚胎培养为早期发育研究打开新窗户

理解组织和器官的形成过程一直以来是发育生物学的一大难题。组织器官的形成通常在子宫中进行,这一因素给实验观察和操作带来较大挑战。由于生物伦理以及样品获得不易等问题,基于人类胚胎研究发育过程的较少,这类研究多是基于青蛙和鱼类等非哺乳动物以及小鼠胚胎的。这些研究往往仅限于观察青蛙或鱼类等非哺乳动物透明卵发育过程,或从解剖获得的鼠胚胎中观察静态图像,因此能获得的信息极其有限。

2021年3月,以色列魏茨曼科学研究所的雅各布·汉娜(Jacob Hanna)教授及其团队构建了一套体外培养鼠胚胎的平台(图6.15),为科研人员提供了研究基因编码调控发育程序的新工具。这一项研究成果有可能提供进一步研究出生、发育缺陷以及胚胎植入所需的有用信息,完成了近100年来胚胎发育领域的一个高难度目标。

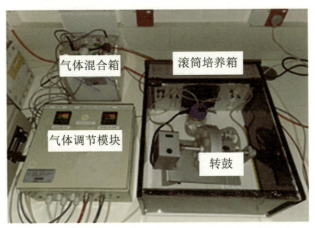

图6.15 汉娜团队设计的体外培养小鼠胚胎平台[32]
左侧装置是连接到滚筒培养箱系统的气体和压力调节模块,负责控制氧气和二氧化碳等
气体的比例以及维持气压稳定;右侧装置是胚胎体外生长发育所需的滚筒培养系统。

汉娜团队所创建的小鼠体外胚胎培养方法主要分为两个阶段:第一个阶段从只有几天龄的小鼠胚胎开始,此时的胚胎包含了250个完全一样的干细胞,他们将这一早期小鼠胚胎放在具有特殊成分的培养皿中培养,胚胎会附着在培养皿上,这种附着状态类似于胚胎附着于子宫壁。用这种方法培养的胚胎尺寸能扩增到原来的2~3倍,类似于哺乳动物胚胎发育的第一阶段。第二个阶段始于两天后,小鼠胚胎开始形成器官,此时需要给予额外的培养条件。因此,汉娜团队发明了一种在转鼓上使用滚筒的培养系统,模拟母体血液流向胎盘供给营养的状态,该系统还与电子调节气体模块相结合精确控制CO_2和O_2含量以及大气压,从而支持胚胎的持续生长。后续的检验实验表明,体外培养的不同阶段胚胎与对应阶段从孕鼠取出的胚胎在形态、分层、器官以及转录谱等指标上几乎完全相同。

这一体外胚胎培养技术平台的建立弥补了鼠胚胎卵囊阶段到高级器官发生阶段培养技术的空白。另外,该技术平台还能够对小鼠胚胎中正在生长的器官进行荧光标记,并能与遗传学修饰、化学筛选、组织处理和显微镜操作等方法相结合,多角度分析不同因素对胚胎发育的影响,显著降低相关领域的研究成本,加快研究进程,为子宫外孕育研究打下坚实基础。

8. 冠状病毒的跨物种识别分子机制

近二十年来,世界范围内出现了3次由冠状病毒引发的重大传染病,分别是2002年出现的严重急性呼吸综合征(severe acute respiratory syndrome,SARS)、2012年的中东呼吸综合征(Middle East respiratory syndrome,MERS),以及2019年的新型冠状病毒肺炎(corona virus disease 2019,COVID-19)。实际上,从1965年发现的第一例可感染人类的冠状病毒开始,已经发现了7种可以感染人类的冠状病毒,分别是HCoV-229E、HCoVOC43、SARS-CoV、MERS-CoV、HCoV-HKU1、HCoV-NL63和COVID-19。虽然人类并不是冠状病毒的天然宿主,但是许多生物都可以作为冠状病毒的载体,通过呼吸或体液等途径将病毒传播给人类,进而引发人与人之间大规模的传染病。因此,了解冠状病毒跨物种传播的方式与分子机制,对于防治这类疾病具有十分重要的意义。

2021年中国科学院微生物研究所的高福院士团队建立了一种高效评估冠状病毒跨物种传播风险的方法,并利用该方法评估了穿山甲源和蝙蝠源冠状病毒的跨物种传播风险,同时确定了它们潜在的宿主范围,所得结果也符合流行病学研究[31]。高福院士团队的研究对象是云南菊头蝠中已鉴定的一种冠状病毒RaTG13。冠状病毒感染人类的机制主要是通过外膜刺突蛋白S的RBD结构域与人类呼吸道血管紧张素转换酶2(ACE2)相互结合,进而侵入机体内部,因此阻断这种相互作用现已成为防治新型冠状病毒的重要方向。由于RaTG13的RBD结构域与新型冠状病毒具有高度亲缘性,因此高福院士团队认为该病毒可能也存在传播的风险,于是他们研究了RaTG13的RBD结构域是否与人类呼吸道血管紧张素转换酶2(ACE2)之间也存在相互作用。实验结果表明,二者之间确实存在相互作用,但是与新型冠状病毒相比,RaTG13与ACE2之间的相互作用强度较弱。

此外,高福院士团队在不同目的24种动物中研究ACE2同源物与RaTG13 RBD结构域相互作用的强弱,发现其中一些动物的ACE2不与RaTG13 RBD结构域发生相互作用,例如穿山甲、马蹄蝠和小刺猬;而另一些动物的ACE2对RaTG13 RBD结构域有较高的亲和性,例如马和鼠(图6.16)。

图6.16 冠状病毒RaTG13可能的宿主范围示意图[33]
蓝色区域表示RaTG13可能通过RBD-ACE2受体-配体间的识别作用来感染的
物种;红色区域表示RaTG13不能通过这种相互作用来感染的物种。

在与冠状病毒斗争的这些年,人类付出了极为惨痛的代价,但目前我们仍然没有像防治天花、牛痘等那样行之有效的方法去杜绝冠状病毒大规模传染的可能性,高福院士团队的研究揭示了冠状病毒的跨物种识别分子机制,提示对易变异的冠状病毒连续监测的重要性,有望推动疫情防控关口的前移,从源头上避免冠状病毒导致的传染病的再次大规模爆发。

9. 异源四倍体野生稻快速从头驯化获得新突破

水稻是世界一半以上人口的主要食物来源。目前市场上流通的栽培稻是由野生的二倍体水稻经过漫长的人工驯化过程得到的。在驯化过程中，人们保留了一些重要的农艺性状，例如谷壳的颜色、直立的植株结构、稻穗的形状、稻芒的长度、种子的大小和质量等[34]。经历了漫长的驯化过程，水稻的许多优异基因也随之丢失，遗传多样性有所降低。如今地球人口数量不断增加，而与之对应的是土地面积不断缩减和人类活动导致的一些自然灾害频发，从前的单子叶二倍体的水稻产能已不能满足人类日益增长的粮食需求。中国科学院李家洋院士团队与国内外多支团队共同合作，研发出一种可以从头快速驯化异源四倍体野生稻的新策略[35]，旨在培育出新型多倍体水稻，提高粮食产量以应对当前的粮食危机和环境恶化等问题。李家洋团队的相关研究成果于2021年2月发表在《细胞》(Cell)杂志上。

异源四倍体水稻驯化路线主要分为四个阶段（图6.17）：

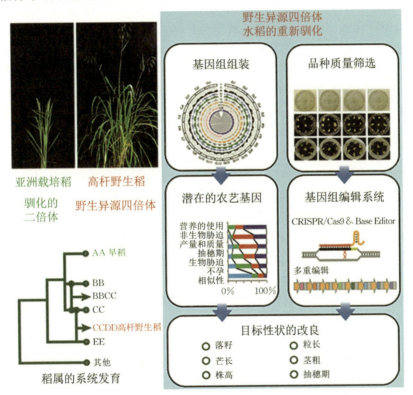

图6.17 CCDD型异源四倍体高杆野生稻（O. alta 基因型）的驯化途径[35]

红色虚线框区域：与二倍体水稻 O. sativa 相比，CCDD型 O. alta 异源四倍体水稻具有优良的性状。绿色虚线框区域：CCDD型 O. alta 异源四倍体水稻的遗传谱系。黑色虚线区域：从头驯化野生异源四倍体水稻的过程，具体包括建立参考基因组、对一些编码重要农艺性状的基因进行改造、通过田间种植和综合性状评估最终获得性状更为优异的四倍体水稻植株。

第一阶段，在世界范围内搜集符合从头驯化要求的异源四倍体野生稻。目前已寻获5型异源四倍体水稻，分别为BBCC、CCDD、HHJJ、HHKK、JJKK。其中，CCDD型异源四倍体水稻凭借最大生物量和最强抗性的优势获胜，成为科学家从头驯化的主要研究对象。接着,经过一系列考察分析,筛选出具有优异的组织再生能力和复杂的田间综合性状的水稻。例如,中国科学家经过多年努力,成功筛选出来自中国南宁的高杆野生稻(O. alta基因型)作为后续研究的基础。O. alta基因型高杆野生稻具有良好的愈伤组织诱导能力和植物组织再生能力,现被命名为多倍体水稻1号(Polyploid rice 1,PPR1)。多倍体水稻1号与二倍体水稻相比,具有植株高(可达2.7 m)、叶片宽大(可达5 cm)和稻穗长(可达48 cm)等优点,同时它也保存了未被驯化野生稻的特征,例如芒长(可达5 cm)、稻粒小(小于正常水稻的1/2)等。

第二阶段,建立包括参考基因组、基因功能注释以及高效的转化和基因组编辑技术在内的技术体系。该团队成员利用最新的基因组组装策略和测序技术,完成了首个大小为894.6 Mb的异源四倍体水稻参考基因组,注释出了81000多个高度可信的基因。基于这些对多倍体水稻1号基因组的分析,他们对该品种CC和DD基因组中的落粒性基因qSH1和芒性基因An-1进行编辑,使水稻的离层发育发生改变,并且稻芒的长度变短。此外,多倍体水稻1号的遗传转化效率和转化苗再生效率与普通水稻相比都有极大的提升。这些进展为下一步的快速驯化打下了坚实的基础。

第三阶段,根据第二阶段解析的信息,结合重要的农艺性状基因注释进行水稻品种分子设计,对需要驯化的基因进行编辑,然后将编辑基因引入原始材料,最后进行田间种植以及综合性状评估。最终,研究人员成功获得了具有各种优良性状(如落粒性低、茎秆粗、粒长、株低和生育期缩短等)的基因编辑植株。

第四阶段,按照上述路线进行大规模生产。

该策略的成功不仅将迅速推进世界粮食有效生产,而且也为将来快速驯化其他物种提供参考。虽然有众多优点,但该策略仍存在许多亟待解决的问题。例如,基因编辑工具效率仍然不高,基因改造后的效应仍待进一步跟踪分析。

10. 植物到动物的功能基因转移首获证实

生物进化的漫长过程中,植物、动物之间存在紧密互作关系。人们已经认识到植物一般通过分泌大量有毒的次生代谢物质来保护自己,避免自己被植食性生物如昆虫吃掉。然而,植食性昆虫抵抗植物的防御机制目前还不是很清楚。

2021年中国农业科学院张友军团队发现烟粉虱(Bemisia tabaci)通过一种特殊的水平基因转移事件去应对植物防御[36]。该发现首次通过实验证明了植物与动物之间存在着功能性基因水平转移现象。研究成果于2021年11月发表在Cell期刊上。

烟粉虱是一种广泛分布的食草性害虫,也是迄今为止被联合国粮农组织(FAO)认定的"超级害虫"。烟粉虱之所以具有如此高的危害作用,是因为它拥有较为高级的生物防御策略,它能够通过基因转移事件获得寄主植物内的防御性基因(图6.18),以提高自身的生存能力。

酚糖苷(phenyl glycoside)是植物中最丰富的次生代谢物之一,由一个糖单元与一个酚苷组成,能够显著影响食草昆虫的生长、发育和行为。酚糖苷丙二酰转移酶调控的丙二酰化是酚糖苷的一个重要的修饰方式,丙二酰化的酚糖苷毒性降低,导致植物对食草昆虫的防御能力下降。烟粉虱就是通过从植物中获取植物特异性的酚糖苷丙二酰转移酶基因BtPMaT1,抵抗植物次生代谢物酚糖苷的毒性。

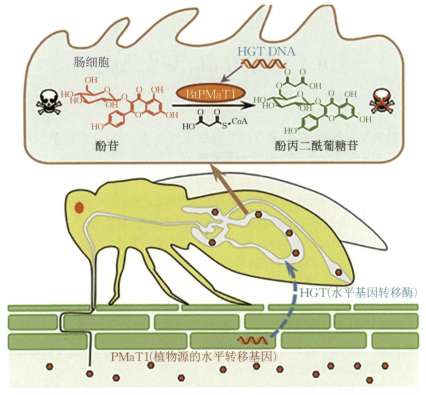

图6.18 烟粉虱从植物中获取解毒基因进行生物防御的机制[36]

烟粉虱的基因BtPMaT1来源于植物PMaT1,该基因编码的酶可以使植物次生代谢物酚糖苷发生丙二酰化,该物质毒性较低,使烟粉虱具有生物抵抗的能力。

BtPMaT1存在于烟粉虱的基因组中,含有1386个核苷酸,能够编码含有461个氨基酸的蛋白质。数据库检索发现BtPMaT1基因在植物中高度同源。通过同源基因进化分析和异源蛋白表达技术等方法验证表明,BtPMaT1在植物中的同源基因是PMaT。研究人员在利用荧光定量PCR技术鉴定BtPMaT1基因的表达谱时,发现BtPMaT1基因在烟粉虱中的转录水平没有组织和时间特异性,即在各种组织和生长阶段均表达。同时,研究人员通过RNAi等实验方法进一步揭示,烟粉虱体内BtPMaT1基因的表达量降低会显著增大烟粉虱成虫摄入食物后的死亡率。此外,体外酶活测定实验表明BtPMaT1基因的产物确实具有酚糖苷丙二酰基转移活性,提示了BtPMaT1基因在烟粉虱对植物的生物防御中具有重要的解毒作用。

这一项研究结果揭示了一种不同寻常的生物进化路径,通过实验直接证明了植物与动物之间存在功能基因转移现象,为防治害虫提供了新的思路。

6.4 生物学前沿研究热点

21世纪生物学发展迅速,在众多方向获得突破性进展,涌现众多的研究热点,不断形成新的研究方向。以下列举几个有代表性的研究热点。

1. 基因组编辑

基因组编辑(genome editing),又称基因编辑或基因工程,指通过使用同源重组(homologous recombination)和限制性核酸酶(restriction nucleases)等方法,在生物体基因组上对DNA序列进行编辑,主要方式有敲除、敲入和碱基突变。其中,同源重组是通过转化、转染或利用特殊的化学物质,使得目的DNA片段(同源链)进入细胞,替代基因组上与目的片段同源的序列。此方法在哺乳动物细胞中效率较低且出错率较高,因此通过在哺乳动物细胞中转入同源DNA片段编辑基因组的方法应用得并不广泛。芽殖酵母、裂殖酵母等单细胞真核生物是多年研究中发展起来的模式生物,该模式系统具有强大的遗传学操作工具,因此利用这些模式系统进行遗传筛选和检验较为简便。因此,利用同源重组方法在这些模式生物细胞内进行基因编辑较为普遍。

限制性核酸酶法是通过基因工程改造核酸酶,使核酸酶获得特性,即在基因组特定位置将DNA链切断,并且产生位置特异性DNA双链断裂(double strand break, DSB),断裂的DNA可以通过细胞的自我修复机制,以非同源末端连接的方式或者同源重组修复方式来修复损伤的DNA,在修复过程中引入目标突变,从而实现基因编辑。该方法的核心是产生DNA双链断裂。为了提高基因组中特异性位点的识别和切割,科学家基于基因工程技术改造了多种核酸内切酶,主要包括巨型核酸酶(meganuclease)、锌指核酸酶(ZFN)、转录激活样效应因子核酸酶(TALEN)和成簇规律间隔短回文重复(CRISPR/Cas9)系统[37,38]。

巨型核酸酶是一种天然存在的脱氧核糖核酸内切酶,能够识别12~40个碱基对的双链DNA序列,由于其识别位点序列范围较大,因此特异性较高。锌指核酸酶一般包含两个重要的结构域,分别是DNA识别域和DNA剪切域,前者可与特定的DNA序列结合,后者特异性切割DNA,通过选择DNA识别域与DNA剪切域进行融合即可人工改造核酸内切酶。锌指核酸酶是一种经典的人工改造核酸酶,通过设计锌指DNA识别域,便可特异性靶向相对应的DNA序列,进行切割。与锌指核酸酶类似,转录激活样效应因子核酸酶也是人工改造的酶,二者在早期基因组编辑中的应用甚为广泛(图6.19)。

细菌和古细菌在进化过程中逐渐形成了CRISPR-Cas9系统,Cas9蛋白可以特异性识别并切割入侵的病毒或外源DNA,以此达到保护细菌和古细菌自身DNA的目的[39]。珍妮弗·道德纳(Jennifer Doudna)和张锋等人的一系列研究使CRISPR-Cas9技术日渐成熟,已在哺乳动物细胞中广泛应用。其原理为gRNA可以结合Cas9蛋白形成复合物,gRNA上含有与所选基因组目的序列互补的区域,因此gRNA和Cas9能与基因组DNA中选定的靶位点结合。Cas9蛋白具有两个核酸内切酶活性位点:一个作用位点在DNA PAM处。

另一个作用位点可以使双链断裂,此时断裂的双链通过非同源末端连接进行自我修复,但是这种修复一般会删除或者改变核苷酸序列,从而达到基因编辑的目的(图6.20)。也就是说,如果使Cas9一个核酸酶活性位点失活,那么基因组DNA靶向序列处只会被切断一条链而产生单链断裂的DNA,此时若细胞中含有人工导入的与目的序列相同(同源序列)但包含所需变化的重组DNA片段,则细胞在一定概率上会将此DNA片段作为模板,利用同源重组修复机制,使供体DNA片段替换基因组上的目的序列,最终实现精准定向基因组序列编辑。

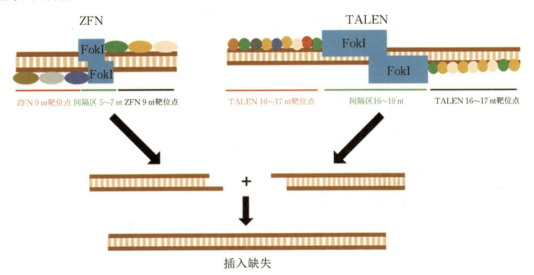

图6.19 基于ZFN和TALEN的基因组编辑技术原理

ZFN和TALEN可特异性靶向DNA序列,对其进行切割,产生特异性DNA双链断裂,这些特异性断裂的DNA在细胞内被修复后,即可引入突变。

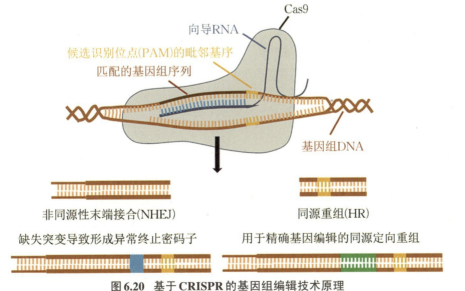

图6.20 基于CRISPR的基因组编辑技术原理

(参照 https://theness.com/neurologicablog/index.php/crispr-and-a-hypoallergenic-peanut/绘图)

基因组编辑技术目前主要用于基因功能研究、基因治疗、模式生物构建、品种改造和新品种培育。基因敲除是在活体生物上研究基因功能必不可少的环节。例如,锌指核酸酶技术在大鼠、小鼠、斑马鱼、果蝇、拟南芥、玉米、烟草等模式生物的细胞或胚胎中实现了内源基因的定点突变。此外,在基因治疗方面,基因组编辑技术可以实现精准定位,克服了传统的基因治疗方法中定位不准以及可能会产生较大毒副作用的缺点。

2. 诱导性多能干细胞

2006年日本科学家山中伸弥(Shinya Yamanaka)率先报道了诱导性多能干细胞(induced pluripotent stem cells,iPSC)的研究。该团队研究人员先分离和培养体细胞,然后将Oct3/4、Sox2、c-Myc和Klf4这四种转录因子克隆到逆转录病毒载体并将融合的病毒载体转染至培养的体细胞中,接着将病毒载体感染后的体细胞种植于饲养层细胞上,使用胚胎干细胞培养基进行培养。胚胎干细胞专用培养基中添加有一定量的小分子物质,促进重编程;培养一段时间后,收集细胞,在细胞形态学、表观遗传学、体外分化潜能等方面对收集的细胞进行评估,最终筛选出具有干细胞特征的细胞。这种经过人工干预在体外形成的干细胞被称为诱导性多能干细胞(图6.21)。

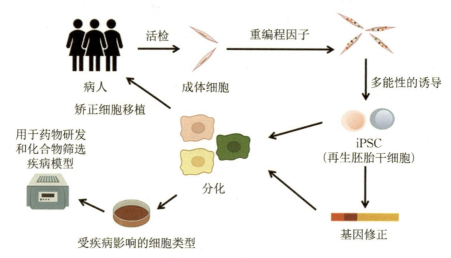

图6.21 诱导性多能干细胞的培养过程及应用

从病人身上获取成体细胞,在多种转录因子的作用下可逐渐将这些成体细胞转变为多能性细胞,经诱导,这些细胞可再次分化。因此,诱导性多能干细胞可用于治疗疾病、开发药物以及建立疾病的细胞模型来筛选特定的化合物。

诱导性多能干细胞具有与多能干细胞非常相似的特征。在形态方面,诱导性多能干细胞具有圆形状、核仁大、胞浆小等特征;在生长方面,诱导性多能干细胞的增殖和分裂速度能与胚胎干细胞媲美;在分化潜能方面,诱导性多能干细胞具有较高的分化潜能,能在体外分化为原始生殖细胞、神经细胞和心血管细胞等;在细胞标记方面,诱导性多能干细胞也能在细胞表面表达抗原标记物;在基因表达方面,诱导性多能干细胞的表达基因类似于未分化的胚胎干细胞;在端粒酶活性方面,诱导性多能干细胞呈现出较高的端粒酶活性,并能表达端粒酶逆转录酶;在再生医学的安全性方面,将诱导性多能干细胞注射至有免疫缺陷的动物体内后,与注射胚胎干细胞类似,容易观察到动物畸胎瘤形成的概率增高[40]。

综上所述,诱导性多能干细胞的出现是生命科学一个重大的里程碑事件,积极推进了干细胞、表观遗传学以及生物医学研究方向迅速发展。为此,山中伸弥获得了2012年诺贝尔生理学或医学奖。

3. 非编码RNA

非编码RNA(non-coding RNA,ncRNA)特指不能编码蛋白质的RNA。在细胞内除了mRNA,还存在其他一些RNA,如rRNA、tRNA、snRNA和microRNA等,这些RNA从基因组上转录而来(图6.22)。虽然这些非编码RNA不具备翻译蛋白质的能力,但依旧具有特定的生物学功能。

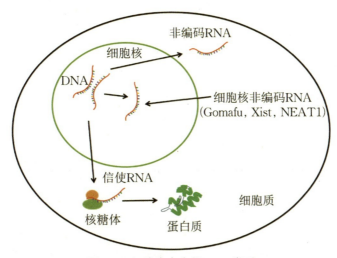

图6.22 细胞中存在的RNA类型
细胞含有数量巨大的RNA,它们在染色质的复制、转录调节、RNA的加工和修饰、蛋白质的转运和降解等方面都起了至关重要的作用。

rRNA和tRNA是众所周知的RNA。其中,rRNA被称为核糖体RNA,是核糖体的主要成分;tRNA被称为转运RNA,负责转运氨基酸,为蛋白质的合成提供原材料。

snRNA(small nuclear RNA)也称小核RNA,分为U1、U2、U4、U5和U6,分布在细胞核上,它们均具有保守的AAU4-5GGA序列,这些序列能够与一些蛋白因子结合而组装成小核核糖蛋白颗粒(small nuclear ribonucleo-protein particle,snRNP),它们能够剪接mRNA,使得相同的基因序列最后所生成的mRNA不尽相同,以此实现基因的选择性表达。

snoRNA(small nucleolar RNA)也称小核仁RNA,分布在核仁上,分为box C/D snoRNA、box H/ACA snoRNA和MRP RNA三大类,其中前两类较为常见。snoRNA与真核细胞核糖体的生物合成密切相关,能够指导snRNA的核苷酸修饰,调节细胞死亡。

microRNA(微RNA)也称miRNA,由pri-miRNA经过一系列细胞内的加工机制产生。pri-miRNA(初始微RNA)含有较多的碱基,一般含有300~1000个碱基,其经过第一次加工,变成含有70~90个碱基的pre-miRNA,然后被Dicer酶切割成含有20~24个碱基的功能性miRNA。miRNA能与对应的mRNA互补结合,通过某些途径可降解mRNA,也可以与mRNA结合,干扰核糖体在mRNA上的移动,以此影响蛋白质的翻译过程。RNA干扰技术便是模仿 miRNA 的工作原理,利用人工合成的 siRNA(干扰小 RNA)对 mRNA 翻译进行干扰,从而实现对基因表达的抑制。

circularRNA 也称 circRNA 或环 RNA,顾名思义,指一类环状非编码 RNA。由于该 RNA 是环状,不具有 5′末端和 3′末端结构,因此能够抵抗核酸酶介导的降解,其在细胞中的稳定性高于其他 RNA。

piRNA(Piwi-interacting RNA)是一类特殊的 RNA,在哺乳动物生殖细胞中被发现,约有 30 个碱基,这种小 RNA 只有与 Piwi 蛋白结合才能发挥其功能。目前研究发现,在生殖细胞中,Piwi 蛋白与 piRNA 形成复合物,导致某些基因不表达,从而调控生殖细胞的生长发育[41]。

lncRNA(long non-coding RNA)称为长链非编码 RNA,位于细胞核或者细胞质中,大小一般在 200 个碱基以上,目前发现五类 lncRNA,即正义 lncRNA、反义 lncRNA、双向 lncRNA、基因间 lncRNA 以及基因内 lncRNA[42],其在细胞内作用机制如图 6.23 所示。lncRNA 功能多种多样,可以通过抑制 RNA 聚合酶Ⅱ的活性,降低 mRNA 水平,从而抑制基因的表达;也可以调控基因的启动子,具有干扰下游基因表达的作用;还可以通过与 mRNA 形成双链,干扰 mRNA 的剪切,增加剪切 mRNA 的多样性等。除此之外,lncRNA 在剂量补偿效应、表观遗传调控、细胞周期调控和细胞分化调控等方面具有重要意义,如 H19RNA 和 XistRNA 可调控基因组印记和 X 染色体失活[43,44]。

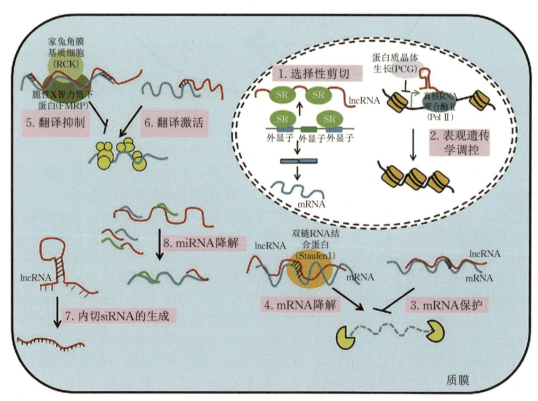

图 6.23 长链非编码 RNA 在细胞内的作用机制和调控功能[45]

非编码 RNA 在选择性剪接、基因表达的表观遗传调控、mRNA 转换、翻译抑制、激活和生成 siRNA 中具有重要作用。

目前大量研究数据表明,在高等哺乳动物中,超过一半的DNA可以转录成RNA,而且这些RNA中绝大多数为非编码RNA(ncRNA),但是人们对非编码RNA的了解却有限,因此开发研究非编码RNA的工具变得至关重要。目前主要有计算机预测、RNA的cDNA(互补DNA)文库以及全基因组tiling芯片技术等方法。其中,计算机预测主要是以现阶段已经发现的非编码RNA特征信息作为基础,进行全基因组搜索。同时,在预测非编码RNA后,依旧需要通过实验进一步验证。该方法的优点是减少了科研人员的工作量,并且结论可靠性高。通过试剂盒可以快速构建RNA的cDNA文库,然后再对cDNA进行测序,便可以实现对非编码RNA的检测。通过这种方法检测非编码RNA,操作简单,成本低,但是工作量大,对样品制备的要求高,并且对于一些低丰度的非编码RNA来说,其检测效率非常差。此外,全基因组的tiling芯片技术也可以快速检测非编码RNA,该方法可以弥补试剂盒检测法的缺陷,同时该方法成本低,操作简单,对样品制备的要求也不高。但是该方法也有缺点,例如检测设备价格昂贵,RNA的剪切产物较难被区分等。

目前,对非编码RNA的研究并不全面,对非编码RNA的生物学功能知之甚少,因此今后对非编码RNA的研究主要会集中在种类的发现和功能的研究这两方面。这些功能的研究主要集中在不同种类的细胞在不同时间段内所有非编码RNA的功能,包括非编码RNA与非编码RNA、非编码RNA与DNA和非编码RNA与蛋白质之间的相互关系。非编码RNA与多组织系统的功能和调控息息相关,非编码RNA异常导致蛋白质翻译发生障碍。例如,miRNA失调会直接导致神经性疾病、皮肤病、高血压病、自身免疫病和内分泌代谢病。因此,研究非编码RNA对治疗疾病具有十分重要的意义。

4. 合成生物学

合成生物学(synthetic biology)是以系统生物学知识体系为基础,结合遗传工程学和细胞工程学技术,研究并人工改造生物体,涉及基因、信号通路以及细胞的人工设计与合成等方面[46]。

合成生物学最初是由弗朗索瓦·雅各布(Francois Jacob)和雅克·莫诺(Jacques Monod)于1961年在一本刊物中提出的[47],他们研究大肠杆菌(*Escherichia coli*)中的乳糖操纵子(P_{lac}),认为细胞中存在一些调节回路,使得细胞应对环境能够迅速做出反应,从而达到生存的目的。但是当时的研究方法大多数局限于克隆和重组基因的表达,没有配备先进的工具来创建或者模拟生物系统,因此对于微生物中的调节机制的研究并没有达到理想的深度。直到20世纪90年代中期,合成生物学受益于众多技术进步而迅速发展。例如:自动化DNA测序技术和计算机科学的进步使得微生物的基因组分析十分便利;用于测量RNA、蛋白质、脂质和代谢物的高通量技术的开发,使得科研人员能够合成许多细胞成分。从21世纪初期开始,合成生物学的规模和范围开始急剧增加(图6.24)。这一时期,合成生物学的代表性会议Synthetic Biology 1.0(SB1.0)于2004年在美国麻省理工学院举行。该会议聚集了来自各个领域的研究人员,激发了他们对生物系统的设计和构建的极大热情[48, 49]。

2018年,中国科学院合成生物学重点实验室覃重军研究团队成功构建国际首例单染色体真核细胞,该团队以真核生物酿酒酵母作为单细胞模式生物,将其具有的16条天然染色体人工合成为一条染色体。令人惊叹的是,这条人工合成的巨型染色体具有完整的功能(图6.25)。研究团队历经4年,前后经过15次染色体融合,最终构建出只有一条染色体的酿酒酵母菌株——SY14。后续的研究发现,SY14的细胞功能正常。在正常情况下,真核生物具有多条染色体,而原核生物只有一条染色体。覃重军研究团队的工作说明"人工干预合成新生命"的可行性,因此该结果在合成生物学发展史上具有里程碑意义。

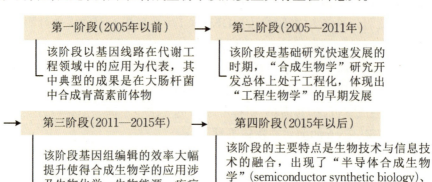

图6.24 合成生物学发展历史时间轴

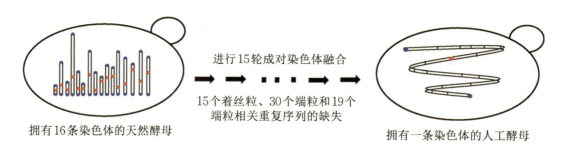

图6.25 酵母功能性单染色体产生过程的概述[50]

5. 消化道菌群生物学

消化道菌群生物学是研究消化道微生物群的组成及其效应的一门学科。寄生在人体消化道内的微生物数目众多,这些微生物所携带的基因总数约为人体自身携带的基因总数的150倍,因此被称为人体的"第二基因组"。在正常情况下,消化道菌群能够消化食物、调节免疫系统、清除毒素和病原体、合成人体必需的营养成分等,与宿主以及外部环境建立动态平衡(图6.26)。消化道菌群失衡会引起宿主免疫功能问题,神经系统、心血管系统炎症,以及肿瘤等疾病。据统计,2013—2017年,关于消化道菌群的出版物约有12900篇,占过去40年在该领域出版物总数的80%[51]。由此可见,人们对消化道菌群的关注越来越多,认为靶向消化道菌群是一种潜在的治疗策略。

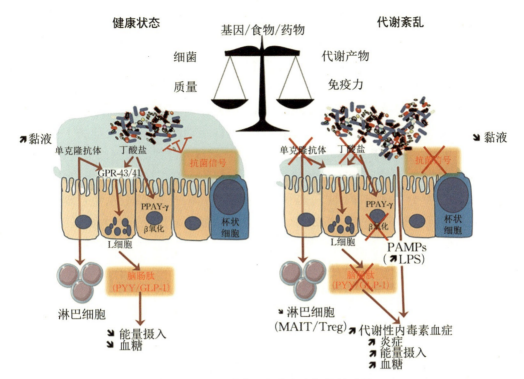

图 6.26 消化道菌群与宿主之间的关系[51]

维持消化道菌群与代谢、免疫能力之间的平衡至关重要,基因、食物和药物等多种因素均会影响该平衡。如图左侧部分所示,在健康状态下,肠道微生物群的组成与黏液层厚度升高、抗菌信号的产生以及不同的短链脂肪酸(如丁酸和丙酸)有关;如图右侧部分所示,在代谢紊乱状态下,肠道微生物群的变化与黏液厚度降低、抗菌防御能力下降以及丁酸盐和丙酸盐的生成有关。

以胃肠道菌群与免疫系统为例,上皮细胞作为胃肠道(GI)的守护者,能够将信号传递给固有层的免疫细胞,从而开启免疫应答。如图 6.26 所示,在宿主健康的情况下,胃肠道菌群的组成与黏液层的厚度、抗菌信号以及各种短链脂肪酸(丙酸、丁酸等)有关。这两种短链脂肪酸均能结合由肠内分泌 L 细胞(enteroendocrine L-cells)表达的 G 蛋白偶联受体(G protein coupled receptors,GPR)41 和 43(GPR-41,GPR-43),刺激肠道多肽的分泌,如胰高血糖素样多肽 1(glucagon-like peptide-1,GLP-1),从而减少食物的吸收,提高葡萄糖的代谢。但是,如果一些内在(基因)或者外在因素(食物和药物)导致宿主生病,此时胃肠道黏液层的厚度降低、各种短链脂肪酸(丙酸、丁酸等)减少,机体对抗病菌的能力减弱,则菌群的组成发生变化,进而减少肠道多肽的分泌[52-61]。

综上所述,消化道菌群的组成和代谢与宿主免疫系统之间存在着密切的联系,理解并掌握这些联系有助于发展新颖策略以治疗疾病。

6. 脑科学

脑科学属于神经科学,研究脑的结构和功能,特别是研究大脑神经系统内细胞和分子的变化。目前脑科学分为六大类:系统神经生物学、比较神经生物学、发育神经生物学、行为神经生物学、细胞神经生物学和分子神经生物学。

世界各国均十分重视对大脑的研究。2013年,欧盟将脑科学列入"未来新兴技术旗舰计划"——Human Brain Project。该计划由瑞士洛桑理工学院主导,130家相关机构协助,借助前期大量的脑科学知识以及实验数据,深入研究人类大脑的工作原理,加速脑科学的成果转化,开发出新型脑科学技术。

同年,美国对外公布脑计划——Brain Initiative,旨在加大神经技术在脑研究中的创新,主要通过绘制大脑在工作情况下的神经细胞及网络的活动图谱,揭示大脑的工作原理和大脑疾病的发生机制。2014年,日本也对外公布了脑科学研究计划的大纲以及首席科学家,主要以狨猴为模式生物,研究阿尔茨海默病、精神分裂症等大脑疾病。2016年,我国启动了脑科学研究计划,主要分为两方面,即"一体两翼"结构:"一体"指基础研究,重点理解人类大脑的认知功能是如何产生的;"两翼"指如何诊断和治疗大脑疾病以及开发大脑人工智能技术。

7. 生物成像

生物成像是一种研究生物体组织结构和生理功能的方法,利用光学或电子显微镜直接获得生物体细胞和组织的微观结构图像,对所得图像进行分析来了解生物的生理过程。

随着技术的发展,荧光显微镜在研究活细胞、组织甚至整个动物中,扮演着越来越重要的角色。与其他显微镜相比(例如电子显微镜),荧光成像技术能开展活细胞成像观察,使得实验观察能在时间尺度上突破。目前,荧光显微镜技术已经变得比较成熟,能够轻松地识别细胞或者组织中的各种特征结构,包括细胞核、细胞骨架、线粒体、内质网和高尔基体等。多样化的成像模式可以用于动态跟踪各种蛋白质和信号肽,但其最大的缺点就是空间分辨率有限。有限的空间分辨率限制了其解析重要结构的能力,例如核糖体、突触小泡之间的相互作用等。

当点光源通过衍射受限透镜成像时,因衍射而在焦点处形成光斑。在横向(x,y)平面上,中央是明亮的圆斑,周围有一组较弱的明暗相间的同心环状条纹,即艾里斑(Airy disk)[56]。与横向(x,y)平面上的情况相似,在纵向(z)维度上,点光源输出像的光场分布为点扩散函数(point spread function, PSF)。

$$分辨率(x,y)=\lambda/[2(\eta\cdot\sin\alpha)] \tag{1}$$

$$分辨率(z)=2\lambda/(\eta\cdot\sin\alpha)^2 \tag{2}$$

其中λ是荧光激发波长,η是成像介质的折射率,$\eta\cdot\sin\alpha$是物镜数值孔径(NA)。从上述两个公式中可以看出,影响荧光显微镜分辨率的主要是物镜数值孔径(NA)。实际上,目前荧光显微镜中常用的物镜的NA值一般小于1.5。当NA值为1.4时,理论上最短激发波长(约400 nm)的分辨率在x,y方向上约为150 nm,在z方向上约400 nm。而生物学中经常用于活细胞成像的绿色荧光蛋白(EGFP),其激发波长为200~500 nm。由此可见,常规荧光显微镜将无法分辨小于200 nm的细胞亚结构。

因此,斯特凡·W.赫尔(Stefan W. Hell)、埃里克·白兹格(Eric Betzig)、威廉·E.莫尔纳(William E. Moerner)、庄小威等通过不同方法开发出突破衍射限制的新型荧光显微镜,也称纳米显微镜[62-67],将显微镜的分辨率提升到20 nm水平。目前,多支国内外团队针对不同的生物学成像需求,仍在继续发展不同的高时空分辨率显微镜成像方法(图6.27)。

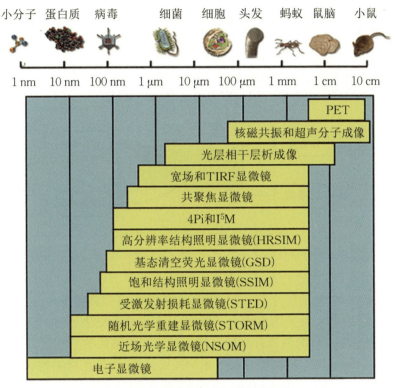

图 6.27 生物成像技术的空间分辨率

主要的生物成像方法包括电子显微成像技术、高分辨率结构照明显微成像技术(high resolution structured illumination microscopy,HRSLM)、共聚焦显微成像技术(confocal microscopy)、核磁共振成像(magnetic resonance imaging,MRI)和正电子发射断层扫描成像技术(positron emission tomography,PET)等,其中 NOSM、STORM、STED、SSIM、GSD 和 HRSLM 属于超高分辨率显微成像技术。MRI、Ultrasound(超声)和 PET 等成像技术被应用到医学领域,在临床诊疗中发挥了巨大作用。

6.5 生物学与应用

随着经济的发展,世界各国逐渐加大对生物科学领域的探索。在 21 世纪,生物科学已经成为人类关注的重点。随着技术的成熟与领域的扩展,生物学的应用逐渐出现在人们的生活中。生物学对基础科学研究、医学技术、农业种植及工业等众多领域的发展都有重要的意义。

1. 生物学与精准医疗

2015 年,奥巴马提出"精准医学计划"(precision medicine initiative,PMI),此后"精准医疗"开始在全球范围内被广泛关注和重视[68]。"精准医疗"是指借助生物学知识,例如基因检测、蛋白质分析等,结合前沿医疗技术,针对患有特定疾病的人群进行大范围的筛选、分类,辨别患者疾病的类型和阶段,最终实现对患者疾病精准治疗的目的[69]。因此,"精准医疗"的重点在于"精准"。该计划既有短期目标,也有长期目标。前者涉及扩大对癌症研究的范围,旨在对癌症遗传学和生物学有更多的了解,为各种疾病寻找新的更有效的治疗方法。而后者则侧重于将"精准医学"大规模应用于所有健康和医疗领域(图6.28)。

图6.28 精准医疗产业园产业定位

精准医疗的产业定位主要分布在治疗端、预防端、研发端和服务端,其中预防端属于基础层次,治疗端和服务端属于中等层次,研发端属于最高层次。

生物信息分析法是"精准医疗"的一个核心内容,目前有很多基于该分析方法的案例,例如对药物敏感的基因筛查,常见的方法有三种,即荧光原位杂交法、实时荧光定量PCR(主成分分析)和基因测序法。根据患者自身的身体情况而产生不同的药物运载、结合靶点等,从而实现更为精准的治疗。另外,随着测序技术的持续发展,无论是常见的疾病还是罕见的疾病,其代表性分子标记物均被确定,如阿尔茨海默病和帕金森病等[70],旨在通过基因测序技术对人体的基因进行检测,从而筛查患特定疾病的概率,并寻找个体潜在的疾病,提前预防疾病的发生,进而可以在早期进行治疗,减轻患者的痛苦,提高治愈率。

组学技术检测是"精准医疗"的另一个核心内容,可以分为组织学、转录组学、基因组学、蛋白质组学和代谢组学等多种研究方向[71]。其中,蛋白质组学技术在"精准医疗"中的作用尤为重要。蛋白质是细胞的重要组成部分,与生命活动息息相关。目前一些药物标记物、治疗靶标都是蛋白质。通过蛋白质组学分析可以更直观、准确地分析蛋白质水平的变化,进而说明人体内是否发生疾病、疾病相应指标的变化,最后医生可以根据这些数据快速、有针对性地诊断和治疗[72]。此外,分子基因组学、活检和基因编辑等较为成熟的组学技术,为实现"精准医疗"提供保障。

总之,"精准医疗"的推广和应用有助于提高疾病的治疗和预防效果,从而惠及人民健康。

2. 生物学与药物开发

药物开发与生物学息息相关。药物开发过程涉及的适用范围、治疗部位和作用机制的研究绝大多数依赖于生物学,生物制药联合企业中生物学技术的应用广泛。

近10年来,不断涌现出来的生物技术的新方法不仅带动了整个生命科学体系的发展,而且也为医药工业的研究开辟了广阔的前景[73]。

生物转化技术指利用生物体系或生物体系的相关酶制剂对外源性底物进行改造或修饰,使底物发生特定生理生化反应[74]。该技术凭借其对外源性底物作用的多样性、反应的强选择性和高效性等优势,可以解决药物中天然活性成分含量低、结构复杂、合成困难等难题。

此外，该技术对天然产物中的有效成分进行改造或者修饰，可以解决其生物利用度低、不良反应强等限制应用的问题[75]。对这些有效成分加以改造或修饰，可以有效扩大其应用的范围。在新药的研发过程中，需要建立与新药相适应的药物筛选模型才能获得相应的知识产权，进而完成新药的研发。药物筛选是指利用合适的方法，对可能成为药物的大量物质进行生物活性、药效等价值评估，从而找到具有药物治疗作用的特定物质，并利用相应的方法提取或者合成药用成分。随着生物技术的应用逐渐广泛，药物筛选的效率和速率都有了较大的提升。例如，生物制药企业利用细胞工程技术，获得以往无法提取的生物代谢产物；利用高通量筛选新技术，极大地缩短了寻找新型药物的时间。

3. 生物学与疫苗

疫苗是目前医学上最有潜力的防御性物质，它可在受体内建立起对外源入侵物质的免疫屏障，从而保护机体。传统的疫苗主要是将病毒减毒或者灭活，以此减弱病毒侵袭宿主的能力，但是生产过程成本高、有效期短、运输过程不易保存。近年来，科技的迅速发展和生物技术逐渐成熟，为疫苗研究提供了新的技术手段，极大地加快了疫苗的研发速度。

基因工程疫苗是指用基因工程的方法，表达出病原微生物的特定基因序列，筛选出无毒性、无感染能力但具有较强的免疫原性的表达产物作为疫苗，例如将乙型肝炎病毒表面抗原基因插入痘病毒基因组中，当将这种重组病毒接种到人或者动物上时，宿主体内就会产生许多相对应的抗体，从而使机体获得对乙型肝炎病毒的抵抗能力[76]。随着人类基因组测序计划的完成，生命科学的研究重心开始转移到蛋白质身上，因此蛋白质组学成为后基因时代热点领域。蛋白质组学在寄生虫疫苗研发中发挥着关键作用。由于寄生虫基因组较大，单纯依靠基因组学无法准确分析寄生虫的有效抗原，因此科研人员将基因组学、比较基因组学与蛋白质组学等分析方法有机结合，鉴定寄生虫的有效抗原，生产疫苗。

世界各国之间的交往日益频繁，促使病毒变异的速度加快，因此有效疫苗开发仍然任重道远。发展生物学各种组学及技术在研发未来疫苗中具有十分重要的意义。

4. 生物学与农学

除了在医学领域的广泛应用，生物学还在农业种植领域发挥着重要作用，例如组织培养技术、农作物转基因技术、杂交育种技术和生物农药的使用等。

组织培养技术又称离体培养技术，是指采用人工诱导技术，在细胞全能性基础上将需要的细胞、组织或者器官在无菌环境下接种在含有各种生长所需的营养物质及植物激素的培养基上进行培养，最终获得完整目标植株的技术[77]。该技术不仅能够有效增加目标农作物的生产总量，还可以全面提高农作物的生长效率，从而获得高品质的植株品种。

农作物转基因技术是指对某种农作物的基因进行优化改造，将优化重组后的基因导入农作物中，以获得更为优良的品种，从而大大提高农作物的种植质量和产量[78]。

在农作物种植中，转基因技术是一项应用非常广泛的生物技术。该技术通过将某种农作物的优良基因转移到其他农作物上，获得一些外形美观、抗性更强、产量更高的农作物，从而增加经济效益。但是，该技术仍存在较大的争议，存在威胁生物多样性和转基因不稳定等问题。这些问题对环境和生物系统带来的损害仍待进一步深入解析。

杂交育种技术是指将父本和母本杂交，形成具有不同遗传性的杂交后代，再从中筛选出遗传了父母本优良性状且没有遗传不良性状的新品种[79]。该技术科学地控制生物体细胞内的同一种遗传因子,确保农作物遗传因素不会出现相互融合的现象。与转基因技术相比,杂交育种技术最大的优势在于操作简单。因此,在我国农业种植领域中,杂交育种技术的应用已经取得了显著的成绩,例如袁隆平院士的杂交水稻。

在传统农作物种植管理过程中,为了避免农作物遭受虫害,种植管理人员通常会通过喷洒化学农药来防治病虫害,但是这种方法会造成杀虫剂化学成分残留,对土壤、农作物具有毒害作用,甚至还会影响到人类自身的健康安全问题。因此,研发既可分解代谢又能起到防治病虫害作用的生态环保型农药至关重要。

生物农药(biological pesticide)是指利用真菌、细菌、病毒或昆虫等生物活体,针对农作物有害生物进行抑制、杀灭和防御的制剂。与传统化学农药相比,生物农药所含有的化学成分极少,不会对农作物本身、周边生态环境和人类自身造成负面影响[80]。

5. 生物学与环境污染的治理

工业、农业、建筑业等各个行业快速发展,在推动社会进步与经济增长的同时,也引发了严重的水污染、空气污染、土壤污染问题,严重降低了人们的生活质量水平[81]。在这样严峻的形势下,世界各国科研人员致力研究治理环境污染的方法。其中,生物学相关技术在环保工作中的应用具有较好的发展前景。

(1) 水污染。无论是在农业、工业、建筑业发展过程中,还是在人类的日常生活中,均会产生大量的污水,如果随意排放这些污水,将会污染有限的水资源,进而污染生物圈其他资源,形成恶性扩散。因此,科研人员将生物工程技术应用于污水处理中,并取得了显著的效果。以投加特种菌法为例,即在污水中加入有分解污染物功能的微生物,实现对含有难降解成分的废水以及有毒废水的处理[82]。该方法的优点在于其应用成本非常低,但缺点就是处理污水的效果不稳定,尤其是在处理流动水的时候,所投入的微生物极易被冲掉,因此该方法常被应用于静态污水的处理。

(2) 化肥污染。种植农作物必不可少的原材料之一就是化肥,化肥中的氮元素有利于幼苗的生长,钾元素有利于壮秆,因此施加适量的化肥能够保证农作物的产量和品质。然而,化肥的广泛使用容易引发土壤结块、污染地下水、湖泊海洋中生物成分失衡以及破坏臭氧层等负面问题。因此,在农作物种植过程中,解决化肥替代问题刻不容缓。固氮技术作为生物工程技术的重要组成部分,在解决广泛使用化肥带来的问题中扮演的角色不容小觑。固氮技术的主要原理是利用某些原核微生物对空气中氮气进行自动化吸收,然后转变成氨,从而替代化学氮肥,避免氮元素超标,造成污染[83]。

(3) 土壤污染。白色污染物是指用聚苯乙烯、聚氯乙烯等高分子化合物制成的塑料产品在使用后被废弃的一类固体废物。这些物质极其稳定,不易在自然界中自行降解,因此会长期堆积在土壤中,改变土壤的性质,影响土壤微生物的生存以及农作物的生长,最终造成环境污染。虽然目前世界各国均提倡使用环保购物袋,但是由于塑料价格便宜、使用方便,其使用率并没有减少。目前,科研人员利用基因工程技术,筛选出优质的微生物并形成高效降解菌,然后在发酵工程技术的支持下,处理塑料制品,破坏其内部聚酯分子结构,完成对白色污染物的降解[84]。

(4) 环境监测。在环境保护工作中,除了对已发生的污染进行及时的处理,还应该对源头进行有效的监控。环境监测可通过生物传感器检测环境中的化学物质、生物组成、物理因子等。其中,生物组成或者数量的变动最能说明源头环境质量的高低,进而利于人们保护环境。生物传感器能够检测具有生物活性的物质,例如细胞、微生物、组织、核酸和生物酶等,这些物质能被生物传感器中的识别元件识别,然后通过理化换能器转换成电信号,经信号放大装置处理后输出。该技术是固定化微生物和电化学的结合体,具有灵敏度高、监测准确等优点[85]。

综上所述,生物学技术发展迅速。生物领域相关技术的发展和进步将有效提升人类生命健康水平和提高人们生活质量。

6.6　生物学与其他学科的关系

自然科学是研究自然界物质的形态、结构、功能、性质和运动规律的科学,其中包含各种学科,它们的研究内容、基本原理、研究方法等都存在着密切的联系。按理化性质分类,生物学属于理学,它与理学中的其他学科,例如数学、物理、化学、信息科学等相互联系、依赖;同时,生物学与人文社会科学,包括政治学、社会学、文艺学等也有密切的联系,两者相互影响,相互交融,在交叉渗透中共同谋求新发现与新发展。

1. 生物学与理学其他学科关系密切

理学是研究物质世界基本规律的科学,主要包括数学与应用数学、统计学、物理学、天文学、化学、生物学、地质学、海洋科学、信息与计算科学和应用心理学等,学科间不仅研究内容相互联系,研究方法也相似。

从研究内容来看,生物学作为自然科学的一部分,以自然界的各类生物(包括植物、动物和微生物)为研究对象,研究其结构、功能、生长发育特性以及遗传进化规律。生物学着眼于通过各种研究手段解释生命活动的本质,以进一步实现人为控制,从而将其应用于医学、工业生产等社会实践应用中。物理学主要研究物质的基本结构和一般运动规律,如分子与原子的结构、分子与原子的运动、物质的机械运动以及电磁运动等。化学主要在分子、原子层面上研究物质的组成、性质、结构、功能与变化规律,基于物质分解与合成的能量规律创造新的物质。总体来看,各学科之间研究内容大同小异,其研究内容经过科学家们的潜心钻研,最终融合汇总形成完整的学科知识。很多生理现象的本质都是可以用物理学的知识进行解释的,例如人类眼球的折光成像就与物理学中凹凸镜成像的原理一致,因此现在大多数近视、远视以及多种眼部疾病的治疗都是以这一原理作为理论基础的;又比如人类大脑中的神经传导规律可以通过动作电位的相关知识进行解释,神经冲动的本质是电化学,主要涉及神经细胞之间的离子交换。除此之外,人体内的各个器官、组织以及细胞时时刻刻都在进行高度有序的生化反应,用于维持机体的代谢需求,例如能量供给就是在线粒体这一非常重要的细胞器中完成的,线粒体电子传递链上存在多种酶复合体,这些复合体按照一定的顺序排列,利用代谢物产生的氢原子合成水,同时将二磷酸腺苷(ADP)转化为三磷酸腺苷(ATP)提供给机体利用。简而言之,生物学与很多其他学科均可相辅相成、融会贯通,有着极为密切的联系。

从研究方法来看,自然科学中各学科的科学思想与方法也都近乎统一,科学家们思考问题的方式以及开展科学研究的过程也非常相似。所有学科的研究均起源于未知的具体问题,继而通过查阅各种信息资料设计合理可行的实验方案,然后不断完善实验方案,得出可靠的实验结果,再对所获得的数据进行解读和分析,最后通过各种图表展示研究结果,建立模型,得出科学结论。概括来说,生物学家与物理学家、化学家等开展科学研究的基本逻辑思路都是观察、提出科学问题、提出假设、设计实验并论证、得出结论。

从分析方法和研究结果来看,自然科学中各学科的研究结果的分析方法均涉及数学分析、数理统计与数理逻辑等知识,同时还需要借助计算机和信息技术等高科技作为有效工具,对分析方法进行优化与改良,从而达到更快速、更严谨的分析效果。

信息技术的不断发展将科研人员从自然劳动的束缚中解放出来,提高了人们发现问题、解决问题的能力。尤其是近年来生物信息学的突飞猛进,给生物学的发展带来了新的契机。科研人员可以通过算法计算模拟,对生物大分子的结构进行预测和解析,这项突破给实验人员带来了极大的便利,大大降低了实验难度,同时还能提高实验效率,加快实验产出的速度。因此,生物学与信息技术紧密相连,相互融合,共同发展。

2. 生物学与人文社会科学紧密联系

顾名思义,人文社会科学是由人文科学、社会科学以及二者交叉构成的边缘学科共同组成的学科群,主要研究人类社会,以阐述人类社会发展的规律以及人的本质。人文社会科学的学科群体非常庞大,涵盖天文、地理、历史、哲学、政治、经济、军事等方面,有趣的是,生物学与其中许多学科都有着直接或者间接的联系。

人文社会科学研究涉及许多社会热点问题,如人口与计划生育问题、优生和优育问题、老年性疾病、癌症的诊断和治疗问题、环境污染问题等,深入研究和解决这些问题与生物科学研究和发展进程息息相关。20世纪末21世纪初,试管婴儿技术的成熟、细胞核的成功移植、转基因技术成功应用于农作物、人类基因组计划的完成等重大事件都证明了生物学在人文社会科学研究中的重要作用。除此之外,随着脑功能奥秘的揭示,人们对五感、行为、学习、心理、记忆、情绪及意识等方面的认识也取得了可观的进展。这些成果使得教育学、心理学乃至思维科学发生了根本性的变革。

21世纪以来,人类社会面临人口、粮食、资源和环境等方面的挑战愈发严峻。人口的迅速增长以及人类活动的扩张给自然生态环境带来了巨大的破坏,同时地球上的资源所剩无几。为了保护生态环境,协调人与自然和谐共生,提高生态、经济、社会与科技的综合效益,生物学已然成为重中之重。因此,人与自然和谐共生的理念需要生物学与人文社会科学加强联系,互相渗透,共同致力于和谐社会的建设与发展。

总的来说,在人类创造文化的历史长河中,生物学与理学和人文社会科学都有着紧密的联系,相互促进,共同进步,协同发展,在交叉渗透和相互交融中共同寻求新发展。不断提高学科丰富性与包涵度,不仅能丰富自身学科知识,同时还能更好地为社会发展做出贡献。

本章内容是中国科学技术大学符传孩教授领导的细胞器和细胞骨架动力学实验室集体智慧的结晶。作为一年级本科生的专业导论教程,如何从迅速发展形成的浩瀚生物学知识点中提炼出关键信息,概括叙述生物学科的发展和前沿,是编写过程的难点。经多轮讨论,编写小组根据一年级本科生知识结构特点,逐步形成以前沿进展实例为切入点介绍基础生物学知识的共识,高度凝练安排内容,使学生初步领略生物学丰富多彩的世界及生命科学的内涵。编写小组对撰写过程中指导和帮助过我们的专家、学者充满感激。我们特别感谢朱梦丹的统筹协调,感谢以下参与撰写的实验室成员:吴亦帆负责撰写生物学简介,郑碧玉负责撰写生物学发展及分支领域,蒋跃跃和罗淑萍负责撰写年度十大科学进展,朱梦丹和储永康负责撰写生物学前沿热点,刘可负责撰写生物学与其他学科的关系,方正负责撰写生物学与应用,符传孩教授负责整合和修改全章内容。生物学学科跨度大,知识面广,发展十分迅速,受限于教材编写小组的知识和能力,撰写的内容难免有遗漏和谬误之处,将在后续修订版本中不断完善和补充。

(本章撰写人:符传孩、吴亦帆、郑碧玉、蒋跃跃、罗淑萍、朱梦丹、储永康、刘可、方正)

参 考 文 献

[1] 古中标."人类进化历程及现代人种"教学设计[J].中学生物教学,2020(17).
[2] 罗丹.命运的螺旋:沃森与克里克发现DNA结构的故事[J].国外科技动态,2003(03).
[3] Watson J D, Crick F. The structure of DNA[J]. Cold Spring Harbor Symposia on Quantitative Biology,1953,18(3):123-131.
[4] Danev R, Yanagisawa H, Kikkawa M. Cryo-electron microscopy methodology: current aspects and future directions[J]. Trends in Biochemical Sciences, 2019,44(10):837-848.
[5] Dessau M A, Modis Y. Protein crystallization for X-ray crystallography[J]. Journal of Visualized Experiments Jove, 2011(47):2285.
[6] Senior A W, Evans R, Jumper J, et al. Improved protein structure prediction using potentials from deep learning[J]. Nature, 2020,577(7792):706-710.
[7] Jumper J, Evans R, Pritzel A, et al. Highly accurate protein structure prediction with AlphaFold[J]. Nature, 2021,596(7873):583-589.
[8] Skolnick J, Gao M, Zhou H, et al. AlphaFold 2: Why It Works and Its Implications for Understanding the Relationships of Protein Sequence, Structure, and Function[J]. Journal of chemical information and modeling, 2021,61(10):4827-4831.
[9] Pickering T R, Heaton J L, Sutton M B, et al. New early Pleistocene hominin teeth from the Swartkrans Formation, South Africa[J]. Journal of Human Evolution, 2016,100:1-15.
[10] Benjamin V. Unearthing Neanderthal population history using nuclear and mitochondrial DNA from cave sediments[J]. Science, 2021,372(6542).
[11] Gelabert P, Sawyer S, Bergstrom A, et al. Genome-scale sequencing and analysis of human, wolf and bison DNA from 25000 year-old sediment[J]. Current Biology, 2021,31(16):3564-3574.
[12] Gibbons A. DNA from cave dirt traces Neanderthal upheaval[J]. Science, 2021,372(6539):222-223.
[13] Kontoghiorghes G J, Fetta S, Kontoghiorghe C N. The need for a multi-level drug targeting strategy to curb the COVID-19 pandemic[J]. Frontiers in Bioscience, 2021,26(12):1723-1736.
[14] Horton R. Offline: 2019-nCoV outbreak—early lessons[J]. Lancet, 2020,395(10221):322.
[15] Painter W P, Holman W, Bush J A, et al. Human Safety, Tolerability, and Pharmacokinetics of a Novel Broad-Spectrum Oral Antiviral Compound, Molnupiravir, with Activity Against SARS-CoV-2[M].

[16] Kabinger F, Stiller C, Schmitzová J. Mechanism of molnupiravir-induced SARS-CoV-2 mutagenesis[J]. Nature Structural & Molecular Biology, 2021,28(9):740-746.

[17] Singh A K, Singh A, Singh R. Molnupiravir in COVID-19: A systematic review of literature[J]. Diabetes & Metabolic Syndrome: Clinical Research & Reviews, 2021, 15(6):102329.

[18] Malone B, Campbell E A. Molnupiravir: coding for catastrophe[J]. Nature Structural & Molecular Biology, 2021,28(9):706-708.

[19] Pavan M, Bolcato G, Bassani D, et al. Supervised Molecular Dynamics(SuMD)Insights into the mechanism of action of SARS-CoV-2 main protease inhibitor PF-07321332[J]. Journal of enzyme inhibition and medicinal chemistry, 2021,36(1):1646-1650.

[20] Graeff F G, Guimarães F S, Andrade T, et al. Role of 5-HT in stress, anxiety, and depression[J]. Pharmacology, Biochemistry, and Behavior, 1996,54(1):129.

[21] Sessa, Ben. MDMA and PTSD treatment "PTSD: from novel pathophysiology to innovative therapeutics"[J]. Neuroscience Letters, 2017,649:176-180.

[22] Mitchell J M, Bogenschutz M, Lilienstein A, et al. MDMA-assisted therapy for severe PTSD: a randomized, double-blind, placebo-controlled phase 3 study[J]. Nature Medicine, 2021,27(6):1025-1033.

[23] Feduccia A A, Jerome L, Yazar-Klosinski B, et al. Breakthrough for Trauma Treatment: Safety and Efficacy of MDMA-Assisted Psychotherapy Compared to Paroxetine and Sertraline[J]. Frontiers in Psychiatry, 2019,10:650.

[24] Parray H A, Shukla S, Samal S, et al. Hybridoma technology a versatile method for isolation of monoclonal antibodies, its applicability across species, limitations, advancement and future perspectives[J]. International Immunopharmacology, 2020(85):106639.

[25] Pecetta S, Finco O, Seubert A. Quantum leap of monoclonal antibody(mAb)discovery and development in the COVID-19 era[J]. Seminars in Immunology, 2020,50(1317):101427.

[26] Alansari K, Toaimah F H, Almatar D H, et al. Monoclonal antibody treatment of RSV bronchiolitis in young infants: A Randomized Trial[J]. Pediatrics, 2019,143(3):e20182308.

[27] Chen J, Wang R, Gilby N B, et al. Omicron Variant (B.1.1.529): Infectivity, Vaccine Breakthrough, and Antibody Resistance[J]. Journal of Chemical Information and Modeling, 2022,62(2):412-422.

[28] Jinek M, Chylinski K, Fonfara I, et al. A programmable dual-RNA-guided DNA endonuclease in adaptive bacterial immunity[J]. Science, 2012,337(6096):816-821.

[29] Hille F, Richter H, Wong S P, et al. The biology of CRISPR-Cas: backward and forward[J]. Cell, 2018,172(6):1239-1259.

[30] Quinn J, Musa A, Kantor A, et al. Genome-editing strategies for treating human retinal degenerations [J]. Human Gene Therapy, 2020,32(5-6):247-259.

[31] Gillmore J, Gane E, Taubel J, et al. CRISPR-Cas9 In Vivo Gene Editing for Transthyretin Amyloidosis[J]. N Engl J Med, 2021,385(6):493-502.

[32] Aguilera-Castrejon A, Oldak B, Shani T, et al. Ex utero mouse embryogenesis from pre-gastrulation to late organogenesis[J]. Nature, 2021,593(7857):119-124.

[33] Liu K, Pan X, Li L, et al. Binding and molecular basis of the bat coronavirus RaTG13 virus to ACE-2 in humans and other species[J]. Cell, 2021,184(13):3438-3451.

[34] Chen E, Huang X, Tian Z, et al. The genomics of oryza species provides insights into rice domestication and heterosis[J]. Annu Rev Plant Biol, 2019,70:639-665.

[35] Yu H, Lin T, Meng X, et al. A route to de novo domestication of wild allotetraploid rice[J]. Cell, 2021, 184(5):1156-1170.

[36] Xia J, Guo Z, Yang Z, et al. Whitefly hijacks a plant detoxification gene that neutralizes plant toxins[J]. Cell, 2021,184(7):1693-1705.

[37] Esvelt K M, Wang H H. Genome-scale engineering for systems and synthetic biology[J]. Molecular Systems Biology, 2013,9:641.

[38] Holger, Puchta, Friedrich, et al. Gene targeting in plants: 25 years later[J]. The International Journal of Developmental Biology, 2013,57(6-8):629-637.

[39] Redman M, King A, Watson C, et al. What is CRISPR/Cas9?[J]. Archives of Disease in Childhood Education & Practice Edition, 2016,101(4):213-215.

[40] Lister R, Pelizzola M, Kida Y S, et al. Hotspots of aberrant epigenomic reprogramming in human induced pluripotent stem cells[J]. Nature, 2011,471(7336):68-73.

[41] Lin H. piRNAs in the germ line[J]. Science, 2007,316(5823):397-397.

[42] Ponting C P, Oliver P L, Reik W, et al. Evolution and functions of long noncoding RNAs[J]. Cell, 2009,136(4):629-641.

[43] Chaumeil J. A novel role for Xist RNA in the formation of a repressive nuclear compartment into which genes are recruited when silenced[J]. Genes Development, 2006,20(16):2223-2237.

[44] Yang P K, Kuroda M I. Noncoding RNAs and intranuclear positioning in monoallelic gene expression[J]. Cell, 2007,128(4):777-786.

[45] Santosh B, Varshney A, Yadava P K. Non-coding RNAs: biological functions and applications[J]. Cell Bio-chemistry and Function, 2015,33(1):14-22.

[46] Cameron D E, Bashor C J, Collins J J. A brief history of synthetic biology[J]. Nature Reviews Microbiology, 2014,12(5):381-390.

[47] Monod J, Jacob F. General Conclusions: Teleonomic Mechanisms in Cellular Metabolism, Growth, and Differentiation[J]. Cold Spring Harbor Symposia on Quantitative Biology, 1961(26):389-401.

[48] Ball, Philip. Synthetic biology: starting from scratch[J]. Nature, 2004,431(7009):624-626.

[49] Dan, Ferber. Synthetic biology. Microbes made to order[J]. Science, 2004,303(5655):158-161.

[50] Shao Y, Lu N, Xue X, et al. Creating functional chromosome fusions in yeast with CRISPR-Cas9[J]. Nature Protocol, 2019,14(8):1.

[51] Cani, Patrice D. Human gut microbiome: hopes, threats and promises[J]. Gut: Journal of the British Society of Gastroenterology, 2018,67(9):1716-1725.

[52] Belén R, Radilla-Vázquez, Isela Parra-Rojas, et al. Gut Microbiota and Metabolic Endotoxemia in Young Obese Mexican Subjects[J]. Obesity Facts, 2016,9(1):1-11.

[53] Cani P D, Amar J, Fauvel J, et al. Energy intake is associated with endotoxemia in apparently healthy men[J]. The American Journal of Clinical Nutrition, 2008,87(5):1219-1223.

[54] Horton F, Wright J, Smith L, et al. Increased intestinal permeability to oral chromium (^{51}Cr)-EDTA in human Type 2 diabetes[J]. Diabetic Medicine, 2014,2014,31(5):559-563.

[55] Gomes J. Metabolic endotoxemia and diabetes mellitus: a systematic review[J]. Metabolism-clinical & Experimental, 2017,68:133-144.

[56] Airy G B. On the diffraction of an object-glass with circular aperture[J]. Transactions of the Cambridge Philosophical Society, 1835,5:287.

[57] Jayashree B, Bibin Y S, Prabhu D, et al. Increased circulatory levels of lipopolysaccharide (LPS) and

zonulin signify novel biomarkers of proinflammation in patients with type 2 diabetes[J]. Molecular & Cellular Biochemistry, 2014, 388(1-2): 203-210.

[58] Lassenius M I, Pietilinen K H, Kaartinen K, et al. Bacterial endotoxin activity in human serum is associated with dyslipidemia, insulin resistance, obesity, and chronic inflammation[J]. Diabetes Care, 2011, 34(8): 1809-1815.

[59] Laugerette F, Vors C, Géloën A, et al. Emulsified lipids increase endotoxemia: possible role in early post-prandial low-grade inflammation[J]. Journal of Nutritional Biochemistry, 2011, 22(1): 53-59.

[60] Monte S V, Caruana J A, Ghanim H, et al. Reduction in endotoxemia, oxidative and inflammatory stress, and insulin resistance after Roux-en-Y gastric bypass surgery in patients with morbid obesity and type 2 diabetes mellitus[J]. Surgery, 2012, 151(4): 587-593.

[61] Pussinen P J, Havulinna A S, Lehto M, et al. Endotoxemia is associated with an increased risk of incident diabetes[J]. Diabetes Care, 2011, 34(2): 392-397.

[62] Balzarotti F, Eilers Y, Gwosch K C, et al. Nanometer resolution imaging and tracking of fluorescent molecules with minimal photon fluxes[J]. Science, 2017, 355(6325): 606.

[63] Goettfert F, Pleiner T, Heine J, et al. Strong signal increase in STED fluorescence microscopy by imaging regions of subdiffraction extent[J]. Proceedings of the National Academy of Sciences of the United States of America, 2017, 114(9): 2125-2130.

[64] Heine J, Reuss M, Harke B, et al. Adaptive-illumination STED nanoscopy[J]. Proceedings of the National Academy of Sciences, 2017, 114(37): 9797-9802.

[65] Hell S W. Nanoscopy with focused light (Nobel Lecture)[J]. Angewandte Chemie (International ed. in English), 2015, 54(28): 8054-8066.

[66] Schneider J, Zahn J, Maglione M, et al. Ultrafast, temporally stochastic STED nanoscopy of millisecond dynamics[J]. Nature Methods, 2015, 12(9): 827-830.

[67] Hell SW. Far-field optical nanoscopy[J]. Science, 2007, 316(5828): 1153-1158.

[68] 蒋析文. 生物标记物与精准医疗研究进展[J]. 中国生物工程杂志, 2019(2).

[69] 吕霁航. 精准医疗的研究进展[J]. 中国实验诊断学, 2017(1).

[70] 刘瑶. 精准医疗中的生物信息学方法及生物标记物的应用[J]. 科技风, 2021(34).

[71] 刘伟. 检验组学在精准医疗中的应用价值[J]. 国际检验医学杂志, 2018(9).

[72] 刘明. 翻译后修饰蛋白质组学助力实现精准医疗[J]. 生物产业技术, 2018(2).

[73] 尹再强. 生物技术在药物研发中的应用[J]. 农业与技术, 2014(11).

[74] 马伟光. 生物转化的核心技术:天然药物发酵的研究进展[J]. 云南中医学院学报, 2004(3).

[75] 岳雪. 合成生物学在天然药物和微生物药物开发中的应用[J]. 中国抗生素杂志, 2016(8).

[76] 孙婷婷. 基因工程疫苗研究进展[J]. 现代交际, 2014(11).

[77] 杨佩欣. 组织培养在草本花卉繁殖上的应用[J]. 广东蚕业, 2020(7).

[78] 薛菲. 植物转基因技术及其应用[J]. 吉林蔬菜, 2014(5).

[79] 杨伟杰. 生物技术在农业种植中的应用探究[J]. 南方农业, 2021(9).

[80] 胡武泽. 生物农药与生物技术在植保中的应用与展望[J]. 现代园艺, 2022(14).

[81] 陈凯. 浅谈生物工程技术及在环境保护中的应用[J]. 科技风, 2021(5).

[82] 陈少杰. 微生物污水处理技术及其应用[J]. 吉林水利, 2017(5).

[83] 余志胜. 农田土壤化肥污染及对策[J]. 农业开发与装备, 2022(9).

[84] 刘香丽. 白色污染治理现状与对策[J]. 当代化工研究, 2017(12).

[85] 吴善兵. 现代生物技术在环境保护中的应用研究进展[J]. 现代农业科技, 2012(17).

第7章 统 计 学

7.1 什么是统计学

统计学是一门从数据中学习的科学,它研究如何有效地搜集、整理、显示和分析带有随机误差的数据,并在此基础上,对所研究的问题作出统计性的推断,为相关决策提供依据或建议。

1. 描述统计学与推断统计学

统计学按其研究范畴可以分为描述统计学与推断统计学。描述统计学研究的是为了能反映客观现象的规律性的数量特征而采用的数据搜集方法、数据加工整理方法、计算数据构成与分布的方法,以及用一定形式对结果进行展示的方法等,包括概括性的数据处理与分析。推断统计学是在概率论的基础上由随机样本的数量特征信息来推断产生数据的总体的数量特征,并作出一定可信度的估计或检验。在统计学应用中,人们一般无法获得整个总体的信息,而只能搜集到整体的一部分信息,即样本信息,其主要的原因是获取整个总体的信息所花费成本(人力、物力或财力)很高、时间太多,或者受到某些客观因素影响而无法获得。另一方面,总体的数量特征规律是确定的,但样本的数量特征却因样本的不同而发生变化,具有某种随机性。因此,为了从有限的样本信息去推断总体的规律特征,就需要建立推断统计学来解决此问题。推断统计学是现代统计学的核心和关键。

在描述统计学与推断统计学之间,描述统计学发挥着基础性作用,因为描述统计学牵涉到数据的搜集、解释、整理、表示、刻画与分析,而数据及其质量是推断统计学结论科学的重要前提和基础,没有高质量的数据,任何数据分析及其结论将毫无意义。描述统计学在刻画数据特征时所使用的一些统计方法与统计量也是推断统计学的基础工具。数据挖掘作为一门关于数据分析方法与技术的新兴学科分支,可视为描述统计学的范畴。

2. 理论统计学与应用统计学

统计方法作为认识客观世界的工具,已经渗透到自然与社会各个领域。应用是统计学的原动力。统计学的长远目标是从所有类型的数据中提取科学的、有意义的信息,统计学家则用不同的方法在大量的科学过程中达到这一目标。现如今,统计学已无法按传统意义进行分类,但根据研究方法和研究对象可分为理论统计学(又称数理统计学,统计学的核心)与应用统计学两大类。

理论统计学把研究对象一般化、抽象化,它以概率论为基础,从理论的角度根据统计学一般原理的相关理论对统计模型、统计方法进行研究,中心内容是统计推断问题,目的是创建统一的基本原理、概念、统计方法以及计算工具,核心活动是用于信息提取的数学和概念工具的构造。理论统计学着重于统计学内在的研究而不是它的延伸。理论统计学分支有很多,例如参数估计与假设检验理论、相关与回归分析、方差分析、时间序列分析、统计分布理论、属性数据分析、经验过程理论等。

应用统计学是由解决某一特定科学领域里问题的需要驱动的统计研究,它需要有关的专业领域的理论指导,通常具有边缘交叉学科的性质。应用统计学涉及的交叉领域很多,以下是主要的几个领域:生物统计(包括生物信息学、生物计量学)、医学统计、工程和工业统计、地理和环境统计、信息技术和统计学、社会和经济统计学(经济统计、金融统计、商业统计、管理统计)。

截止到2021年6月底,我国共有185所高校备案了交叉学科,其中涉及的一级学科中包含统计学的专业有21个。这些交叉学科分别是工业与系统工程、生物信息学、金融工程、数理金融、数据科学、大数据统计、大数据金融、大数据经济、金融科技、经济计算与模拟、经济信息管理、能源经济与管理、全球价值链、电子商务与信息管理、媒介经营与管理、流通经济与管理、流通工程与技术管理、车辆制造科学与工程等。

理论统计学与应用统计学相互促进,共同提高。理论统计的研究为应用统计的数理分析提供方法,而应用统计对统计方法的实际应用又会开拓理论统计的研究领域。

3. 统计推断

在理论统计学或数理统计学中,我们所说的"统计推断"是指基于所收集到的数据以及对它进行适当整理分析的结果,对数据来自的总体的一些特征作出一定的论断。这里"数据来自的总体"是指与所研究问题有关的所有个体的集合。统计推断的具体形式依所考虑问题的要求不同而不同。

在进行统计推断之前,我们必须采用有效的方式去收集和整理具有随机性的数据,这里"有效的方式"在统计学中有专门的探讨,在本科和研究生阶段也会开设相应的课程,如"抽样调查""试验设计",这里不展开。需要强调的是,观察和试验是我们收集数据常用的两种方式,但两者是有区别的。"观察"数据是指观察者在被动的环境下去记录某随机现象自然发生的结果,而不去企图改变或无法改变所观察的事物。例如,天文观察太阳黑子爆发的数据,以及观察记录某地区年自然灾害造成的损失数据。通过"试验"获得的数据,试验者处于主动的地位,会根据所要研究的问题在一定范围内控制某些因素,以考察其他因素对感兴趣指标的作用或影响。例如,在医学统计中,为研究一种药品对某种疾病的治愈效果,或在工业试验中,为了解某种生产工艺(或原料的配方)对产品质量的影响,我们在获取数据前一般都要根据所研究的问题进行试验设计。

下面通过简单的例子来说明统计学中统计推断的两种基本形式:参数估计和假设检验。

为考察合肥市小学某年龄段学生的平均体重,在合肥市抽取了1000名该年龄段的学生进行测量,记下每名学生的体重,得到1000个具体的数据 $x_1, x_2, \cdots, x_{1000}$。计算平均值:

$$\bar{x} = \frac{1}{1000} \sum_{i=1}^{1000} x_i$$

根据该平均值,我们对合肥市这一年龄段学生的平均体重有一定的了解。在这里,被抽取的1000名学生只是一部分个体,1000代表样本的大小,而整个合肥市这个年龄段的所有学生构成了一个总体。总体是我们研究对象的所有个体的集合。但是,这里的研究对象每个学生有很多特征信息,如体重、身高、血压、百米跑速度等,我们只关心体重,对学生的身高和血压等其他指标不感兴趣。在数理统计中,首先进行抽象化,把个体学生抽象成我们感兴趣的指标(体重)的数值,总体就表现为一堆数值所组成的集合。例如,小学生的体重是一堆数,小学生的身高也是一堆数。这样就带来一个问题,不同研究问题对应的总体都是一堆杂乱无章的数值,如何去区别不同的研究问题?在统计学中,我们通过引进总体的概率分布来加以区分。对于不同的研究问题,如果其总体分布是相同的,则从统计学的角度来看是不加以区分的,处理一个问题的统计方法也同样适用于研究另外一个问题。这种抽象化可以使我们摆脱总体和样本的具体属性,便于运用数学的方法,对不同的实际问题给出统一的处理方法。

再回到考察小学生的体重问题。若我们想进一步了解小学生体重的差异程度,可以引进另外一个指标

$$s^2 = \frac{1}{1000} \sum_{i=1}^{1000} (x_i - \bar{x})^2$$

s^2 的数值较大,说明小学生中体重差异较大,有些学生体重严重超标,有些学生的体重相对偏轻;s^2 数值较小,说明小学生的体重差异不大。

上面的两个指标在统计学中称为统计量,是对样本信息的加工。$\bar{x}$ 是对总体平均值 μ 的一个估计,s^2 可以看作是对总体分布方差 σ^2 的一个估计。仔细推敲,这里有很多值得研究的问题:

(1) 用 $\bar{x}$ 估计总体的平均值 μ 会有误差,估计的误差有多大?怎样用数学(或概率论)的语言来表达?

(2) 总体平均值 μ 的合理估计会有很多个。上面是抽取了1000名学生进行测量,我们可以对500名或2000名学生进行测量,分别计算测量数值的平均值;也可以把上面测量的1000个数值从小到大进行排列,取中间的两个数值的平均值;或去掉若干个较大值和若干个较小值,余下的取算术平均值。这些都可以作为总体平均值 μ 的估计。对于给定的两个估计,如何去比较其优劣?在众多合理估计类中,如何选择一个最优的估计?要回答这些问题,首先需要明确在什么意义下进行比较,即比较的准则。这种准则可以是定性的,也可以是定量的。

以上这些问题的推断形式就是参数估计。另一种推断的形式是下面的假设检验。我们仍以上面小学生的体重测量为例说明。

(1) 如果用 $\bar{x}$ 去估计体重平均值 μ,那么判断这批小学生的体重是否正常即看 $\bar{x}$ 是否小于等于某个常数 c。若 $\bar{x} \leqslant c$,则认为这批小学生的体重正常;否则,认为这批小学生的体重超标,不正常。这里的常数 c 又该如何来确定?由于基于样本的统计量 $\bar{x}$ 是随机变量,每次抽样后取值是不一样的。很可能在一次抽样中,由于偶然性,抽中了几个严重肥胖学生,导致平均体重 $\bar{x}$ 超过了 c,这时判定这一群体小学生体重超标证据不足;同样,也可能多抽中了一些身体瘦小的学生,导致作出小学生群体体重正常的判断。从统计理论上讲,无论如何确

定常数 c，人们都会犯如下的两种错误之一：一是这批小学生体重正常，但由于抽样的偶然性被否定了；二是小学生的体重超标，但根据抽样作出了体重正常的判断。这两种错误各自发生的概率跟常数 c 的选取有关。这类问题与上面的参数估计问题不同，它不是要求对未知参数作估计，而是对两个决定作出选择。这是一类假设检验问题。

(2) 再举另一类常见的假设检验问题。为研究小学生群体的体重与运动之间的关系，观察了 1000 名小学生，逐一记录每个学生的体重和每天户外运动时间，然后对这些数据进行整理，从其中提取出与所研究的问题有关的信息，并以简明醒目的方式表达出来。例如，按体重是否超过 40 kg 把学生划分为"体重超标"和"体重正常"两组；同样，按每天户外运动时间是否超过 1 h 把学生也划分为"运动"和"不运动"两个类别。尽管我们可以通过整理这两组数据信息并画图，对体重与运动之间的关系有近似的了解，但是由于抽样的随机性，这种关系信息有多大的可靠性？这里体重与运动之间的关系大小如何刻画，这种关系被接受和否定的界限如何划分，都需要有统计学的理论。

除上述的两种统计推断之外，还有很多种形式更复杂的统计推断问题。这些问题的解决需要以深刻的理论为背景的不同的处理方法，在此不展开。

7.2 统计学科发展

1. 历史回顾

统计学来源于实践，又能指导人们开展实践活动。在漫长的历史长河中，虽然人们开展了很多统计活动，如在一些应用领域需要对收集的数据作一些分析，并由此产生了统计方法，但未曾出现统计学。只有当统计活动发展到一定的阶段，才产生了统计学。可以说直到 20 世纪初，并不存在一门统计学科。

早期的统计方法是基于各个应用领域（如天文、测地学、人口学、经济及政治方面）的实用需要，在不同领域中分头发展起来的。例如：

(1) 英国学者格朗特(J. Graunt, 1620—1674)在其 1662 年发表的著作《关于死亡公报的自然和政治观察》中，根据伦敦发表的人口变动数据，分析了人口出生与死亡的数量关系(性别比例关系、各种原因的死亡人数占总死亡人数的比例等)，并根据不同年龄段死亡率编制了最早的生命表。该著作可以认为是描述统计学的开山之作。值得一提的是，格朗特认为一个在多年内形成的规律需要进行多次试验观察，这就是现今统计学中的大数法则。英国的另一位学者佩蒂(W. Petty, 1623—1687)提出了政治算术的思想，该思想就是依据统计数字来分析政治、经济和社会问题，而不只是依据一些思辨推理。

(2) 17—18 世纪天文学和测地学的迅猛发展积累了大量的数据需要进行分析和计算。对于有测量误差的数据，多次测量取算术平均值的处理方法是一种良好的数据处理方法。虽然该方法在当时缺乏理论上的论证，但该方法的有效性在人们长期的数据处理经验中得到佐证。然而，对于一些直接关心的重要指标无法直接测量。如何通过测量其他的一些可以观测到的量,建立模型得到人们关心的重要指标? 这一问题困扰了当时很多数学家,如欧拉、拉普拉斯。直到1800年左右,勒让德(A. Legendre,1752—1833)提出了最小二乘的思想,并使用最小二乘法作为一种新的估计方法。高斯(J. Gauss,1777—1855)进一步拓展了最小二乘法,将正态分布和最小二乘法联系起来,并提出了极大似然的思想。极大似然的思想后来被统计学家费希尔(R. A. Fisher,1880—1962)系统地发展成为参数估计中的极大似然估计理论。高斯在实际数据分析中使用最小二乘法进行计算,准确地预测了谷神星的位置,在处理"如何描述数据中的观察误差"这一棘手问题时,以极其简单的方法确立了随机误差的概率分布——正态分布,从而确立了正态分布在统计误差分析中的地位。这是统计学发展初期的一个里程碑。

(3) 英国生物学家高尔顿(F. Galton,1822—1911)在1874—1890年在其研究工作中引进了相关和回归的思想,并在1889年研究人类祖先与后代身高关系时发现了"回归现象",即平均来看,后代的身高比前代更接近于群体的平均值。引进相关和回归思想的重大意义在于开创了分析多维数据的统计方法。在实际问题中,一般会涉及多个有相互依赖关系的指标,对单指标孤立地进行统计分析无法得到有效的结论。

(4) 概率论早期发展起来的不确定理论为统计学发展提供了基础。概率论的早期发展是为了应对研究赌博的需要,后来发展成为人们研究不确定现象的重要数学工具。早期有一批数学家对概率模型进行了研究,特别是我们现在所说的大数定律以及中心极限定理。在统计实践中,中心极限定理无处不在。中心极限定理表明在一定的条件下,若干随机变量算术平均值的分布可以用正态分布逼近,这里并不需要知道参与求和的随机变量的精确分布,只需要满足较弱的条件即可。早期对中心极限定理研究做出贡献的数学家有伯努利(J. Bernoulli,1654—1705)、棣莫弗(A. De Moivre,1667—1754)、拉普拉斯(P. S. Laplace,1749—1827)、泊松(S. D. Poisson,1781—1840)、切比雪夫(P. L. Chebyshev,1821—1894)、李雅谱诺夫(A. M. Lyapunov,1857—1918)等。特别需要指出的是,棣莫弗在1733年给出了中心极限定理的雏形,拉普拉斯利用特征函数的方法对有界随机变量建立了中心极限定理的第一个一般化的结果。这些早期的数学家奠定了概率模型结构的基础,同时也提供了从概率模型得出关于数据结论的基础。

(5) 抽样调查是社会统计中的一项非常重要的工作,抽样调查的思想在19世纪已开始孕育。拉普拉斯在1802年受法国政府的委托,用比例法对法国人口进行了抽样调查。挪威的凯尔(A. N. Kiaer,1838—1919)在19世纪后20多年里领导了挪威的人口普查和农业普查工作,提出了"代表性抽样"的思想。这些抽样的思想在20世纪得到了发扬光大,成为了现代统计方法中的重要组成部分。

正如陈希孺[4]对直到19世纪末为止的统计学发展所作的描述一样,当时在统计方法的工具袋里已有了一些积累,包括最小二乘法(平均值可视为其特例)、方差、频率、二项分布、误差理论和正态分布、相关回归、矩估计、皮尔逊曲线族以及稍后的t分布(又称学生氏分布)等,而且其中若干工作是先驱性的,对后世产生了很大的影响,但它们是一些不连贯的片段,缺乏一个完整体系。

19世纪后期,统计思想在英国得到了快速的发展,一些统计概念在遗传和生物计量学研究中被提出来。在20世纪前半叶,统计学迎来了其发展史上的一个辉煌的年代。有人把这段时期称为统计学理论发展的黄金年代,统计学的基础在此期间通过运用强大的数学和概率论工具建立起来,统计学的许多重要的基本观点、方法以及统计学的主要分支学科都是在此期间建立和发展起来的。这期间涌现了一大批统计学大师,这些具有非凡才智的人将统计学理论引向成熟。代表人物有英国统计学家费希尔(R. A. Fisher,1890—1962)、卡尔·皮尔逊(K. Pearson,1856—1936)和格赛特(W. S. Gosset,1976—1937),美国统计学家奈曼(J. Neyman,1894—1981)、瓦尔德(A. Wald,1902—1950)和霍特林(H. Hotelling,1895—1973),瑞典数学家克拉默尔(H. Cramer,1893—1985)以及当今国际著名的统计学家劳(C. R. Rao,1920—2023)。里程碑式的代表性贡献列举如下:

(1) 卡尔·皮尔逊提出了峰度和偏度的概念,发展了著名的 χ^2 检验,来考察实际数据与他所提出的皮尔逊分布族的拟合程度。这是一个相当重要的概念性的突破,对统计学的应用及以后的理论发展都有重要的意义。直到今天它还被用作统计模型中科学假设的严格检验。伦敦大学的应用统计系在1911年由皮尔逊建立,它是世界上第一个大学里的统计系。格赛特(笔名为Student)关于 t 分布的工作是统计小样本理论开创的标志之一。

(2) 费希尔对数理统计的发展做出了巨大的贡献,创建了很多现代统计学的基础。费希尔也是现代人类遗传学的创立者,他具有极高的天赋,他对统计学的贡献是全方位的。在参数估计方法方面,他提出了充分统计量和极大似然估计的方法,奠定了参数估计理论基础。在试验设计与方差分析方面,他与其合作者叶茨(F. Yates)受农业田间实验的启发,建立并发展了实验设计的主要思想,创建了复杂实验的分析方法,即方差分析法。在多元分析方面,他系统地研究了正态分布样本的一些重要统计量的抽样分布,这些都是多元分析的奠基性工作。他还提出了一种新的统计推断思想——信任推断法。在理论方面,他分别于1921年和1925年发表的论文《理论统计学的数学基础》和《点估计理论》奠定了统计学大体上沿用至今的数学框架。费希尔对统计学的贡献在20世纪无人能比。

(3) 芬兰数学家林德伯格(J. W. Lindeberg,1876—1932)和法国数学家莱维(P. P. Lévy,1886—1971)在20世纪20年代证明了在任意分布的总体中抽取简单随机样本,其样本均值的极限分布为正态分布。这被称为林德伯格-莱维中心极限定理。

(4) 约在20世纪30年代,奈曼和依贡·皮尔逊(E. Pearson)考虑假设检验问题时,就指出了在检验一个假设时可能会犯两种类型的错误(一型错误和二型错误),给出了构造检验的原则:在控制犯一型错误概率的前提下,使犯二型错误概率尽可能小。由此,他们发展了一整套的假设检验理论,成为现代统计推断的一个重要构成部分。他们提出的似然比检验是在假设检验中有重要地位且应用广泛的一种检验方法。

奈曼还创立了区间估计理论——置信区间,置信系数是这个理论中最为基本的概念。通过从总体中抽取样本,根据一定的置信度与精度的要求,构造出适当的区间,以作为总体的分布参数的真值所在范围的估计。

(5) 霍特林在20世纪30年代提出了在损失很少信息的前提下把多个指标利用正交旋转转化为几个综合指标的多元统计分析方法,即主成分分析法。该方法体现了一种数据降维的思想。

1940年,瑞典数学家克拉默尔出版了《统计学的数学方法》,该书是第一本系统而严谨的数理统计学著作,运用测度论方法总结数理统计的成果。这本专著的问世标志着数理统计学已成为一门成熟的学科。

到了20世纪中期,统计学的研究重心从英国转移到了美国。随后,美国的统计学家做出了大量开创性的工作。例如,哥伦比亚大学的瓦尔德教授奠定了序贯分析的研究基础。序贯分析是在第二次世界大战期间因需要有效抽样来检验军需品的质量而发展起来的。序贯分析被认为是理论统计领域最深刻的结果之一。同时,瓦尔德也是统计决策理论发展方向的领导者,引进了损失函数、风险函数、极小极大原则和最不利先验分布等重要概念。这个时期的另一个大师级人物就是宾夕法尼亚州立大学的劳。除了在学术上的贡献,他对世界统计学的发展起到了重大的推动作用,他尤其关心发展中国家的统计学的发展。他的导师就是数理统计学的奠基人费希尔。劳在多元分析、估计理论、渐近推断、概率分布刻画、矩阵代数、组合分析和统计学中的微分几何方法等方面有很多的创新,解决了研究多维数据的复杂结构问题。另一位代表人是美国国家科学奖章获得者、美国普林斯顿大学教授图基(J. Tukey),他是现代数据分析之父,著有《探索性数据分析》(1977)和《数据分析的未来》(1962),其重要贡献之一是提出快速傅里叶变换算法。

20世纪后半叶统计学的很多发展都出自建模和估计领域,如回归分析和多元分析中诸多的理论和方法进展、模型选择、试验设计、生存分析、贝叶斯统计等方面。这些研究领域的研究方法扩大了可用模型的视野和拓展了统计程序算法有效性的范围。另一方面的发展是大样本理论,即在样本大小无限增加时统计量与统计方法的极限性质的理论。大样本理论使得统计学家能够近似判断一个统计方法的效果如何。

这一时期的统计学发展部分得力于功能强大的计算机,从而大大拓展了统计方法的应用面。

计算机的应用对统计学发展的影响是多方面的。首先,一些需要大规模计算的统计方法能付诸实用,过去因计算工具不行而无法使用。特别是高维数据的情况,传统的统计模型一般不能满足实际的需要,借助于计算机,人们可以直接从数据出发,探索可用的模型,以及有效地从数据中提取信息。其次,借助于计算机,人们可以通过模拟这一新途径去分析某一统计方法的性能,或去比较不同的统计方法的优劣,然后再作出综合的分析。这避开了理论上难以解决的困难问题,有很强的实用意义。

但需要指出的是,模拟只是通过选择若干组在应用上有代表性的条件,在这些条件下进行模拟。这些模拟的结果可以指示结论可能的性质,但不能据此下定论。

2. 贝叶斯学派与频率学派

贝叶斯学派和频率学派(又称古典学派)是统计学中的两大学派,这两个学派的争辩一直伴随着统计学的发展。两派的方法各有长短,基于各自的理论,在诸多领域都起到了重要的作用。也正是两大派别的相互争论推动了统计学的发展。现如今,随着统计学的发展,两派在20世纪早期的那种情绪性对立局面已逐渐消退。

贝叶斯统计起源于英国的学者贝叶斯(T. Bayes,1702—1761)在他去世两年后才发表的一篇题为《机遇问题中一个问题的解》的论文。在该论文中,他提出了著名的贝叶斯公式和一种归纳推理的方法。该公式用现代的概率论语言可以表述如下:

设$\{B_1,B_2,\cdots,B_n\}$是一个样本空间Ω的一个完备事件组或一个分割,满足$P(B_i)>0$,$i=$

$1, \cdots, n$。设 A 是 Ω 中的一个事件,满足 $P(A)>0$,则给定事件 A 发生时 B_i 发生的条件概率为

$$P(B_i|A)=\frac{P(A|B_i)P(B_i)}{\sum_{k=1}^{n}P(A|B_k)P(B_k)}, \quad i=1,\cdots,n$$

这就是著名的贝叶斯公式。从形式上看,该公式不过是条件概率和全概率公式的简单推论。但该公式有很强的哲理:$P(B_1),\cdots,P(B_n)$ 是在没有进一步信息(这里指不知道事件 A 发生)时,人们对事件 $B_1,\cdots,B_n$ 发生可能性的一个认识,称之为先验认识。一旦事件 A 发生,人们对事件 $B_1,\cdots,B_n$ 发生的可能性的认识就体现在条件概率 $P(B_1|A),\cdots,P(B_n|A)$ 中,这些条件概率称为后验认识。另一方面,若把事件 A 看作是"结果",视 $B_1,\cdots,B_n$ 是引起 A 发生的"原因",则贝叶斯公式体现的推理思想是由"结果"导"原因",这和全概率公式由"原因"导"结果"的推理思想恰相反。

尽管贝叶斯统计的思想萌芽于18世纪,但真正的贝叶斯统计及其学派始于20世纪20—30年代,到60年代引起了人们的广泛注意。在此期间对贝叶斯统计发展做出贡献的代表人物有杰弗里(H. Jeffreys)、萨维奇(L. J. Savage)、林德利(D. V. Lindley)、伯格(J. O. Berger)等。贝叶斯学派的统计推断基于总体信息、样本信息以及先验信息(在抽样之前,有关统计推断问题中未知参数的一些信息);而频率学派的统计推断仅基于总体信息和样本信息。贝叶斯统计与经典统计的主要区别在于是否使用了先验信息。两大学派都重视样本信息,但对样本的看法是不同的。

频率学派认为,对于一批样本,其分布 $F(\cdot,\theta)$ 是确定的,尽管其中含有未知参数 θ,θ 也是确定非随机的,只不过 θ 是未知的。频率学派认为,某次抽取得到的样本 X 只是无数次可能的试验结果的一个具体实现,样本中未出现的结果不是不可能发生,只是这次抽样没有出现而已。因此,在统计推断中要综合考虑已抽取的样本 X 以及未抽取的结果。频率学派在20世纪初发展起来,代表人物有费希尔、卡尔·皮尔逊、奈曼和依贡·皮尔逊等。

贝叶斯学派重视已出现的样本,对尚未发生的样本不予考虑。贝叶斯学派认为,样本分布 $F(\cdot,\theta)$ 中的参数 θ 不是确定的,而是一个随机变量,服从某个先验分布。当得到样本 X 之后,人们对 θ 的分布就有了新的认识,即得到后验分布。一切统计推断就完全依赖于 θ 的后验分布。先验分布是对先验信息的加工,先验信息一般来自经验、历史资料或专家意见,带有主观性。贝叶斯学派重视先验信息的收集、挖掘和加工,使之形成先验分布加入统计推断中,以提高统计推断的效果。忽略先验分布的利用价值,也是一种信息的浪费。关于先验分布的确定,贝叶斯学派内部也有两个分支。其中,一个分支即客观贝叶斯学派,主张先验分布的选择应遵循一种大家都遵守的客观规则,而不是由个人主观随意选定;另一个分支即主观贝叶斯学派,认为先验分布的选择是使用者个人的事,不可能也不应该去寻求某种公认客观的选择。

频率学派对贝叶斯学派的批评主要集中在主观概率以及先验分布如何确定问题上。频率学派认为,一个事件的概率是客观的,可以通过大量重复试验下的频率去逼近(或解释),这种解释不会因人而异;而主观概率(先验分布)因人而异,与认识主体有关,非客观的,不具有科学性。

贝叶斯学派对频率学派的批评主要集中在对概率的频率解释上,以及基于概率的频率解释所导出的统计推断方法(点估计、区间估计、假设检验等)的精度和可靠度上。贝叶斯学派认为,很多问题是一次性的,在严格或大致相同的条件下重复是不太可能的。贝叶斯学派否定概率的频率解释,认为不能把样本放在无穷多可能值背景下考虑问题,只能在现有的样本基础上去处理问题,不能顾及那些可能发生,但事实上没有发生的情形。贝叶斯学派认为,统计推断的精度和可靠度如何应与试验结果(样本)有关,不宜采用事前精度和事前可靠度。

如果说20世纪的统计学是F时代(频率学派占主导地位),那么21世纪将是B-F时代(贝叶斯学派和频率学派共同繁荣)。

正如美国斯坦福大学统计系埃夫隆(B. Efron)教授于2013年在 *Science* 上发表的一篇题为 *Bayes' Theorem in the 21st Century* 的论文所言:The term 'controversial theorem' sounds like an oxymoron, but Bayes's theorem has played this part for two-and-a-half centuries. Twice it has soared to scientific celebrity, twice it has crashed, and it is currently enjoying another boom. The theorem itself is a landmark of logical reasoning and the first serious triumph of statistical inference, yet is still treated with suspicion by most statisticians. There are reasons to believe in the staying power of its current popularity, but also some signs of trouble ahead.("有争议的定理"一词听起来像是一种矛盾修辞法,但贝叶斯定理在两个半世纪以来一直扮演着这一角色。它两次飙升为"科学明星",两次崩溃,目前正在享受另一次繁荣。该定理本身是逻辑推理的里程碑,也是统计推理的第一次重大胜利,但仍受到大多数统计学家的怀疑。有理由相信它目前受到的欢迎会持续下去,但也有一些麻烦的迹象。)

3. 中国统计学的发展

我国现代统计学的发展起步较晚,有点曲折。改革开放前,我国教育和科研体制深受苏联体制的影响,统计学的教育和发展更是如此。在苏联,概率论和数理统计被合在一起作为数学下面十多个分支中的一个。受其影响,我国的概率论与数理统计也一直合在一起作为一个专业方向,早年也放在数学学科之下,这样数理统计处于从属地位,不利于数理统计的发展。

改革开放前,仅在中国人民大学和财经院校开设社会经济统计,只有少数的综合院校,例如北京大学和中国科学技术大学开设概率论与数理统计专业。在这期间,有一些专家学者为我国的统计学的发展做出了重要的贡献,其中的两个代表性人物是许宝騄(1910—1970)与戴世光(1908—1999)。许宝騄与戴世光是我国现代数理统计和社会经济统计领域的两面旗帜[18]。许先生于20世纪30年代在当时统计学最发达的英国留学,跟随著名统计学家费希尔学习和进行研究工作,1938年获伦敦大学学院统计学博士学位,1940年回国,先后任教于西南联大和北京大学。许先生被公认为在数理统计和概率论方向第一个具有国际声望的中国学者。他是我国最早的科学院院士之一,在多元统计分析和线性模型的统计推断方面的工作最为突出,有的是奠基性的。戴世光是我国的经济统计学家、人口学家,1935年赴美留学,1936年获密西根大学统计学硕士学位,随后在美国、英国、德国和印度从事人口问题的调查与研究,1938年回国,在中国人民大学培养了很多优秀人才,他是当时我国社会经济统计的领军人物。

改革开放后(20世纪80年代至今),我国统计学的发展迎来了春天。很多国外的统计学家和华人学者来国内访问和讲学,国内很多高校和研究机构选派优秀学者前往国外学习现代统计学。另外,国内各行各业对统计学的应用需求也大大促进了统计学的发展,很多院校设立了统计学专业、统计系或统计学院。在这期间,陈希孺(1934—2005)院士在推进我国数理统计学的发展上功不可没。在我国培养的首批18位博士中,有3位概率论与数理统计专业的博士(赵林城、白志东和苏淳),他们都是陈先生培养的。陈先生先后培养了15名概率论与数理统计专业的博士,连同"文革"前中国科学技术大学概率统计专门化的三届毕业生,许多都成为相关领域的学术带头人。经过"文革"十年的停顿,在我国统计队伍十分衰微的情况下,陈先生在国内多次主办统计讲习班并担任主讲,带领、培养和联系了一批人投入研究工作,这对于我国数理统计队伍的振兴和建设起到了重要作用。在陈先生的诸多著作中,教科书占了重要的位置,最早的一本是1981年由科学出版社出版、1997年重印的《数理统计引论》,一直被广泛用作研究生的基础教材,在青年教师和研究人员中也拥有许多读者,影响了我国统计学界几代人。

值得一提的是,在过去四十多年的国际统计学发展进程中,华人统计学家表现不俗,取得了可喜的成绩。考普斯会长奖(COPSS奖)是统计领域的国际最高奖项之一,每年授予一位40岁以下的统计学最杰出学者。迄今已有9位华人统计学家获得过该奖项,他们分别是斯坦福大学的黎子良(1983)、乔治亚理工学院的吴建福(1987)、斯坦福大学的王永雄(1993)、普林斯顿大学的范剑青(2000)、哈佛大学的孟晓犁(2001)、哈佛大学的刘军(2002)、哈佛大学的林希虹(2006)、宾州大学的蔡天文(2008)和哈佛大学的寇星昌(2012)。

最后来谈一谈中国统计学的本科和研究生教育的专业设置。中国高等教育学科专业目录分类实际上对于研究生教育和本科生教育是不同的。在中国高等教育的学科专业分类中,统计学科的归属一直都在发生变化。这一方面说明了中国统计学学科发展的历程,另一方面也说明了统计学的应用及其重要性越来越被人们认可。

在1998年之前,统计学本科专业设在数学学科下的概率论与数理统计专业和经济学学科下的统计专业。

在1998年教育部发布的《普通高等学校本科专业目录》中,第一次在理学学科门类下设立了统计学类,下设了统计学专业,可授理学或经济学学士学位。在2012年颁布的《普通高等学校本科专业目录》中,在理学学科门类下仍然设立了统计学类,下面设有统计学和应用统计学两个专业,授理学学位。但同时在经济学类下增加了经济统计学专业,而数学类下没有再设任何统计相关专业。

在1997年发布的《授予博士、硕士学位和培养研究生的学科、专业目录》中,在理学学科门类下,有数学一级学科,概率论与数理统计是数学一级学科下的5个二级学科之一;在经济学学科门类下,统计学是应用经济学一级学科下的10个二级学科之一。在该体系下,研究生层面的统计学(特别是数理统计)为了在学科评价和发展标准方面与所属一级学科保持一致,不得不放弃一些本学科的特点,从而与国际同行业规范脱节。直到2011年,教育部颁布了关于研究生新的《学位授予和人才培养学科目录》。在新目录中,在理学学科门类下第一次设立了统计学一级学科,可授理学和经济学学位。目前的统计学科主要由数理统计与经济统计两部分相关学科合并而成。统计学一级学科的设立促进了经济统计与数理统计的交叉融合,促进了中国统计学学科的高速发展。

4. 统计学与数学

统计学的核心是应用和数据,通过分析数据、提取数据信息来探索世界。统计学与数学已渐行渐远。从统计学发展的历程来看,无论是在20世纪初作为现代统计学发源地的英国,还是在如今统计学最发达的美国,统计学一直是在不从属于数学的情况下发展起来的,统计学因其自身的独特内容而成为一门独立的学科。现在,英美很多综合性大学里都设立了与数学系并列的统计系和生物统计系,例如英国伦敦经济学院统计系、美国宾夕法尼亚大学沃顿商学院统计系、美国芝加哥大学商学院统计系、哈佛大学生物统计系、斯坦福大学生物统计系、耶鲁大学生物统计系等。另外,在国外也相应成立了专门的统计学学会与研究所,出版了专门的统计期刊。这些事实都说明了统计学的独立性。也正因为此,统计学在英美作为一门有别于数学和应用数学的独立学科而被给予制度化和系统化。

但是,数理统计与数学之间存在着密切的关系。数理统计学的根是概率论与数学(其实概率论也是数学的一个分支),同时也受到计算机科学影响。统计学发源于它们,又反馈给它们新的数学和计算问题。从狭义上讲,数理统计里的关于统计方法的理论基础部分可以视为数学的一个分支。

我们可以从以下几个方面来认识数学与统计学之间的差异性:

(1)出发点不同。数学是以公理体系为出发点,建立在概念和符号基础上的。例如,在中学阶段学习平面几何,先要明确几个公理,然后我们学的千变万化的几何性质其实都是从这几条公理演化出来的。而统计学是以数据为出发点的,是通过数据来进行推断的。

(2)推理的方法不同。数学的证明或推理是基于公理和假设的,其过程用到演绎推理,得到的结论是必然成立的。但是,统计学针对不同的数据类型,根据数据的背景寻找合适的推断方法,推理的过程是以归纳为主的,得到的结论未必百分百都成立。

(3)判断的标准不同。数学对结果判断的标准是"对"与"错",因为数学的演绎推理使得每一步的依据不恰当或条件不满足都会造成结论的错误。而统计学的标准是"好"与"坏",一般不提"对"与"错"。在统计学中,人们基于数据的背景,根据自己的理解提出不同的处理数据的方法。这些方法有其各自的特点,我们只能说哪一个方法更恰当,性能表现得更好,得出的结论更合适。例如,在参数估计中,为估计总体的一个未知参数,可以采用矩估计、极大似然估计或贝叶斯估计。在多数场景下,极大似然估计会表现得更好一点,但我们不能说采用极大似然估计是正确的,采用其他估计方法是错误的。即使多数场合下极大似然估计表现良好,但也存在一些场景其表现不尽如人意。从判断的标准层面来看,统计学中含有艺术和世界观的成分——它是看待世界上万事万物的一种方法。我们常讲某事从统计学观点来看如何如何,指的就是这个意思。

7.3 统计学的应用

当代著名的统计学家埃夫隆曾经指出,在20世纪,统计思想和方法已成为许多领域(包括农业、生物、医学、经济、教育等)的理论支柱。目前,它在更复杂的科学(如天文学、地理学、物理学等)领域也发挥了日益重要的作用。在21世纪,人们将广泛地认识到:统计学是科学思想的中心成分之一。

美国数学科学委员会的一份报告《数学科学、技术与经济的竞争力》中提到,统计学已经得到广泛的应用,在这个意义上讲它处于数学各分支领先地位:统计学得到了物理和工程界的信赖,在生物和医学中已站住脚,在社会科学中是基础。统计学是用以分析数据的第一数学分支,也是新科技中涉及数学的第一分支,是把新科技进行量化的先驱手段。

法国科学院曾经向政府提交一份报告,列举了10项应该重点发展的科学技术领域,其中9项为信息、能源等高技术项目,唯有一项统计学属于基础性学科。报告认为,法国统计学发展的滞后对法国经济、社会的发展产生了很不利的影响。

以下通过几个实际案例来说明统计学在各个领域中的广泛应用。更多的案例(例如生物统计、工程与工业统计、文学著作中的统计分析方法、量化投资与统计学、机器翻译与统计学、诺贝尔经济学奖与统计学等),可以参见文献[11]、[12]和[16]。

1. 民意调查与美国总统选举结果预测

民意调查是一种常见的社会调查,目的是了解公众舆论倾向,即反映一定范围内民众对某个或某些政治或社会问题的态度倾向。民意调查可以作为社会科学工作者进行科学研究的一种重要手段,又可以作为反映社情民意、引导社会舆论朝正确方向发展的重要工具,为政府进行合理决策提供参考。民意调查属于抽样调查的一种,需要运用科学的调查与统计方法。如果民意调查所使用的方法不科学(如抽取的样本不具有代表性、抽样中出现人为的操纵等),那么调查结果就会偏离真正的民意,以这样的结果作出判断、指导工作就会发生偏差。

民意调查自20世纪初在美国产生,在全球获得了迅速的发展,在政治、经济以及社会管理等领域发挥着重要的作用。乔治·盖洛普(G. Gallup,1901—1984)是美国舆论统计学家和现代民意调查的创始人,创立了盖洛普民意调查公司,该公司是众多民意调查机构中资格最老、最负盛名的。在美国历届总统选举结果预测的抽样调查中,该公司采用了先进的抽样调查方法,取得了骄人的成绩,预测的准确率一直很高,且抽样调查的人数不断减少[2,16]。

盖洛普公司在成立之初和当时美国一家著名杂志《文艺文摘》的公司就1936年美国总统选举预测进行了一场胜败对决。在1936年的美国总统大选中,有两位候选人,一位是民主党候选人富兰克林·罗斯福,另一位是共和党候选人阿尔夫·兰登。罗斯福代表的是一般平民阶层的利益,得到中下层民众的广泛支持;而兰登代表的是富裕的中产阶级。盖洛普公司基于对5万人的问卷调查,预测罗斯福将获胜,预测其得票率为56%。《文艺文摘》公司发放了1000万份问卷,最终收回了230万份,预测兰登将要获胜,预测其得票率为57%。然而,实际选举的最终结果是,罗斯福和兰登得票率分别是62%和38%,罗斯福获胜且优势明显。

《文艺文摘》公司的这次调查是美国历史上规模最大,也是最失败的一次抽样调查,使得该公司威信扫地,随即破产倒闭。其失败的根本原因是抽样调查违背了统计学的规律,抽样方案以及后期的分析存在严重的错误:

(1) 没有进行随机抽样,样本不具有代表性。《文艺文摘》公司发放的1000万份问卷主要是通过电话簿打电话以及通过俱乐部进行调查。因为当时家里能够安装上电话的和能够到俱乐部活动的都是富裕阶层,他们是兰登的支持者,所以该公司的抽样局限在富人圈中,不具有代表性。

(2) 没有考虑缺失数据,降低了预测的准确性。实际发放1000万份问卷,只收回了近240万份,另外的约760万份问卷无反应(统计上称为缺失数据)。无反应的问卷也代表一种态度,里面也含有信息(实际上,无反应的问卷受访人大多是支持罗斯福的),应加以利用,不能轻易舍弃。正是凭借着对统计数据中的偏差(缺失数据)进行纠正的主要贡献,芝加哥大学赫克曼(J. J. Heckman,1944—)教授获得了2000年诺贝尔经济学奖。

2. 统计学在天文学中的应用

天文学是最早受到统计思想的启发,并应用统计的领域之一。统计学应用于天文学的历史可以追溯到16世纪[1]。古天文学家非常关心观测误差,他们经常比对不同地区的观测误差,并试图分析误差的来源。早在18世纪,天文学家对物体进行测量时,发现用同一条件下的多次测量的平均值作为结果可以提高观测的精度。19世纪初,高斯创建了误差分布理论,并且把它和勒让德的最小二乘法联系起来;他还提出了方差不等测量的误差处理办法,发展了最小方差无偏估计。20世纪许多天文研究中都使用了最小二乘法,计算机的发明更是极大地促进了最小二乘估计在天文学中的应用。统计学已成为天文研究不可或缺的工具。

统计学可用于描述天文图像、光谱和光变曲线,从有限的样本推断潜在某类天体的特性,将天文观测与天体物理理论联系起来。

例如,最大似然法已用于星系流参数估计和星系光度函数计算中;贝叶斯方法已用于研究伽马暴、引力波、宇宙学常数、类星体以及超新星和星系分类等。

由于天体的距离遥远,观测技术有限,人们得到的数据是有噪声且不完备的。这些噪声来源于背景噪声、仪器响应以及观测条件和环境的变化。同时,现在的技术能够进行更大规模的数据收集,大型巡天时代到来,天文数据呈井喷式增长。要从庞大的噪声数据中筛选出重要的信息,毫无疑问,统计方法起着一个非常重要的,有时候是关键的作用。天文学家已意识到交叉学科合作的重要性,成立了一些与统计交叉的学会或工作组,例如国际天体统计学会、国际统计所天文统计特殊兴趣组、美国天文学会天文信息与天文统计工作组、美国统计学会天文统计兴趣组等。

这里列举两个有趣的事例[12]以说明天文学家和统计学家如何合作与进步。

(1) 2003年,三个天体物理学家在国际权威期刊 *Science* 上发表了一篇证实宇宙起源大爆炸理论的论文,他们研究了当今宇宙物质分布中所谓声音振荡的痕迹,得出这种痕迹与从早期宇宙发出的宇宙微波背景辐射是一致的。

这不仅给大爆炸理论提供了支持,也提供了一种认识早期宇宙物理性质的方法。文中的核心部分是应用了一种称为假发现率(flase discovery rate,FDR)的新统计方法来探测振荡。他们的前期工作也是和两位统计学家合作完成的,并发表在《天文学杂志》(*Astronomical Journal*)上。与此同时,其他竞争团队却因数据过多而难以前进,未能取得突破。FDR是多重假设检验中用来度量一个检验犯第一类错误水平的一个指标,最早由两位以色列的统计学家于1995年提出,发表于英国皇家统计学会的会刊(B辑)。

(2)天文学和生物统计均创立了很相近的理论用于对缺失数据的处理。在生物医学和临床试验中,当不能记录到观测对象的关键事件时会发生数据"删失",如在试验结束前旧病复发或死亡。为分析此类数据,催生了统计学中的一个重要方向,这就是生存分析。在天文学中,因地球转动而无法观察到太暗的或者太遥远的事件,从而导致了数据删失。天文学家也独立提出了许多处理删失数据的方法,如林登贝尔(Lynden-Bell)方法。该方法与统计学中著名的卡普兰-梅尔(Kaplan-Meier)估计本质上是一致的。但是,直到20世纪80年代,天文学家和统计学家才发现他们在对删失数据的研究中的共同之处,并组织了一系列重要的天文-统计联合会议,导致了对天文数据作统计分析的合作与进步。

3. 敏感问题调查

在现实生活中,经常会遇到一些敏感问题的调查。例如,调查一个大型企业员工对企业的忠诚度,调查大学教师的科研失信比例,调查在校大学生考试作弊的比例,调查一个医院的主治医师收受病人红包的人数比例,等等。

被调查者往往不愿意把自己的真实想法或者真实情况告诉调查者,因为这些敏感问题的肯定回答会让被调查者非常难堪。因此,对敏感问题的调查问卷不加以设计,调查者很难获得真实的答案。

考虑到调查者并不关心每个被调查者的具体情况,而只关心整体的情况或者比例,于是我们可以设计出一种让被调查者不会暴露自己隐私而又可以估计出整体情况的方法,这就是敏感问题调查方法。具体的做法是,采用所谓的随机化回答技术,即引入一个具有给定分布的干扰随机变量,使调查者以预定的概率回答问题。这一技术可以最大限度地保护被调查者的隐私,从而取得被调查者的信任,使得调查者能够估计群体整体比例,且能减少误差以提高估计精度。下面我们举例说明。

为调查服用兴奋剂的运动员占全体运动员的比例 p,我们引入干扰随机变量,设计方案如下:

调查人员先请被调查者在心目中随机选定一个整数(不说出),然后请他在下面的问卷中回答"是"或"否":

若你选的数最后一位是奇数,请回答:你选的是奇数吗?
若你选的数最后一位是偶数,请回答:你服用过兴奋剂吗?
□是　　　□否

没有人知道被调查者回答的是哪个问题,更不知道他是否服用过兴奋剂。假设运动员们随机选定数字,并能按要求回答问题。

当回答"是"的概率为 p_1 时,我们可以求出比例 p。具体的计算并不复杂,只需要使用全概率公式。

对任一个运动员,用 B 表示"该运动员回答'是'"的事件,用 A 表示"该运动员选到奇数",则 $P(A)=1/2=P(A^c)$,$P(B|A)=1$,$P(B|A^c)=p$。于是,利用全概率公式得

$$p_1 = P(B) = P(B|A) \cdot P(A) + P(B|A^c) \cdot P(A^c) = \frac{1}{2} + \frac{1}{2}p$$

因此,$p=2p_1-1$。在实际中,p_1 是未知的,但可以估计。假设调查了 n 个运动员,其中 k 个回答"是",则 p_1 的估计值为 $\hat{p}_1=k/n$。于是,p 的估计值为 $\hat{p}=2\hat{p}_1-1$。例如:如果调查 200 个运动员,其中 102 个回答"是",于是

$$\hat{p} = 2 \times \frac{102}{200} - 1 = 2\%$$

在上例中,干扰变量的引入可以有多种办法,例如通过抛掷两枚均匀的硬币的结果来设计问卷。一般情况下,干扰变量的取值的不确定性越大,越能够让被调查者放心;干扰变量的不确定性越小,越让被调查者疑心。干扰变量以及回答机制的设置要简便易行,具有趣味性的措施往往能够起到事半功倍的效果。如果操作太复杂或者太乏味,则可能使得被调查者失去兴趣而拒绝回答。

敏感问题调查方法简单,却是一个非常有用的思想方法。该方法同样适用于有多个答案或连续取值的一些敏感问题调查,具体可参见参考文献[7]。

7.4 统计学的挑战

现代统计学的应用已经深入到各行各业,凡是有数据处理的地方就需要统计学。但现如今,统计学科的发展也面临着挑战,例如:统计理论与方法该如何创新以适应互联网时代数据分析的需求?未来统计学发展的方向在哪里?《统计学:二十一世纪的挑战与机遇》[12]和《十字路口的统计学:谁在应对挑战?》[21]两篇报告对这两个问题进行了探讨。

统计学中的挑战和其他学科中的挑战有着细微区别:在数学领域,大多数重点都放在那些延续下来的持久性挑战,如大的数学猜想。而在统计学领域,统计问题总是随着新的数据结构的出现和新的计算方法的发展而发展。《纽约时报》2009 年 8 月 5 日有一篇文章提到:我们正在快速进入任何事情都可以用数字来度量和操控的时代,这是对人类的巨大挑战,我们必须有能力去利用、分析和解释这些数据。对于这一挑战,当仁不让的就是以数据分析为己任的统计学家,这也是他们难得的机遇。

我们遵循文献[21]的路线来简要介绍统计学面临的挑战。先介绍科学、工业和社会中复杂领域问题引起的数据挑战,然后介绍基础统计研究中运用统计理论和原理来开发有效的统计方法以应对众多新兴领域大数据的挑战。

1. 科学与社会应用中的挑战

复杂的领域问题伴随着不同的数据形式。一切能以电子形式存储的记录都可以看作是

"数据"[15],例如数字、语音、图像、视频、文本以及它们的集成。数字只是传统意义上的数据。语音可以通过音频设备采集,然后转化为音频数字信号,数据分析技术带来了相应的数据产业,例如 iPhone 的 Siri、搜狗的语音输入法、微信的语音翻译。图像可以通过数码成像技术进行存储,数据分析技术同样带来了相应的数据产业,例如人脸识别、指纹识别、车牌号识别、医学影像分析。新兴的数据问题将推动数据挑战,数据采集技术的发展变革又将会带来哪些新的数据?这里面又有哪些重大统计学科学问题?数据分析能力的创新又会带来哪些商业价值?以下是几个新兴的应用领域:

(1)精准健康/医学。需要对多模式、多尺度、多视角、异质和相依赖数据进行集成和推断;预测和不确定性量化以解决临床医学最大问题;促进个体进行更有效的健康管理,并给予个体患者精准的治疗(设计出个性化基因疗法)。在 20 世纪后半叶发展起来的生物统计学、统计流行病学、随机化临床试验学已经在攻克人类疾病的进程中扮演了重要的作用,显著提高了人类的期望寿命。

(2)物理科学中的统计。物理科学中的现代研究通常利用新颖的数据源,下一代数据(如遥感、卫星图像、天文学、粒子物理学、地球科学、现代成像和探索材料动力学的诊断设施)更加复杂,需要新的统计方法以及规模算法。传统的多元分析和空间统计方法过分依赖于矩阵计算,然而在高维情形下这已经是不可行的,这导致了寻找在高维情形下可行并且能有效地计算大量数据的方法。

(3)统计与量子信息科学。量子计算在革新计算统计和加速机器学习算法方面具有巨大潜力。另一方面,量子技术发展和基于量子的计算技术(用于统计和机器学习)对统计方法有迫切的需要。

2. 统计理论的基础研究

数据科学、机器学习和统计都是解决如何从数据中提取信息的问题,统计学在开发理论与方法时更侧重于在不确定性下的推理,以及决策过程中涉及的科学、数学、计算和社会问题。统计理论、统计方法和统计需要密切结合。我们需要新的理论范式来支持和指导新的统计实践,需要更多的数据压缩原理以应对新的数据挑战。

我们不打算在此展开现代核心研究领域的广泛议题,但在面对数据挑战的今天,有必要提及模型与算法的作用。传统的统计思维集中在数据生成建模上,简单和可解释的模型通常是黄金标准。著名的统计学家和机器学习先驱布雷曼(Breiman)发表了《统计建模:两种文化》[20],掀起了统计建模文化的大辩论。该文比较了数据模型和算法模型(将数据生成机制视为未知),强烈呼吁对算法模型和解决实际问题的重视。算法模型主导的机器学习大放异彩,尤其是深度学习、强化学习等模型的大爆发,在计算机视觉、图像处理、自然语言处理等领域中已达到超人的性能。统计研究人员应尽其所能来提高深度学习的研究质量,就像统计学研究已经在许多其他领域为研究而做出的贡献一样。

如何搭建有效的数据平台?这对统计数据分析至关重要,这一点在数据收集和提炼信息的阶段就应该开始思考。这样有助于在推动业务发展的过程中逐渐从分析方法上抽象出一整套统计学基础理论,从而推动统计学在现实中落地,产生社会价值。

(本章撰写人:胡太忠)

参 考 文 献

[1] 陈黎.天文学中的概率统计[M].北京:科学出版社,2020.
[2] 陈文鑫.塑造还是反映民意:民意测验与美国的对外政策[J].美国研究,2003(4):64-80.
[3] 陈希孺.统计学概貌[M].上海:科学技术文献出版社,1985.
[4] 陈希孺.数理统计学:世纪末的回顾和展望[J].统计研究,2000(2):27-32.
[5] 陈希孺.数理统计学简史[M].长沙:湖南教育出版社,2002.
[6] 陈希孺.概率论与数理统计[M].合肥:中国科学技术大学出版社,2009.
[7] 房祥忠.说说不能说的话:敏感问题调查[J].中国统计,2021(3):40-42.
[8] 房祥忠.大数据时代的统计[J].中国统计,2021(5):33-35.
[9] 房祥忠.统计学科的归属演变[J].中国统计,2021(7):15-17.
[10] 洪永淼.经济统计学与计量经济学等相关学科的关系及发展前景[J].统计研究,2016,33(5):3-12.
[11] Rao C R.统计与真理:怎样运用偶然性[M].李竹喻,石坚,等,译.北京:科学出版社,2004.
[12] Lindsay B, Kettenring J, Siegmund D.统计学:二十一世纪的调整和机遇(Ⅰ-Ⅳ)[J].缪柏其,译.数理统计与管理,2005(3-6).
[13] 缪柏其,张伟平.概率论与数理统计[M].北京:高等教育出版社,2022.
[14] 王汉生.数据思维:从数据分析到商业价值[M].北京:中国人民大学出版社,2017.
[15] 王汉生.数据资产论[M].北京:中国人民大学出版社,2019.
[16] 韦博成.漫话信息时代的统计学[M].北京:中国统计出版社,2011.
[17] 韦来生,张伟平.贝叶斯统计[M].2版.北京:高等教育出版社,2022.
[18] 袁卫.西南联大时期的许宝与戴世光[J].数理统计与管理,2019,36(5):120-128.
[19] 朱建平.谈谈大数据的那点事[M].北京:北京大学出版社,2019.
[20] Breiman L. Statistical modeling: the two cultures[J]. Statistical Science, 2001,16(3):199-231.
[21] He X, Madigan D, Yu B, Wellner J. Statistics at a crossroads: Who is for the challenge? Report prepared for the National Science Foundation, 2019.

第8章　计算机科学

计算机科学相比于数学、物理等经典学科是一门较为年轻的学科,而且还在不断发展的过程中。因此,对于计算机科学的内涵和外延,往往有着一些有差异甚至相互矛盾的描述。在本章的简要介绍中,我们主要从几个角度来观察计算机科学,期望能够给读者一个整体的认知,启发读者对一些问题的思考,吸引读者去阅读更多的资料。

学科是人类知识的分支,即学术与学问的分支。一门学科有自身独特的研究领域以及相对独立的知识体系,包括独特的研究对象与研究方法。

中国的高等教育体系将"计算机科学技术"设为一级学科,包含"计算机系统结构""计算机软件与理论""计算机应用技术"3个二级学科。近年来,还派生出了"网络信息安全""软件工程""人工智能"等相关学科,统称为计算机类学科。2009年发布的《中华人民共和国学科分类与代码国家标准》(第2号修改单发布于2016年)在计算机科学技术一级学科中规定了计算机科学技术基础学科、人工智能、计算机系统结构、计算机软件、计算机工程、计算机应用等6个二级学科(表8.1)。

表8.1　计算机科学技术一级学科的国标内容

二级学科	三级学科
计算机科学技术基础学科	自动机理论;可计算性理论;计算机可靠性理论;算法理论;数据结构;数据安全与计算机安全
人工智能	人工智能理论;自然语言处理;机器翻译;模式识别;计算机感知;计算机神经网络;知识工程(包括专家系统)
计算机系统结构	计算机系统设计;并行处理;分布式处理系统;计算机网络;计算机运行测试与性能评价
计算机软件	软件理论;操作系统与操作环境;程序设计及其语言;编译系统;数据库;软件开发环境与开发技术;软件工程
计算机工程	计算机元器件;计算机处理器技术;计算机存储技术;计算机外围设备;计算机制造与检测;计算机高密度组装技术
计算机应用	中国语言文字信息处理(包括汉字信息处理);计算机仿真;计算机图形学;计算机图像处理;计算机辅助设计;计算机过程控制;计算机信息管理系统;计算机决策支持系统

官方文件的学科规定是为了方便科学研究与教育,而不是教条。国际上通常将"计算机科学技术"简称为"计算机科学",也有学者不赞成将学科分得过细。本章注重计算机学科的本质进展与演化,并不局限于官方文件的学科划分。我们先学习计算机科学的研究对象、研究方法和研究问题,再讨论更加丰富的学科演化,其目的是让同学们了解这门朝气蓬勃的人类知识分支,进而能够站在巨人的肩膀上进行创新。

8.1 学科研究对象、研究方法和研究问题

1. 研究对象

计算机科学是研究计算过程的学科。计算过程是运行在计算机上的通过操纵数字符号变换信息的过程。因此,计算机科学的研究对象本质上是计算过程与计算机系统。

自然科学主要研究物质与能量的运动过程。计算机科学主要研究信息的运动过程。

在21世纪初,美国科学基金会邀请一批计算机科学家讨论计算机科学的基础性的研究对象、研究方法和研究问题。这个"计算机科学基础委员会"在2004年撰写了《计算机科学基础报告》[1],刻画了计算机科学的本质特征(essential character):"计算机科学是研究计算机以及它们能干什么的一门学科。它研究抽象计算机的能力与局限,真实计算机的构造与特征,以及用于求解问题的无数计算机应用。"其中,抽象计算机大体上对应于二级学科中的计算机理论,真实计算机大体上对应于计算机系统结构,计算机应用大体上对应于计算机应用技术。更具体地,计算机科学还具有如下特色(characteristics),它们既是研究对象,也是研究方法与研究问题:

- 计算机科学涉及符号及其操作;
- 计算机科学关注多种抽象的创造和操作;
- 计算机科学创造并研究算法;
- 计算机科学创造各种人工制品;
- 计算机科学利用并应对指数增长;
- 计算机科学探索计算能力的基本极限;
- 计算机科学关注与人类智能相关的复杂的、分析的、理性的活动。

2. 研究方法

计算机科学采用计算思维解决物理世界与人类社会的各种问题,其中物理世界包括大自然与人造物。这个基本方法将物理世界与人类社会的各种目标领域的问题建模成为赛博空间(cyberspace,也称信息空间)中的计算问题,再通过设计运行在计算机系统之上的计算过程解决这些问题。这个认识世界、定义问题、解决问题的方法如图8.1所示。

这个计算思维基本方法与《计算机科学基础报告》是一致的。建模环节常常用到抽象计算机的知识。计算过程往往通过算法和程序刻画,对应于各种计算机应用。计算过程是在计算机系统上运行的,计算机系统对应于真实计算机,它们为计算过程提供比特精准、自动执行的抽象。

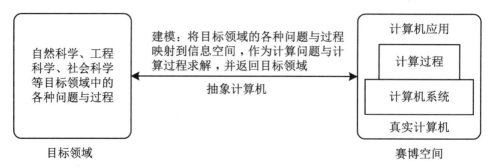

图8.1 计算思维基本方法

这个计算思维基本方法已经被几十年的计算机发展历史证明是行之有效的。它不仅被用于解决信息空间中的问题,也被用于解决自然科学、工程学科和社会科学中的问题。

计算思维方法行之有效的一个原因是卡普计算透镜假说,由图灵奖获得者理查德·卡普(Richard Karp)教授提出。他说:"自然做计算。人类社会做计算。"(Nature computes. Society computes.)不仅信息空间中的过程是计算过程,目标领域的过程也是计算过程。自然科学、工程科学、社会科学的很多过程当然是其领域的物理过程、化学过程、生物过程、社会过程,但它们同时也是计算过程。通过计算机科学透镜研究它们会产生新理解。

在计算思维的建模阶段,计算机科学很自然地继承了数学、自然科学、工程科学、社会科学的研究方法。计算机科学也发展出了自动执行、比特精准、巧妙构造的研究方法特色,不断产出功能更强、性能更高、品质更好、更易使用的计算机系统与计算过程。

(1) 自动执行。计算机科学强调在计算机上自动执行的计算过程,包括能够自动执行的算法、程序和抽象。自动执行也是计算机的性能在1946年后随时间指数增长的根本原因,使得70多年来单台计算机的速度增长了100万亿倍。

(2) 比特精准。任何学科领域都追求精准性。计算机科学强调比特精准,并以比特精准支持各个目标领域自身的精准性要求。比特精准(bit accuracy)是指计算过程的每一步骤都忠实地执行程序命令,每一步骤的每一比特按照程序命令的要求都是正确的。

(3) 巧妙构造。计算机科学追求巧妙构造的计算过程,即通过利用巧妙的抽象,执行比较聪明的算法,花费较短的计算时间,使用较少的硬件资源,来解决问题。构造性要求对计算过程的刻画是有限的。例如,程序行数是有限的。某些数学推理过程,如存在性证明或反证法,则可能是无限的或非构造性的。

恩里科·费米(Enrico Fermi)等物理学家在1953年发明了一种全新的科学研究方法,称为计算机模拟(simulation)。今天,计算机模拟(也称科学计算)已经成为继理论分析和科学实验之后的第三大科学研究范式,并被广泛应用于人类生产生活的方方面面。

计算机模拟是指使用计算机科学技术,一步一步地模仿现实世界中的真实系统随时间演变的过程或结果。计算机通过执行计算过程,求解表示真实系统的数学模型和其他模型,产生逼近真实的模拟结果。数十年的计算机应用历史表明,计算机可以模拟物理世界和人类社会中的各种事物和过程,用较低的成本重现物理现象和社会现象,甚至让我们可以"看见"原来看不见的事物,想象原来想不到的场景,做出原来做不到的事情。

计算机学科的研究方法还在提出问题与度量进步方面颇有特色。下面介绍两个例子以显示这两类特色：① 格雷12问题，以一组简明可测的长远研究目标作为研究问题；② LINPACK基准程序（LINPACK benchmark），通过代表应用负载的基准测试数据，量化一个或多个研究问题所取得的进步。

3. 研究问题

詹姆斯·格雷（James Gray）在1999年的图灵奖演说中，提出了今后50年的12个基础性科技难题与研究目标[2]，并希望这些目标能在2050年前实现。这些难题研究智能计算系统及其应用，也是从系统思维出发的一组计算机学科本质性研究问题。

格雷12问题很像国际数学界的希尔伯特23问题。1900年，大卫·希尔伯特在世界数学家大会上提出了23个基础性的数学问题，对今后100多年的数学研究产生了深远影响。格雷12问题的提出仅有20余年，但已经对计算机学科产生了显著影响。

格雷继承了巴贝奇、图灵、布什等前辈计算机科学家的方法论，提出了12个问题，每个问题（也就是研究目标）均满足下列5个条件：

(1) 简明性：目标简明，容易陈述。
(2) 挑战性：尚不存在明显的解决方法。
(3) 有用性：问题的解决对整个社会普通老百姓有鲜明好处。
(4) 可测性：进展和解答有简易方法测试。
(5) 增量性：最终目标可分解成中间的里程碑小目标，以鼓励同行保持研究热情。

格雷12问题提出20余年以来，计算机学科取得了显著进展。相关研究开发成果已经取得了广泛应用，产出了功能更强、性能更高、品质更好、更易使用的产品和服务。表8.2所示为格雷问题相关学科进展及其示例。

格雷12问题

(1) 可扩展系统（scalability）。设计出算力可扩展100万倍的系统结构。

(2) 图灵测试（Turing test）。设计出可通过图灵测试的计算机系统。

(3) 母语听（speech to text）。构建计算机系统，能够像说母语的人一样听懂人讲话。

(4) 母语说（text to speech）。构建计算机系统，能够像说母语的人一样讲话。

(5) 真人看（see as well as a person）。构建计算机系统，能够像人一样识别事物行为。

(6) 个人数字资产库系统（personal memex）。记录个人一生所读、所看、所听，并能快速检索，但不做任何分析。消费者个人能够负担其购买成本与使用成本。

(7) 全球数字资产库系统（world memex）。所有文本、声音、图像、视频上网；具有专家级的分析和摘要能力；具有快速检索能力。

(8) 远程呈现（telepresence）。模拟人出现在另一个地方，能与当地环境和其他人交互，好像真实出现一样。

(9) 无故障系统（trouble-free systems）。构建计算机系统，能够供百万人日常使用，但只需一个兼职人员管理维护。

(10) 安全系统（secure system）。保障上述无故障系统只对授权用户开放，非法用户不能阻碍合法用户使用,信息不可能被窃取。证明这三种安全性。

(11) 系统可用性(alwaysup)。保障上述无故障系统的可用性高达99.9999999%(9个9),即每100年才出错1秒。证明这种可用性。

(12) 自动程序员(automatic programmer)。设计出一种规约语言或用户界面,具备5个性质:① 通用,能够表达任意应用的设计;② 高效,表达效率提升1000倍;③ 自动,计算机能够自动编译该设计表达;④ 易用,系统较为易用;⑤ 智能,可针对应用设计中存在的异常与缺失自动推理、询问用户。

表8.2 格雷问题相关学科进展及其示例

格雷问题与学科	目标与进展	学科的科学技术进步举例
计算机系统结构		
可扩展系统(1) 无故障系统(9) 安全系统(10) 可用系统(11)	性能更高,可扩展100万倍 ■ 科学计算系统已可扩展10万倍 ■ 大数据系统已可扩展上千倍 可用性提升5个9 ■ 已提升2个9	并行计算机 分布式系统 并发程序设计 并发应用框架 容错计算 计算机与网络安全
软件与理论		
无故障系统(9) 安全系统(10) 可用系统(11) 自动程序员(12)	可用性提升5个9 ■ 已提升1~2个9 更易使用:千倍提升 ■ 已提升数倍至数十倍	软件工程 操作系统 数据库 服务计算 高级程序设计语言 应用框架 计算机与网络安全
计算机应用技术		
图灵测试(2) 母语听(3) 母语说(4) 真人看(5) 个人数字资产库(6) 全球数字资产库(7) 远程呈现(8)	功能更强 ■ 更加智能泛在 品质更好,提升5个9 ■ 可用性已提升2个9 更易使用:千倍提升 ■ 已提升数倍至数十倍	计算机模拟 服务计算 大数据计算 人工智能 人机交互 虚拟现实与增强现实 众多应用子学科

以下从格雷12问题中选择几个来作更多的介绍。

格雷12问题与功能更强、性能更高、品质更好、更易使用可有如下大致对应。

格雷问题(1)很明显对应性能更高,要求有一个系统结构,添加资源即可提升性能100万倍。此处的性能可以是计算速度、吞吐率等。

格雷问题(2)~(5)很明显地对应更加智能的功能。格雷问题(6)~(8)主要体现功能更强,尽管与性能和品质也有关系。

格雷问题(12),即自动程序员问题,对应更易使用,即更易编程。这方面的进步尚缺乏全面客观的度量结论。但有证据显示,得益于高级程序设计语言、集成开发环境、应用框架和软件库的进展,编程效率已有数倍至数十倍的提升。

格雷问题(9)~(11)主要对应品质更好。其中,格雷对可用系统提出了要求很高的量化进步目标,即可用性为99.9999999%,每100年才出错1秒,简称为"9个9"的可用性。

上述系统可用性数据可由如下公式计算:

$$99.9999999\% = 可用性 = \frac{平均无故障时间}{平均无故障时间 + 平均修复时间} \approx \frac{100年}{100年 + 1秒}$$

20世纪50年代,计算机系统的可用性仅为90%(1个9),大约每天有2.6小时不可用。到了世纪之交,高品质计算机系统的可用性改善到了99.99%(4个9),大约每天有10秒不可用。进步速度大约是每15年增加一个9。但是,世纪之交的万维网应用系统的可用性大约只有99%(2个9),大约每天有15分钟不可用。

格雷提出了一个激进的研究目标,在50年内将系统可用性再增加5个9,达到每年仅有1秒不可用的水平。20余年后的今天,我们已经有很多系统达到了每年仅有5分钟乃至半分钟不可用的水平,将高品质系统的可用性提升了1~2个9。

下面用高性能计算、大数据计算、互联网服务、蛋白质折叠4个示例,讨论最近20余年格雷12问题与相关学科的具体研究进展,以及功能更强、性能更高、品质更好、更易使用的具体体现。它们分别对应科学计算、企业计算、消费者计算、智能计算的4种应用场景。

【示例1】 用LINPACK度量高性能计算进展。

全球超级计算机500强是一个由欧美科学家维护的榜单,统计每年全球速度最快的前500台超级计算机。这个榜单自1993年以来每年发布两次。速度最快是指运行LINPACK基准程序所取得的实际计算速度最快,计算速度的单位是每秒执行的64比特浮点运算次数。LINPACK基准程序是一个开源软件,采用高斯消元法求解线性方程组,它的提出者杰克·唐加拉(Jack Dongarra)获2021年图灵奖。

LINPACK基准程序测试提供了一个度量方法,可用于客观精确地展示和衡量计算机在性能方面取得的进步。表8.3显示了1993年与2020年的两个全球500强冠军系统的对比。

表8.3 1993年与2020年的全球500强冠军对比

发布时间	1993年	2020年	1993—2020年增长倍数
冠军名称	Thinking Machine CM-5	Fujitsu Fugaku	N/A
问题规模	$N=52224$	$N=20459520$	392
计算速度	59.7 GFlops	415530 TFlops	6960302
主频	32 MHz	2.2 GHz	69
并发度	1024 cores	7299072 cores	7128
内存容量	32 GB	4866048 GB	152064
功耗	96.5 kW	28334.5 kW	294
成本	US $30 million	US $1 billion	33

格雷问题(1)是可扩展系统问题,即设计出一种计算机系统结构,通过添加硬件资源可使算力增加100万倍。针对超级计算机,这个目标已经完成大半了。富岳(Fugaku)超级计算机的最小单元是一个计算节点,包含48个处理器核。富岳采用了由多核并行计算节点连接而成的机群体系结构,整机系统结构可扩展,最多可添加15万个计算节点,将计算速度(算力)提升到单节点计算速度的12万倍。

从历史数据看,超级计算机的速度随时间呈现指数增长,平均每年增长83%。1993年的冠军系统CM-5的计算速度为2.3 TFlops(Tera floating-point operation per second,即每秒万亿次浮点运算)。与之相比,2020年的冠军系统富岳的计算速度提升了近700万倍。其主要原因不是更快的主频(增长69倍),而是并发度(增长7000多倍)。

这个高速发展主要得益于并行与分布式系统子学科方面的进展。业界发展出一种称为机群(cluster)的可扩展并行计算机系统结构,将多台计算机互连起来形成一台超级计算机。机群貌似机房中的一个由多台计算机组成的网络,但更加高效。例如,计算机网络中两个节点之间的通信延时大约在数毫秒,而机群中两个节点之间的通信延时可低至1 μs,有数千倍的差别。机群资源调度系统可分配上千万个CPU核给同一个计算作业,取得千万级乃至更高的并发度。计算机学科还发展出了新型的并发程序设计、并发应用框架、容错计算和计算机系统安全等方面的技术,推动了格雷问题(9)~(11)的进展。这些技术的实例包括OpenMP并行编程框架、MPI消息传递接口、Slurm作业调度系统等。

【示例2】 TeraSort基准程序度量大数据计算进展。

机群也广泛应用于大数据计算,并展现了可扩展性。格雷在1985年提出排序100万条记录的挑战,其中每条记录包含100 B,总共100 MB。他在1998年将数据拓展到1000 GB,即1 TB,称为TeraSort基准程序,希望人们能够设计出高效的系统结构,在1 min内排序1 TB数据。

开始的进展很慢,从1998年到2004年,速度仅提高了4倍左右。按照这个趋势,需要到2020年才能实现1 min排序1 TB数据的目标(如图8.2中虚线所示)。幸运的是,业界发明了以机群硬件和大数据计算框架为特征的新型系统结构,排序速度快速增大,在2009年实现了1 min排序1 TB数据的目标(如图8.2中实线所示)。

2011年,谷歌公司采用8000节点的机群,花费33 min排序了1 PB(1000 TB)数据,花费387 min排序了10 PB数据。这得益于运行在机群上的MapReduce分布式计算框架软件。2014年,加州大学伯克利分校Spark团队使用190个云计算节点,花费234 min排序了1 PB数据。这里的Spark是一个大数据计算应用框架软件。今天的全球排序最快纪录由腾讯公司保持,它在2016年采用512个节点的机群取得了每分钟排序60.7 TB的好成绩。

这些进展表明,大数据计算系统呈现了千倍左右的系统结构可扩展性,离格雷的百万倍可扩展性目标还有数百倍至上千倍的差距。业界也在突破其他纪录,如能效。最新的2021年高能效排序纪录是每焦耳排序7 MB,由瑞典皇家理工学院的RezSort团队获得。

【示例3】 云账户体现的互联网服务进展。

云账户公司于2016年8月成立,依托互联网技术向保洁阿姨、维修师傅、视频创作者等新就业形态劳动者提供灵活就业服务,帮助平台经济中的劳动者就业增收。2021年云账户实现收入500多亿元、纳税30多亿元,服务6600多万名新就业形态劳动者,位列中国民营企业500强第243位,党中央授予云账户"全国先进基层党组织"称号,云账户董事长荣获"全国脱贫攻坚先进个人"荣誉。

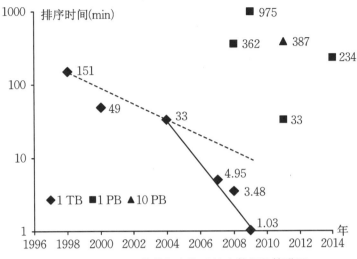

图8.2 TeraSort基准程序体现的大数据计算进展

(数据来源:http://sortbenchmark.org/)

云账户仅有200多名技术人员,却能高效地支持6600万用户,一个重要原因是分布式系统,或网络计算技术,在格雷12问题提出之后的十几年取得了巨大进步,特别是基础设施即服务(IaaS)、平台即服务(PaaS)、软件即服务(SaaS)等云计算服务技术。云账户的创新业务充分借助了这些进步。

云账户系统本质上是一种分布式计算系统,它在云计算机群基础上,使用了30余种开源软件框架,形成300余个微服务,为数千万移动或桌面用户提供了秒批办照、收入结算、税款代缴、保险保障等业务服务(图8.3)。

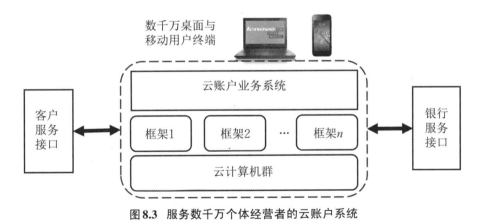

图8.3 服务数千万个体经营者的云账户系统

针对格雷问题(9)~(11),云账户系统体现了如下进步。

(1) 格雷问题(9):无故障系统。供百万人日常使用,只需一个兼职人员管理维护。

云账户系统已有6600多万活跃用户,超过了"供百万人日常使用"的要求。云账户借助各类IaaS、PaaS、SaaS层的云计算服务,仅需管理维护必需的自建服务。但是,云账户系统目前还需要三十余名全职的运维工程师、数据库管理员、安全工程师作运行维护,与"只需一个兼职人员管理维护"的目标还有较大差距。

(2)格雷问题(10):安全系统。保障上述无故障系统只对授权用户开放、非法用户不能阻碍合法用户使用、信息不可能被窃取。证明这三种安全性。

云账户系统已经在实际使用中体现了上述三种安全性,但还需要持续提升安全水平和修复安全问题,且还不能数学严密地证明其安全性。

(3)格雷问题(11):系统可用性。保障上述无故障系统的可用性高达99.9999999%(9个9),即每100年才出错1秒。证明这种可用性。

云账户系统借助多个混合云基础设施、分布式高可用架构、研发运维一体化(DevOps)软件工程方法保障系统可用性。云账户没有公布其可用性数据,它的业务系统已经在5年多时间内无中断地为用户服务,不过可用性还不能证明。

(4)格雷问题(12):自动程序员。设计出一种规约语言或用户界面,使得表达设计的效率提升1000倍。

云账户仍然主要依赖于产品经理和工程师的合作来设计、开发和测试系统。虽然利用基础组件库、微服务、开发工具链、敏捷开发流程等技术可减少重复工作,但云账户团队主要基于高级编程语言开发分布式应用系统。只在几个限定的应用场景中,才支持最终用户在可视化环境中通过拖曳完成系统设计。

【示例4】 智能计算进展。

格雷12问题提出20余年来,智能计算应用取得了较大进展,主要得益于深度学习技术的深入。尽管计算机是否已经通过图灵测试(格雷问题(2))还有很大争议,但针对母语听(格雷问题(3))、母语说(格雷问题(4))、真人看(格雷问题(5))这三个挑战,业界已经取得了普通消费者也能感受到的进展。

达到"真人看"效果的一个例子是使用网易的有道词典的拍照翻译功能,可即时准确地将实物上的标签从中文翻译成英文。达到"母语听、母语说"效果的一个例子是外国游客到了中国酒店,可以使用讯飞翻译机,实时地用本国语言与酒店前台服务员流畅交流。讯飞翻译机已经支持全球61种语言,包括小语种语言。用户通过呼叫"小度小度"启动百度智能音箱与家庭中的电器交互,已经成为流行电视剧中的场景。

一个令人兴奋的进展是蛋白质结构预测。1972年,在诺贝尔化学奖获奖演说中,生物化学家克里斯蒂安·安芬森(Christian Anfinsen)提出了一个愿景:未来某一天,人们将能够从蛋白质的一维氨基酸序列预测出其三维空间结构。2020年11月,DeepMind团队提出了强大的深度学习预测方法,使得很多蛋白质的三维结构预测精度达到了90%。尽管不是100%,这样的结果已经足够实用了,以至于*Science*杂志认为,在安芬森愿景50年后,蛋白质结构预测问题已经解决了。2021年11月,*Science*杂志将"人工智能驱动的蛋白质结构预测"(AI-powered protein prediction)评选为2021年的年度科学突破。

8.2 学科演变与新型计算机

1. 学科演化树

以格雷12问题作为透镜,我们可以整体理解计算机科学技术学科过去80余年的发展脉络。特别地,格雷12问题提出20余年来,计算机科学技术学科的研究对象、研究问题、研究方法都表现了较明显的演变趋势,使得我们对未来30余年的学科发展趋势也可以作出若干判断。

计算机科学技术学科的120年发展演化大体上可分为四大阶段(图8.4),标出的各阶段起始时间与结束时间仅供参考。事实上,计算机科学领域不断有新思想萌芽、成长壮大、渗透到经济社会各个方面。例如,2008年出现的区块链技术就是快速发展的新思想的一个例子。它通过比特币等应用,在短短10余年遍历了萌芽、壮大和渗透期,已经影响着数亿人。

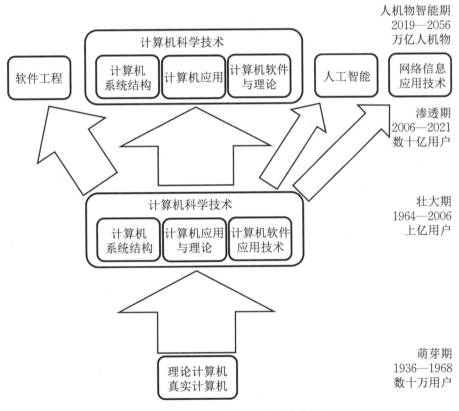

图8.4 计算机类学科发展演化树

(1) 第一阶段是学科萌芽期,从1936年图灵机论文发表到1968年高德纳的《计算机程序设计艺术》出版。计算机科学技术学科脱胎于数学、物理、电子等学科,但已经成长为具有

自身特色的研究领域以及相对独立的知识体系。这个独立的知识体系在1968年已经展现出一些基本内涵和外部表征:

① 图灵机、冯·诺依曼体系结构等理论计算机模型已经出现;可计算性理论已经建立;图灵机的通用性、冯·诺依曼体系结构的桥接模型特性已得到验证。

② IBM S/360等真实计算机的通用性已经得到验证;计算机系统结构已成为精确的学术概念;操作系统和高级程序设计语言已经得到应用。

③ 科学计算、计算机模拟仿真、计算机图形学、计算机过程控制、计算机信息管理系统等计算机应用已经出现。

④ 1962年,普渡大学创立了全球第一个计算机专业。

⑤ 1962年,全球计算机学会(ACM)、IEEE计算机协会(IEEE-CS)、中国计算机学会这三个全球最大的计算机学会都成立了。计算机学术界和研究界有了自己的专业学会,包括专业期刊和专业学术会议。

⑥ 1968年,高德纳的《计算机程序设计艺术》出版。这部著作与爱因斯坦的《相对论》、狄拉克的《量子力学》等被列为20世纪最有影响的12部科学专著。它不是一部数学、物理学或电子学的著作,而是一部计算机科学的著作。

(2) 第二阶段是学科壮大期,从1964年IBM发布S/360通用计算机系列开始到2006年"计算思维"论文发表。计算机科学技术学科成长壮大,成为一个包含计算机系统结构、软件与理论、计算机应用技术的丰富的知识体系。下面是一些代表性例子:

① 1964年,IBM发布S/360通用计算机系列,提出了计算机系统结构的概念,标志着真实计算机定性研究的系统性展开。1989年,《计算机体系结构:量化研究方法》出版,标志着真实计算机定量研究的系统性深入。1968—1972年,彼得·丹宁等发现了计算局部性原理,被广泛用于显著提升计算机系统和计算机应用的性能。

② 1971年,史蒂芬·库克提出了P与NP问题以及NP完备性概念,引导了计算复杂度理论的形成。20世纪80年代,莱斯利·兰波特等学者发表了逻辑时钟、拜占庭将军问题、Paxos共识算法等成果,推动了分布式计算理论的建立。2000年,埃里克·布鲁尔提出了CAP定理,揭示了分布式系统的基础性局限。

③ 在此期间,基础软件技术和系统得到了大发展,例如Unix/Linux/RTOS等操作系统,Fortran/C/Java/Python等程序设计语言,MySQL等数据库。图形图像、多媒体、人机交互、行业应用系统等计算机应用技术迅速成长。业界提出了"软件工程"概念以应对"软件危机",后来成长为软件工程学科。

④ 1969年开始,计算机网络子学科从无到有建立,支撑了今天已有数十亿用户的全球互联网。

(3) 第三阶段是学科渗透期,从2006年周以真发表"计算思维"论文开始到2021年抖音成为全球访问量最大的网站。计算机科学技术学科渗透到了科学、工程、经济、人文各个学科与社会生产生活各个领域。下面是计算机科学技术学科在创新愿景、科技发展、应用渗透、负面效应4个方面的一些情况:

① 提出新愿景。2006年,周以真发表"计算思维"论文,明确指出计算机科学正在渗透到各个学科与人类社会的方方面面。她还指出,21世纪每位受过教育的人都需要知道计算

思维,即计算机科学的核心概念,如抽象、算法、数据结构。到21世纪中叶,计算思维将成为每个人的基础技能,就像读、写、算术一样。周以真教授还领导了美国科学基金会2007—2012年的5年研究计划Cyber-Enabled Discovery and Innovation,这个耗资10亿美元的计划以计算思维为指导开展跨学科基础研究。

② 科技迅猛发展。在21世纪的头20年,移动互联网、云计算、大数据、人工智能等计算机技术迅猛发展,产生了众多科技创新,关键是很多技术得到了大规模应用。2000年,全球互联网用户大约有3.6亿人,互联网普及率仅为6%。2021年,全球互联网用户增长到大约46.6亿人,互联网普及率猛增到59.5%。

③ 应用广泛渗透。计算机科学技术学科渗透性的一个标志是在发展中国家也得到了广泛应用。根据中国互联网络信息中心发布的《中国互联网络发展状况统计报告》,2008年,中国互联网用户数超过1.23亿人,互联网普及率达到了22.6%,首次超过21.9%的全球平均水平;2021年,中国互联网用户数超过10亿人,互联网普及率达到了73%。根据Cloudflare公司发布的统计数据,TikTok(抖音)是2021年全球访问量最大的互联网网站,超过了2020年的冠军谷歌。

④ 负面效果凸显。由于渗透广泛,计算机科学技术学科的负面影响也越来越凸显出来,引起了社会的广泛重视。这方面的应用需求催生了"网络空间安全"这门学科。

(4) 第四阶段是人机物智能期,从2019年业界提出"万亿级设备新世界"的愿景开始到2056年(图灵机提出120周年)。这个阶段的最大特征是:计算将从赛博空间拓展到包括人类社会(人)、赛博空间(机)和物理世界(物)的人机物三元计算,以满足"人机物"融合的智能万物互联时代需求。计算机不只是电子计算机这种机器,它的部件还包括人和物。

历史上出现了四种计算模式和三次大变迁:

① 手工二元计算(数千年前至今),例子:人使用算盘求两数之和。
② 计算机一元计算(1946—至今),例子:超级计算机求解方程组。
③ 人机二元计算(2000—至今),例子:人机合作构建ImageNet。
④ 人机物三元计算(正在开始),尚无鲜明完整实例。

在跨度数千年的时间里,人类(人)使用算筹、算盘、纸和笔等原始计算工具(机)实现计算过程。由于每一微小步骤都需要人工操作,这种手工模式速度太慢,在20世纪中叶被数字电子计算机自动执行整个计算过程的一元计算模式替代。"手工二元→计算机一元"变迁(①→②)引发了当代计算机革命。

21世纪初发生了"计算机一元计算→人机二元计算"的计算模式变迁(②→③)。一个例子是李飞飞和李凯团队的ImageNet基准测试集构建项目。他们通过云计算工具雇用全球数千普通老百姓人工标注几百万张图片,将原来估计19年才能完成的"构建ImageNet知识本体"的计算过程缩短到不到3年时间完成。

从现在到2056年期间,将产生以人机物三元计算为特征的计算模式变迁(②→④或③→④),出现各种人机物三元融合的计算系统(human-cyber-physical ternary computing systems),人、机、物将成为计算过程的执行主体和对象客体。换句话说,人类社会、赛博空间、物理世界都可能成为计算系统的模块集合。

2. 新型计算机

(1) 存算一体计算机。

传统的电子数字计算机存在"冯·诺依曼瓶颈":处理器和存储器之间的数据搬运往往成为瓶颈,严重制约着计算机的实际性能。为缓解冯·诺依曼瓶颈问题,业界提出了"存算一体"计算机体系结构,将处理器和存储器融为一体,降低甚至消除处理器与存储器之间的数据搬运开销。这方面的研究尚缺乏像冯·诺依曼体系结构这样的通用计算机模型,但针对特定应用,已经出现许多原型系统,并有初创企业的少量产品上市。

(2) 生物计算机。

生物计算机是指利用生物学原理或生物原料实现计算过程的自动或半自动系统。计算过程涉及运算、存储或I/O的一部分或全部。生物计算(biocomputing)的研究工作很多,涵盖从DNA分子计算装置到各种生命科学应用。

相比传统的计算机科学,生物计算领域中的"计算"更加广义。研究的范围不只是通用生物计算机上的信息变换,也包括物质变换。研究的产物也不一定是通用生物计算机,也可以是专用生物计算设备,用于感知、诊断、治疗以及合成生物学应用。

(3) 类脑计算机。

类脑计算是借鉴脑科学和神经形态工程的新型计算技术。近年来,业界提出了各种类脑计算技术,如海德堡大学的BrainScaleS、曼彻斯特大学的Spinnaker、斯坦福大学的Neurogrid、IBM的TrueNorth、英特尔的Loihi、清华大学的"天机"(Tianji)。类脑计算研究工作目前大多是碎片化的特殊仿脑计算,尚未形成类脑通用计算的公认的技术路线,类脑计算的完备性理论支撑也在探索研究中。

(4) 量子计算机。

量子计算机是基于量子力学的计算装置。量子计算机不是通过布尔运算来操作经典的0/1比特,而是通过酉变换来操作量子比特。给定若干量子比特作为输入,量子计算机执行量子算法产生若干量子比特作为输出。量子算法具备量子并行性:给定函数$f(x)$,量子计算机可以执行一次酉变换量子操作,同时计算出$f(0),f(1),f(0.3)$等多个函数值。量子并行性使得量子计算机有潜力提供比经典计算机更快的计算速度。

8.3 计 算 思 维

1. 计算思维的概念

2006年,周以真在介绍计算思维时,表述为"计算思维是运用计算机科学的基础概念进行问题求解、系统设计以及人类行为理解等涵盖计算机科学之广度的一系列思维活动"。这个定义被广泛使用,但是其中也有一些问题,例如:计算机科学的基础概念是什么?计算思维仅仅是计算机科学的概念吗?

第8章 计算机科学

现代计算及其思维模式的认知最早可追溯到1945年，乔治·波利亚（George Polya）在他的著作 *How to solve it* 中就提出了计算和相应的思维方式。以后随着计算机的进步，通过计算解决问题的思想变得越来越普遍和有效，伴随着计算机理论和技术的发展，特别是计算技术的广泛应用，计算思维逐步成形和发展，这是计算思维发展的一个源头。另一个源头来自物理学。20世纪30年代，人类对物质的认识进入量子层面，由于这个层面已经不能直接观察物质的本身，必须通过物质所携带的信息来研究相应的规律，这就促进了信息分析和处理技术的发展，计算机的出现和算法理论的深入研究使得这一方法成为可行。1982年，理论物理学家肯尼斯·威尔逊（Kenneth Wilson）提出了"计算科学"的概念，以及与之相伴的关于计算的思维，他设计了计算重正化群方程的方法，并建立了相变的临界理论，因此获得1982年的诺贝尔物理学奖。威尔逊认为计算是所有科学的研究范式之一，区别于理论和实验，所有的学科都面临算法化的"巨大挑战"，所有涉及自然和社会现象的研究都需要使用计算模型做出新发现和推进学科发展。

由于信息处理技术和计算技术对于物理学研究的重要性，随着计算机技术的进步，信息科学和计算科学的许多内容也逐渐融入物理学，改造着物理学的面貌。相比于计算机科学，物理学更早地通过信息和信息运动去认知世界。计算机技术的发展为物理学家提供了越来越强大的计算武器。一场安静却深刻的信息技术革命从物理学开始蔓延到其他学科，促进了很多新的方向和新的发现。生物学从DNA研究开创了生物信息学的新领域。各种各样的计算模拟技术为研究生命体的发育、成长、竞争、进化等提供了崭新的视角和丰富的成果。

事实上，计算思维正在改变着所有学科的面貌。这种改变的源头不是从计算机科学输入的，而是从学科自身的发展内部产生的，计算机科学只是跟随这些学科的发展而发展，并为其他的学科发展提供新的算法设计理论和计算应用武器。因此，从起源来讲，计算思维不是唯一来自计算机科学，而是来自所有学科。

尽管前期的计算思维已经萌芽和发育，但是直到2006年周以真在《ACM通讯》上发表了题为"计算思维"的文章，计算思维才正式作为一种研究对象受到人们的重视，进入学科殿堂。联合国教科文组织在2019年发布的《人工智能教育报告》中提到：虽然计算思维明显属于计算机科学领域，但它是一种在其他学科中普遍应用的能力。2018年出版的阐述中国计算机教育发展与改革的《计算机教育与可持续竞争力》中提到：计算思维是以信息和信息运动为认知对象和操作对象的思想及方法论，因此是涵盖所有学科的第三种思维范式。

周以真于2006年给出有关计算思维的刻画之后，又有一些新的关于计算思维的定义和解释。中国科学技术大学陈国良教授等认为，计算思维并不是仅仅为计算机编程，而是在多个层次上抽象的思维，是一种以有序编码、机械执行和有效可行方式解决问题的模式。计算思维是一项根本能力，是每一个人在现代社会中必须掌握的。阿尔弗雷德·艾侯（Alfred Aho）于2011年提出，计算思维是一个思想过程，涉及描述问题，使得它们的解决能够通过计算步骤和算法，被信息处理装置有效实现，计算模型是核心概念。美国国际计算机教师协会（ISTE）将计算思维定义为具有以下特征的问题解决过程：能够使用计算机和其他工具制定解决问题的方案，合理组织和分析数据，通过模型和模拟等抽象手段表示数据，通过算法思维(一系列有序步骤)实现解决方案的自动化,分析和评价解决方案以实现最有效的过程和资源组合,将问题解决方案和过程迁移到其他类型的问题。中国科学院计算技术研究所徐志伟研究员等认为,计算思维是通过操作数字符号变换信息的过程,涉及信息在时间、空间、语义层面的变化。计算思维是有效地认识世界、解决问题、表达自我的一种思维方式。《计算机教育与可持续竞争力》一书中提出:"计算思维是以信息的获取和有效计算,进行算法求解、系统构建、自然与人类行为理解为主要特征,实现认知世界和解决问题的思想与方法。"欧洲信息联盟主席纳德利(E. Nardelli)在2019年的《ACM通讯》上发文提出,计算思维是涉及建立计算模型,并且使用计算设备可以有效操作以达到某种目标的思维过程,如果没有计算模型和有效计算,就仅仅是数学。

近十几年来,随着计算思维理论的深入研究,以及实践应用的经验增长,对于计算思维的本质内涵也有了越来越深刻的认识,上述计算思维定义的演进过程也说明了这一点。计算思维不仅是计算机科学家解决问题的思想方法,也是所有科学家在计算时所具有的思维模式,它的关键是计算模型,而在物理学、生物学等不同的学科里,计算模型具有不同的形式和性质。计算思维是覆盖所有学科的思维模式,并且在不同学科中有不同的表现和内容。计算思维不是从计算机科学输入其他科学的,而是在每一个学科里都蕴含着丰富的计算思维内容。

计算思维的概念已经逐步渗透到大学的专业和非专业教学内容,并进一步延伸到中学和小学,成为新时代公民教育中像语言、算术那样必不可少的基本素质。与此同时,对于计算思维概念本身的研究也在继续深入,特别是随着大数据、人工智能等领域的兴起,计算思维的深刻内涵将被进一步挖掘。

2. 计算思维的新发展

近几年来,由于信息技术的快速发展,人类社会从传统的物理世界和人类世界的二元空间进入了物理世界、人类世界和信息世界的三元空间,并且正在向物理世界、人类世界、信息世界和智能体世界的四元空间变化。大数据和人工智能等新领域迈入了科学和社会舞台的中心,促进了AI赋能的新时代发展。针对大范围和大数量的信息分析,以及各种人工智能体的研究、设计和应用,产生了许多新的计算模型、算法形式和计算技术,这些进展推动了对计算思维更加系统、深刻的认知,计算思维进入了新的发展时期。

仔细分析当今各个学科的发展,可以看出,计算思维不是计算机科学的专属品,各个科学领域都把计算作为有力的武器,设计了各具特色的计算模型或者算法来解决本领域的问题。继理论研究者、实验工作者之后,很多科学家也成为计算的设计者。有很多属于计算思维的内容并不是从计算机科学那里发源的,反而是计算机科学家从其他学科中得到深刻的启迪,进而推动了计算科学的发展。

说到计算模型,很容易想到图灵机和通用程序语言,这当然是最一般的,而且几乎是无所不能的,但是也可能是无用的。在实际的不同领域,更为具体的计算模型和专门的算法发挥着更大的作用。物理学、生物学和化学都在大力应用计算技术进行研究,这些方法主要是通过领域专家实现的,计算机科学家的工作是使得计算工具用起来更加得心应手。从早期以大型机器为主流的计算,发展到以网络为主流,现在又进入了以云计算为主流的时代。这些变化导致了计算的设计、实现和评价的不断进步,也促进了背后的计算思维在内容和形式上的变革。

人工智能已成为当今社会发展的重要引擎之一,对于它的研究和应用也为计算思维增添了新的内容。例如,传统的算法设计是对于一类问题有统一的计算步骤,使得面对该类中任何具体问题,调整若干参数就可以执行相应的计算,这是从一般到具体的求解问题思路(具化)。但是在人工智能中,我们面临着另一类算法,它是从具体的问题出发,通过原则上称为归纳的方法,设计一种算法,可以对于这些具体问题所在的一大类问题给出计算结果(泛化)。这是与传统算法完全不一样的设计思想,是从具体到一般的求解问题的思路。对于前者的算法,它的设计、评价和分析都具备了较为成熟的理论,包括并行算法和近似算法。但是对于后者的算法,现在的认识还不是很深入,许多问题有待进一步解决。由于这类算法是从具体到一般,从抽样到整体,因此数学意义上的精确性基本是不存在的,我们必须容许某种不精确性和不确定性,对于这类算法的设计原则、评价标准和性能比较都需要有新的思路。这种在人工智能中大量存在的算法模式丰富了对算法的认知,自然也丰富了计算思维的内容。

长期以来,人们一直是以物质(能量)和物质的运动来看待世界和解释世界的,信息只是附于物质的一种表现。随着现代科技的进步,人们逐渐认识到信息本身就是世界,或者说是世界的一种表现,信息与物质一起构成了人类认知世界的二维理论,世界是物质的,也是信息的。从这个观点来重新解释和定义我们周边的事物,成为信息时代创新的不竭源头。例如在制造业,传统的看法认为制造过程是典型的物质流,各种材料经过有序的加工环节成为产品,是以物质流为中心组织生产,物质流带动信息流。而数字制造却是对制造过程进行数字化描述,从而在建立的数字空间中完成产品生产,是以信息流为中心组织生产,信息流带动物质流。这种观点的变化引起了制造业颠覆性的革命,形成了全新一代的数字制造技术。

我们可以从不同的角度来看待和解释这个世界,并且在此基础上设计和定义各种结构、流程和目标(社会系统或者自然系统)。如果采用信息、信息流和计算的观点,就可以把所有的自然过程和经济社会过程看作是信息运动。在这个观点下,计算和算法成为信息处理的主要手段,万事皆可算,万物皆可算。这在传统的观念中开创了新的洞天。不仅制造过程是信息流的运动,零售业也是信息流的运动。消费品的需求信息带动的商品流,导致了数字物流和电子商务。出租汽车也是信息流的运动,快捷出行的需求信息带动的交通流,导致了网约出租和智能汽车业务。甚至社会组织和结构也可以从信息流的角度来重新规划和定义,电子政务、数字媒体、智慧城市、网络安全等都是在信息观和算法观下对于自然、社会乃至人类自身的重新认识。正是由于这种以物质为本到以信息为本的观念转变,整个社会、经济、科学、文化都呈现了前所未有的变革,颠覆传统模式和习惯的创新层出不穷,比比皆是。由此产生了新产品、新业态、新结构和新模式。这种涉及人类社会各个领域的跨越没有思维层面的变革是无法做到的。从这一层意义上说,计算思维不是一种被动的认知世界的思维方式,而是一种主动改造世界的思维方式,对于传统性认知的颠覆,促进了全新的社会结构和经济系统的诞生。

综上所述,十几年来,计算思维在理论、内容、领域、应用等方面都取得了很大的进展。计算思维成为覆盖各个领域的更为广泛的思维模式。计算模型和相应的算法设计是计算思维的核心概念,随着大数据和人工智能的快速发展,计算思维在实际应用中的重要位置也进一步提升。

联合国教科文组织在2019年5月发布的人工智能教育报告中指出,计算思维已经成为使学习者在人工智能驱动的社会中蓬勃发展的关键能力之一。计算思维具有二重性,本身是基本的科学对象,同时也具有学科的横向价值,从不同学科领域萌发的计算技术和方法经过计算机科学技术学科的精雕细琢,又为解决其他学科的问题提供了新的思想和方法。这里我们提出了一个重要的观点,计算思维的教育与普及并不是让学生欣赏计算机科学家做了什么,而是要让学生知道在他们所从事的科学领域,计算能做什么。或者说,重要的不是让学生了解计算机科学家做了什么,而是让学生学会如何用新的思维解决本领域的问题。

美国IEEE计算机学会前任主席大卫·格里尔(David Grier)认为,未来10～15年计算机教育面临挑战,即如何构建一个课程体系来帮助人们更清晰地思考计算,而不仅仅去重申计算以及计算机科学家的重要性。因此,从整体层面来讲,计算思维关注的是计算的科学和文化内涵,提供一种描述现实和工程技术适用的概念范型。计算思维的第一功能是提出问题解决方案和设计系统,而不是编写程序和重复某些技巧。计算思维是一种世界观和方法论,是一种通过科学建模(计算模型),实现对于自然世界和社会及人类行为全面、深刻理解的更为深远和本质的内容。

(本章撰写人:陈国良、李云齐、刘硕、孙广中)

参 考 文 献

[1] National Research Council Committee on Fundamentals of Computer Science. Computer Science: Reflections on the Field[R]. Washington D.C.: The National Academies Press, 2004.

[2] Jim Gray. What next?: A dozen information-technology research goals[J]. Journal of ACM, 2003, 50(1): 41-57.

第9章 人工智能

人工智能(artificial intelligence,AI)作为一门正式的学科,只有短短六十多年的历史。然而,其源远流长,上可追溯至远古,下将持续至终章。目前人工智能已经取得了举世瞩目的成就,而在未来它必将发挥至关重要的作用。

9.1 人工智能:从梦想到现实

早在3000年之前,我们祖先就有关于人工智能的传说,那是人类最初的梦想之一。《列子·汤问》中记载了偃师的故事。周穆王西巡昆仑,路上一位名叫偃师的工匠进献了他制造的歌舞艺人。那艺人走路、俯仰、唱歌、跳舞,完全像个真人一样。穆王仔细察看,其肝、胆、心、肺、脾、肾、肠、胃、筋骨、四肢、骨节、皮肤、汗毛、牙齿、头发等全是假的,但都一应俱全。于是,穆王赞叹道:"人之巧乃可与造化者同功乎!"

无独有偶,西方也有类似故事。《荷马史诗》绘声绘色地描述了火神赫菲斯托斯用黄金制成的女仆。那女仆就像真正的年轻女子一样,有感觉、有理智、有声音、有力量。亚里士多德在《政治学》中引述了这个故事,并且深入思考:"如果黄金女仆真能实现,整个奴隶制度就可以废除了!"

人工智能的梦想从未中断,类人机器和装置的故事在古代典籍中时有出现。孔子曰:"谓为俑者不仁。"孟子补充:"仲尼曰:'始作俑者,其无后乎?'为其象人而用之也。"俑是指泥人、铜人或木人。有学者认为这些木人无性灵智识,也有学者认为这些俑能够自动转动和跳跃。墨子不仅能造绕梁三日的飞鸢,还能用墨家机关术造出能战斗的木人。汉代刘歆所撰《西京杂记》也有关于乐器演奏铜人的记载。而少林寺的十八铜人或木人阵的传说一直流传至今,成为众多青少年武侠梦中的假想对手。

在西方,《荷马史诗》不仅写到了黄金女仆,还描绘了能够自动行走的三轮战车:"他正在做二十辆三脚战车,立在他家的墙边。他把金的轮子安装在战车下面,让它们可以自己走到众神的集会,然后再回来——真是奇迹。"[2]这是不是像极了现在非常流行的服务机器人和自动驾驶技术?

这些梦想一直在延续,从犹太法典《塔木德》中描述的傀儡(图9.1)到哲学家霍布斯提出的人工动物(artificial animal),再到玛丽·雪莱的弗兰克斯坦(Frankenstein,图9.2),人工智能的雏形一直被津津乐道。

图9.1 《塔木德》中的傀儡

图9.2 玛丽·雪莱笔下的弗兰克斯坦

当代人工智能的梦想之光更是到处闪耀,例如电影《钢铁侠》和《复仇者联盟》中的贾维斯(Javis)和幻视(Vision)。很多优秀电影更是直接以人工智能为主题,如《人工智能》《我,机器人》《机械姬》等。

梦想很丰满,现实很骨感。神话终归只是神话。偃师的歌舞艺人、赫菲斯托斯的黄金女仆、少林寺十八铜人、塔木德所提到的傀儡等,更有可能只是传说。亚里士多德也认为他自己提及的自动织布机和自动弹奏乐器仅仅是幻想而已,而这种幻想一直延续到今天漫威电影中的贾维斯。虽然人工智能所描绘的蓝图如此诱人,但是在人类历史发展的很长一段时间内,几乎完全看不到实现的希望。就像在黎明之前,一片漆黑,仅有数点微弱星光。

这些星光大致以两种方式闪耀。其中一种是先模仿人类(或动物)的形体和构造,再往功能上发展。黄金女仆、歌舞艺人、铜人、木人和傀儡属于此类。在近代,这类"星星"中最受人瞩目的一颗是达·芬奇设计的机器人。在1495年左右的手稿中,达·芬奇设计了一个形状类人的机械骑士(图9.3),有着木头、皮革和金属的外壳,以及用齿轮做成的驱动装置。通过齿轮之间的咬合,机器人可以舞动四肢,或坐或立。这些齿轮和传动杆与头部相连,头部就可以转动。再加上自动鼓,这个机器人就可以发出声音。很遗憾,没人知道达·芬奇是否真正造出了这样的机械骑士。鉴于达·芬奇被公认为人类历史上最伟大的天才之一,很多人相信他的设计很有可能被实现。

当然,人类也不是唯一可被模仿的对象。早在公元前5世纪、前4世纪,东方的墨子和西方的阿尔库塔斯就发明了木制的飞鸟。由于年代久远,他们的发明早已失传,因此这些木鸟能否自动飞翔也无从考证。公元232年左右,三国蜀汉丞相诸葛亮六出祁山北伐,造木牛流马(图9.4),帮助军队运输粮草,克服蜀道之艰难。古籍有云:"木牛者,方腹曲头,一脚四足……特行者数十里,群行者二十里也……人行六尺,牛行四步。载一岁粮,日行二十里,而人不大劳。"但这里的"人不大劳"应该不是指驱使木牛的人不需要劳动,而是与人自己搬运粮食相比,木牛流马这种当时非常先进的工具会省掉不少劳动。因此,木牛流马并非是全自动的,还需要人力驱使。

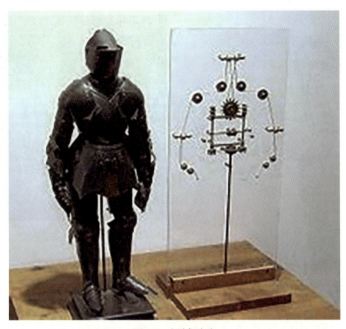

图9.3 机械骑士

图9.4 木牛流马

一次更加复杂和巧妙的尝试要到很久之后了。法国发明家沃康松(Vaucanson)在1738年推出了他自鸣得意的杰作——一只鸭子(图9.5)。与一般的鸭子不同的是,这只是由金属打造的。这只鸭子能呱呱叫,能扑腾翅膀,能划水喝水,据说也能吃五谷杂粮。虽然沃康松的发明的原始版本已经遗失,但是有证据表明,这只鸭子真实存在过。

另一种尝试的侧重点则正好相反,着重强调实现某一种或多种特定的功能,而不追求形体和构造。由于我们希望这些功能是(半)自动完成的,而不是由人来操控的,因此这类机械通常统称为自动机(automaton)。根据功能的不同,自动机也分成不同种类。某种意义上,自动报时的钟表是自动机的一个典型代表;另一个代表是八音盒,制作精良,能自动播放美妙的音乐。有意思的是,这两者之间渊源颇深,第一个八音盒就是1796年由瑞士钟表匠法布尔发明的。

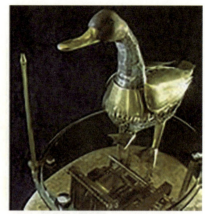

图9.5 机械鸭

当然,这两种尝试可以相互结合,既有类似人(或动物)的形体和构造,也有类似人(或动物)的功能。前文提到的沃康松的发明就是一个典型的例子:一个既模仿鸭子形状又模仿鸭子功能的自动机。

受当时工具发展程度的局限,在人类文明史很长一段时间内,人工智能的成就确实乏善可陈。这些星光虽然微弱,但是也表明人类追逐人工智能梦想的脚步从未停止。更重要的是,这些微弱的星光引领人类顶尖天才们继续逐梦前行,照亮了人工智能正式诞生之路。

"工欲善其事,必先利其器",尤其是对于人工智能这样一个伟大的梦想。幸运的是,在20世纪中期,人工智能终于等到了有望实现它的利器——电子计算机。

电子计算机的发展远非一蹴而就。在古代,东方也许在这方面是领先的。中国人发明了算筹和算盘(图9.6)。西方后来居上,1642年,法国数学家帕斯卡发明了自动滚轮式加法器。1671年,莱布尼茨在其基础上发明了乘法器,基本可以实现自动四则运算。1822年,巴贝奇又进行了大幅改进,发明了差分机和分析机,奠定了现代电子计算机的基础。1946年,第一台电子计算机ENIAC(图9.7)在美国宾夕法尼亚大学诞生。

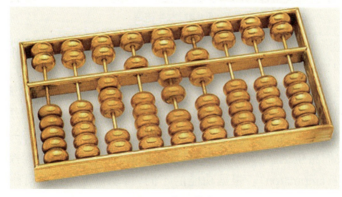

图9.6 中国算盘

图 9.7 第一台电子计算机 ENIAC

从可计算性理论角度,电子计算机实现了通用图灵机模型。通用图灵机的计算能力和递归函数等价,有著名的"丘奇-图灵论题"论断:

> 任何在算法上可计算的问题同样可由图灵机计算。

很多经验和事实都间接地验证了这个论断。也就是说,从可计算性理论角度,电子计算机基本达到了机器所能达到的上限。

电子计算机在实践上的突破更为惊人。摩尔定律声称,每隔 18～24 个月,计算机的性能将提高一倍。第一台通用计算机 ENIAC 每秒能做 5000 次加法(已经远远超过人类手工计算),而现在的超级计算机"神威·太湖之光"峰值运算能力达到每秒 12.5 亿亿次!ENIAC 重达 30 余吨,而现在普通计算机上用的 CPU 芯片才几十克重,每秒能做上千亿次浮点运算。

有意思的是,电子计算机和人工智能的正式诞生几乎在同一个时期。1936 年,图灵提出了著名的图灵机,为电子计算机的实现奠定了理论基础[1];1938 年,香农的硕士论文提出了数字布尔电路设计,指出布尔值真假可以和电路的开关相对应[2];1946 年,冯·诺依曼将图灵机具象化,提出了冯·诺依曼体系结构,指导如何具体实现一个通用图灵机①。在这些理论工作的基础上,第一台通用实体电子计算机 ENIAC 于 1946 年诞生。而第二代的基于冯·诺依曼体系结构的 EDVAC 诞生于 1951 年,这也是现代电子计算机的真正鼻祖(图 9.8)。

图 9.8 EDVAC

---

① 1946 年,冯·诺依曼拟订了关于 EDVAC 的报告草案:*First Draft of a Report on the EDVAC*。

与此同时,人工智能作为一门独立的学科开始萌芽。1943年,麦卡洛克和皮茨提出了人工神经元的数学模型,并讨论了两层的神经网络和布尔电路之间的关系[3]。同样是图灵,在1950年提出了"图灵测试"(图9.9),试图用一种可操作的方法去判断机器是否具有智能[4]。1954年明斯基的博士论文系统地讨论了神经网络,并尝试用真空管实现实体神经网络模型[5]。1955年,塞尔弗里奇开展了图像模式识别的奠基性工作[6]。乔姆斯基于1957年提出了语言的语法结构,揭示了通用自然语言的语句如何通过少量的语法规则生成[7]。罗森布拉特于1958年提出了名为"感知机"(perceptrons)的神经网络模型[8]。香农、西蒙(H. Simon)、纽威尔(A. Newell)和肖等人开始了对机器下国际象棋的探索[9,10]。纽威尔、西蒙以及华裔科学家王浩开展了关于机器定理自动证明的研究[11,12]。麦卡锡期望通过开发计算机编程语言LISP来表示和推理知识[13]。塞缪尔用机器自动学习的方式下西洋跳棋[14]。

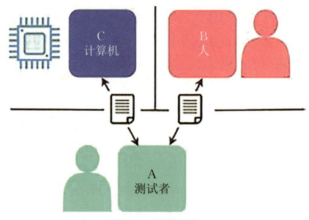

图9.9 图灵测试

随着这些研究所推动的新思潮的形成,人工智能也自然而然应运而生。一般认为,1956年举办的达特茅斯会议即"人工智能暑期研究计划"(Summer Research Project on Artificial Intelligence)是人工智能正式诞生的标志(图9.10)。但事实上,在同时期,还有其他会议也对人工智能的诞生产生了重要作用,包括1955年的一次关于机器学习和模式识别的会议即"学习机器会议"(Session on Learning Machines),以及1958年的一次关于机器是否能够思考的讨论即"思考过程的机械化"。有意思的是,在1955年的会议中,就出现了人工智能中两个大的流派——符号流派和连接流派的争端。其中,纽威尔代表符号学派,而塞尔弗里奇代表连接流派。

达特茅斯会议被公认为人工智能诞生的标志,主要有以下几方面的原因。第一,达特茅斯会议首次使用了"人工智能"(artificial intelligence)一词,虽然当时该词并不被所有与会者认同。第二,达特茅斯会议很多重要的参与者都成了人工智能的先驱人物,包括麦卡锡、明斯基(M. Minsky)、纽威尔和西蒙,而这四人通常被认为是"人工智能之父"。第三,达特茅斯会议提出了很多重要的工作和思想,包括纽威尔和西蒙的"逻辑理论家"(logic theorist)等。而1958年的会议有了更多成熟的思想和工作,其中包括明斯基关于启发式编程的论文,麦卡锡关于"常识知识"(commonsense knowledge)的初步探索,以及塞尔弗里奇关于模式识别的"群魔殿"(pandemonium)工作,等等。

图9.10 达特茅斯会议(1956)

至此,人工智能跟随着孪生哥哥电子计算机的脚步正式诞生了。

虽然只有短短60多年的历史,但人工智能已然历经数次大起大落。就整个人工智能领域来说,自其诞生起,大致可以认为经历了三次波峰(1956—1974,1980—1987,2011至今)、两次波谷(1974—1980,1987—1993)以及一次相对平稳期(1993—2011)。现在,我们正经历人工智能的第三次波峰。

在人工智能诞生的初期,面对初现的新大陆,科学家们发觉很多地方都可以探索,而且很多探索都容易取得新成果。麻省理工学院、斯坦福大学、卡耐基梅隆大学和爱丁堡大学等成为了人工智能高速发展的前沿阵地。

早期的研究和探索遍地开花,可喜的进展发生在几乎所有人工智能子领域:自动定理证明、下棋、机器翻译、模式识别、搜索与通用问题求解、规划、自然语言处理和机器翻译、知识表示与推理、计算机视觉、机器人,等等。科学家们激动不已,信心满满——1958年,西蒙和纽威尔预测10年内机器能够打败国际象棋冠军;1965年,西蒙声称20年内机器能够做任何人类能做的事情;1967年,明斯基也附和了这个观点(图9.11),认为人工智能的解决也只是一代人的事情,甚至在1970年还把这个时间缩短到了3~8年。与此同时,资助机构也把相当大量的资金投入人工智能研究。

很快,困难就开始降临,人工智能开始了第一段寒冬。在初期爆发之后,人工智能研究遇到了很大的瓶颈,很多子领域进展缓慢,许多科研项目也没有达到预期的目标。此时,大家普遍认为,人工智能只能处理"玩具"问题("toy" problems)。因此,资助机构大幅度削减甚至停止了对人工智能的资助。人们马上从相当乐观变成了相当悲观。回望人工智能60余年历程发现,这种冰火两重天的景观竟是人工智能很有意思的特性之一。

除了计算能力的不足以及数据的欠缺等因素的影响,人工智能在基础理论上也遇到了重要的挑战。其中之一是明斯基对于基于神经网络的连接流派的批评,如双层神经网络不能表达异或函数(XOR,图9.12)。人们普遍认为这直接导致连接流派在很长一段时间内一蹶不振[15]。符号流派也遇到很大困难,包括计算复杂性和组合爆炸问题(图9.13)、常识知识问题和框架问题等。一些外行也趁机对人工智能大加鞭笞,这无疑让人工智能雪上加霜。

图9.11 明斯基

图9.12 异或问题

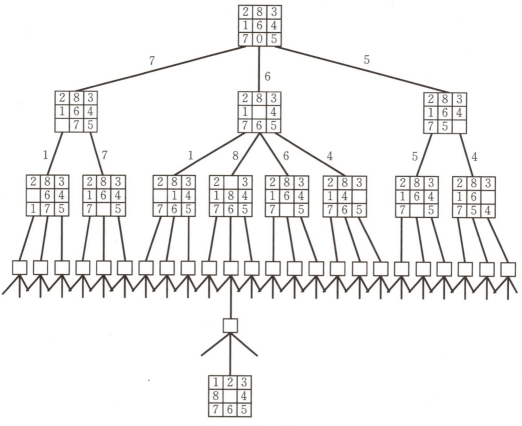

图9.13 状态空间爆炸

即使是在"冬天",人工智能也并非裹足不前。在这段时期,人工智能在逻辑程序设计、知识表示与推理上取得了一些进展。虽然以神经网络为代表的连接流派遭遇了第一次黑暗时代,但仍有一部分科学家在坚守阵地。很多人认为,这段寒冬和之前对人工智能过于乐观有很大关系,期望越大,失望也越大。更重要的是,对人工智能的本质和特性缺乏深刻的认识才是主要的原因。

在部分科学家的坚持下,人工智能终于熬过了第一个冬天,迎来了第二春。这主要得益于符号流派中的专家系统(expert system)和逻辑程序语言 Prolog(programming in logic 的缩写)。

专家系统期望用机器来表示某特定领域的专家知识,然后通过机器自动推理来模拟专家在领域中的作用。专家系统早期的工作可追溯到费根鲍姆(E. A. Feigenbaum)及其学生所做的系统 DENDRAL(图9.14和图9.15)[16]。该系统试图帮助化学领域进行结构分析,其输入为质谱仪的数据,输出为物质的化学结构。在此之后,另一个有代表性的专家系统是 MYCIN,用来诊断传染性血液疾病[17]。随着这两个系统的成功,众多专家系统如雨后春笋般涌现出来,包括卡耐基梅隆大学开发的 XCON[18]。这些专家系统也确实能够有所帮助,由此诞生了许多人工智能初创公司(这点和当前的状况几乎雷同)。这段时期,知识工程和基于知识的系统成为了人工智能的主流。就连与专家知识相对应的常识知识也开始了新一轮的尝试,其中包括莱纳特所领导的 Cyc 项目[19]。

图9.14　费根鲍姆

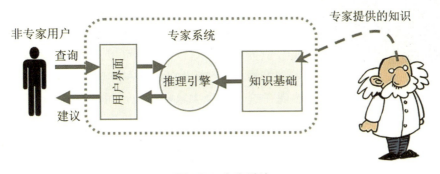

图9.15　专家系统

这些成功导致了资金再次回流。资助机构重新对人工智能投入大量的资金,其中包括很有影响力的日本雄心勃勃的"五代机计划"(the Fifth Generation project,图9.16)。五代机采用科瓦尔斯基(R. Kowalski,图9.17)等人所提出的逻辑程序语言 Prolog 为核心[20],期望能将人类的知识都表示成规则,然后通过这些规则的自动推理来解决问题,最后通过自然语言等和人类直接交流。美国、英国和欧洲大陆也启动了类似的计划。

连接流派在这一期间也有一定的复苏。例如,霍普菲尔德(J. J. Hopfield)提出了新的神经网络模型[21];鲁姆哈特(D. Rumelhart)、欣顿(G. E. Hinton)、威廉斯(R. J. Williams)、韦伯斯(P. Werbos)等提出了反向传播(back propagation)学习机制[22,23],同时也说明了三层的神经网络能够解决异或问题。

图9.16 五代机计划

图9.17 科瓦斯基

图9.18 布鲁克斯

然而,历史再度重演。专家系统和五代机遇到了与之前的人工智能技术一样的问题:取得一定的进展相对容易,但深入下去则越来越困难。人工智能不可避免地又遇到了第二个冬天。资助机构大幅度削减对人工智能的投入,人工智能公司纷纷倒闭,各国雄心勃勃的人工智能大计划纷纷搁浅……

值得一提的是,在这一时期,对符号流派的失望也间接导致了行为流派的崛起。布鲁克斯(R. A. Brooks,图9.18)等人从机器人学的角度认为,人工智能并不一定需要采用从上到下的研究方法论,先研究高级的智能行为如常识推理等,人工智能也可以从底向上出发,首先需要一个机器身体,考虑它如何在环境中感知和移动等[24]。虽然现在这是一个大家都比较认可的观点,但是在当时这个观点还是有点非主流。而布鲁克斯是一位实干家,推出了机器爬虫Genghis来佐证他的观点。

在此之后,人工智能进入一段相对平稳的时期。人们逐渐深入地认识了人工智能的特性。其中很重要的一点是:最初的终极目标,即达到人类水准的人工智能,事实上是一件非常困难的事情。另一方面,虽然人工智能在商业和应用上并没有取得想象中的巨大成功,但也绝非毫无用处。很多人工智能技术,如搜索、专家系统、语音和图像方面的模式识别,还是取得了相当大的成功,当然这种成功也是建立在计算能力飞速发展的基础之上的。

但是,比较尴尬的一件事情是关于人工智能另一个特性的,即当某项人工智能技术被了解得比较透彻之后,很多人往往不再认为这是人工智能,因为这和人们所想象的类人智能有所出入。最典型的例子就是搜索和基于规则的系统。这对人工智能非常不公平,这类技术当然应该算人工智能的功劳,即使它们和人类想象中的人工智能也许并不一致。

连接流派在这段时期又陷入了一定的低潮,主要源于其表现不如统计流派的支持向量机模型[25]。

这段时期,人工智能应用领域取得了一些里程碑式的突破。其中比较非凡的一件事情是IBM开发的深蓝(Deep Blue)于1997年战胜了国际象棋人类世界冠军卡斯帕罗夫[26]。西蒙和纽威尔的预言终于在迟到30年之后实现了。此外,由DARPA孕育的自动驾驶项目也取得了一定的进展。一个来自斯坦福大学的团队于2005年完成了131 miles(约等于210 km)的路程。2011年,IBM推出了沃森(IBM Watson),在智力问答比赛"危险边缘"(Jeopardy!)中战胜了人类冠军[27]。有意思的是,IBM并没有称其为人工智能,而强调其为认知计算(cognitive computing)。也许是因为使用"人工智能"这个名词在这段时期已经被认为是好高骛远了吧。这不得不说是人工智能的一种悲哀。

"三十年河东,三十年河西。"人工智能在沉寂相当长的一段时期后,终于又开始爆发。这主要归功于深度学习——一种基于连接流派的神经网络技术[28]。简而言之,与之前的浅层(如三层)全连接神经网络相比,深度学习最重要的特点就是使用层数较深的非全连接神经网络结构,如深度卷积网络、长短程记忆网络等。严格意义上,深度学习的基础理论在多年前已经逐步成型,可以追溯到20世纪80年代和90年代。之所以深度学习有如此大的影响力,主要是因为其在应用层面全面开花,在图像和视频识别、语音识别、自然语言处理等众多领域都取得了骄人的战绩。而其成功的关键,除了更好的网络结构和更强的计算能力,还必须归功于大量的标注好的数据的出现。当前的人工智能技术在很多任务上,包括人脸识别、语音识别、字符识别等标准数据集,都取得了比人类还要好的效果,而在机器翻译、问答和医疗诊断等领域也交出了相对令人满意的答卷。

如今,随着强大的电子计算机的出现和发展,人工智能的梦想已经部分变成了现实,甚至比梦想更为精彩。

(1) 国际象棋。1997年,IBM的深蓝(Deep Blue)与当时的国际象棋世界冠军卡斯帕罗夫进行世纪对决,深蓝两胜一负三平,首次击败人类世界冠军(图9.19)[26]。深蓝是人工智能历史上一个标志性事件,因为自人工智能诞生起,在国际象棋上超越人类就一直被当成一个标杆。

图9.19 深蓝与卡斯帕罗夫

(2)知识抢答。2011年,依然是IBM,开发了沃森(Watson)系统,在北美著名的知识抢答电视节目——"危险边缘"(Jeopardy!)中击败了人类世界冠军,赢取了最多的奖金(图9.20)。这也是个相当重要的突破[27]。IBM沃森说明了在某种意义上机器是可以掌握知识的。更重要的是,知识抢答是一个开放的领域,可以问任何开放的问题,这和国际象棋等封闭的领域有显著的区别。

图9.20 IBM沃森与鲁特尔和詹宁斯

(3)围棋。2016年,Google Deepmind研发的阿尔法狗(AlphaGo)以4∶1击败李世石(图9.21)[29]。在这之前,大家普遍不相信计算机能够在围棋上击败人类世界冠军,但是阿尔法狗基于深度学习等技术成功地攻克了这个难题。作为近期人工智能成功的一个代表,阿尔法狗展示了人工智能特别是在深度学习领域的巨大潜力。

图9.21 AlphaGo与李世石

(4)机器人。机器人领域的进展也令人拍案惊奇。波士顿动力最新推出人形机器人阿特拉斯(Atlas),可跑可跳,还可以翻跟头、倒立,甚至可以来一个原地360°腾空(图9.22)。

(5)其他。除围棋、国际象棋和知识抢答之外,人工智能还在很多领域上取得了成功(图9.23)。例如,Google DeepMind做的星际争霸系统AlphaStar达到了人类职业选手的水平。星际争霸和围棋稍有不同,它属于不完全信息的博弈,因此更具挑战。IBM挟深蓝和沃森之余威,瞄向了辩论领域。它的新程序IBM Debater正在和以色列的冠军展开辩论,并且互有胜负。卡耐基梅隆大学桑德霍尔姆(Sandholm)团队所做的德州扑克程序运用了和深度学习不一样的技术,击败了世界冠军。看,即使连赌博,机器也相当优秀。对于中国人比较喜欢的麻将,微软亚洲研究院(MSRA)正在研发相关人工智能,他们参加日本一个公开的麻将平台,已经取得了非常好的成绩。

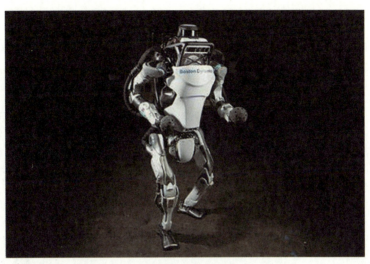

图9.22 波士顿动力的人形机器人阿特拉斯

图9.23 人工智能更多成就

特别流行的MOBA游戏,包括DOTA和王者荣耀等,也没能逃出人工智能的视野。马斯克等人创立的OpenAI在做DOTA2,能和人类世界冠军队伍打得有来有回。中国科学技术大学信息学院李厚强老师团队研发的智能程序在王者荣耀上已经达到了相当高的水准。

2022年年底，OpenAI推出ChatGPT——一个基于大语言模型(large language model)的聊天机器人程序(图9.24)。ChatGPT可以根据用户输入的一段文字，生成相应的回答。由于聊天可以涵盖几乎任何方面的话题，因此ChatGPT远远不止是一个聊天程序。一方面，它是一个文本生成器，由人工智能自动生成文本内容(AI generated content)；另一方面，它可以看成是一个通用问答系统。从效果上来说，ChatGPT真正意义上通过了之前提及的图灵测试(Turing test)，并且在很多任务上都表现出和人类同等水准甚至超过人类的能力。尤其是OpenAI在2023年3月推出的GPT4，在推理能力上有了大幅度的提升，让ChatGPT更上一层楼[30]。

ChatGPT的诞生意味着人类历史上第四次工业革命，即智能革命，终于来临了。

图9.24 ChatGPT

9.2 人工智能:从定义到领域、流派和技术

谈起人工智能，第一个不可避免的问题是:到底什么是人工智能？对于定义，大众往往觉得很简单，而科学家们却感到很棘手，因为一旦把某个抽象的概念具体化，就很容易损失一些内容，并引起争议。

对于新生儿"人工智能"来说，更是如此。在学术界，对人工智能的定义，有相当多种答案。例如，维基百科将其定义为"机器展现出的智能"；百度百科将其定义为"研究、开发用于模拟、延伸和扩展人的智能的理论、方法、技术及应用系统的一门新的技术科学"；明斯基认为"人工智能是一门科学，是使机器做那些人需要通过智能来做的事情"；尼尔逊(Nils Nilsson)认为"人工智能是关于知识的科学"[31]；在经典的人工智能教材《人工智能——一种现代化方法》中，将其定义为"让智能体做正确的事情"，又进一步分为四类，即"像人一样思考的系统""像人一样行动的系统""理性思考的系统""理性行动的系统"[32]；我国2018年发布的

《人工智能标准化白皮书》将其定义为"利用数字计算机或者数字计算机控制的机器模拟、延伸和扩展人的智能,感知环境、获取知识并使用知识获得最佳结果的理论、方法、技术及应用系统"。

为了分析和统一这些定义,我们提出一个观点,即定义是分层的,从首层开始可以不断地细化。"人工智能"这几个字本身就是一个第零层次的定义。而上一段的诸多定义大部分位于第一层。

从"人工智能"本身这个零层的定义开始。字里行间,可以得出它一定和"人工"与"智能"相关。"人工"就意味着这是"人"利用某种"工"具进行的制造、创造行为,例如构建出来的一个系统。更进一步,"某种工具"主要指的就是包括电子计算机在内的机器。而"人工"和"智能"两者需要联系起来。也就是说,这种人用机器造出来的系统需要展现出一定的智能。综上所述,我们就可以得到一个关于人工智能的第一层定义:

> 人工智能是一门研究如何使用机器复现智能的学科。

其中,"机器""复现""智能"这三个词最为关键,同时它们的含义也最模糊。我们对此进一步细化。"机器"可能最容易诠释,因为它有一个无可争议的代表,即电子计算机。作为人类有史以来创造的最强大的机器,目前电子计算机无疑是实现人工智能梦想的最强有力的工具。

但是,除电子计算机之外,其他的工具或事物能不能也算"机器"呢?比如已有的洗衣机、微波炉、工业机器人,以及将来可能出现的量子计算机,甚至是生物如狗、马等,又或者是从赛博坦星球来的变形金刚。

仅有机器是不够的,按照人工智能的定义,机器需要在一定程度上复现智能。为了证明机器确确实实做到了这一点,不能仅仅把机器造出来,声称它具有智能就行了。该机器还需要和环境互动,切切实实地展现出智能行为来影响环境。

我们通常把"机器"和用"机器"建立的人工智能系统,包括人本身,统一抽象称为"智能体"(英文为agent,也翻译为"主体"或"代理")。图9.25描绘了智能体和环境互动的一个简单模型。智能体从环境中感知信息得到输入,同时也输出行动来影响环境。而人工智能的任务就是建造这样的人造智能体,某种程度上"复现""智能"行为。

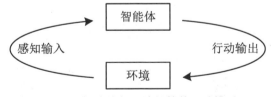

图9.25 智能体与环境的简单互动模型

"复现"乍看上去很简单,不应该有任何歧义。但是,正是这个词导致了"强人工智能"与"弱人工智能"之争,而其关键在于复现的方式。

一种复现的方式是效果驱动。不管复现的方式如何,只要最终的结果能够体现出智能行为即可。人下棋,机器也下棋;人玩游戏,机器也玩游戏;人识别人脸,机器也识别人脸。只要能够在这些方面接近、达到或超过人类,就认为这是一种人工智能。我们把这种复现的方式称为"实现"。只要求实现这些功能,而不太在乎其背后的原理或实现机制。不管黑猫、白猫,能捉老鼠就是好猫。这就是大家所说的"弱人工智能"。

弱人工智能也进一步细分为两种,即"专用弱人工智能"和"通用弱人工智能"。前者所采用的方法论和技术不具备普适性,只适用于某一个或某一类具体问题。例如,专用弱人工智能中的下棋技术不能用于玩游戏,也不能用于人脸识别,反之亦然。而后者要求所采用的方法论和技术有一定的通用性,能够推广到至少同属一大类的不同领域。例如,通用弱人工智能技术既能下棋,又能玩游戏和人脸识别,还能实现其他智能行为。

与之相对应的另一种复现的方式是原理驱动。与效果驱动不同,原理驱动要求机器按照人类实现智能的方式来复现智能。我们称这种复现的方式为"还原"。这就是大家所说的"强人工智能"。大体上说,强人工智能应该能推理、学习、联想、决策等。但是否这些就是它的全部,以及人类本身是如何实现这些能力的,对此我们并没有确定的答案。这是由于我们迄今为止并没有深入了解智能的本质,更遑论人类到底是如何实现智能的。

有趣的是,虽然我们不知道强人工智能是什么,但是我们知道什么不是强人工智能。例如 AlphaGo 所用的下围棋技术也许是通往强人工智能的道路之一,但是至少现在看来,这不是强人工智能,因为我们自己就不是这么下围棋的。另一件有趣的事情是:很多人工智能技术,如产生式系统和启发式搜索等,在没有做出来之前,普遍被认为需要用到高深人工智能技术;而一旦实现了,就不再被认为是人工智能了。虽然有点翻脸不认人的味道,但这也很大程度上是因为它们复现的方式还停留在弱人工智能层面。

"智能"和魔术一样,身上披着一层神秘的外纱。同时,它也和魔术类似,一旦被揭示了其真面目,人们往往就不再认为它是智能/魔术。

我们对智能的内涵(智能是什么)了解非常有限。迄今为止,人工智能界、心理学界、认知科学界、哲学界都没有一个公认的答案。所以,我们先从外延(哪些行为算智能行为)开始。智能行为形形色色,种类繁多,无法一一列举,因此把这些行为大致分成如下几大类(图9.26):

图 9.26 智能行为分类

(1)基础智能:包括反应、存储等最基本的智能行为,计数、查找、匹配等最基本的计算能力,以及移动整个机器本身或其中的某些部分的基础运动能力。

(2)感知智能:对环境的感知和初步识别判断能力,包括图像识别、语音识别、从各类传感器得到信息并初步分类等能力,具体的例子有人脸识别、指纹识别、声纹识别等。

(3) 认知智能:在感知的基础上,对搜集的信息进一步深入分析,得出更深层次的结论,包括推理、学习、记忆、决策等功能,具体的例子有答题、下棋、游戏、对话、问答、翻译等。

(4) 创新智能:创造出新的事物,例如发现定理、写诗、谱曲、创作小说。

(5) 综合智能:综合以上两种或多种能力的智能行为,例如导购、驾驶、踢足球。

与之对应,从所复现的智能行为类别的角度,人工智能可以分为"基础人工智能""感知人工智能""认知人工智能""创新人工智能""综合人工智能"。分类之间很多时候并不存在严格的界限,如认知智能很多时候是基于感知智能的。

综上,在进一步分析"机器""复现""智能"这几个关键词之后,我们可以将人工智能的定义细化,得到其第二层定义:

> 人工智能是一门研究如何使用以计算机为代表的机器在效果上实现或在原理上模拟包括感知、认知和创新等人类智能行为的学科。

"横看成岭侧成峰,远近高低各不同。不识庐山真面目,只缘身在此山中。"东坡先生这首诗,寥寥数笔,形象地描述了游客从不同角度参观庐山,会感受到不一样的面貌。山还是那座山,为什么不同的人会看到不同的风景呢?其原因在人不在山。不仅是山,人们对所有事物的认知莫不如是。对于人工智能,则更是如此。

人工智能是一门很特殊的学科。作为一门牵涉很广的交叉学科,研究者们可以从很多不同基础学科的角度来观察"人工智能"这座大山。凡是与人或智能行为相关的学科某种程度上都与人工智能相关,包括神经科学、生物学、逻辑学、心理学、哲学、统计学、经济学、社会学等。因此,人工智能的研究正如东坡先生这首诗一样——"横看成岭侧成峰"。

从这些横侧面看到了人工智能的岭和峰,但是它们的假设如此不同,以至于彼此很难兼容。这导致人工智能这些子领域形成了相对独立的社区,相互沟通很少,也导致很难看清人工智能的全貌。这在一定程度上造成了一种人工智能领域有点杂乱无章的感觉。

事实上,在这么多看似杂乱无章的领域和技术背后,有明确的规律可循。万变不离其宗,一切都可以从人工智能的定义出发正本溯源。人工智能是一门研究如何使用机器复现智能的学科。

"机器"目前就特指计算机,并无多大争议。关键在于"复现"和"智能"这两个词上。总体来说,"智能"指出了人工智能的众多方向和子领域,"复现"启发了人工智能的各种流派,而将"复现"(流派)作用到"智能"(子领域)之上,产生了人工智能诸多技术和工作。

"智能"指出了人工智能的众多方向和子领域。可以说,每一种智能行为都对应着一个人工智能的方向(图9.27)。例如:图像识别是一种智能,因此,机器如何复现图像识别是人工智能的一个方向;逻辑推理也是一种智能,因此机器如何复现逻辑推理也是人工智能的一个方向;踢足球是一种智能,同样,机器如何复现自动踢足球是人工智能的又一个方向。从这个意义上看,人工智能的方向可能有千千万万,因为智能行为的种类有千千万万。这些方向有的相差较远,而有的自然靠得较近。由于本身的相似性、受关注的程度等因素,靠得近的方向自然而然地聚拢在一起形成人工智能的某个子领域。

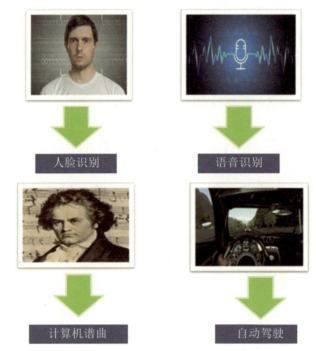

图9.27 每一种智能行为X对应一个人工智能方向——计算机/自动X

这些子领域大致可以划分如下:

(1) 感知输入部分(视觉、听觉是机器和人共有的主要感知手段)。

① 计算机视觉(computer vision):研究智能体如何处理和理解图像和视频。一些具体的任务包括图像和视频识别、图像和视频理解、物体鉴别与监测、动态捕捉、图像增强与恢复、图像自动生成、图文转换等。目前,计算机视觉是人工智能在商业上最成功的应用之一。

② 语音识别和处理(speech recognition and processing):研究智能体如何识别和合成语音,实现语音和文字的相互转换等。语音识别和处理在商业上取得了很大的成功,其效果整体上已经达到跟人媲美甚至更好的程度。

③ 自然语言处理(natural language processing):研究智能体如何处理和理解自然语言。一些具体的任务包括分词、解析、机器翻译、问答、对话、情感分析等。不少专家认为自然语言处理和理解极有可能成为人工智能下一个商业应用的突破口。

(2) 智能体部分(知识、学习、问题求解、不确定性、多主体等是其中的核心内容)。

① 知识计算(knowledge computing):研究机器如何处理知识。这里,处理主要包括三个方面:知识编码/表征——知识在机器里长什么样?知识获取/学习——机器怎样得到知识?知识运用/推理——机器怎样使用知识解决问题?知识是人工智能最核心的概念。古代"知"和"智"是通假字。因此,某种意义上智能略等于"知"能,即机器处理知识的能力。20世纪80年代的专家系统,21世纪初的本体论(ontology)和语义网(semantic web),以及近期的知识图谱(knowledge graph)都是知识计算的典型代表。

② 机器学习(machine learning)：研究机器如何从数据和经验中学习。数据在机器学习中起着至关重要的作用。机器学习关心如何从给定数据中近似学习一个函数。函数即是一个功能体,实现"把输入转换成输出"的功能。广义上来说,很多问题都可以抽象成函数,例如:语音识别,其输入为音频,输出为文字；围棋,输入为棋盘当前状态,输出为可选的落子；人脸识别,输入为不同人脸图像,输出为人的身份。而输入-输出对就是数据。根据数据的不同特性,机器学习可以大致细分为:监督学习(supervised learning),即有完整的输入-输出对；无监督学习(unsupervised learning),即数据仅有输入而无输出；半监督学习(semi-supervised learning),即数据介于前两者之间；强化学习(reinforcement learning),即数据不是一步的输出,但在多步输出之后有奖惩。

③ 多主体系统(multi-agent systems)：在智能体与环境的交互图中,所展示的仅仅是一个单一的智能体与环境的交互。事实上,人是社会性动物,我们的相当多智能行为需要和其他人交互(包括协作、协同和竞争等),例如足球、选举等。社会学和经济学等领域的众多研究表明,群体体现的智能并不等于其中个体智能的简单叠加。因此,平移到人工智能上来,这个问题就变成了:如果环境中包括多个智能体,那么这些智能体与环境以及这些智能体之间如何更好地交互?

④ 不确定性(uncertainty)：研究机器如何处理各种不确定性,例如概率、模糊等。不确定性可能发生在智能体与环境交互的方方面面,如环境感知的不确定性、行动后果的不确定性、推理本身的不确定性等。

(3) 行动输出部分。

① 行动选择(action selection)：研究智能体如何选择更好的行动。根据不同的假设和技术手段,又可以分为人工智能规划(AI planning)、行动推理(reasoning about action)、决策论(decision theory)、马尔可夫决策过程(Markov decision process)、反应式系统(reactive system)等。

② 机器人(robotics)：机器人是和人工智能平行的一个分支,是人工智能与机械制造业的交叉。智能体需要与环境进行交互,这种交互既需要通过具体的硬件实现,也需要通过软件来操控。在早期,机器人领域偏硬件,人工智能领域偏软件。随着技术的发展,两者的融合趋势越来越明显。

除本身的子领域之外,人工智能不可避免地和其他学科交叉,产生了一些重要的交叉领域,主要包括以下几种:

(1) 数据挖掘(data mining)：人工智能和数据库的交叉,主要研究如何从数据库中挖掘出有效的信息和知识。

(2) 人机交互(human-computer interaction)：人工智能和系统设计的交叉,主要研究如何设计出对用户更加友好、方便用户使用的系统。

(3) 语义网(semantic web)：人工智能和万维网的交叉,主要研究在万维网上加入更多的语义元素,使机器能够理解万维网,从而自动处理更多的事情。

(4) 信息检索(information retrieval)：人工智能和情报科学以及万维网的交叉,主要研究用户如何更高效检索需要的信息。

(5) 推荐系统(recommendation system)：人工智能和用户建模的交叉,主要研究如何对用户更好地建模,从而给用户推荐更好的产品。

即使以上列举了很多人工智能及其交叉的重要子领域和方向,它们也无法囊括人工智能的各个方面,例如约束可满足问题求解(constraint satisfaction problem solving)、算法信息论(algorithmic information theory)、社会选择(social choice)等。此外,虽然我们分开介绍了上述领域,但是这些领域本身也在深度融合和交叉。例如,计算机视觉和语音识别领域当前主要使用的技术都是深度学习。

"智能"指出了人工智能的众多方向和子领域,那么我们怎样用机器"复现"出这些子领域的不同智能行为呢?"他山之石,可以攻玉。"人工智能还是一个新生儿,还未形成自己的一套统一的理论基础和体系,人们自然而然就会想到:何处的山石可以用来雕琢人工智能这块璞玉呢?幸运的(或许也是不幸的)是,这样的"他山"有很多。前面提到,任何和人或者智能行为相关的学科都是候选者,包括逻辑学、统计学、生物学、神经科学、心理学、经济学、认知科学、哲学等。这些学科为"复现"人工智能提供了基本的思路,从而启发了人工智能的各种流派(也称主义)。其中,目前最重要的三大流派是符号流派、连接流派和行为流派。

(1) 符号流派(symbolism):主要启发于逻辑学。符号流派期望能用显式的符号来建立智能体的模型,表示和推理智能体所用到的知识。知识是人工智能的核心概念。符号流派的核心假设就是:智能可以通过在显式的符号上操作而实现。它可以用纽威尔和西蒙(1975年图灵奖获得者)的物理符号系统假设(physical symbol system hypothesis,PSSH)来概括[33]:

物理符号系统具有充分和必要手段复现通用智能。

(2) 连接流派(connectionism):启发于神经科学。连接流派期望能通过模拟神经系统的运作而复现智能。

图9.28(a)描绘了单个神经细胞,有树突、细胞体、轴突、终端末梢等。神经元通过树突接收从其他神经元传来的信息,然后这些信息在细胞体汇总,再通过其中某种触发机制决定是否产生神经冲动,产生的神经冲动通过轴突传导输出,再成为其他神经元的输入。这个过程可以被模拟成图9.28(b)所示的人工神经元,其中树突模拟成不同的输入和相应的可调节的权值,通过一个求和函数把这些信息聚拢在一块,然后再由一个激活函数模拟细胞体的触发机制,决定这个人工神经元的输出,最后产生的输出又能成为其他神经元的输入。在模拟单个神经元的基础上,连接流派考虑通过什么样的方式将这些神经元有机连接在一起,形成一个人工神经网络(artificial neural network)[8]。图9.28(c)所示的神经网络中,每一个圆圈就代表一个神经元。这样的网络有着输入和输出,每条边上还带有可调节的权重。在构建网络的拓扑结构之后,剩下的任务就是通过已有的数据和经验调整这些权重。

(3) 行为流派(behaviorism):启发于行为心理学。行为心理学的主要研究对象是可被直接观测的(人和动物的)行为,并且强调环境对于行为的影响。更激进一点,行为主义认为所有行为的产生都是人和动物对环境中某些刺激所产生的反应。诚然,这些反应可能会和个体的历史(包括过往的经验、强化、奖惩等)和个体的机制(包括当前心理状态、个体间不同的内在控制)有关,但是行为主义着重强调和环境的交互性,以及行为产生的反应式特点。与之相对的,行为主义并不重视不能直接被观测和度量的心理学对象,如记忆、决策、意识等。

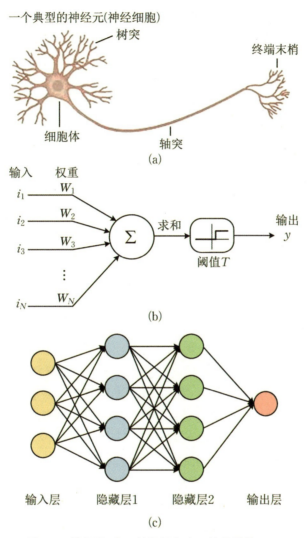

图9.28 神经元、人工神经元和人工神经网络

传统意义上,符号流派、连接流派和行为流派构成了人工智能三大支柱。然而,随着人工智能的发展,人们发现越来越多的其他领域中的思想也对人工智能大有裨益。因此,在上述三大流派之外,一些相对重要的流派也雨后春笋般涌现出来。

(1)统计流派:主要启发于数学中的统计学。在人工智能的早期研究中,统计学并没有受到很大的关注。也许其中一个重要原因是直观上统计学与人工智能的理论根基并不完全契合。然而,统计学为人工智能提供了简单而且行之有效的解决方案。例如蒙特卡洛方法,虽然非常简单,但是在人工智能的诸多方面都相当好用,因此得到了非常广泛的应用。因为统计学应用在人工智能中的重要性,所以统计学在人工智能中的地位也水涨船高,现在已经成为人工智能的重要根基之一。

(2) 博弈流派：主要启发于经济学和数学中的博弈论。与统计学类似，博弈论在人工智能早期也并没有受到重视。由于多主体系统(multi-agent system, MAS)研究的兴起，以及传统的符号流派在多主体系统研究中遇到的瓶颈，博弈流派渐渐成为了多主体系统研究的主流。均衡、议价、机制设计等都成为了多主体系统研究的核心问题。

(3) 仿生流派，也称仿真流派：主要启发于生物学。严格意义上，连接流派也属于仿生，仿的是神经科学中的神经元网络部分。但是，由于其特殊性和重要性，我们单独把它作为一个流派列出来。除了模仿神经元网络，生物学中的很多方面都能从不同侧面启发人工智能，包括DNA的演化、神经群体选择、视觉成像、免疫系统、脑图谱等。

(4) 认知流派：主要启发于认知科学，特别是其中的认知心理学和认知神经科学。和行为主义心理学相比，认知心理学更注重认知角度的心理学对象，包括记忆、注意、语言、感知、决策、意识等，而不仅仅是行为。这些对象又或多或少都可以从认知神经科学中得到相互印证。它们综合在一起，为人工智能提供了新的灵感源泉。

同领域一样，以上列举的人工智能流派并未涵盖所有。以其他一些学科为基础"复现"智能，能得到不同的流派，例如以信息论为基础的算法信息论、以社会学和经济学为基础的社会选择理论、以语言学为基础的计算语言学、以复杂科学为基础的人工生命等。甚至可以简单总结为：X学科能启发人工智能中的一个X流派，其中X是一个与人工智能有关的学科。

也同领域一样，各个流派之间的联系相当深。例如，统计流派的很多方向和工具是分析连接流派的神经网络的基础；符号流派的产生式系统和行为流派的反应式系统极为接近；博弈流派也使用显式的符号，虽然不是逻辑符号；连接流派本身就是仿生流派中最重要的一种；认知流派中的认知神经科学部分是认知科学与神经科学的交叉。就连一般意义上认为风马牛不相及的符号流派和连接流派，其联系也相当紧密：神经网络的奠基工作称为"阈值逻辑"(threshold logic)，其中首次提出的人工神经网络模型的主要作用就是用来模拟命题逻辑和逻辑电路。神经网络遇到的第一大信任危机正是源于发现原始的两层神经网络不能模拟逻辑中的异或操作[15]。

因此，一个自然而然的想法就是将以上各自为政的流派融合、交叉，甚至统一起来。这是人工智能未来发展的趋势。于是就有了融合/交叉/统一流派：该流派的核心思想就是将两个或者多个人工智能中的流派融合，从而更进一步接近人工智能本质。然而，理想是丰满的，现实是骨感的。这些流派之间的基本假设如此不同，以至于将它们融合起来非常困难，也会导致所得到的理论和应用越来越复杂。

"复现"启发了人工智能的各种流派，而"智能"指出了人工智能的子领域。将"复现"作用于"智能"之上"复现智能"，即把这些流派的思想应用到各个子领域，就产生了人工智能众多重要的技术和工作(表9.1)。

这些重要的技术和工作灿若繁星。由于篇幅关系，我们挑选其中比较有代表性的技术作简单介绍，没被选中的并不代表它们不重要。

表9.1 不同流派（复现）作用于不同子领域（智能）产生的人工智能技术和工作

子领域	符号流派	连接流派	行为流派	统计流派	仿生流派	融合流派
自然语言处理	文法、形式语言	循环神经网络		词频、LDA		
计算机视觉		卷积神经网络			仿生视觉	
知识表示推理	逻辑推理、逻辑程序、专家系统		SOAR	蒙特卡洛		知识图谱
机器学习		神经网络（前向、卷积、循环、记忆、注意力）		回归、支持向量机、PAC	遗传算法	知识图谱，AlphaGo
多智能体系统	BDI				人工生命	
不确定性AI	贝叶斯网络、概率逻辑			贝叶斯网络		
行动选择	搜索、规划		反应式系统、包容体系结构	决策论、马尔可夫决策		

（1）逻辑推理（logic based reasoning）：符号流派应用在知识表示推理领域。将逻辑学应用到人工智能是一件自然而然的事。一方面，逻辑学本来就是用符号和形式化的方法研究如何表示知识和推理知识。这无疑是智能（特别是认知智能）的一个重要方面。另一方面，计算机本质上是基于符号和逻辑学的。计算机的三个重要基础，即可计算理论、布尔电路和编程语言，都和逻辑学息息相关。在计算机领域的成功，让人们相信逻辑学在人工智能领域也会成功。因此，逻辑推理自人工智能诞生一直是人工智能学术界主要的研究方向之一。

逻辑学将知识表示成符号语句，再通过否定、蕴涵以及量词等逻辑连接词把这些语句连接起来。这样，就可以通过连接词之间的关系对这些知识进行推理。例如，我们知道"所有的橙子都是水果"，并且"所有的水果都长在树上"，那么给我们"一个橙子"，我们就可以推断出一个新的结论——"这个橙子一定也长在树上"。

（2）搜索（search）：符号流派和计算机算法在人工智能诸多子领域（如行动选择、知识表示推理、约束可满足问题求解、人工智能规划等）的应用。搜索是一种通用方法。很多智能问题都可以看成是分支选择的问题，从而都可以建模成搜索问题。例如，下棋，每一步的可能选择是当前的所有可能落子。那么下棋就可以建模成一棵搜索树，其中每个节点是一个棋盘状态。根节点是空白棋盘；叶子节点是最终可以确定胜利状态的棋盘；而从每个节点到它的子节点就是在当前棋盘上落子。决策也是，在每个时间节点可以有很多选择，每个选择导致不同的后果，这也是典型的搜索问题。

搜索遇到的最大问题是空间爆炸问题。搜索树的分支数量随着树的深度而指数膨胀。假设每个节点的分支为 n 个，那么第 m 层的节点个数就是 n 的 m 次方。这个数量是相当庞大的。以围棋为例，粗略估算 $n=m=361$。也就是说，这个搜索树分支达到 $361^{361}=10^{923}$ 个（要知道，宇宙中的粒子总数仅仅为 10^{80}）。这个数字如此巨大，以至于简单的搜索策略完全不可能奏效。

（3）神经网络（neural network）与深度学习（deep learning）：连接流派在机器学习领域的应用，之后扩展到包括计算机视觉、自然语言处理、语音识别、行动选择等几乎所有的人工智能子领域。神经网络受生物神经元结构的启发，构建人工神经元。每个神经元有着多个带有权重的输入，这些输入通过聚合之后，经过一个激活函数，产生输出。人工神经网络就是由许多这样的人工神经元组成的一个网络。

这种组成可以有很多不同的方式，这就是神经网络最重要的问题——结构问题。

① 单层神经网络（single-layer neural network，图9.29）。

在麦克洛克和皮茨的神经网络创始论文中，神经网络的结构非常原始，只由输入层和输出层组成，而输入层和输出层是全连接的。也就是说，输入层所有的神经元都连接到输出层所有的神经元之上。麦克洛克和皮茨证明了这样的神经网络能够表达很多逻辑函数。

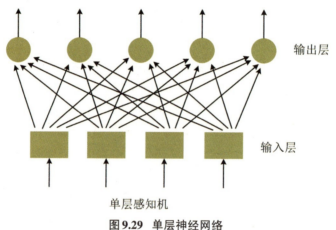

图9.29 单层神经网络

② 双层神经网络（multi-layer neural network，图9.30）。

然而，正如明斯基等人所指出的那样，单层神经网络不能表达异或函数。因此，连接流派在很长的一段时间内饱受质疑。韦伯斯等人其后指出，只要我们在原始的单层神经网络中引入一层"隐藏层"（也称"隐层"，hidden layer），就能够顺利解决异或问题。因此，带有隐层（当然还有输入和输出层）的神经网络成为了经典，在很多教科书中，成为了神经网络的代表。

双层神经网络在相邻层之间也是全连接的，即输入层所有的神经元都连接到隐藏层之上，而隐藏层的每个神经元都连接到输出层之上。但是，输入层到输出层没有直接的连接。

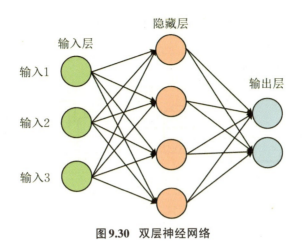

图 9.30 双层神经网络

③ 多层前馈神经网络(multi-layer feed-forward neural network,图9.31)。

如果在输入层和输出层中加入更多的隐藏层,我们就得到了多层前馈神经网络,也称多层感知机(multi-layer perceptron)。

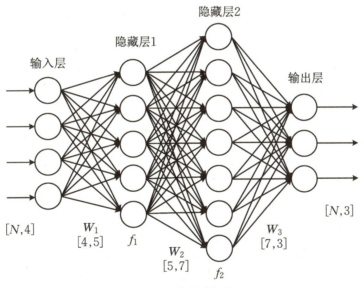

图 9.31 多层感知机

和双层神经网络一样,多层感知机在连接上一般采取相邻层全连接的方式。在多层神经网络中,神经网络的深度指的就是神经网络的层数。层数越多意味着神经网络越深。这个时候,我们称之为深度神经网络,其对应的机器学习就称为深度学习。

④ 卷积神经网络(convolutional neural network,图9.32)。

随着层数的增加,神经网络就会变得越来越复杂,所需的计算量也会越来越大。早在20世纪50年代,神经科学家发现视觉皮层某些神经元只分别对视野中的某个小区域做出反应。这就意味着,如果以图片作为神经网络的输入,并不需要下一层的神经元对这个图片中的所有像素都进行信息处理,只需要处理其中的一个小区域就够了。这就是卷积(convolution)的含义,这样可以大大地降低神经网络计算的复杂程度。

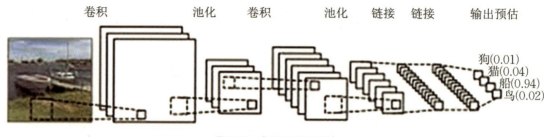

图9.32 卷积神经网络

除卷积之外,卷积神经网络也采用池化(pooling)等思想降低网络复杂性。池化将某一层的一小簇神经元通过取平均值等方式合并到下一层的一个神经元,同样可以大大减少网络的规模。

假设神经网络的连接数总量恒定,卷积和池化可以使网络变得更深。

卷积神经网络也是前馈的。它和多层感知机一样,也是一层一层从输入层往输出层连接。但与多层感知机不同的是,卷积神经网络并不要求全连接,而替之以卷积和池化等方式。

⑤ 循环神经网络(recurrent neural network)。

前面介绍的网络统称层级网络,而循环神经网络并不在其中。顾名思义,循环神经网络里可以有循环,也就是说,从一个神经元出发,经过多次连接,有可能回到这个神经元本身。

循环神经网络是个统称,所有具有环路结构的网络都可以称为循环神经网络。但是,如果不对这些网络的结构加以约束,那么往往效果会较差。因此,循环神经网络中衍生出一些重要的子类,包括Hopfield网络、长短程记忆(long short-term memory, LSTM,图9.33)网络、注意力机制、图神经网络(graph neural network)等。

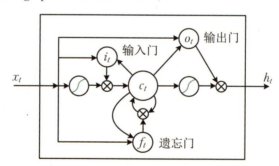

图9.33 长短程记忆网络

⑥ 注意力机制(attention mechanism,图9.34)、Transformer(图9.35)与大语言模型(large language model,图9.36)。

注意力机制受生物大脑工作原理,当面对特定的问题时,只选择一些关键的信息输入进行处理,从而提高神经网络的效率。与卷积神经网络相比,注意力机制可以具有长距离序列分析能力;与传统的全连接神经网络相比,注意力机制可以显著减少计算量并处理可变长度序列。

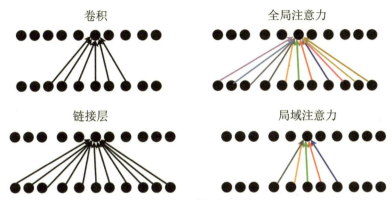

图9.34 注意力机制

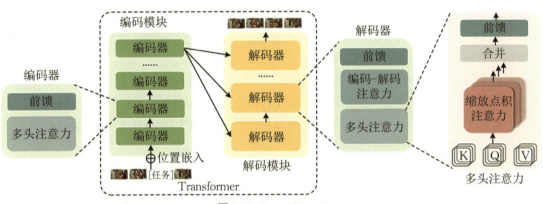

图9.35 Transformer

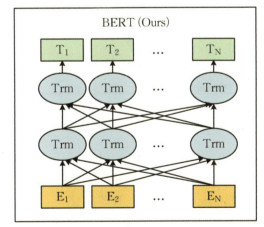 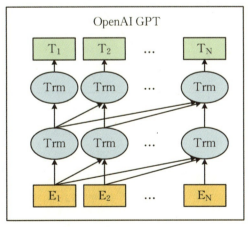

图9.36 大语言模型BERT和GPT（Trm即为Transformer）

Transformer 是 Google 提出来的一种特殊的基于注意力机制的神经网络。它可以分为两个部分,编码器(encoder)将输入转换成向量,而解码器(decoder)将向量还原成输出。由于适合大规模堆叠和并行处理,加上自注意力机制的强大,Transformer 逐渐成为了自然语言处理训练的标准配置。

包括 BERT 和 GPT 在内的大语言模型通过堆叠使用 Transformer,并引入预训练(pre-training)等机制,在自然语言处理任务上达到了接近人类的水准(图9.36)。前面提到的 ChatGPT 即为大语言模型的集大成者之一。

(4)反应式系统(reactive system):行为流派在机器人等领域的应用。反应式系统和产生式系统一样,表示上都采用形如

$$A_1, A_2, \cdots, A_n \to B$$

的规则,其中,$A_1, A_2, \cdots, A_n$ 为前提条件,B 为结论,更多的时候,B 就是一个直接的行动。简而言之,它的直观含义是如果前提条件都满足,那么我们就执行行动 B。

例如,用反应式系统设计一个简单的恒温器,将室内温度恒定在某个值,如20 ℃。假设传感器可以接收并检测室内的温度,以及空调可以有升温和降温两个操作。那么,可以构建一个简单的反应式系统,包括两条反应式规则:若传感器接收到的温度大于20 ℃,则降温;若传感器接收到的温度小于20 ℃,则升温。

(5)回归(regression):统计流派应用在机器学习子领域(图9.37)。回归是一种相对简单的统计方法,目的是给定一些数据,找出两个或者多个变量之间的关系。更确切地说,给定一些数据和我们预想的函数类,在这个函数类里面找出一个最佳的函数,能够很好地模拟这些数据。假设这个模拟很好的话,我们就可以拿来作预测。

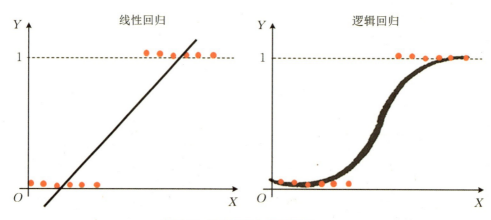

图9.37 线性回归与逻辑回归

例如,我们观察发现 A 君在大学毕业时年龄为25岁,体重为75 kg。随后每年体重逐步上升,如26岁75.5 kg,27岁76 kg……35岁80 kg。基于这样的观察数据,我们可以试图拟合 A 君体重和年龄之间的关系,假设我们采用线性回归(linear regression),即假设:

A 君体重 = A 君年龄 $*a+b$

那么我们需要做的事情就是找出最佳的参数 a 和 b。按照上面给的数据,我们可以用最小二乘法等方法得到最佳的 $a=1/2, b=62.5$,即:

A君体重＝A君年龄/2＋62.5

于是，我们可以预测，如果A君还不减肥的话，他的体重在40岁的时候就约摸为82.5 kg。因此，某种意义上我们可以通过回归预测未来了。

（6）支持向量机（support vector machine，SVM）：统计流派在机器学习子领域的另一个重要应用。与逻辑回归类似，支持向量机也用来处理分类问题。

例如，我们在买西瓜的时候，希望通过望闻问切来在买瓜之前判断这个瓜到底是不是好瓜。于是我们可以通过一些观测手段得到西瓜的一些外在信息，如形状、重量、纹路、敲西瓜时候听到的声音等。这些外在信息组成了一个高维空间中的向量，其中每一个维度代表一类信息。如图9.38所示，这些向量就对应着一个高维空间的点，我们需要做的事情是对这些点进行分类，把好瓜和不好的瓜区别开来。

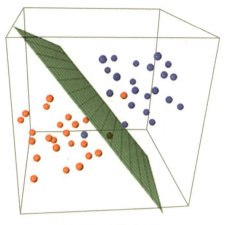

图9.38 支持向量机

如图9.38所示，支持向量机在已有数据的基础上，通过一个超平面来作这个区分。这个超平面把整个空间分成两部分，一部分包含一些点（如蓝色的点），对应着好瓜，而另一部分包含的点（如红色的点）对应不好的瓜。这样，只要这个超平面画得好，那么新来了一个瓜，我们就可以通过望闻问切得到数据，再用超平面计算一下，看这个瓜到底在超平面的哪一边，即是不是好瓜。

（7）决策论（decision theory）和马尔科夫决策过程（Markov decision process）：统计学在行动选择和智能体决策中的应用。决策是人工智能的核心问题之一。决策所关心的基本问题是在当前状态（可能包含历史信息）下，如何选取最佳的行动。决策也是人工智能最难的问题之一，这主要是由于真实环境下，状态和行动的建模有很多种复杂的可能性，以及智能体对信息掌握的不完备性。因此，在现阶段人工智能处理决策的时候，往往要设定一些假设来简化。由于假设的不同，可以分为基于符号流派的方法（包括人工智能规划、行动推理等）和基于统计流派的方法（包括决策论、马尔科夫决策等）。

如果我们直接知道在当前状态下哪个行动最优，那根本就无须做决策，直接选取该行动即可。然而，这个信息很难得到。但是，我们往往可以得到另外一个重要的信息，即当前状态执行某行动之后，大概会到达哪个状态，或者在哪些状态下的一个概率分布。如果对于这些状态，我们有一个期望的效应的话，那么我们可以对行动在某个状态下的整体期望效用计算，即该行动所有后果可能性的期望（后果状态的概率乘后果状态的效用）总和，然后选择其中最优的。这就是最大期望效用决策论。

例如，小明在偷吃糖果，但是被爸爸抓到了。他可以选择坦白从宽或者抗拒从严。坦白从宽的后果只有一种，即被爸爸教育一番，其期望值为－1。抗拒从严的后果可能有两种：爸爸被蒙混了过去，不会得到任何惩罚，其期望值为0；爸爸发现了真相，严厉地批评教育了小明，期望值为－2。但是以爸爸的睿智，前一种可能性不大，大约只有3成，而后者有7成。因此，坦白从宽的整体效用为－1；抗拒从严的整体效用为30%*0＋70%*（－2）＝－1.4。综上所得，前者整体效用较高，所以小明应该选择坦白从宽。

把这个推广到多步行动,就得到了马尔科夫决策过程。和决策论一样,马尔科夫决策过程也是基于概率和效用来找出在状态下的最佳行动。但不一样的是,马尔科夫决策过程中,考虑多步行动的长期回报而不仅仅是一步行动。有的行动当前回报可能并不是最佳的,但长期回报是最佳的。因此,它仍然可能是当前状态的最佳选择。基于这个基本原理,马尔科夫决策过程会计算出所有状态下的最佳行动。如果满足假设,在每个状态下都执行最佳行动,最后一定能导致综合期望效用最大。

(8) 遗传算法(genetic algorithm):仿生流派应用于机器学习领域。

在进化生物学中,我们认为种群的进化往往是朝着一个好的方向发展的。物竞天择,适者生存。新一代种群往往比旧一代更优秀。而在进化生物学中,实现这个的手段包括基于DNA的遗传、突变、自然选择和杂交等。

这些思想可以应用到机器学习中,特别是优化问题上面。首先,我们需要把优化问题转化成一个种群进化问题。在这里,优化问题的解的集合就是一个种群,开始的时候,这个种群可以是比较随机的。在每次种群演化的过程中,我们给予一些导向,以至于每一次演化这个种群都会朝最优解/较优解的方向演变。长此以往,经过多轮演化,所得到的种群就可能包含我们所需要的最优解/较优解。

为了达到这个目的,第一步,我们需要对优化问题进行编码,每一个可能的解称为个体,往往表示成一个变量序列,如000000或111111,称为染色体,如图9.39所示。第二步,我们需要初始化一个种群,可以通过随机或者某种预处理的方法产生。第三步最重要,有了初始种群,我们需要演化出一个下一代的种群并持续迭代。下一代的种群理论上需要优于上一代。为了评价是否优劣,我们需要对每个个体进行评价,这通常通过一个适应度函数来计算。在适应度函数下,我们可以把种群的个体按照适应度高低排序。有了这个铺垫,我们就可以产生下一代种群了,其主要通过选择和繁殖。选择是指选择出两个个体(父亲和母亲),这往往基于适应度。适应度越高,被选择的概率就越大。被选择的两个个体可以"交配"得到新的个体。如000000和111111交配,我们从中间断开并互换,可以得到两个新的个体,即111000和000111,其中前者的前三位来自111111,后三位来自000000,而后者正好相反。这样我们就得到了下一代的两个候选个体。而新得到的个体可以发生突变,如111000可能最后一位发生突变,从而变成111001。这也是得到新个体的一种方法。这样,通过选择和繁殖

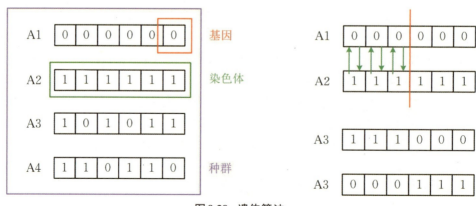

图9.39 遗传算法

(包括交配和突变),在适应度函数的控制下,就可以迭代得到一个新的种群。而这个新的种群往往优于旧的(可以把不优秀的通过"自然选择"淘汰掉)。持续这种迭代,我们就有希望能够找到优化问题的最优解/较优解。

(9) 计算经济学(computational economics):经济学,特别是博弈论,在多智能体系统中的应用。

《美丽心灵》这部电影讲述了天才却又神经质的传奇数学家纳什(Nash)的故事。纳什是博弈论的代表性人物,提出了纳什均衡(Nash equilibrium)的概念,也因此而获得了诺贝尔经济学奖。

下面是一个纳什均衡的著名例子——囚徒困境(图9.40)。假设有两个小偷被抓住了,他们可以选择"坦白"或者"撒谎"。如果两人都坦白的话,按照坦白从宽的原则,他们都可以获得 −8 的收益;如果两人都撒谎的话,就可以骗过警察,从而都获得 −1 的收益;但如果一人坦白而另一人撒谎的话,撒谎的人就会得到重罚,得到 −10 的收益,而坦白的人无罪释放,收益为 0。乍一看,好像两位小偷应该选择撒谎,这样他们的收益总和才能最大化。但纳什均衡告诉我们,并不是这样的。假设两位小偷彼此没有互相通气,也都是维护自己的利益的理性选择者的话,那么他们会想:万一另一个人选择了坦白,那我的收益不就从 −1 变成 −10 了吗? 因此,撒谎不是合适的选择,两个人都撒谎不是纳什均衡态。在一个纳什均衡态中,对于每一个智能体,无论其他智能体选择怎么改变,该智能体的收益都不会降低。因此,一人撒谎一人坦白也不是均衡态。在囚徒困境中,只有两个小偷/囚徒都坦白才是纳什均衡态。

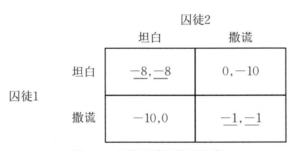

图 9.40 囚徒困境的纳什均衡

纳什均衡天生就考虑多个智能体之间的博弈,是经济学重要的数学基础之一。因此,它和多智能体决策息息相关。所以,应用在多智能体系统中是一件自然而然的事情。

(10) 社会选择理论(social choice theory):社会学在多智能体系统中的一个应用。

在一个多智能体系统中,往往需要群体来一起做一些重要的决策,如选举。但选举远没有想象的那么简单。假设我们有三个投票人甲、乙、丙和三位被选举人A,B,C。他们的投票结果分别如下:

甲:A>B>C
乙:B>C>A
丙:C>A>B

其中">"表示优先级顺序。在这种情况下,由于甲、乙都认为B好于C,根据少数服从多数原则，整个社会也应认为B好于C。同理，每一对偏好都有两个支持者。所以，以上的投票就无法选出最后的优胜者。这就是著名的孔多塞投票悖论。

事实上，社会选择远远没有那么容易。例如，2000年美国大选，戈尔领先小布什50多万选票，最终却输掉了选举。这是由美国的总统选举制度导致的结果。最终统计的不是所有选民"选票"总和而是选举州"选举人票"总和。每个州按照人口拥有不同的数量的选举人票。如果一个候选人获得了该州的大多数选民选票，那么他就获得这个州的全部选举人票。因此，就会出现这种戈尔选票多但选举人票少的奇怪现象，从而落选。

也许有人会抨击美国选举制度不合理。但是，阿罗(Arrow)在投票悖论的基础上，理论上证明了关于投票的非常违反直觉的不可能性定理——不存在同时满足无限制原则、独立性原则、一致性原则和非独裁原则的投票系统。简而言之，不存在绝对合理的社会选择系统。

(11) 决策树(decision tree)：符号流派与统计流派交叉在机器学习中的应用。

决策树是一个树形结构，其中的每个叶子节点是一个决策，而每个非叶子节点是一个选择，或者称为测试。在每个非叶子节点，不同的选择或者说测试结果，导致树不同的分叉。

在银行决定是否给客户发放贷款时，第一个测试可能是该用户信用记录。如果该用户信用记录不好，那么就会产生一个分叉拒绝放贷，这就是一个决策叶子节点。如果该用户信用记录良好，那么就产生到另外一个分叉，有可能进行第二次选择，如用户资产。这时又会产生分叉，如用户资产和借贷额不满足一定条件，则依然选择拒绝放贷；如满足条件，则继续测试。最终，这会形成一个决策树。

(12) 贝叶斯网络(bayesian network)：符号流派与统计流派交叉在机器学习和不确定性人工智能领域中的应用。

贝叶斯网络是一个有向无环图，其中顶点是描述一个领域内的变量，而边代表变量之间的条件相关性。贝叶斯网络的最重要的假设在于两个顶点不相连代表它们条件独立无关。因此，给定一个贝叶斯网络和一些变量的概率，可以通过贝叶斯公式展开来计算其他变量的概率。

例如，在疾病诊断领域，可以建立一个贝叶斯网络来表示症状与疾病之间的条件相关性(图9.41)。那么，给定某个患者的一些症状，就可以通过这个贝叶斯网络来计算该患者得某种疾病的可能性。同时，也可以根据症状和疾病相关性的数据来学习这个贝叶斯网络的参数(条件相关性)以及网络结构。

(13) 语义网络(semantic network)和知识图谱(knowledge graph)：符号流派、认知流派、统计流派等交叉在知识工程中的应用。

语义网络部分起源于认知神经科学关于语言的研究。简而言之，一个语义网络可以表示成一个有向图，其中顶点是一些单词/概念，而其中的边代表了两个概念之间的关系，用标签标出。而这种〈概念，关系，概念〉关系三元组，即两个顶点与它们之间的关系，就构成了一条知识。例如，水果的内涵定义就可以用如下的语义网络解释(图9.42)。它包含四个三元组，分别对应四条知识。

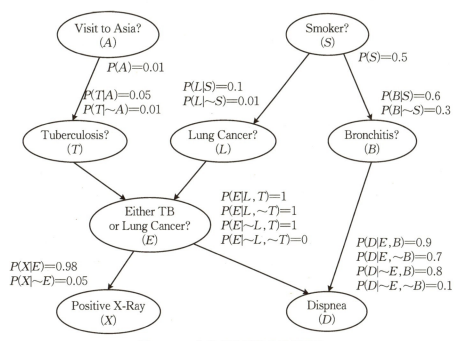

图9.41 一个疾病诊断的贝叶斯网络

图9.42 用语义网络定义水果的内涵

〈水果,是,多汁〉:水果是多汁的。
〈水果,是,可食用〉:水果是可食用的。
〈水果,味觉,甜味/酸味〉:水果的味道是甜味或者酸味。
〈水果,是,植物果实〉:水果是植物果实。

语义网络由于其结构简单,方便易懂,在很多领域都有重要的应用。比如在自然语言理解领域应用很广的 WordNet 以及 ConceptNet 就是一个典型的语义网络。

而知识图谱可以看成是语义网络的一个扩充。从表示上来讲,知识图谱就是一个语义网络。然而,知识图谱主要强调两点:网络的(半)自动获取以及网络的规模。

传统的语义网络的构建主要基于(各种方法)手动构建,而知识图谱更加强调用自动或半自动的手段在结构化、半结构化和非结构化数据中获取三元组知识。正因为如此,知识图谱与传统的语义网络相比,其规模可以达到相当大的程度。虽然知识图谱的思想甚至包括名称在学术界早已存在,但其真正的腾飞还是由于2011年Google提出了知识图谱系统,并且将其成功应用在Google搜索领域。随后,国内外很多大公司紧随其后,开发了规模相当庞大的语义网络,其中概念的数目超过数千万,而三元组的数目达到10亿级别,这个数目正在急剧攀升中。

(14) 阿尔法狗系列:连接流派、符号流派和统计流派结合在围棋等棋类游戏中的应用。

严格意义上,阿尔法狗以及它后面的姊妹阿尔法狗零(AlphaGo Zero)以及阿尔法零(Alpha Zero)和Muzero是一个具体的工作,而不是一类技术的统称。但是由于其颇具代表性,因此非常值得一提。

阿尔法狗系列事实上是连接流派(深度学习神经网络)、符号流派(搜索)和统计流派(蒙特卡洛方法)的一次巧妙结合。在其横空出世之前,已经有了一些在人工智能下围棋方面的重要尝试,包括蒙特卡洛方法和搜索结合的蒙特卡洛树搜索等。

对于下棋(围棋)而言,最重要之处在于如何落子,即在当前的棋盘状态下选择最好的位置,然后落下一枚(黑或白)棋子。理论上,棋类游戏存在必胜策略,也就是说,存在最佳的落子。但是由于其过于复杂,大家往往很难发现。

对人来说,落子主要依靠过往的知识,包括日积月累的下棋经验以及众多棋谱。而在之前用的蒙特卡洛树搜索方案中,这些经验并没有被充分利用。

阿尔法狗恰恰就利用了这些知识,再加上自己和自己重复无数次的对弈,采用深度学习的方法学习一个落子函数(其输入是当前的棋盘状态,而输出是最佳落子),从而完美地完成了逆袭,一举击败人类围棋世界冠军。而其后的姊妹阿尔法狗零更是摒弃了过往的经验知识,直接从左右互搏的对弈中,学习到了更好的落子方案。

9.3 人工智能:过去未去,未来已来

人类的文明发展史很大程度上就是一部发明工具来帮助我们做各种各样事情的历史。我们发明刀刃和弓箭狩猎;我们发明指南针寻路;我们发明算盘计算;我们发明枪炮打仗;我们发明纸笔记录;我们发明蒸汽机获得动力;我们发明洗衣机帮助洗衣;我们发明汽车代替步行;我们发明电冰箱保鲜粮食;我们发明手机方便通信。当然,我们也发明了电子计算机帮助我们做更多形形色色的事情。工具能显著提高效率,从而解放人类,让人类有更多的时间做更有意义的事情,也包括享受人生。因此,我们常说,科技是第一生产力。

在所有工具中,最强大的就是机器,例如计算器、洗衣机、农用机、空调、电冰箱、汽车、火车、打印机、手机等。和一般的工具相比,机器结构更加复杂,其功能也更加复杂和强大。机器的出现极大程度上提高了生产的效率,代替了人类的劳动,改善了人类的生活。而在所有

机器中,目前最强大的就是电子计算机。

"帮助"的核心是自动化程度。和以往的工具相比,机器在自动化程度上也要超出许多。人们用算盘的时候,还需要记住和使用珠算口诀。然而现在使用计算器,我们只需要把算式输入进去。在古代,骑马需要高超的技巧和严格的训练。而汽车大体上只有油门、刹车和方向盘,甚至这点权利都很有可能会被自动驾驶剥夺。之前提到,人们发明工具是为了帮助我们做各种各样的事情和行为(如计算、狩猎)等。而"帮助"在程度上有所差别,这取决于人类参与的程度。一个极端是该工具什么忙也没帮上,全部需要人类来操作。而另一个极端是该工具已经实现了自动化,能自主完整地复现目标行为。自然而然,我们期望我们所发明的工具从前者往后者走。而机器正在沿着这个方向大踏步迈进。随着机器越来越强大和普及,人类所要参与的程度越来越低。

在人类所做的事情和行为中,最令人神往的就是智能行为。人类最引以为傲的地方就是我们有"智慧"。论速度,我们比不过云豹;论力量,我们比不过灰熊;论耐力,我们比不过骏马;论视觉,我们比不过老鹰;论听觉,我们比不过海豚;论嗅觉,我们比不过猎狗;飞不过鸟;游不过鱼;跑不过兽。但是,我们有智慧。因此,我们才能打败在某些方面远甚于我们的竞争者,占据地球食物链的顶端,甚至自以为是地认为我们成了地球的主宰。而这一切,都是拜智慧所赐。

机器是最强大的工具;自动化复现是帮助的极致;而智能行为是所有事情和行为中的最高级。因此,人类发明工具帮助做事的巅峰即为人类发明机器复现智能。

这就是人工智能,是人类工具发明史的皇冠,是人类文明史上最璀璨的明珠之一,也是人类最终极的梦想之一。

为了这个梦想,先贤们付出了艰辛的努力,勇敢地进行了一些尝试,虽然这些尝试在很长一段时间内并未取得革命性的突破。电子计算机的出现点燃了人工智能梦想的火花,让很多不可能变为可能。借助于计算机的发展,人工智能取得了很多重要的成功,但是人工智能的发展远非一帆风顺。在短短60多年时间里,人工智能经历过数次大起大落:漫漫长夜中看见柳暗花明;盛装华彩时惊觉,梦醒后无路可走。围绕人工智能,一直存在无数聚焦、无数争议、无数预测、无数希望和无数失望。

困境时,穷且愈坚,努力所至,期待云开日出。顺境时,一次又一次,重入怀疑之海,不断探寻理性的边境。路漫漫其修远兮,人工智能之梦,人类一直在追逐,现已出现曙光,也终将取得突破。

(本章撰写人:周熠)

参 考 文 献

[1] Turing A M. On computable numbers, with an application to the entscheidungs problem[J]. Proceedings of the London Mathematical Society, 1936,42(2):230-265.

[2] Shannon C. A Symbolic Analysis of Relay and Switching Circuits[D]. Master thesis, 1938.

[3] McCulloch W S, Pitts W. A logical calculus of the ideas immanent in nervous activity[J]. The Bulletin of Mathematical Biophysics, 1943,5(4):115-133.

[4] Turing A M. Computing machinery and intelligence[J]. Mind, 1950,59(236):433-460.

[5] Minsky M L. Theory of neural-analog reinforcement systems and its application to the brain-model problem[D]. Princeton University, 1954.

[6] Selfridge O. Pattern recognition and modern computers[C]//Proceedings of the 1955 western joint computer conference. New York: Institute of Radio Engineers, 1955:91-93.

[7] Chomsky N.Syntactic Structures. Mouton & Co.'s-Gravenhage, 1957.

[8] Rosenblatt F. The perceptron: a probabilistic model for information storage and organization in the brain[J]. Psychological Review, 1958,65:386.

[9] Shannon C. Programming a computer for playing chess[J]. Philosophical Magazine, Ser.7, 1950, 41(314).

[10] Newell A, Shaw J, Simon H A. Chess-playing programs and the problem of complexity[J]. IBM Journal of Research and Development, 1958,2:320-335.

[11] Newell A, Simon H A. The logic theory machine: a complex information processing system[J]. Proceedings IRE Transactions on Information Theory, 1956,IT-2:61-79.

[12] Wang H. Proving theorems by pattern recognition[J]. Communications of the ACM, 1960,4(3):229-243.

[13] McCarthy J. Recursive functions of symbolic expressions and their computation by machine[J]. Part I. Communication of the ACM, 1960,3(4):184-195.

[14] Samuel A L. Some studies in machine learning using the game of checkers[J]. IBM Journal of Research and Development, 1959,3(3):210-229.

[15] Minsky M, Papert S. Perceptrons: an introduction to computational geometry[M]. Cambridge, MA: MIT Press, 1969.

[16] Lindsay R K, Buchanan B G, Feigenbaum E A, et al. Applications of artificial intelligence for organic chemistry: the dendral project[M]. New York: McGraw-Hill Book, 1980:70.

[17] Buchanan B G, Shortliffe E H. Rule-based expert systems: the MYCIN experiments of the stanford heuristic programmingproject[M]. Reading, MA: Addison-Wesley, 1984.

[18] Barker V E, O'Connor D E.Expert systems for configuration at digital: XCON and beyond[J]. Communications of the ACM, 1989,32(3): 298-318.

[19] Lenat D B, et al. Cyc: toward programs with common sense[J]. Communications of the ACM, 1990,33(8):30-49,1990.

[20] Kowalski R A, Kuehner D. Linear resolution with selection function[J]. Artificial Intelligence, 1971,2,(3-4):227-260.

[21] Hopfield J J. Neural networks and physical systems with emergent collective computational abilities[J]. Proceedings of the National Academy of Sciences of the USA, 1982,79(8):2554 - 2558,1982.

[22] Rumelhart D, Hinton G E, Williams R J. Learning representations by back-propagating errors[J]. Nature, 1986,323:533-536.

[23] Werbos P. Beyond regression: new tools for prediction and analysis in the behavioral sciences[D]. Cambridge, MA: Harvard University, 1974.

[24] Brooks R A. Elephants don't play chess[J]. Robotics and Autonomous Systems, 1990,6:3-15.

[25] Cortes C, Vapnik V. Support-vector networks[J]. Machine Learning, 1995,20(3):273 - 297.

[26] Hsu Feng-hsiung, Campbell M. Deep Blue system overview[A]. Proceedings of the 9th international conference on Supercomputing[C]. ACM, 1995:240 - 244.

[27] Ferrucci D, Levas A, Bagchi S, et al. Watson:beyond jeopardy![J]. Artificial Intelligence, 2013,199:

93-105.
- [28] Silver D, Huang A, Maddison C J, et al. Mastering the game of Go with deep neural networks and tree search[J]. Nature, 2016, 529:484–489.
- [29] OpenAI. GPT-4 technical report[DB/OL]. https://arxiv.org/abs/2303.08774.
- [30] 李德毅,于剑,马少平,等.人工智能导论[M].北京:中国科学技术出版社,2018.
- [31] Russell S J, Norvig P. 人工智能：一种现代的方法[M].殷建平,等,译.北京:清华大学出版社,2013.
- [32] Newell A, Simon H A. Computer science as empirical inquiry: symbols and search[J]. Communications of the ACM, 1976, 19(3):113-126.

第10章 工程科学

10.1 导　言

　　人类社会在不断地认识世界和改造世界中向前发展。这个过程由两个重要环节构成：一方面，人们不断获取经验，掌握规律，不断形成和更新关于这个世界的认知；另一方面，人们利用所掌握的经验、规律和认知，不断对自然资源进行开发和利用，服务于人类社会的发展需求。经过长期的实践，特别是在数学语言体系充分发展的基础上，前者建立起可检验的或可预测自然现象的系统性的知识，即科学（science，这里单指自然科学）；后者中面向人类社会具体使用价值的设计和创造被称为工程（engineering），为实现这一目的所应用的方法以及承载方法的特定工具称为技术（technology）。一般来说，科学源于对认识自然的需要，工程源于对改善生存和生活环境的需要。

　　工程和科学的发展在人类历史上经历了不同的阶段。在公元13世纪以前，人类早期的工程大都由"工匠"这个群体承担，极大地依赖于长期实践获得的经验以及关于自然的朴素认知，而早期的科学则很大程度上是基于兴趣的自由探索，并无确切的实用指向。两者并无太多交集。公元14—18世纪，以牛顿力学为代表的近代自然科学逐步建立和完善，对此做出巨大贡献的先驱们从工程实践中获得了大量的知识，事实上，他们中很大部分本身即是从事工程设计与制造的，例如达·芬奇、牛顿。这一阶段，科学与工程相辅相成，在18世纪中后期共同孕育诞生第一次工业革命，开启了机器代替手工劳动的新时代。至19世纪上半叶，用钱学森的话说，科学家和工程师"分手了"，"科学家们忙于建立起一个自然科学的完整体系，而工程师们则忙于用在实际工作中累积的经验来改造生产方法"[1]。但从另一层面看，此时的工程师们已经完全不同于早期的"工匠"，他们不仅拥有实践经验和掌握技术方法，同时也接受了系统的科学训练，并将经时间检验的成熟数理知识转变为工程语言应用于实践创造。20世纪以来，社会分工的细化促使基础科学和工程技术日趋专门化，科学和工程逐渐分化为两个相对独立的领域，并各自衍生出大量分支。这种分化更多是源于工程中科学知识密集程度的急剧增大，使得个体难以同时深度掌握两个方向的前沿知识，而基础科学与前沿工程本身事实上正变得更加密不可分。

　　冯·卡门曾就工程与科学的关系做过这样的表述："科学工作者研究现有的世界，工程师则创造从未有过的世界。"作为冯·卡门的学生，钱学森先生很早即关注了工程与科学、工程师与科学家之间这种既有明确方向区分又密切联系的关系，并提出了将两者结合的"工程科学

(engineering science)"的概念。他在1947年发表了题为"工程和工程科学(engineering and engineering science)"的报告[2]，对20世纪前半叶科学和高技术发展进行了深入总结和探讨。

在上述报告中，钱学森认为，工程科学"最重要的本质"是"将基础科学中的真理转化为人类福利的实际方法的技能"。

他以二战期间雷达和核能的发展为例论述工程科学的概念："雷达技术和核能的成功开发为盟方取得第二次世界大战的胜利做出了重要贡献是公认的事实。短短数年，紧张的研究工作把基础物理学的发现，通过实用的工程，变成了战争武器的成功应用。这样，纯科学的现实与工业的应用之间的距离现在很短了。换句话说，长头发科学家和短头发工程师的差别其实很小，为了使工业得到有成效的发展，他们之间的密切合作是不可少的。纯科学家与从事实用工作的工程师间密切合作的需要，产生了一个新的职业——工程研究者或工程科学家。他们形成纯科学和工程之间的桥梁。他们是将基础科学知识应用于工程问题的那些人。"对于这种新型的"工程科学家"，钱学森认为"他们的任务是解决提交给他的问题，以及进行工程科学的基础研究"。他们必须掌握的知识包括工程设计和实施的原理、工程问题的科学基础和工程分析的数学方法。

钱学森归国后大力践行他的工程科学思想。1958年，中国科学技术大学成立，钱学森先生担任所建近代力学系(现工程科学学院前身)第一任系主任，并亲自制定人才培养方案[3]。在那个大量承继苏联教育体制的年代，专才教育是主流，而钱先生制定的人才培养方案已经将理工结合和通才教育的工程科学思想灌注其中，极具先进性和前瞻性。在这一思想指导下，中国科学技术大学围绕"两弹一星"等重大工程为国家培养了大量杰出的工程科学人才。

从今天的视角来看，工程科学具有科学与工程的双重属性。一方面，它跟基础科学一样，属于科学的范畴。工程科学与基础科学的不同之处在于，基础科学源于对宇宙和自然的认知需求，而工程科学则由具体工程或人类社会发展的具体需求所驱动。另一方面，它也是前沿工程中不可或缺的组成部分，强调的是高新技术在工程领域的现实应用，是现代生产力发展的重要原驱动力。近些年来提出的"卓越工程师"培养计划以及"新工科"建设，事实上都是工程科学思想在当前国计民生与科学技术背景下的延续和发展。

在21世纪的今天，人工智能、新能源、量子信息技术、生物技术等新兴技术蓬勃发展。现代社会发展与前沿工程衍生出来的需求和基础科学研究领域的交叉，进一步推动了科学和技术的深度融合，工程科学的必要性和价值已经从科技发展的各个方面得到了验证。

10.2 力学：工程科学的基础

力学是工程科学的基础，力学理论及其应用是推动众多工程科学发展的原动力。力学是一门独立的基础学科，是有关力、运动和介质(固体、液体、气体和等离子体)以及宏观、细观、微观力学性质的学科，主要研究机械运动及其同物理、化学、生物运动耦合的现象。力学研究力的作用与物质的运动,描述自然界和人类活动中最基本的现象,在自然科学中处于基础地位。力学经过开普勒、伽利略开创,由牛顿集大成,成为一门精密的科学,极大地推动了数学、天文学和经典物理的进展。例如,它在定量描述天体运动方面起了巨大的作用,并导致了微积分的建立。继而经由欧拉、拉格朗日、哈密顿等将质点系和刚体力学发展成从内容到形式都十分完善的理论体系。与此同时,欧拉、纳维、斯托克斯等建立了描述连续介质变形与运动的弹性力学和流体力学的基本框架。

力学是一门基础学科,同时又是一门技术学科,是物理学、天文学和许多工程学的基础,机械、建筑、航天器和舰船等的合理设计都必须以经典力学为基本依据。20世纪初是近代力学发展的重要时期:美国从欧洲引进空气动力学家从事航空科学的研究,这是当代社会把现代产业建立在科学基础上的范例;核武器离开了冲击波的理论是难以想象的;力学的理论使人们能在地震多发区建造高层建筑;断裂力学从根本上改变了结构和构件的强度设计和安全评定的概念,大大提高了材料使用的效率;力学家和数学家一起创立了有限元法,以及各种差分方法,形成了计算力学并促进了计算数学和计算机的发展;流体力学家和气象学家、海洋学家一起创立了数值天气预报和地球物理流体力学;等等。

力学致力于力学界公认的几个基本力学现象与规律的研究,包括:湍流运动的各种表现与机理以及复杂流场中涡系的生成及演化机理;固体介质的本构、破坏或失效理论;传统连续介质力学的改造,使之能够正确刻画非均匀、多相、多尺度、有宏细微多层次结构的天然或人造流体和固体的力学性质与变形、破坏和流动的规律。力学将继续以应用基础研究为重点,同时大力发展应用力学。

力学除了将继续在航空、航天、机械、土木、水利、化工、交通运输等传统领域发挥为之提供基础理论与工具的作用,也将在生命、材料、能源、环境、高技术领域发挥愈来愈大的作用。力学界已经参与天体物理、凝聚态物理、微重力科学等相邻领域的研究工作,特别是生物力学的建立对生物医学工程的发展做出了重要的贡献。同时,力学大变形的几何理论业已完善,并在与近代热力学理论结合上有重要进展;力学的基础正在从宏观向细观和微观延伸,从单一的均匀介质向非均匀、多相介质延伸。

力学有许多分支学科,在我校近代力学系设有流体力学、固体力学、工程力学和生物力学四个主要方向,以下将按这四个方向介绍其前沿研究内容。

1. 流体力学前沿

(1) 流体力学的概念与内涵。

流体是一种变形体,对它施加剪切外力时,它总会发生变形且将不断地继续变形下去。这种不断继续变形的运动称为流动。流体广泛地存在于自然界和工程技术领域,到处都可观察到与流动有关的现象:从宇宙中巨大的天体星云到包围地球的大气层,从地球表面无垠的海洋到地球内部炙热的岩浆,从动物血管中的血液到各种工业管道内的石油和天然气。凡是有流体存在的地方,都有流体力学的问题存在。流体力学是一门研究流体的机械运动和力的作用规律的力学分支学科,具体来说就是研究流体介质的特性、状态和在各种力驱动下发生的流动以及质量、动量、能量输运规律。由于流体物理性质、流动状态、受力环境的复杂性,流体力学问题呈现非定常、非平衡、多尺度、多场耦合、强非线性等基本特征。

流体力学既包含自然科学的基础理论,又涉及工程技术科学方面的应用。随着人类对自然界认识的不断深化和长期生产实践的积累，流体力学逐步发展起来。20世纪初，飞机的发明极大地促进了流体力学的发展，创立了一系列重要的概念、理论和方法，如机翼理论、边界层理论、湍流应力、风洞实验、数值计算方法等。随后，流体力学出现了许多分支学科，如高超声速气体动力学、水动力学、多相流体力学、计算流体力学、渗流力学等。此外，流体力学与其他学科交叉和融合，形成了新的分支学科，如磁流体力学、环境流体力学、生物流体力学、物理化学流体力学等。流体力学极大地推动了近代科学技术和工程的进步与繁荣，尤其是航空、航天、船舶、能源等工业；同时，与重大工程应用的紧密结合也促进了该学科自身的不断发展。

(2) 生产生活、国防工程实际中的流体力学问题举例。

流体力学问题广泛存在于自然界与诸多国防工程中。自然界中各种不同的生物通过漫长的进化和自然选择过程形成了各有特色的运动方式和运动能力，比如鱼类和微生物的游动、鸟类和昆虫的飞行等。这些丰富多彩的运动形式与生物所面对的复杂环境密切相关、互相作用，以满足捕获食物、逃避天敌、生殖繁衍等不同的生存需求和功能。研究飞行动物（鸟类、有翼昆虫等）和游动生物（鱼类和游动微生物等）运动中的流体力学问题对基础科学和工程应用具有显著意义和重要作用。一方面，关注生物运动中的科学问题。生物在飞行和游动中表现出卓越的运动能力，如具备持久、长程的巡游能力，高超的机动能力，运动的低噪声和高稳定性等，这其中所蕴含的丰富而复杂的非定常空气/水动力学、涡动力学和流动控制、流体-结构耦合作用等相关力学机理尚有很多不为人们所知。长期以来，相关领域的基础研究一直是流体力学中最为活跃的研究方向之一；而生物学家也需要了解飞行和游动的力学因素对生物的生理和行为（及其进化）的影响。另一方面，生物的飞行和游动为人类设计、制造相应的仿生飞行器和水下航行器提供了方向和灵感。飞行与游动的仿生力学的研究成果将为相关工程技术工作者改进现有飞行器和水下航行器、设计仿生机器提供基础理论支撑。因而，研究生物飞行与游动的运动学和动力学机理对国民经济、国防建设等方面有重要意义。

船舶、航空、航天等国防领域中的很多关键问题都依赖于湍流、激波、旋涡和非定常分离流等流体力学问题的研究。例如，涡轮机械系统内部流动很大程度上受到湍流的影响。涡轮基元级静叶和动叶之间存在复杂的湍流场和波系结构，准确地预测湍流以及流动物理过程是设计流程中的重要环节。再如，在高亚声速或跨声速飞行状态下，翼面上存在局部超声速区并可能形成激波，激波和湍流边界层将发生相互作用，这直接关系到飞机升力、力矩特性的设计。激波-湍流边界层相互作用问题涉及诸多基本流动现象，如激波运动、湍流边界层特性以及相干结构等，亟待深入研究。此外，载入飞行器以及高超声速巡航飞行器（如NASA的X-43、X-51）等在高超声速飞行时，层流-湍流边界层转捩是一个复杂而又重要的流动现象，它将影响气动防热设计。一些防热技术本身也与湍流现象密切相关，如反向喷流、液膜冷却等。

在能源等国家重大战略需求中，流体力学也发挥着极其重要的作用。能源短缺的今天，核聚变是可能解决能源问题的重要途径之一。目前核聚变是不受控制的，因此我们无法合理有序地利用其能量。发展可控核聚变而有序利用聚变产生的巨大能量，将会有效地解决能源危机。惯性约束聚变（ICF）是一种依靠燃料质量的惯性来提供约束从而控制聚变的方法。ICF通过激光驱动源压缩聚变反应的氘氚(DT)燃料靶丸,使其密度增大,以达到聚变反应所需要的条件。然而,在激光压缩DT燃料靶丸过程中会产生界面不稳定性,这对聚变反应的发生具有重要影响。随着激光压缩过程的进行,低密度烧蚀材料会推动高密度壳层,从而使得靶丸表面缺陷通过界面不稳定性增长。这一增长导致内爆冲击过程偏离靶丸球体,并将扰动信息传递到壳层,使得推进材料与燃料之间的界面产生褶皱。随着燃料被进一步压缩,推进材料与燃料之间的界面也会产生不稳定性,导致褶皱增长,加速推进材料与燃料混合致使聚变反应失败。因此,界面不稳定性这一流体力学问题是ICF靶丸设计必须考虑的重要影响因素。

2. 固体力学前沿

随着应用需求的不断增长,新型材料和先进结构不断涌现且其服役环境日趋复杂和极端。为了刻画各种先进固体材料/结构在复杂甚至极端环境下的跨层次、多尺度、多场耦合力学行为,迫切需要构建新的本构框架、揭示新的破坏机理、发展新的强度理论;迫切需要突破现有计算和实验体系/范式的局限,为固体力学基础理论研究和工程应用提供更有力的方法和工具支撑;迫切需要强化与其他学科之间的交叉融合,开辟固体力学研究新疆域,充分发挥固体力学解决其他学科瓶颈问题的关键作用。

(1) 非经典本构关系与变形理论。

在国家重大需求和产业创新发展的推动下,具有优异力学性能的新型材料和先进结构不断涌现,并被应用于各种复杂、极端服役环境。与工作于常规环境下的传统材料或结构相比,复杂极端环境下的新型材料与先进结构的力学行为呈现出如下复杂性:一是不确定性、非稳态、强非线性导致的复杂性;二是与非局部效应、离散性强间断等现象相关联的复杂性;三是多层级微结构、多相多态介质耦合相互作用引发的复杂性;四是化学反应、物质扩散等不可逆过程带来的复杂性。这些复杂性的存在使得难以基于经典框架精确预测新型材料和先进结构的力学行为,亟待发展新的本构关系和变形理论。

(2) 固体的多场多尺度破坏机理和强度理论。

作为固体力学的重要基础,材料与结构的破坏机理和强度理论一直是固体力学最核心的研究课题之一。近年来,通过对微结构的优化设计与调制,各种新概念材料与结构大量涌现,材料中常见的"强-韧倒置关系"频频被突破,新的强韧化机制不断被发现,现有固体强度和断裂理论面临挑战。另一方面,随着科技的发展,各种先进材料/结构的服役环境变得越来越复杂,越来越超常,现有的强度理论难以刻画它们复杂的破坏机理。例如,在力、热、电、磁和光等外场作用下,智能材料与结构会产生强烈的耦合响应,其变形和破坏呈现出多种机理并存且相互耦合,彼此影响,传统的以力学量(应力、应变或变形能等)为基础的强度理论和破坏准则一般难以适用。由于多场耦合下智能材料与结构的强度与破坏理论、智能微纳器件的可靠性设计与安全评价等相关基础理论和方法缺乏,我国以芯片为代表的高端微电子器件产业的快速、高质量发展受到严重制约。又如,在航空航天、深空深海、医工交叉等多个前沿领域,很多材料与结构的服役过程涉及力学与化学(如氧化、腐蚀、烧蚀等)的耦合,不仅存在溶质组分的扩散和聚集等物理过程,还伴随着化学反应等化学过程,呈现出非平衡、非稳态、多介质、强非线性等复杂动力学特征。在此复杂过程中,经典连续介质力学的假设和前提条件不复存在,经典强度理论和破坏理论难以胜任。力-化耦合环境下材料与结构的损伤失效机理、服役安全及耐久性评价等是一系列国家重大需求中亟待解决的共性关键科学问题,亟待突破。

(3) 材料动态本构行为与复杂结构动力学。

在爆炸、冲击等动态荷载作用下,固体材料的响应行为与其在静荷载作用下的响应行为并不完全一致,有时甚至有巨大的差异,特别当考虑载荷作用的随机性、时效性以及材料/结构的性能演化时。另一方面,随着材料-结构-功能一体化设计研究的快速发展以及微纳制造、3D打印等先进工艺的逐渐成熟推广,各种新型多功能材料及结构被相继开发和利用,它们为材料动态响应行为的研究带来了全新的发展空间和契机。近年来,材料-结构-功能一体化设计的最新研究成果极大地扩充了结构动力学行为研究的版图,特别是非经典现象及新概念的引入(如负质量、负模量、密度张量、单向传播、拓扑保护)为弹性动力学及相关学科的发展带来了全新的动力。

(4) 基于几何/数据/设计驱动的新型计算固体力学。

对结构的精确几何描述是对其力学行为进行高精度数值模拟的先决条件。计算固体力学的进一步深入发展,亟待加强计算力学与计算几何的深度融合。各类先进结构的不断涌现使得创建系统的优化设计理论与方法成为当务之急。算力日增的高性能计算平台、不断演进的新型计算模式也给计算力学的研究带来了新的发展机遇。

(5) 材料与结构内部力学参量的实验测试与表征方法。

保障先进材料和重大工程结构的服役性能以及安全可靠性需要对其内部力学参量的分布及时空演化规律有充分认识。事实上,航空发动机/燃气轮机叶片、高速铁路车轮等重大装备核心部件的失效破坏通常均由内部损伤累积演化所致;增材制造产品的宏观力学性能(如强度、韧性等)与其内部缺陷之形貌、分布密切相关;膜-基结构的完整性完全取决于其内部界面上的应力状态;页岩的油气输运能力高度依赖页岩内部裂纹网络的空间拓扑;锂电池内的离子扩散速率更与其内部应力状态高度关联。因此,必须发展材料/结构内部力学参量的精细测量与表征技术,才能为相关关键力学问题的解决提供充分的实验依据。传统实验力学针对材料与结构表面的力学参量检测发展了很多方法,但与内部力学参量测量与表征(特别是在高速冲击等极端环境下)相关的研究工作相当匮乏,尤其缺少可用于非透明材料/结构内部场测试的关键技术与科学仪器。相关研究的挑战性在于:一方面,多场耦合环境下基于微结构演化的三维复杂变形和应力状态的精确反演方法还几近空白;另一方面,超高速冲击的时间历程很短,但准确表征微结构演化和相变等过程需要的信息量很大,而现有的冻结诊断方法在短时间内能够获取的信息量非常有限。值得指出的是,目前我国散裂中子源与同步辐射装置等一批国家大科学装置陆续建成,这为材料内部场的测试技术与表征方法研究提供了必不可少的实验平台。

(6) 新兴交叉力学。

固体力学以工程和自然界中真实存在的介质和系统在外部作用下的力学响应为研究对象,是众多需要精细化、机理化描述的应用科学和工程技术的重要基础。随着科技的不断发展,作为基础学科的固体力学必须结合现代数学、物理、化学、生物、材料、微电子学等学科的新概念、新方法,发展其基本理论,研究固体在力、热、电、磁、声、光、化学等多场耦合作用下的力学响应。另一方面,固体力学内部各个分支学科之间的交叉研究频繁,催生出大量的新概念、新方法、新理论和新思想,孵化出一批新兴交叉研究方向和研究生长点。可以说,交叉是固体力学最本质的特征,通过与外部学科和内部分支学科的交叉,固体力学的发展呈现出蓬勃生机。

3. 工程力学前沿

工程力学主要研究力学和数学的基本理论和知识,运用计算机和现代实验技术手段解决与力学有关的工程问题。广义上看,工程力学涉及机械、土木、水利、结构、军事等领域,是一个真正"宽口径、厚基础"的专业。狭义上看,工程力学侧重于高应变率加载下的力学过程,包括冲击、爆炸、热、防护、毁伤等内容。工程力学领域具有代表性的前沿工作包括:

(1) 新型含能材料。

德国慕尼黑大学研发的TKX-50爆炸性能与RDX相当且感度较低,是极具潜力的新型高能炸药。哈佛大学于2017年在 Science 杂志上发布了获取金属氢的相关报告,宣布利用金刚石对顶砧容器技术(DAC)在495 GPa下获得了金属氢。金属氢作为超高含能物质的能量密度高达218 kJ/g,是TNT炸药(4.65 kJ/g)的约50倍,是综合性能最好的HMX炸药(5.53 kJ/g)的约40倍。我国的炸药技术发展迅速(图10.1),如CL-20的合成和性能研究、FOX-7系列不敏感高能炸药的研究。南京理工大学于2017年首次合成了高能炸药全氮阴离子盐N5,其爆炸能量能达到TNT炸药的3~10倍,与国外相比各有千秋。

图10.1 洲际导弹爆炸图

(2) 真三轴SHPB技术。

深地和深海中的物质常处于静水压的三维复杂应力状态下,当在地震波或者瞬态载荷(强动载)作用时,这些物质的变形与失效与一维应力下有着本质的区别。因此,三维复杂应力状态下的应力波传播以及动态塑性变形和失效是深海深空、土木工程以及国防安全等领域面临的关键性基础问题。中国科学技术大学的研究团队于2017年研制了真三轴霍普金森杆(SHPB,图10.2)动态实验装置,实现了材料在200 MPa真三轴静载应力下的动态力学性能以及微侵彻力学特性研究,加载速度可达50~200 m/s。这套前沿的三维动态实验技术在国内外同行中引起了巨大的反响。

图10.2 霍普金森杆

(3) 高效冲击吸能。

航空航天器、高速列车、汽车等交通/运载工具可能遭受局部强动载荷作用,因此亟需发展高强韧轻质结构以满足承载、吸能的要求(图10.3)。通过对自然界优异吸能生物结构(如软木、竹子和柚皮)进行观察和研究,发现其内部含有大量空洞的多胞结构是一类非常优异的吸能器。其质轻且可发生塑性大变形,主要以内部胞元发生失稳、坍塌及破损等力学行为来耗散能量,同时具有良好的隔热、隔音和减震性能。多胞结构的相对密度小于0.4,如蜂窝、植物的茎、木材、骨骼、海绵、珊瑚等自然界中的材料,以及纸蜂窝、泡沫塑料、金属蜂窝、泡沫金属、点阵材料、格栅材料等人造材料。中国科学技术大学广泛开展了多胞材料的耐撞性实验测试和理论分析研究,发现了泡沫金属独有的率敏感性行为,解决了国际上近二十年关于泡沫材料是否存在率敏感性的争议;提出了多种轻质耐撞性结构的优化设计方法,以实现高效、安全地吸能,成果应用于近空间飞行器、高速列车、新能源汽车和国防军工等领域。

图10.3 生活中的碰撞问题

(4) 热冲击防护。

随着近年来世界范围内航空航天及核聚变工程的发展,材料在极端高温条件下的应用不断对热冲击防护提出挑战性要求。研制相关实验和理论模拟平台并开展精细的研究,搞清相关力学机理,提出先进的解决方案是工程力学领域重要的前沿方向。中国科学技术大学近年来发展的高热流综合实验平台是基于电子束加热原理,利用真空环境,建成的超高热流、超高温且能实现热/机多载荷耦合加载的实验平台(图10.4)。该平台兼具专用性和通用性,满足材料或部件的高温力学实验需求,可在各种模拟条件下,开展常温至3500 ℃范围高温加载,GW级高热流加载,热/机多载荷(拉、压、扭)耦合加载等多种实验,并获得精确的力学行为观测。在国际上首次开展了3000 ℃范围非接触热应变测量,成为业界领先记录,同期首次原位观测到聚变堆偏滤器界面出现损伤积累和裂纹失效的应变场演化历史,成果获得聚变工程顶刊 *Nuclear Fusion* 认可并发表。另外,面向航空、航天及核工程背景,增加电磁($\sim 10^{24}$ s$^{-1}\cdot$m^{-2}通量)、宽频振动(0.5~20 kHz)等载荷加载能力,发展成覆盖航空、航天及核聚变工程应用范围的多场耦合热冲击防护综合实验平台。在设备能力建设同时,发展基于多场耦合的多学科、多尺度原位测量技术,如高通量射线发生系统、高分辨成像探测系统、原位CT扫描成像、微观晶相原位在线测量技术、高精度温度场非接触测量技术等,满足同步观测材料/构件宏观应力应变和内部晶粒、晶相损伤演化的多尺度动力学观测需求,形成国内一流的热冲击防护研究平台。

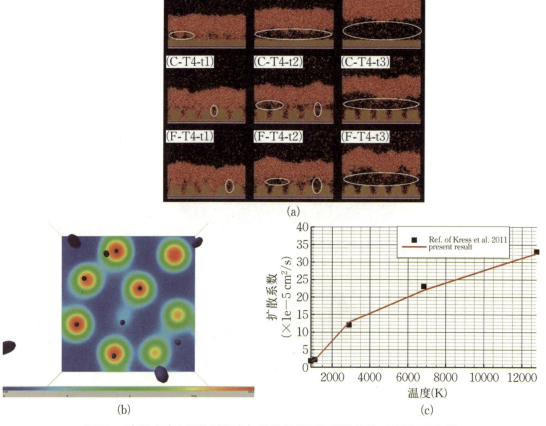

图10.4 高能流冲击下物质相变与极端条件下物质属性第一性原理预测[4]

(5) 气体燃爆。

可燃气体爆炸可分为两类,一类是可燃气体和普通气体混合后爆炸使得压力骤升的过程(图10.5),另一类是由单一气体经过分解后形成的气体爆炸。在不受限空间中的气体爆炸会形成球形火焰。球形火焰在向外膨胀过程中,由于火焰自发不稳定性的影响,初始光滑的火焰表面会逐渐失稳产生裂痕或胞状褶皱结构,火焰表面积逐渐增大,导致火焰传播速度升高。如果空间和气体浓度足够,爆炸速度会持续上升,直到形成爆轰波,达到稳定的爆轰速度(也称CJ爆速)。20世纪40年代,泽尔多维奇(Zeldovich)、多林(Doring)、冯·诺依曼(von Neumann)提出的ZND模型指出:爆轰波是具有一定厚度的化学反应区的激波。爆轰波前沿是由多个间隔排列的马赫杆、入射激波、横波组成的三维结构。马赫杆、入射波、横波在传播过程中相互交合产生的三波点的运动轨迹构成了爆轰胞格。爆轰胞格是爆轰波的重要参数,反映了爆轰波的速度、强度、过驱度等。

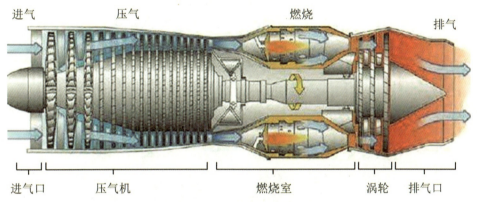

图10.5 发动机燃烧结构示意
(图片来源:百度百科)

4. 生物力学前沿

生物力学(biomechanics)是通过力学原理和生物学方法的结合,研究生命系统在机械方面的结构、功能和运动,其研究对象涵盖从生物个体到器官、细胞、细胞器直至蛋白质分子等各个尺度。生物力学通过对生命过程中的力学因素及其作用进行定量的研究,认识生命过程中的规律,解决生命与健康领域的科学问题。

在科学的发展过程中,生物学和力学相互促进和发展。哈维(William Harvey)在1615年根据流体力学中的连续性原理,推断了血液循环的存在,随后马尔皮基(Marcello Malpighi)于1661年发现蛙肺微血管,证实血液循环。博雷利(Giovanni Alfonso Borelli)通过研究行走、跑步、跳跃等行为,找出了人体各种关节平衡所需的力量,他也是第一个理解肌肉骨骼系统的杠杆放大运动而非力量的人(图10.6)。托马斯·杨(Thomas Young)为阐述人体声带发声的原理而提出材料力学中著名的杨氏模量。希尔(Archibald Hill)通过研究肌肉拉力和收缩关系提出希尔肌肉模型,并于1922获诺贝尔生理学或医学奖。生物学和力学的交叉融合一直存在,到20世纪60年代初,著名美籍华裔学者冯元桢(Yuan-Cheng Fung)等一批工程科学家同生理学家和医学家合作,对生物学、生理学和医学的有关问题,用工程的观点和方法,进行了深入的研究。这些课题的研究逐渐发展成为生物力学,生物力学作为一门独立的分支学科开始形成。

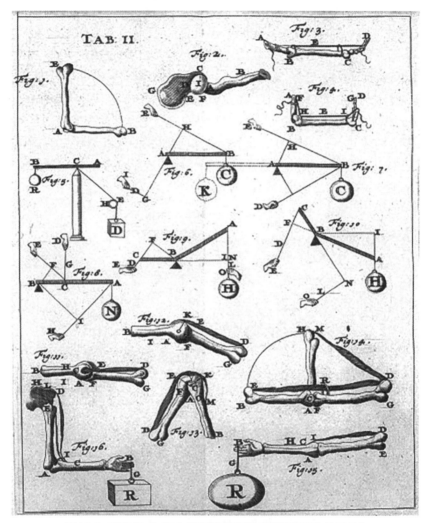

图10.6　17世纪,生物力学家博雷利的专著《论动物的运动》
(图片来源:维基百科)

传统的生物力学按照研究对象的不同可分为生物流体力学、生物固体力学、运动生物力学等。生物流体力学是研究生物体内(心血管系统、消化呼吸系统、泌尿系统等)或生物体周围(游泳、飞行等外部环境)流体流动的学科。肺循环片流理论的建立就是一个经典的生物流体力学的研究。冯元桢等从20世纪60年代起,通过对大鼠和猫的肺动脉和静脉树分支结构研究,结合流体力学分析,量化了肺泡血液的应力-流量关系、血液表观黏度、肺总体血流等,为探究肺循环生理学中力学相关现象提供了精确的力学描述。生物固体力学应用材料力学、弹塑性理论、断裂力学的基本理论和方法,研究生物组织和器官中的力学问题。应力-生长理论的建立就是一个典型的生物固体力学的研究,研究发现骨重建以及血管内膜增生等组织的生长会受到所处的体内环境的应力、应变的改变的影响。以血管为例,在正常的生理状态,应力与生长达到平衡,血管形态和功能保持相对稳定,而在高血压时,平衡关系被打破,组织的生长速率随着应力增大而增加,导致血管中膜平滑肌细胞和细胞外基质过度生长并表现血管壁增厚,应力-生长理论准确描述了其中力学与组织增长的关联性。运动生物力学则是将力学原理应用在人体运动方面,以了解人体和运动器具的协调与变化,从而减少运动损伤和提高运动表现。

随着科学技术的进步,现代生物力学也在不断发展,生物力学研究深入到细胞分子水平,力学生物学(mechanobiology)逐渐成为了生物力学一个新兴的交叉学科前沿领域。力学生物学旨在探究力学环境或外界力学刺激对细胞行为、组织发育以及生物体生理病理的影响,阐明机体的力学过程与生物学过程(如生长、重建和修复等)之间的相互关系,开发出有疗效或具有诊断意义的新技术。力学生物学领域早期一个重要分支就是细胞的力学感知,即细胞如何感知并响应细胞周围微环境(细胞外基质)硬度等力学特性。21世纪初,恩格勒(Adam J. Engler)和迪舍尔(Dennis E. Discher)等通过探究外基质硬度对间充质干细胞分化的影响,发现了软基质有利于间充质干细胞分化为神经元样细胞,中等硬度基质促进成肌分化,而刚性基质刺激成骨分化(图10.7)。在这之后,越来越多的科研工作者关注外基质力学特性是如何调控细胞行为和过程的,例如基质硬度对细胞迁移、肺细胞纤维化以及癌细胞恶性表型的影响。近年来,外基质的非线性、时间相关的黏弹性以及塑性等力学特性对细胞行为的影响也开始受到关注。目前,外基质的力学特性对组织形态的发育、体内再生过程和癌症扩散等众多生理与病理过程的重要影响已经得到广泛的认可。

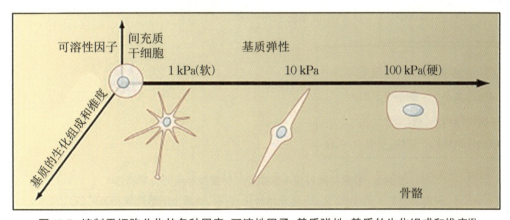

图10.7 控制干细胞分化的多种因素:可溶性因子、基质弹性、基质的生化组成和维度[5]

近年来,癌细胞的力学生物学成为生物力学、细胞生物学、肿瘤医学等领域的研究热点。研究表明肿瘤的扩散和发展各个阶段都与周围力学微环境密切相关。在癌症扩散初期,单个癌细胞会生长出侵袭性伪足,改变形貌和迁移特性,逃逸出肿瘤组织。之后,癌细胞会利用自身黏附能力对外基质施加牵引力,并利用伪足生长并分泌溶解酶,使周围外基质产生形变,制造出外基质空腔。随后,癌细胞动态挤压自身,调整体积和形态来等促使癌细胞穿透物理屏障,进而侵入血液循环系统并扩散至人体其他器官(图10.8)。整个过程中,癌细胞与外基质始终保持动态的力学接触,外基质的硬度、空隙大小、细胞核硬度和大小、细胞牵引力大小以及血流所提供的剪切力都会影响癌细胞扩散和转移,因此力学微环境在肿瘤扩散中起到重要作用。研究细胞(尤其是具有侵袭性的癌细胞)在复杂环境中力学感应的机制有助于阐明肿瘤扩散等过程中力学生物学机理。

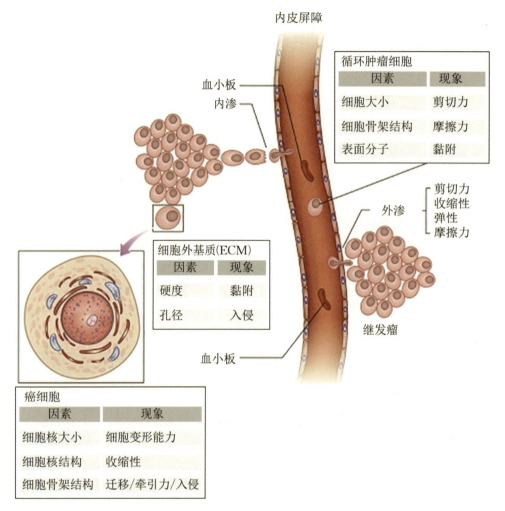

图 10.8　肿瘤转移过程中癌细胞和肿瘤微环境的力学特性[6]
肿瘤转移的不同步骤(上皮-间充质转化、内侵、血液中的细胞流动和外渗)
中观察或测量的力学相关因素。

力学生物学领域中一个重要挑战是探究细胞如何感知并响应力学信号的分子机理。比如在拥抱中,人体触觉所感知的对象实际上是一种力学或机械刺激,其中分子机理的发现则要到2010年,帕塔普蒂安(Ardem Patapoutian)与同事们通过探究压力敏感的细胞发现,细胞在受到外界力学刺激(微量移液管戳刺)时,发出可测量的电信号;他们经过大量的筛选,成功地确定了一个基因,该基因被沉默失活之后,细胞就对微量移液器的戳刺变得不敏感(图10.9)。由此,一种全新的、此前未知的力学敏感离子通道被发现了,并被命名为Piezo1。不久之后,与Piezo1类似的第二个力学敏感离子通道Piezo2被发现,后来的工作表明Piezo2离子通道对触觉至关重要。此外,在进一步的工作中,Piezo1和Piezo2通道已被证明可以调节其他重要的生理过程,包括血压、呼吸和膀胱控制。帕塔普蒂安因为Piezo通路的发现于2021年被授予诺贝尔生理学或医学奖。

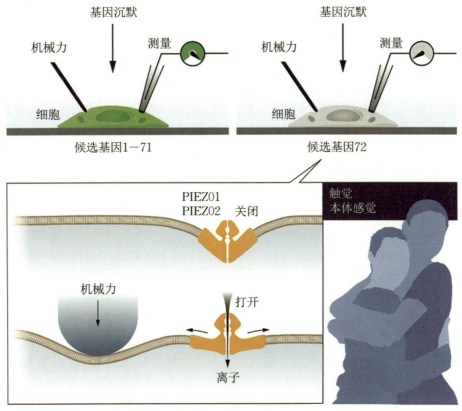

图10.9　帕塔普蒂安通过对力敏感细胞进行基因沉默发现Piezo通道,
阐述了触觉和本体感觉的力学感受器(例如在拥抱中的感觉)的机理

(图片来源:https://www.nobelprize.org/prizes/medicine/2021/advanced-information/)

10.3　精密仪器与机械:没有仪器就没有精密的科学

马克思曾说过,制造和使用工具是区分人和动物的根本标志。人类也正是在制造和使用工具的不断发展中加快认识世界、改造世界(包括人类本身)的进程。"工欲善其事,必先利其器。"在人类进化和社会发展的历史长河中,在创造、制作、使用工具改变生活环境和自身的过程中,仪器作为计量器具、疾病诊疗辅助器械和观天测地器件,是人类智慧的结晶,是直接扩展人类感知、操作能力的工具,为人类建立和发展科学研究、扩展生产规模创造了有利条件。

著名科学家门捷列夫说过"科学是从测量开始的"。仪器仪表是当今社会人类对物质世界(包括人类创造的各种工具和人类本身)进行测量,并使人类能方便监控物质世界使之达到最佳目标的基本手段和技术,是人类认识世界和改造世界的重要工具。我国著名科学家钱学森明确指出:"发展高新技术,信息技术是关键,信息技术包括测量技术、计算机技术和通信技术,测量技术是关键和基础。"王大珩院士也多次指出:"在当今以信息技术带动工业化发展的时代,仪器仪表与测试技术是信息科学技术最根本的组成部分。"作为测量和测试技术集中体现的仪器科学和技术学科,在当今我国国民经济和科学技术发展中的作用日益明显。

实际上,随着人类制造和使用工具不断向高、大、精、尖发展,人类活动的规模和深度不断扩大和深入,人类已不可能通过自己的感觉、思维和体能器官直接观测和操作工具使之达到既定的目标。仪器科学和技术学科就是专门研究、开发、制造、应用各类仪器以使人的感觉、思维和体能器官得以延伸的学科,从而使人类具有更强的感知和操作工具的能力来面对客观物质世界,能以最佳或接近最佳的方式发展生产力、进行科学研究、预防和诊疗疾病及从事社会活动。

1. 微纳加工技术前沿

从晶体管到集成电路,从微电子到微机械,微纳加工技术成为了现代高科技产业的重要支柱,深入到了生活的方方面面。微纳加工技术指的是尺度为亚毫米、微米和纳米量级元件以及由这些元件构成的部件或系统的优化设计、加工、组装、系统集成与应用技术。微纳加工技术是先进制造的重要组成部分,是衡量国家高端制造业水平的标志之一。目前常见的微纳加工技术包括激光加工技术、光学曝光技术、电子束曝光技术、聚焦离子束加工技术、纳米压印技术、刻蚀技术、薄膜技术和自组装技术等。这里我们以激光加工技术为例,介绍当前的微纳加工技术前沿。

激光被公认为20世纪人类最伟大的发明之一,被称为最快的刀、最准的尺和最亮的光。在众多的激光微纳加工手段中,双光子激光直写技术(也称双光子聚合技术,two-photon polymerization technology)能够在保证亚百纳米分辨率的基础上进行毫米尺寸结构的加工。其加工原理是材料在强光作用时会发生非线性极化并表现出多光子效应等非线性光学特性,超短脉冲激光,如飞秒激光,可以在瞬间产生强电磁场,从而使材料的非线性吸收更加明显,使得双光子甚至多光子吸收成为可能。双光子激光直写技术就是基于双光子吸收效应实现对光刻胶等聚合物材料加工的技术。如图10.10所示,利用激光在光刻胶内部沿着设计路径逐层扫描从而使材料发生双光子吸收聚合,可以加工出比头发丝还要精细的三维微雕塑。

由于双光子激光直写技术具有加工精度高(几十纳米量级)、加工表面质量好(表面粗糙度可达2.5 nm)以及可以进行任意复杂三维结构成型的优势,可以用于光学、微机械和生物医疗等领域。例如,研究者利用双光子激光直写技术制备了一种多透镜系统。该透镜系统具有高表面质量和高形状保真度,表面粗糙度小于15 nm。测试结果表明该系统具有优越的光学质量,分辨率可以达到500 lp/mm。双光子激光直写技术提供了亚微米级的精度和极好的再现性,允许快速可靠地制备高性能光学器件。如图10.11(a)所示,研究者将多透镜系统直接加工到了光纤端部,实现了微米级的内窥镜应用。通过注射器空心针头辅助内窥镜插入,可以实现对器官内部或体内空腔进行成像。类似地,研究者将直径为125 μm的侧向自由曲面微光学器件直接制备到单模光纤上,开发了一种超薄像差校正光学相干断层扫描探头。双光子激光直写技术实现了传统微纳加工技术难以实现的自由曲面微光学器件加工,且可以避免微光学器件与光纤之间的手动对准与黏合,因此可以保证探头的成像质量。通过将扫描探头固定在薄壁扭矩线圈内,并在外部套上透明聚合物保护导管即可实现内窥镜的制备(图10.11(b))。这种内窥镜系统可以实现球差和像散的校正,确保了在长焦深(光束直径大于30 μm,长度超过1000 μm)上的高分辨率成像,并最终应用于对动脉粥样硬化的成像。

(a) 头发丝上的人体雕塑

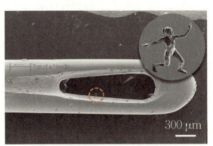
(b) 针眼上的人体雕塑

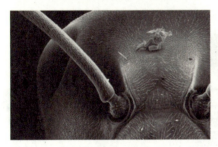
(c) 蚂蚁头上的雕塑

(d) 雕塑细节图

图10.10 利用双光子激光直写技术制备的世界上最小的雕塑

(图片来源:https://jontyhurwitz.com/nano)

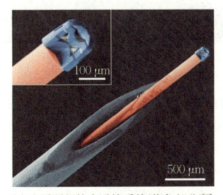
(a) 光纤顶部的多透镜系统(蓝色部分)[7]

(b) 超薄像差校正光学相干断层扫描探头及内窥镜系统[8]

图10.11 利用双光子激光直写技术制备的三维光学微纳器件

光纤顶部为双光子激光直写制备的侧向自由曲面微光学器件。

2. 机器人技术发展及前沿

21世纪是智能机器人时代，是机器人与人类社会共融、和谐发展的时代。全世界已有数百万台机器人在运行，广泛应用于工业生产、交通物流、家庭服务、教育娱乐、助老助残、康复护理、医疗手术、科学考察、反恐防爆、设备运维等诸多领域。机器人已成为一个具有广阔发展前景的行业，对国民经济和人民生活的各个方面已产生重要影响。

机器人是具有一定智能的可移动、可作业的设备与装备。作为高端智能装备和高新技术的代表，机器人已成为衡量国家科技创新和高端制造水平的重要指标。机器人技术是与机器人设计、制造和应用相关的科学，是一个由机械、电子、控制、计算机、人工智能等多学科交叉融合的新兴学科，也称为机器人学或机器人工程。机器人工程专业主要涉及机器人机构学、仿生驱动与结构、多传感器信息融合、导航与定位、路径规划、机器视觉、智能控制与人机接口等关键技术。

机器人概念的逐步建立，源于历史上许多极具创造力的构思和作品。但是，真正的机器人诞生还要等待其基础技术的发展。20世纪中期，人们开始了对人类智能和机器运行关联的第一次探索。得益于机械、电子、控制等领域的科技进步，第一台工业机械臂于1958年设计实现。同时期，一些主从遥操作式的机械臂也被设计用于重复人手臂动作，对远程放射性材料进行操作（图10.12）。

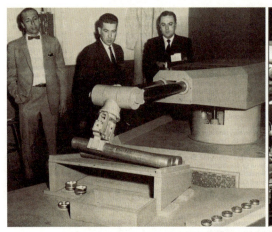 

图 10.12 早期的工业机械臂（美国 Unimation 公司研制生产）
（图片来源：维基百科）

之后，集成电路、数字计算机、微型元器件等技术的发展，使得通过计算机编程来控制机器人运动成为可能。1978年，美国 Unimation 公司推出通用工业机器人 PUMA，标志着工业机器人技术成熟。此后，程控型的工业机器人成为柔性制造系统的必要组成，广泛应用于汽车工业、加工制造业、化工业、3C电子行业和食品工业等领域中。

20世纪80年代，随着计算机信息处理能力和先进传感器技术的不断进步，人们开始重点研究机器人感知与动作之间的智能连接问题。通过分析由传感器获取的机器人状态参量（位置、速度等）和周边环境相关参量（距离、视觉图像、接触力等），使得机器人具有感知能力。然后，基于这些感知信息，设计合适的控制架构与规划控制算法来实现机器人的稳定动作控制。1988年,世界第一个实用服务机器人 HelpMate 诞生并投入医院实际应用。

20世纪90年代开始,人们希望机器人能够在未知的或动态变化的非结构化环境中可靠运行。这要求机器人具有更强的自主性,其本质是提高机器人的智能化程度。机器人学界普遍认为,实现机器人智能化的途径可以归结为:人工智能和生物智能。人工智能由于研究角度不同,已形成几个不同学派:符号主义学派、连接主义学派、行为主义学派等。当前,将人工智能与生物智能有机融合,是智能机器人的重要研究方向,也是推动机器人与人类共融发展的基础动力(图10.13)。

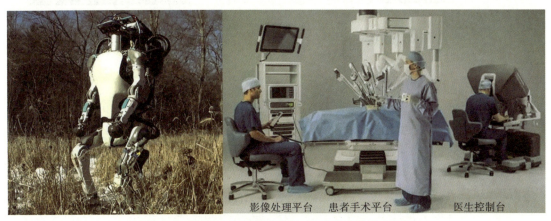

图10.13 Atlas人型机器人和达·芬奇手术机器人系统
(图片来源:维基百科和百度百科)

近年来,随着机器人行业的迅猛发展,机器人领域不断涌现出许多新的前沿技术。譬如,软体机器人技术、生肌电控制技术、脑机接口技术、视触融合感知技术、虚拟现实机器人技术、云机器人技术等。

可以预见,机器人将在21世纪改变人类的工作方式和生活方式,深刻影响世界产业格局。机器人技术作为一门新兴学科,已成为当前科技强国竞争的新焦点之一,将快速发展,影响深远。

3. 生物诊疗仪器

生物诊疗仪器是直接或者间接作用于人体的仪器,其作用机理以物理学的方法为主,加上了药理学、免疫学或者代谢的手段,达到诊断、治疗和监护的作用,是一种检测或者引起生物系统结构或机能变化的设备或装置。由于应用于人体,医疗仪器是对技术要求、安全要求、稳定性要求、精确度要求都极其严格的器械,是现代精密仪器的重要分支。

现代医疗设备产品聚集和融入了大量现代科学技术的最新成就,是多种学科相结合的高新技术产物:在设备原理上结合了生物医学技术和光学技术、核科学技术、电磁学技术等,在硬件上涉及精密机械技术、测控技术、信息科学技术,在软件上融入了计算机中的人工智能技术、深度学习技术等,是多学科深度交叉融合的产物。接下来,从诊断仪器、治疗仪器两方面介绍生物诊疗仪器领域的几个重要研究方向(图10.14)。

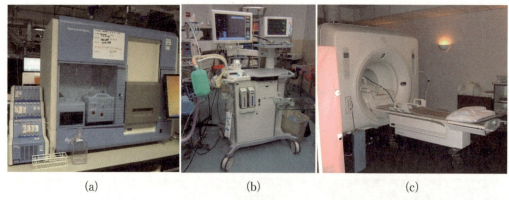

图10.14 (a) DNA测序仪;(b) 重症监护仪;(c) 核磁共振成像平台
(图片来源:维基百科)

(1) 体外诊断仪器。

对人体进行医疗诊断时,很多关键性的信息是无法在活体上直接获取的,这可能是因为传感器的限制,也可能是人体其他组织的干扰。所以体外诊断仪器具有重要的作用,是医疗仪器的分支。体外诊断(in vitro diagnostics, IVD)是指将样本(血液、体液、组织等)从人体中取出后检测来进行诊断,比如常见的血常规检测,它利用电阻抗变化引起的脉冲信号,来实现血细胞的计数。另一个相对熟知的是DNA测序仪,一种测序仪是利用不同的荧光标记不同的脱氧核苷酸,再使用超高分辨率的CCD集成光纤束技术采集图像来实现测序(图10.14(a))。DNA测序极大地推动了生物学和医学的发展,它的一个极其重要的用途是推动完成人类基因组计划,实现人类对基因密码的破解。

(2) 监护仪器。

在医院的重症室里,可以看到一台仪器上显示着患者的心电图、血压、血氧饱和度等,这台仪器就是重症监护仪(图10.14(b))。它包含了多种检测方法。心电图检测是依靠生物电的检测,帮助医生确认心血管系统的功能完整性,因为心跳是由电脉冲刺激心肌引起的,这种脉冲由右心房中房结的特殊细胞产生。心电图装置的发明者威廉·埃因托芬也因此获得了1924年的诺贝尔生理学或医学奖。血压检测利用压力传感器,通过外部对动脉施加压力来测得血液对动脉壁的压力。血压除了能检测高血压疾病,还能反映人的健康状态,是指导用药和手术的重要参数。利用光学传感器与氧和血红蛋白对光的吸收性来测量血氧饱和度,帮助判断患者的呼吸状态。

(3) 医疗影像。

上述两类仪器都是通过检测某项生理指标进行诊断,而不是通过直观的图片。在医疗影像学中,光学影像限制较大,因为受到生物体其他组织的阻挡。但这也促进了医疗影像学的发展。1895年伦琴发现了X射线并拍下了第一张X射线照片,1967年英国人豪斯菲尔德发明计算机断层扫描技术(CT),1973年美国化学家保罗·劳特伯和英国物理学家彼得·曼斯菲尔德完成了核磁共振成像系统的搭建并对橙子进行了成像(图10.14(c))。他们分别在各自的领域获得了诺贝尔奖。但是医疗影像学的方法还远远不止于此,表10.1中列举了多种医疗影像学方法及其基本原理。其中大多数都是非侵入式、无损伤的检测方法,这也是21

世纪医疗技术发展的重要方向。

表10.1 不同的影像学方法及其基本原理

影像学方法	基本原理
数字化放射检查(digital radiography,DR)	身体不同组织对X光吸收不同,底片上的亮度不同
X射线计算机断层成像(X-computer tomography,X-CT)	用X射线对检查部位进行扫描,再用滤波反投影等算法重建
核磁共振成像(magnetic resonance image,MRI)	氢原子核在磁场中共振产生信号,用频域重建算法重建
B超(B-scan ultrasonography)	超声波在声学阻抗不同的组织表面发生反射
正电子发射型计算机断层成像(positron emission computed tomography,PET)	利用放射性核素标记的代谢物,对其衰变放出的正电子进行分析成像
光声成像(photoacoustic image,PAI)	激光照射在生物组织表面发生光超声现象,产生超声波

(4) 医用机器人。

顾名思义是用于医疗的机器人,包括配送机器人和护理机器人等,其中最具代表性的是手术机器人,它可以让外科医生进行更精确的手术治疗操作,可以实现自我辅助和远程手术,例如达·芬奇机器人(图10.15(a))。超显微手术是高精度、高难度的手术,是对超薄的血管和淋巴结进行的手术,在2020年手术机器人Musa完成了机器人辅助下的首例超显微外科手术,这个机器人可以将医生手部的动作缩小到百分之一,并可以消除手上的小震颤。可惜目前手术机器人造价昂贵,并没有得到大力的推广,但它仍具有很好的前景。

(5) 物理治疗仪器。

手术机器人是精密机械技术在外科手术上的应用,但是有很多的仪器是用非外科的治疗方式治疗,并且在许多的治疗方向已经被证明优于外科治疗。例如激光治疗仪、射频消融仪(图10.15(b))和微波消融仪等,按创口大小采用这些仪器的手术可以归为微创手术,它们的原理类似:将特定的换能器头接近病灶组织,发射相应的激光、电磁波等能量,将大量能量瞬间集中在局部区域,利用物理效应(如热效应)破坏病灶来实现治疗。另一种治疗方法是高强度聚焦超声治疗(high-intensity focused ultrasound,HIFU),它借助相控阵将声波像透镜聚光一样聚焦在一个焦点上,依靠超声的空化效应和热效应清除组织,这是一种完全非侵入的、无创的治疗方式,有较高的治疗精度和广度,已经在肝癌的治疗中得到较好的效果。采用这些仪器的物理治疗相比于手术治疗,减小了出血、感染的风险,减轻了对患者的伤害,可以实现短期内多次的治疗。

(6) 人工植入仪器。

有时候,去除病变组织并不能实现治疗,而是要用仪器去辅助一些生理过程的进行,比如常见的呼吸机和透析仪。还有一类仪器,可以直接植入患者身体帮助生活、延续生命,这种植入式医疗电子设备有人工耳蜗、心脏起搏器等。心脏起搏器发明自1958年,经过多年技术改进,如今已经可以实现闭环控制,自动判断佩戴者状态调节心跳,是目前治疗心动过缓的唯一手段,已有超过200万患者从中受益(图10.15(c))。随着电子元件小型化、高性能化发展,植入式电子芯片在健康状态检测、身体机能修复方面的应用成为可能,是近年广受谈论和研究的方向。

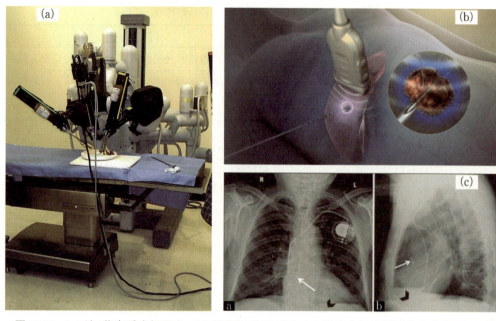

图 10.15 （a）达·芬奇手术机器人；（b）射频消融示意图；（c）佩戴心脏起搏器的患者的 DR 照片
（图片来源：维基百科）

4. 环境科学与仪器

（1）人类与环境。

自从有了人类，构成地球大气的主要成分没有很大变化，而微量成分却变化明显，人类活动以及自然过程对大气成分影响极大，有时危害非常严重。人类的生存环境与大气成分变化密切相关：一是空气质量，涉及环境污染、能见度下降、生态系统破坏、人类健康；二是气候变化，涉及地球辐射收支平衡产生级联影响的大气成分。所以，大气成分变化及其引发的大气化学过程和物理特性变化都将深刻影响着现在和未来的世界。理解这些变化，减轻这些危害，需要发展先进监测技术以及相应的仪器设备。当前大气环境科技呈现跨介质、全尺度、高精度等趋势，研究尺度向更广、更深入延展，全球问题解决与区域治理相关联，而且学科交叉融合明显，技术装备向自动化、智能化发展。

不同的监测平台有着各自的特点和优势，综合使用多种监测手段才能满足大气痕量成分监测的多种要求。卫星遥感具有空间覆盖面积广和高时空分辨率等优势，不过其时间分辨率上存在不足；地基监测技术虽然在空间上无法类似于卫星遥感获取大范围、全覆盖的信息，但在监测成分和监测精度上存在较明显的优势，如：地基超光谱相对于卫星遥感具有更高的时空分辨率和监测精度；地基红外设备能够有效监测对红外辐射有吸收作用的温室气体成分；激光雷达具有垂直分辨率高、探测距离远和可以定点连续观测的特点，然而其造价相对较高，底层存在监测盲区。所以，发展更高精度、更多成分、更大范围、更加实用的多平台多维大气环境监测技术才能满足监测大气成分及其变化的各种需求。

(2) 星载载荷。

20世纪30年代以来,随着世界工业化进程的不断推进,由颗粒物引起的严重空气污染事件频繁发生,如1930年的比利时马斯河谷雾霾事件和1952年的伦敦雾霾事件。为了监测全球大气气溶胶变化,相关卫星遥感载荷陆续发射。1978年美国国家海洋和大气管理局(NOAA)发射第一颗用于大气气溶胶光学厚度监测的卫星载荷AVHRR以来,NOAA和美国国家航空航天局(NASA)分别于1979年和1999年先后发射了TOMS和MODIS两个气溶胶有效监测载荷。此外,NASA在2006年成功发射了世界第一颗用于监测全球气溶胶垂直廓线和退偏比等光学特性参数的星载激光雷达CALIOP。自20世纪40年代洛杉矶光化学烟雾以来,世界发达国家O_3污染事件频发,而且自1984年南极上空O_3空洞被发现,O_3及其前体物的监测被逐步重视。

1996年,欧洲航天局(ESA)成功发射第一颗高分辨率卫星载荷GOME,实现对全球大气痕量污染气体的全覆盖监测,分辨率达$40 \times 320 \ km^2$。2002—2017年的15年间,欧美国家又相继发射了多颗高光谱卫星载荷,包括SCIAMACHY、OMI、OMPS和TROPOMI。这些载荷观测结果的空间分辨率不断提高,对大气痕量成分的观测灵敏度和精度也在不断改善。目前最新一代的高光谱卫星载荷TROPOMI的最高空间观测分辨率可达$3.5 \times 7.0 \ km^2$。

我国在高光谱卫星载荷技术领域起步相对较晚,到2018年才成功发射了搭载在高分五号卫星上的第一个具有完全自主知识产权的高光谱卫星观测载荷EMI,空间分辨率达$13 \times 8.0 \ km^2$,结束了我国在大气环境监测领域对国外同类高光谱卫星载荷的依赖。高分五号卫星是世界上第一颗同时对陆地和大气进行综合观测的卫星,可对大气气溶胶、二氧化硫、二氧化氮、二氧化碳、甲烷、水华、水质、核电厂温排水、陆地植被、秸秆焚烧、城市热岛等多个环境要素进行监测。高分五号02星于2021年9月7日在我国太原卫星发射中心用长征四号丙遥四十运载火箭成功发射,高分五号02星载荷大气痕量气体差分吸收光谱仪(EMI-Ⅱ)的空间分辨率指标从高分五号01星载荷大气痕量气体差分吸收光谱仪(EMI-Ⅰ)的48 km提高到24 km。该星将全面提升我国大气、水体、陆地的高光谱观测能力,满足我国在环境综合监测等方面的迫切需求,为大气环境监测、水环境监测、生态环境监测以及环境监管等环境保护主体业务提供国产高光谱数据保障(图10.16和图10.17)。

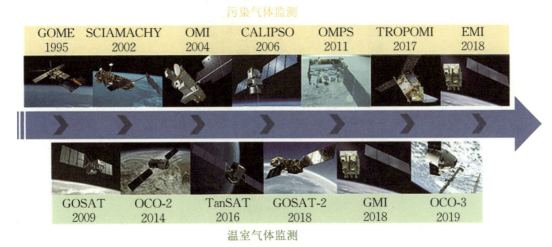

图10.16 污染和温室气体监测遥感卫星发展时间历程

图 10.17　EMI-Ⅱ正样产品(左),高分五号02星(右)

(图片来源:中国科学院安徽光学精密机械研究所、中国航天科技集团有限公司上海航天技术研究院)

(3) 地基超光谱。

地基超光谱技术研究以德国海德堡大学环境物理研究所的乌尔里希·普拉特(Ulrich Platt)教授等人为先行者,主要是利用气体分子在紫外光到可见光波段的特征吸收结构来定量分析大气层(平流层、对流层)的痕量气体成分($HCHO$、O_3、NO_2、SO_2、NH 等)。该技术具有快速、探测限低、能够多种成分同时测定等优点,成为环境研究、环境监测领域中一种新的技术。从20世纪80年代后期开始,人们用地基超光谱技术对大气中的许多痕量气体和自由基,例如芳香族化合物(苯系物)、氟化物、甲醛($HCHO$)、$OClO$、BrO、OH、IO 等做了深入的研究。该技术广泛用于紫外光和可见光波段范围内,适用于在该波段具有特征吸收结构光谱的污染性气体,例如:常规污染物 O_3、NO_x、SO_2、芳香族有机物(苯、甲苯、间二甲苯、邻二甲苯、对二甲苯)、甲醛等,以及高活性痕量气体 OH 自由基,NO_3 自由基,自由基前体物 $HONO$、$HCHO$ 等。

近年来,地基超光谱技术的应用得到了极大发展,包括以太阳光、天空散射光做光源的大气垂直廓线测量技术,星载超光谱测量技术,AS断层扫描技术,超光谱成像技术,实现了大气痕量成分二维或三维的浓度分布场的获取。图10.18所示是地基超光谱仪器。

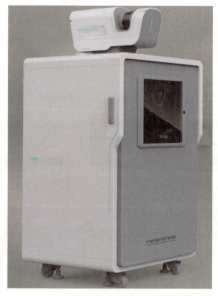

图 10.18　地基超光谱仪器

(图片来源:中国科学技术大学超光谱遥感团队)

(4) 地基红外设备。

地基红外技术适合多组分温室气体浓度和通量的测量,因为该技术具有高光谱分辨率、高灵敏度、宽光谱范围的优势。地基红外光谱技术按其光学配置分为主动和被动两种测量方式,即采用红外光源的主动技术和探测周围环境红外辐射的被动技术。主动测量技术中,光谱仪的光学镜头接收来自红外光源发射的红外辐射,辐射的红外线在开放或密闭的空气中传播,红外辐射被光谱仪接收后,经由干涉仪的调制被红外探测器检测,再由光谱仪的电子学部件和相应数据处理模块完成干涉图的转换和存储,并通过傅里叶变换将干涉图转换成红外光谱。被动技术在光学结构上和主动式系统类似,不同之处在于被动技术探测的红外辐射来自周围环境,而主动技术探测的辐射来自主动光源。

图10.19是地基红外主动光谱技术于2021年7月至8月在合肥科学岛($31°54'$N, $117°10'$E)观测的近地面CO_2、CH_4和CO的浓度变化。除此之外,该技术还可以用于监测工业生产过程中产生的300多种挥发性有机化合物(VOC),并用于监测其排放量。

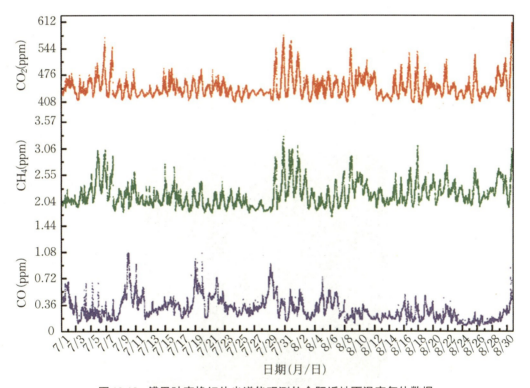

图10.19　傅里叶变换红外光谱仪观测的合肥近地面温室气体数据

(5) 激光雷达。

激光雷达系统具有测量精度高,时空分辨能力强,测量范围大,能实时、连续进行监测等优势,因而在大气污染监测方面的应用愈来愈广泛。美国、德国、加拿大、日本等发达国家已建成用于大气污染监测的激光雷达,我国大气探测工作者自1960年起一直致力于激光雷达的研制工作,并且取得了国际同行公认的成绩。中国科学院大气物理所于1965年成功研制出我国第一台红宝石激光雷达,目前该所的激光雷达已用在南极地区进行极地上空平流层气溶胶探测；该所还研制了测量斜程大气能见度的YAG激光雷达，并正在筹建多波长激光雷达，用于大气气溶胶和臭氧的探测。

中国科学院安徽光学精密机械研究所于20世纪80年代初开始加强激光大气探测的研究，1991年建立了我国最大的探测平流层气溶胶的L625激光雷达；1993年年底研制成功我国第一台探测平流层臭氧的紫外差分吸收（DIAL）激光雷达。刘智深、吴东等于2001年采用分子滤波技术研制了高光谱分辨率激光雷达，其接收望远镜孔径为300 mm。YAG激光脉冲能量为150 mJ，通过数值模拟与初步测量估计了激光雷达性能，测量了大气后向散射信号，测量结果表明实验结果与理论分析一致。贺应红等人于2004年前后研制成功四川省成都地区第一台米氏散射激光雷达实验装置，它由激光发射单元、回波信号接收单元、信号探测和数据处理单元组成。利用该装置成功实现了成都地区大气回波信号的初步探测，所探测的大气回波信号真实反映了大气状况。2006年，CALIPSO卫星所搭载的全球首个星载云与气溶胶激光雷达（CALIOP）成功投入使用。CALIOP采用532 nm和1064 nm两个波长，拥有偏振探测能力，可更准确地区分云和气溶胶类型，为气溶胶-云-气候效应评估提供了全球气溶胶的三维时空分布（图10.20）。2014年，上海技物所的刘豪等人研制了一套接收硬目标回波的路径积分式差分吸收激光雷达系统，该系统在1 s的积分时间内二氧化碳浓度的测量精度优于3.39 ppm。2015年，葛桦等人使用OPO针对大气水汽探测差分吸收激光雷达技术开展了关键技术研究。2018年马晖用星载激光雷达对大气中的二氧化碳柱浓度进行了测量，精度可达到1 ppm。2019年杨巨鑫使用机载差分吸收激光雷达系统对西安和山海关进行实验，得到的柱浓度为419 ppm，探测精度为2 ppm。

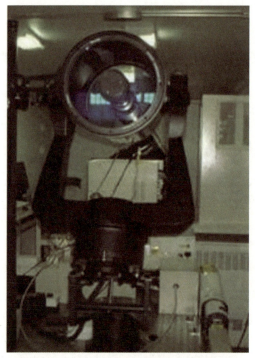

图10.20 大气气溶胶和卷云探测激光雷达
（图片来源：中国科学院安徽光学精密机械研究所）

10.4 能源与动力工程

能源与动力工程是研究热能及各种能量的获取、存储、转换、利用,以及能源动力设备的设计、开发、集成、应用的理论和技术的专业。能源动力是社会和经济发展的核心驱动力,人类社会的飞速发展离不开能源的大量消耗和动力设备技术的不断革新。能源与动力工程的研究范围非常广泛,中国科学技术大学热科学和能源工程系在可再生能源及储能、传热流动及燃烧、热控及热防护、核能热工及核能安全等领域形成了特色鲜明的研究方向。

可再生能源主要包含太阳能、生物质能。其中太阳能利用包括太阳能光热光电利用、太阳能建筑应用、太阳能集热蓄能、太阳能制氢、太阳能电池、太阳能材料等(图10.21)。太阳能热利用除常见的热水、采暖之外,还可用于制冷、海水淡化、工业加热、热发电等。光热发电技术利用大量反射镜以聚焦方式将太阳光聚集起来,加热工质,将太阳能转化为热能,并利用高温工质产生高温高压蒸汽,驱动汽轮发电机组发电。冷、热和电是居民建筑最主要的能量使用方式,通过合适的能量存储转换技术,太阳能不光可以在冷天时提供热量,也可以在热天时提供制冷量,当然还可以通过光伏电池直接提供电量。中国科学技术大学热科学和能源工程系拥有中国科学院太阳能光热综合利用研究示范中心,以及太阳能光热综合利用安徽省重点实验室,在太阳能聚光集热技术、太阳能储热技术、建筑节能技术方面取得了一系列成果。例如,热科学和能源工程系提出了一种全新的能量利用方法,分别以太阳(约6000 K)和太空(约3 K)为热源和冷源,巧妙利用光谱自适应智能涂层来解决光热转换过程和辐射制冷过程的光谱冲突,实现24 h全天候的能量捕获和利用。

图 10.21 部分太阳能利用方式

生物质能是对环境友好的洁净能源,具有广阔的开发利用前景。例如,由生物质制备航空煤油是实现航空运输业可持续发展的研究思路之一,将秸秆、稻草等生物质通过气化、催化、加氢等工艺,可以制造出适合航空发动机使用的煤油。生物质油经过精炼、分离等工艺,可以提取香精等高值化合物。热科学和能源工程系拥有生物质洁净能源安徽省重点实验室,在生物质制备航空煤油、生物质能洁净转化、生物质催化解聚、生物质热解转化、生物油精炼与催化剂制备、生物油组分分离与提取等进行了一系列深入的研究。例如,热科学和能源工程系提出了"废弃生物质制备高性能超级电容器电极材料"的新方法,采用农林废弃物热解获得的重质生物油和厨余垃圾中的小龙虾壳,制备出了高性能超级电容器的电极材料。

光伏、风电等可再生能源受自然条件影响,其发电出力具有随机性和波动性,大规模的可再生能源并网会加大电网消纳压力。针对这些问题,配置储能是有效的解决方式,其中电化学储能技术逐渐成为储能装机的主流。随着我国交通运输电气化的发展,对动力电池的需求日益增高。动力电池具有高能量密度、高功率、宽工作温度、多次循环、长寿命、安全可靠等多方面的要求。除了常见的铅酸电池、锂电池之外,燃料电池、液流电池、金属空气电池、钠硫电池等正在研发过程中,并逐步进入大规模应用。正极、负极、隔膜、电解液是电池最重要的四项材料,相关的能源材料研究日新月异。储能电池中,传热传质过程与电化学反应耦合进行,充放电过程中往往出现热累积、热过载现象,导致安全性问题并影响电池寿命,为解决相关的问题需要对其中的传热传质过程进行不懈的深入研究。例如,中国科学技术大学热科学和能源工程系在新型金属空气电池方面取得突破性进展,实现了一种可在无氧环境中运行且具有超快自充电能力的新型锌空气电池,打破了锌空气电池依赖于空气运行的短板(图10.22)。

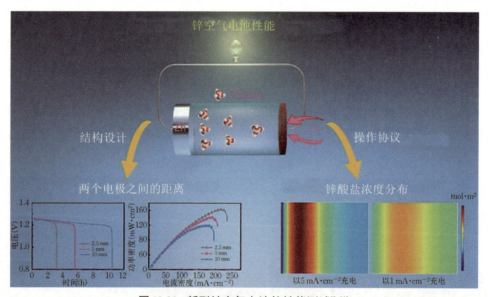

图10.22 新型锌空气电池的性能测试[9-11]

传热流动及燃烧领域,包括航空发动机、燃气轮机、稠油开采、清洁燃烧、无焰燃烧、多孔介质燃烧以及湍流燃烧等。航空发动机是一种高度复杂和精密的热力机械,是飞机的心脏,被誉为现代工业皇冠上的明珠。燃气轮机是以气体为工质带动叶轮高速旋转,将燃料能量转变为功的动力机械,是船舶、电厂中的核心设备。全球的航空发动机和燃气轮机市场几乎都被欧美的几个大公司垄断。我国启动了航空发动机-燃气轮机"两机专项"计划,两机的自主创新研发、材料制造、试验测试的保障支撑,依赖于高速流动、稳定燃烧、高温材料、冷却叶片等相关技术的突破。黏度高、比重大的原油需使用热力开采法,向稠油层注入蒸汽或者二氧化碳,降低稠油黏度,并迫使稠油在地层多孔介质中流出。清洁燃烧技术减少氮氧化物、碳氢化合物等污染物的生成。加入多孔介质的燃烧器由于对流、导热和辐射三种换热方式的存在,燃烧区域温度趋于均匀,燃烧稳定的同时还具有较高的容积热强度。实际的燃烧往往都是湍流燃烧过程,火焰的传播/稳定、点火/熄火和排放相关问题对提高燃料利用效率、节能减排具有重要作用。

在迈向航空航天强国的过程中,热控热防护、强化传热和冷却技术扮演了重要的角色。外太空环境非常恶劣,航天器面向太阳表面和背对太阳表面之间的温差可达三四百摄氏度,各种高精度遥感设备只有在精确的温度范围内才能正常执行任务,因此需要进行精密的热控、热防护和热管理(图10.23)。航空发动机和燃气轮机的涡轮叶片需要在高温高压的极端环境下高速旋转,往往采用高温合金锻造,并需采用不同方式来强化冷却,如内部气流冷却、边界层冷却等,抑或采用保护叶片的热障涂层等方式来保证运转时的可靠性。高速飞行时,气动热高达 50 MW/m²,如何防止热损伤?外太空空间环境温度为 −269 ℃,如何为航天员营造舒适的温湿度环境?这些问题都有待能源与动力工程专业学子贡献解决方案。

图10.23 航空航天中的热控问题

核能是经济、高效的清洁能源,发展核能对我国实现碳达峰、碳中和重大决策,达成气候环境治理具有重大意义。先进核反应堆设计离不开核反应堆热工专业知识。反应堆的堆型、堆热源及其分布、堆传热过程、堆流体流动、堆芯稳态和瞬态热工分析等问题决定了核反应堆的工作效率,并对反应堆的安全稳定运行至关重要。热科学和能源工程系提出了"两步法"核电站含氚废水排放工艺,综合利用空气湿度调节、溶液储能、高效雾化加湿等技术,解决了含氚废水无法在全天候排放的问题。基于该方法研制的科研样机可以将含氚废水的排放效率提高20%以上。

总之,中国科学技术大学热科学和能源工程系在能源与动力工程专业的多个方向上形成了国内领先、国际知名的研究团队,研究成果丰富。随着我国经济社会发展,对能源动力的要求越来越强烈,能源与动力工程专业的发展前景非常广阔。

10.5 安全科学与工程

安全科学与工程属于综合科学学科,其内容包括安全科学和安全工程以及两者之间的交融三个层次,其研究对象可以从安全科学与工程的内涵得以体现。

1. 建筑火灾安全

建筑火灾是与人们生命财产关系最为紧密的灾害性燃烧现象。建筑物通常具有多个内部腔室,包括一两个房间的火灾是建筑火灾的基本而重要的形式。室内火灾大体分为3个主要阶段,即火灾初期增长阶段(或称轰燃前火灾阶段)、火灾充分发展阶段(或称轰燃后火灾阶段)及火灾减弱阶段(或称火灾的冷却阶段),如图10.24所示。在建筑空间内,烟气在热浮力的作用下会迅速蔓延,距离起火点较远的地方也会受到影响。统计结果表明,在火灾中80%以上的死亡者死于烟气的影响,其中大部分人是吸入了烟尘及有毒气体昏迷致死,因此研究火灾中的烟气流动特性等具有重要意义。

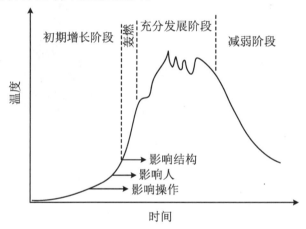

图10.24 腔室火灾发展阶段[12]

建筑火灾的发展涉及火羽流和顶棚射流、轰燃、回燃、滚燃、烟囱效应、开口火溢流、外立面火灾蔓延等诸多方面。

(1) 火羽流和顶棚射流。

在火灾燃烧中,火源上方的火焰及燃烧生成烟气的流动称为火羽流,火羽流的火焰大多数为自然扩散火焰,通常可以将火羽流分为持续火焰区、间歇火焰区和浮力羽流区(或烟气羽流区)。间歇火焰的出现和消失呈现有规律的振荡,这种振荡是火羽流与周围空气之间的边界层不稳定引起的,通常火焰的振荡频率会随着火源直径的增大而减小。火焰高度、温度分布和火焰振荡频率等是火羽流的典型参数,麦卡弗雷(McCaffrey)通过燃烧实验发现火羽流不同区域的温度与高度之间存在确定的关系,提出了著名的三段式模型,如图10.25所示。

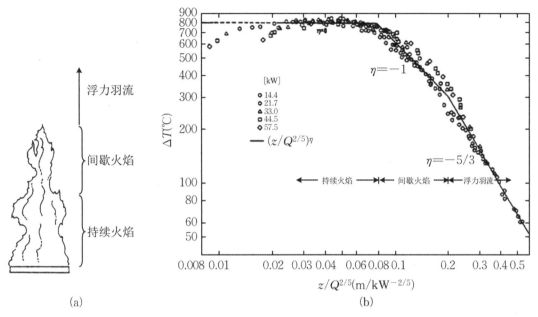

图 10.25 （a）火羽流三区域；（b）火羽流温度三段式模型[13]

当火羽流上升到顶棚高度后与之发生撞击，会沿着顶棚蔓延扩展形成顶棚射流，如图 10.26 所示。顶棚射流的研究开始于 20 世纪 70 年代。美国工厂联合组织研究中心（FMRC）进行了一系列全尺度火灾实验，结果表明顶棚射流的温度最大值在顶棚之下 $\leqslant 0.01 H_c$ 的区域内，其中 H_c 为顶棚高度。顶棚射流的温度分布可以用于估计感温探测器的响应性，为火灾探测提供依据。此外，火焰直接接触的位置热通量显著增加，长时间的燃烧会降低顶棚力学性能，因此火焰扩展长度也是重要的特征参数。为此阿尔伯特（Alpert）、赫克斯塔德（Heskestad）和德利切斯奥斯（Delichatsios）、尤（You）和费思（Faeth）等人对顶棚射流的温度分布和火焰扩展长度开展了大量的研究。

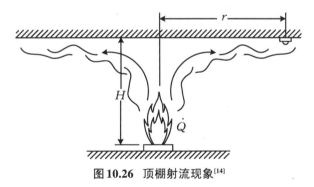

图 10.26 顶棚射流现象[14]

（2）轰燃。

轰燃标志着火灾充分发展阶段的开始，发生轰燃后，室内所有可燃物的表面几乎都开始燃烧。轰燃的出现是火灾燃烧释放的热量大量积累的结果，在顶棚和墙壁的限制下，热量不能很快从周围散失，燃烧生成的热烟气在顶棚下积累，受热的顶棚和墙壁反过来又可以增大对可燃物的热反馈,烟气层较浓时顶棚下方热辐射也会增强,使得可燃物燃烧速率增大。托马斯(Thomas)等指出轰燃是室内火灾燃烧的一种热力不稳定状态,其将热释放速率与热损失速率作为温度的函数,进行比较来分析轰燃的出现,如图10.27所示。研究轰燃发生的临界条件对火灾防治具有重要意义,通常将地板接收到20 kW/m² 的热通量作为室内发生轰燃的临界条件。

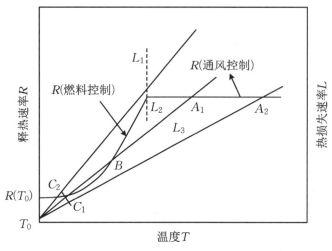

图 10.27 轰燃热力不稳定性分析[15]

(3) 回燃。

在建筑物门窗关闭情况下发生火灾时,空气供应严重不足,形成的烟气层中往往含有大量的未燃可燃组分。一旦门窗玻璃破裂,形成新通风口,将使室内的燃烧强度显著增大,这是因为可燃烟气发生了燃烧,当积累的可燃气与新进入的空气发生大范围混合后,能够发生强烈的气相燃烧,火焰可以迅速蔓延开来,乃至窜出进风口。这种燃烧产生的温度和压力都相当高,对建筑物造成破坏的同时还可能对救火的消防人员构成严重威胁。其与轰燃有所不同,主要是通常的轰燃不需要突然增大空气量,回燃持续时间很短,但可以促使室内火灾转变为轰燃。

(4) 滚燃。

当可燃性烟气或不完全燃烧的可燃物上升到顶棚并沿着顶棚水平扩散时,积蓄在顶棚的可燃性气体会突然燃烧起来,导致滚燃的发生。如果没有适当地通风或降温可能会导致轰燃。简单来说,沿顶棚水平滚动的烟瞬间燃烧,形成所谓的"燃烧波"并持续在顶棚水平滚动的现象,就是所谓的滚燃。

(5) 烟囱效应。

通常建筑物的室外较冷,室内较热,因此室内的空气密度要小于外界的空气密度,从而产生浮力促使室内空气向上流动,如图10.28(a)所示。在高层建筑的楼梯井、电梯井等竖井中,如果上下都有开口,气体上升运动十分显著,这就是正烟囱效应,其在内外压力相同的高度形成压力中性面,如图10.28(b)所示。如果建筑物外部温度比内部温度高,内部气流会出现下降的现象,称为逆烟囱效应,如图10.28(c)所示。

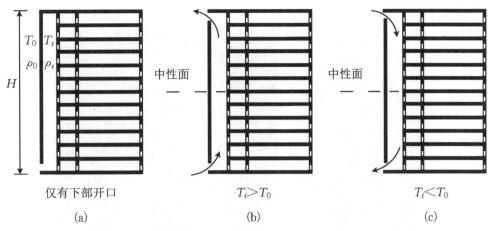

图10.28 正烟囱效应与逆烟囱效应[15]

（6）开口火溢流。

建筑火灾中，门窗等开口是室内外气体交换的重要通道，高温烟气在温升浮力驱动下从腔室开口上部溢出，室外的空气通过开口底部流入室内并与可燃气体混合燃烧。随着火灾规模的增大，通过腔室开口流入的空气相对不足，室内火灾由燃料控制转变为通风控制，火焰开始从开口溢出，形成开口火溢流（图10.29）。日本学者川越邦雄通过木垛燃烧实验提出了通风因子 $A\sqrt{H}$ 这一分析室内火灾发展的重要参数，其中 A 是窗口面积，H 为窗口高度，其表征了窗口对室内火灾的补气供氧。巴布鲁斯卡斯（Babrauskas）进一步通过伯努利方程，结合氧耗法得到了火焰溢出临界热释放速率为 $1500A\sqrt{H}$ kW，即室内功率超过该值，就会有火焰从窗口溢出。

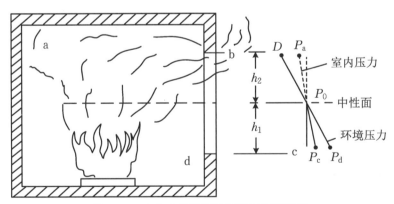

图10.29 火灾充分发展阶段通风口流动[15]

（7）外立面火灾蔓延。

火焰一旦发展到室外，极易引燃建筑外立面的可燃物，例如高层建筑的外保温材料，从而引发外立面火灾，形成内外交互蔓延立体火。近年来发生了多起高层建筑外立面可燃材料着火蔓延火灾事故，如图10.30所示。针对外立面火灾，相关学者开展了大量外保温材料竖直火蔓延的实验和理论分析研究。外保温材料火蔓延特性及阻隔技术得到越来越多的重视，例如在窗口上方设置防火隔离带、保温材料之间设置防火隔断区域、封堵保温层存在的空腔、在保温层外部设置防火保护层等。

图10.30 高层建筑外立面火灾事故案例

（8）建筑火灾防治对策。

建筑火灾防治可以分为被动性对策和主动性对策。被动性对策包括提高建筑构件耐火性能、阻燃技术等，而主动防治对策包括防火安全设计技术、探测报警技术、灭火技术、烟气控制技术等几类。建筑构件耐火性能由耐火等级表示，耐火等级与构件在标准耐火试验炉内的失效时间有关，标准试验炉内的温度按照标准火灾温升曲线变化，如图10.31所示。

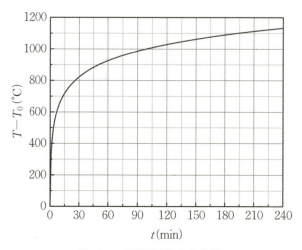

图10.31 国际标准火灾曲线

阻燃剂通常从阻止有机聚合物的热分解和可燃性气体释放、阻止分解出的可燃气体发生燃烧反应、带走燃烧热反馈等方面达到阻燃的效果。阻燃剂的种类很多，通常可以将其分为无机阻燃剂和有机阻燃剂，例如含磷无机氢氧化物阻燃剂、硼系阻燃剂、氮系阻燃剂、有机磷系阻燃剂、有机卤系阻燃剂等。由于传统的阻燃技术阻燃效率较低,并且会产生较多的有毒有害烟气,相关科研人员致力于研究具有难燃、低热释放、抑烟减毒性能的新型阻燃技术,例如聚合物/层状无机物纳米复合材料。此外,气凝胶技术也开始应用于外保温材料的研发,从而使其具有防火保温的双重作用。

火灾探测报警系统包括探测器和报警控制器两大基本部分,可以分为感温、感烟、感光、气体和复合式等几种典型探测器。随着技术的发展,又发展出了分布式光纤火灾探测器,探测距离长,定位更准确。

灭火剂可以分为水基灭火剂、二氧化碳灭火剂、泡沫灭火剂、干粉灭火剂等,通过冷却作用、窒息作用、消除燃烧产生的活性基等起到灭火的效果。由于高压细水雾能够增加单位体积水滴表面积,冷却作用更显著,同时受热膨胀后起到缺氧窒息的作用,因此具有耗水量低、水渍危害小等优势,近些年来受到了广泛关注。

烟气控制方式主要有固体壁面防烟、自然排烟、机械送风防烟和机械排烟等。固体壁面防烟主要是利用隔墙、隔板、挡烟垂壁等防止烟气的蔓延。自然排烟主要是由排烟窗、排烟口等利用热烟气与冷空气的对流运动来实现排烟。机械送风防烟是由风机产生的压差控制烟气的流动。而机械排烟则是利用风机造成的流动来实现排烟。基于阻止烟气流动的原理,空气幕逐渐用在建筑火灾烟气控制中,平时其能起到阻挡粉尘、有害气体及昆虫的进入的作用,火灾发生时则能够利用空气幕阻止烟气蔓延,并且方便救火人员的通行。

近年来,随着高层建筑、复杂结构建筑的增多,火灾发生后,基于经典理论建立的模型在描述相关火灾发展特性方面出现偏差,建筑火灾动力学研究开始向复杂的边界条件发展,例如针对特殊建筑结构(如大空间建筑、古建筑、地下空间建筑(如隧道、综合管廊等))、壁面卷吸受限、高原低压和外部环境风等条件下的建筑火灾演化与特征参数分布进行研究等,同时利用信息化技术和手段研究建筑火灾成为未来的发展趋势之一。

2. 森林火灾安全

森林火灾是世界八大自然灾害之一。近年来,全球气候暖干化趋势导致大尺度森林火灾频发,其总数虽仅为森林火灾总数的3%,但造成95%的火灾损失。森林火灾早期的火蔓延速率为0.01~0.1 km/h,而大尺度森林火灾的火蔓延速率通常可达1~10 km/h。2018年美国加州坎普(Camp)火灾的火蔓延速率甚至达到了33 km/h。因此,大尺度森林火灾蔓延存在明显的加速过程。深刻认识森林火灾蔓延加速效应是发展森林火灾预测预警技术的核心目标。

图10.32描绘了可能导致森林火蔓延加速的主要潜在因素:(a) 地表火蔓延加速;(b) 大尺度火焰(狂燃火、火暴、火旋风);(c) 特殊蔓延(爆发火、树冠火、飞火);(d) 多火焰燃烧和融合。在特定燃料、气象和地形下,这些火行为使得森林火蔓延偏离最初稳态(蔓延速率和燃烧强度较低),通过非稳态物理转变达到新稳态(蔓延速率和燃烧强度较高),并导致超出人类控制能力的灾难性后果。

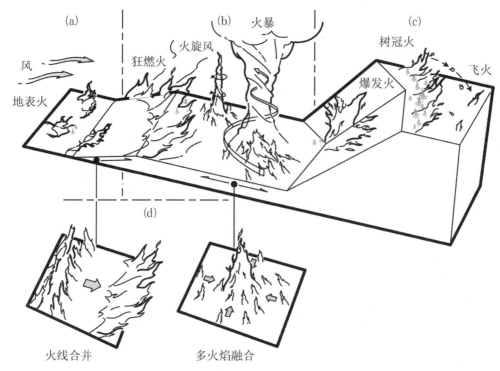

图10.32 森林火蔓延加速的主要潜在因素示意图

(1) 地表火蔓延加速。

森林火灾分为三种典型类别：地下火(在地下燃烧，消耗地表凋落物以下的有机物质)、地表火(燃烧地表的凋落物、木材、草等)和树冠火(燃烧至树木和灌木的顶部)。其中，地表火是最普遍的火灾类型。地表火行为取决于火灾环境，包括燃料、气象和地形。这三个因素的相互作用对火蔓延加速起着至关重要的作用。燃料种类依赖于海拔和坡向等因素，燃料含水率依赖于气象等因素。特定地形(如狭窄的峡谷)可能会产生强大的地表风，从而诱发火蔓延加速。此外，在大尺度森林火灾中，火与大气间可能存在显著的相互作用，因为火灾产生的热量可能会反馈到大气中，进而产生强风，影响火蔓延行为。

(2) 大尺度火焰。

在大尺度森林火灾中，特定情况下突然形成大尺度火焰，其对火蔓延加速起着重要作用。典型的大尺度火焰包括火暴、狂燃火和火旋风，它们的火焰与周围气流均呈现显著的相互作用。

① 火暴是一种大型的、强烈的、局部性的火灾，伴随有很强的对流活动和高速风(图10.33(a))。当大范围内的多个火点迅速融合为单一火点时，可能会诱发火暴。火暴几乎是静止的，不会向外蔓延，具有很高的对流柱和强空气入流。

② 狂燃火是一种发生蔓延的大型火团，通常具有很长的移动火前锋，以及相对较窄的强烈燃烧区深度(图10.33(b))。

③ 火旋风：是涡旋形状的旋转扩散火焰，与相同燃料尺寸的一般浮力火焰相比，其燃烧速率、火焰温度和火焰高度显著增加。火旋风可能是地球上最高的火焰(图10.33(c))。

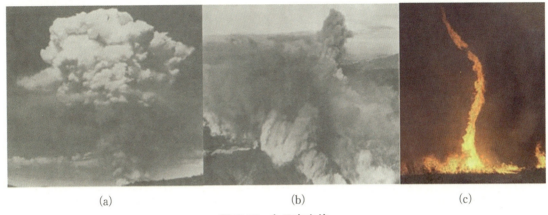

图 10.33 大尺度火焰

(3) 特殊火蔓延。

特定环境下,地表火蔓延可能转变为三种特殊蔓延模式,即爆发火、树冠火和飞火(图 10.34),从而导致燃烧强度和过火面积显著增大。

① 爆发火:这是一种特殊蔓延方式,可引起燃烧强度和蔓延速率的快速增大,常发生于峡谷等复杂地形,易造成人员伤亡事故。

② 树冠火:当地表火蔓延至树冠,导致树冠燃烧时,就会形成树冠火(图 10.34(a))。树冠火分为三种主要类型:被动型树冠火,即地表火蔓延速率较低,树冠火蔓延完全依赖于地表火,不会由一个树冠蔓延到其他树冠;主动型树冠火,即地表火和树冠火作为整体共同蔓延;独立型树冠火,即树冠火自行提供蔓延所需的水平热通量。

③ 飞火:燃烧颗粒通过火羽流抬升,随后通过对流柱或风传输到火前,便可引发飞火(图 10.34(b))。飞火是一种非连续的火蔓延模式,造成了至少 50% 的森林-城镇交界域(WUI)火灾。

图 10.34 特殊蔓延

(4) 多火焰燃烧和融合。

多火焰燃烧和融合涉及复杂物理机制,是诱发地表火蔓延加速、大尺度火焰和特殊蔓延模式的关键因素。

3. 锂离子电池火灾安全

21世纪,"能源"和"环境"成为重要的发展主题。化石能源枯竭,环境污染严重,全球范围内的能源结构调整和新能源战略实施势在必行。锂离子电池凭借其特有的工作电压高、能量密度大、循环寿命长、无记忆效应等优势,被广泛地应用于新能源汽车、储能电站、航空航天以及消费电子产品等各行各业,具有广阔的发展前景。

然而,由于锂离子电池特有的危险属性,在滥用条件下容易发生热失控,引发大范围的火灾事故,造成严重的人员伤亡和财产损失。特别是近年来,频发的锂离子电池火灾爆炸事故涉及手机、储能电站、电动汽车等多个领域,引发了社会各界的广泛关注,严重制约了其相关产业的安全健康发展。锂离子电池为什么会容易发生热失控,继而引发火灾爆炸事故呢?下面,我们一起简单了解下锂离子电池的热失控机理。

锂离子电池由正极、负极、隔膜、电解液等组成,在过热、过充、短路等滥用条件下,电池内部活性材料及其与电解液之间发生一系列自加速连锁反应。当电池的产热速率大于散热效率时,电池温度持续升高,进一步加速这些放热反应的进行,热量在电池内部持续累积,形成恶性闭环(图10.35)。最终导致电池发生热失控,在极短的时间内释放出大量的热量、有毒和可燃气体,甚至引发电池的射流火和爆炸现象。对于成组使用的锂离子电池,其中一节电池发生的热失控可传播至相邻电池,继而引发连锁热失控,造成严重危害。

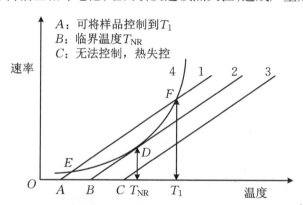

图10.35 锂离子电池热失控着火原因分析[16]

A,B,C 三种环境温度下热生成和热散失系统热图。

为了有效避免或减轻由锂离子电池热失控引发的灾害后果,迫切需要厘清锂离子电池热失控孕育机制,揭示热失控临界条件及其火灾演化规律,并在此基础上研发高效的火灾防治技术。针对这些问题,国内外专家学者开展了广泛的研究,具体可概括为以下四个方面:

(1) 锂离子电池热失控机理及火灾演化机制。

揭示锂离子电池的热失控机理和火灾演化机制是发展火灾防治关键技术的前提和关键。现有研究重点采用差式扫描量热仪、绝热加速量热仪等测试手段,结合去卷积等理论分析方法,对电池材料及其相互之间的化学反应特性进行综合分析,从而实现锂离子电池热失控过程复杂化学反应的解耦,明确电池在热失控各个阶段的临界温度和产热特征,从而清晰认识热失控火灾的孕育机制。进一步采用傅里叶红外气体分析仪、气体探头、热释放速率、热电偶、高速摄像机等实验手段捕捉热失控产热、产气规律及火灾行为特征,结合基于计算流体力学的电-热耦合多物理场热失控模型,揭示热失控火灾演化机制(图10.36)。

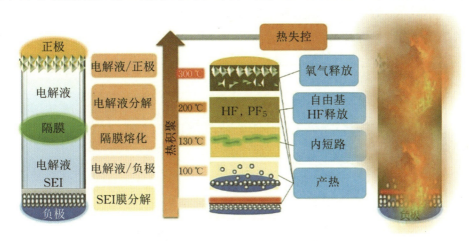

图10.36 锂离子电池热失控机理[17]

(2) 锂离子电池本质安全技术。

本质安全,顾名思义,就是从源头上提升电池本体安全水平。现有技术主要从安全电解液、安全电极材料以及电芯整体安全设计等维度开展研究。安全电解液方面,采用高热稳定性锂盐替代、添加阻燃剂等方法,开发阻燃/不燃电解液(图10.37)。安全电极材料方面,采用碳包覆、开发新型高效稳定的电极材料等手段,有效提升电极稳定性。电芯整体安全设计方面,结合材料特性确定合理结构模式,通过优化安全阀以及增加控温开关等手段进一步提升电池的本体安全水平。使用固体电极和固体电解质的全固态电池是当前呼声较高的未来安全电池发展方向,但目前仍处于实验和小规模试用阶段。

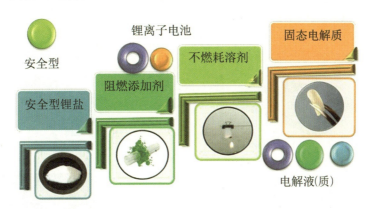

图10.37 锂离子电池安全电解液研究

(3) 锂离子电池过程安全技术。

锂离子电池过程安全技术的研究内容主要包括热管理、电池火灾危险性评估、故障诊断及热失控火灾预警等方面。基于实验测试获得不同规格锂离子电池在不同条件下的热失控特征参数的演化规律,基于热失控临界温度和热释放速率等关键参数,对锂离子电池火灾危险性进行分级评价。采用交叉电压法、等效电路模型等手段,以电池阻抗为特征参数,提出电池健康状态评价模型和串并联电池模组故障诊断方法,及早发现安全隐患。进一步,结合电、热、气、声、光、力等多种参量,研发热失控预警模块,对极早期热失控进行精准监测预警(图10.38),为热失控火灾应急处置提供重要的技术支撑。

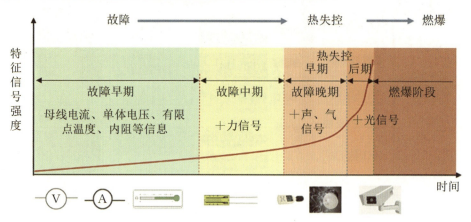

图10.38 多参数融合的锂离子电池故障诊断与极早期预警技术研究

(4)锂离子电池消防安全技术。

不同于传统火灾,锂离子电池热失控后容易发生扩散蔓延,即使能够快速扑灭明火,内部化学反应仍在继续,因此,极易发生复燃,导致二次伤害。因此,提出可靠的热失控阻隔方法,研发高效的灭火抗复燃技术是当前锂离子电池消防安全技术研究的重点。现有研究重点是对比隔热棉、气凝胶等不同材料的阻隔性能,开发集正常工作时可快速导热、热失控后可高效隔热功能于一体的高效热管理技术,最大程度控制单体电池热失控后的火灾蔓延(图10.39)。同时,对比不同灭火剂的灭火和冷却降温效果,开发新型高效灭火剂,针对性地优化设计灭火剂释放方式,实现锂离子电池热失控火灾的高效灭火抗复燃。

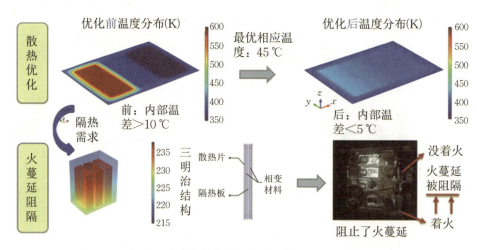

图10.39 锂离子电池高效热管理策略及多次灭火抗复燃技术[18]

锂离子电池作为我国新能源战略实施的重要载体之一,其相关产业的安全健康发展直接关系国家"双碳"目标的实现。锂离子电池火灾安全防控问题仍未得到彻底解决,是当前和未来仍需努力攻克的关键技术难题。

4. 飞机火灾安全

飞机火灾严重威胁飞机安全。如果没有机组人员和机载防火系统的干预,飞机上的火灾可能导致飞机在很短的时间内发生灾难性事故。表10.2统计了1972—2012年发生的7类危险事件,火灾/烟雾是发生次数最多的危险事件,且火灾/烟雾的事故平均单次死亡人数为35.65。根据英国航空局的统计数据,从飞机空中发生火灾的第一个征兆开始,机组人员平均只有约17 min的时间将飞机降落在地面上。

表10.2 1972—2012年发生的7类航空危险事件统计

危险事件	事故征候次数	事故次数			死亡人数
		一般事故	重大事故	特别重大事故	
火灾/烟雾	6	10	5	5	713
客舱失压	9	5	3	1	356
雷击	1	1	1	0	0
轮胎爆破	5	9	0	0	2
鸟撞	0	1	2	0	0
擦尾	4	1	3	0	0
发动机空中停车	3	9	7	2	281
合计	28	36	21	8	1352

火灾产生的热量与烟雾会直接对飞机和机上人员造成伤害。火灾产生的热量将影响飞机系统,并最终影响飞机的结构完整性,这两者都将导致飞机失控。烟雾会降低飞机内的能见度并使机上人员中毒。飞机上的电气火灾通常会产生大量浓厚的烟雾,这会使机组人员无法看到仪器或看到窗外,而且烟雾可能具有高毒性,刺激眼睛和呼吸系统。

目前最先进的飞机上也无法避免火灾的发生,而且飞机一旦发生火灾,机组人员就不太可能将其扑灭,很多情况下仅能抑制火灾的发展。例如,世界上最大的客机——空中客车A380客机于2019年10月18日在韩国机场加油时发动机起火。波音公司最先进的787客机不仅饱受锂电池火灾的困扰,飞机的其他部位也发生过火灾。美军最先进的F35战斗机于2015年6月23日、2016年9月23日两次发生发动机舱火灾,造成美军整个五代机队全部停飞。我国歼15舰载机也因为鸟撞而发生过火灾,如图10.40所示。

从科学的角度来看,飞机火灾的孕育、发生和发展包含着湍流流动、相变、传热传质和复杂化学反应等物理化学作用,是一种涉及物质、动量、能量和化学组分在复杂多变的环境条件下相互作用的三维、多相、多尺度、非定常、非线性、非平衡态的动力学过程,该动力学过程还与作为外部因素的飞机使用者、飞机材料、机舱环境及其他干预因素等发生相互作用。这是造成飞机火灾防治困难的根本原因。

图10.40 歼15舰载机因鸟撞而发生火灾

由于火灾现象自身的复杂性和随机性,以及飞机构造和运行环境的多样性,飞机防火技术涉及总体布置、结构、动力系统、燃油系统、环控系统、飞控系统、液压系统、起落架系统、航电系统、电气系统等多个专业。从机载防火系统在飞机上布置的角度来看,主要包括以下内容(图10.41):

- 发动机和辅助动力装置舱配备火灾报警器和固定式灭火系统。
- 起落架舱配备过热/火灾报警系统监控。
- 热引气管路附近布置连续的热探测器进行引气泄漏监测。
- 驾驶舱、机舱区域和人员可触及的货舱中安装手动灭火器。
- 人员无法到达的货舱中安装烟雾探测系统,在火灾初期探测到火灾并将其报告给驾驶舱,然后,飞行员可以触发固定灭火系统来灭火。
- 航空电子设备舱安装烟雾探测器系统,但一般不安装灭火系统。
- 盥洗室安装了烟雾探测器和自动灭火器。

图10.41 机载防火系统布置

5. 舰船火灾安全

早在20世纪70年代,美国等发达国家开始重视舰船消防安全工程的研究,如美国海军实验室(NRL)利用实体船舶和模拟舱室系统研究了火灾蔓延、通风和灭火等问题。对于舰船火灾的研究,最初采用的方法是通过对事故经验以及数据的统计分析来加深对火灾的认识并制定相应的措施,但随着科技的发展和人们认知水平的提高,以先进科技为基础的定量分析被广泛需要,进而刺激了舰船消防安全理论的快速发展。1984年,美国海岸警卫队(USCG)与伍斯特理工学院合作,利用建筑火灾安全评估的思路,将确定性和概率统计的手段运用到舰船火灾评估中,形成了舰船火灾安全工程方法(SFSEM)。20世纪90年代,NRL与美国国家标准技术研究所(NIST)合作,结合火灾动力学模拟软件CFAST对舰船的火灾特性进行研究,得到了大量宝贵的经验与实验数据。英国海运与海岸警卫局(MCA)于1993年向国际海事组织(IMO)提出了综合安全评估方法(FSA)的理念,并很快得到了国际海事组织的认可,随后颁布了《IMO指南》的文件,为国际海运安全评价提供了科学的工具。FSA是一种系统性和规范化的综合评估方法,其在船舶设计、航运与安全管理等方面应用广泛。进入21世纪后,美国海军开发了针对舰船火灾特点且可用于损管决策的火灾模拟软件FSSIM,该软件可结合蒙特卡洛(Monte Carlo)模拟进行概率风险的分析。

国外对于舰船消防安全工程理论的研究相对完整并且系统性较强,而国内在该方面却并没有相关的完整体系性研究。因此,基于范维澄等的公共安全三角形原理,提出了舰船消防安全工程理论框架体系。公共安全理论体系可以用一个三角形来表示,包括灾害演化、承载体损伤和灾害防护3个方面。而舰船火灾作为一种特殊的灾害类型,其安全理论研究体系也符合三角形理论。因此,结合舰船损管防护技术特点,将舰船消防安全工程理论划分为了舰船火灾演化、舰船火灾损伤和舰船火灾防护3个方面,如图10.42所示。纵观国外舰船消防安全的研究,也可归结为这3大方面。舰船火灾演化主要是研究舰船火灾的发生、发展和蔓延的现象、规律及其预测模型与方法等;舰船火灾损伤主要研究舰船在火灾作用下舰船的结构、设备和人员的损伤机理与评估方法;舰船火灾防护是以舰船结构安全、设备安全和人员安全等综合性能为目标,研究防火材料、结构防火技术、火灾探测技术、灭火技术、烟气控制技术和人员防护技术等。

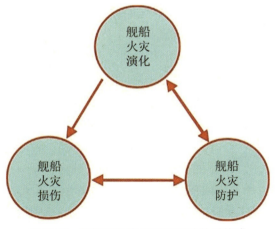

图10.42 舰船消防安全工程理论体系构成

舰船火灾演化、火灾损伤与火灾防护这三者之间是彼此相互关联、互为支撑的。舰船火灾演化为舰船火灾损伤研究提供输入，为舰船火灾防护提供理论依据和设计输入。舰船火灾损伤对舰船火灾防护提出要求，体现舰船火灾演化造成的后果，由此导致的严重损伤可能会改变边界条件，从而影响舰船火灾演化。舰船火灾防护以消除或降低舰船火灾损伤为目标，对舰船火灾演化研究提出需求，并影响着舰船火灾演化和舰船火灾损伤。

（1）舰船火灾演化。

根据国内外舰船火灾事故的统计数据，可知舰船易在以下5类不同功能处所发生火灾：搭载装备的大空间舱室（如机库、坞舱、车辆舱等）；机电设备舱室（如机舱、电站、蓄电池舱等）；装载易燃易爆物的舱室（如喷气燃料舱、燃油舱、弹药库、雷弹舱等）；一般舱室（如工作舱、住舱等）；开敞甲板（主要是飞行甲板）。因此，舰船火灾演化的相关研究主要是针对舱室火灾动力学与开放空间火灾动力学这两个方面，基于火灾动力学的基础理论结合相关背景知识可以解决大部分问题。

（2）舰船火灾损伤机理。

舰船火灾产生的损害主要表现在4个方面：影响作战能力，如火灾导致电子武备、舰载机、登陆艇等装备完全损毁或部分损伤失效等；影响漂浮能力，如火灾导致船体结构变形、局部破损等；影响机动能力，如火灾使动力系统、电力系统等全部或部分失效；影响舰员生存能力，如火灾导致人员受伤或死亡等。因此，一般会从设备火灾损伤、舰员火灾损伤及结构火灾损伤等3个方面来对舰船火灾损伤机理进行分析。舰船设备的火灾损伤形式主要有热损伤和非热损伤，舰员的损伤多集中在火灾烟气毒性方面。

（3）舰船火灾防护技术。

① 火灾烟气控制技术。考虑到烟气控制在舰船发生火灾后恢复舰船生命力和保障舰员安全方面的重要意义，从20世纪80年代至今，各国研究人员陆续开展了相关研究工作。目前，在水面舰船烟气控制方面，主要有分隔控烟、排烟、压差防烟、逆向气流防烟等方法，在实际舰船烟气控制系统设计中，通常采取多种控烟策略相结合的方式，以达到适合的控烟效果。

② 火灾烟气消除技术。现有的火灾烟气消除技术总体分为固定式、移动式以及吸附式等。固定式和移动式的烟气消除技术往往借助于固定式和移动式的烟气控制装置系统，如固定式机械通风系统、移动式风机等。吸附式烟气消除技术可以分为物理性的吸附和化学性的吸附。烟气消除的另一个重要作用是去除烟气中的粉尘，提高能见度。早在20世纪80年代，各国海军就针对水面舰艇及潜艇舱室火灾，相继开展了火灾烟雾清除技术研究，采取的烟雾消除方式主要有过滤消烟、静电消烟、水雾消烟和活性炭吸附等，并获得了相关的研究成果。

③ 舰船新型灭火技术。对于舰船灭火技术，以往的卤代烷系列灭火剂多应用于主、副机舱的全淹没灭火及航空燃油舱或带有推进燃料的导弹鱼雷等武备贮存舱的抑爆。欧美海军舰艇主要采用的卤代烷灭火剂包括1211和1301，而俄罗斯则以2402（四氟二溴乙烷）为主。卤代烷灭火系统的发展经历了3个阶段：20世纪70年代建造的舰船主要使用四氯化

碳,20世纪80年代建造的舰船主要使用1211灭火系统,20世纪90年代建造的舰船则逐步向1301灭火系统过渡,舰船灭火剂总体朝着高效、低毒的方向发展。随着蒙特利尔公约的签订,各国不约而同地选择细水雾作为卤代烷灭火剂的替代物。对于舰船上易发生油类火的机械处所、机库、坦克舱及补给燃油的油舱、泵舱以及飞机平台、飞行甲板等开敞空间,应采用泡沫灭火系统,泡沫灭火系统通过表面覆盖、冷却降温、隔绝空气等作用对油类火具有较好的灭火效果。因此,开展清洁、高效的细水雾添加剂(即在细水雾中添加一些高效的化学灭火物质,以使灭火效果发生质的飞跃)和泡沫灭火剂的研究是今后需要攻克的方向。

(本章撰写人:张世武)

参 考 文 献

[1] 钱学森.论技术科学[J].科学通报,1957(3):97-104.
[2] 钱学森.工程和工程科学[J].谈庆明,译.力学进展,2009,39(6):643-649.
[3] 钱学森.中国科学技术大学里的基础课[N].人民日报,1959-5-26.
[4] Wang W, Huang S, Luo X. MD simulation on nano-scale heat transfer mechanism of sub-cooled boiling on nano-structured surface[J]. International Journal of Heat and Mass Transfer, 2016, 100: 276-286.
[5] Even-Ram S, Artym V, Yamada K M. Matrix control of stem cell fate[J]. Cell, 2006, 126(4): 645-647.
[6] Alvarez-Elizondo M B, Rozen R, Weihs D. Mechanobiology of metastatic cancer[M]//Mechanobiology in health and disease. Salt Lake: American Academic Press, 2018.
[7] Gissibl T, Thiele S, Herkommer A, et al. Two-photon direct laser writing of ultracompact multi-lens objectives[J]. Journal of Technology & Science, 2016, 10(8): 554-560.
[8] Li J, Thiele S, Quirk B C, et al. Ultrathin monolithic 3D printed optical coherence tomography endoscopy for preclinical and clinical use[J]. Light: Science & Applications, 2020, 9(1): 1-10.
[9] Zhao Z X, Yu W T, He Y, et al. Revealing the effects of structure design and operating protocols on the electrochemical performance of rechargeable Zn-air batteries[J]. Journal of the Electrochemical Society, 2021, 168: 100510.
[10] He Y, Zhao Z X, Cui Y F, et al. Boosting gaseous oxygen transport in a Zn-air battery for high-rate charging by a bubble diode-inspired air electrode[J]. Energy Storage Materials, 2023, 57: 360-370.
[11] Shang W X, Wang H, Yu W T, et al. A zinc-air battery capable of working in anaerobic conditions and fast environmental energy harvesting[J]. Cell Reports Physical Science, 2022, 3(6): 100904.
[12] Quintiere J G. Fundamentals of fire phenomena[M]. Chichester: John Wiley, 2006.
[13] Dinenno P J. SFPE handbook of fire protection engineering[M]. Boston: Society of Fire Protection Engineers, 1995.
[14] Alpert P. Does clonal growth increase plant performance in natural communities?[J]. Abstracta Botanica, 1995, 19: 11-16.
[15] 霍然,胡源,李元洲.建筑火灾安全工程学导论[M].合肥:中国科学技术大学出版社,2009.
[16] Semenov N N. Some problems in chemical kinetics in reactivity[M]. New Jersey: Princeton University Press, 1959.
[17] Wang Q, Jiang L, Yu Y, et al. Progress of enhancing the safety of lithium ion battery from the electrolyte aspect[J]. Nano Energy, 2018, 55: 93-114.
[18] 严佳佳.基于相变散热的动力电池热管理系统研究[D].合肥:中国科学技术大学,2017.